# 混凝土配合比设计、质量控制与规范

# Concrete Mix Design, Quality Control and Specification (3rd Edition)

[澳] 肯W·戴　著
曾　力译

中国建材工业出版社

图书在版编目（CIP）数据

混凝土配合比设计、质量控制与规范／（澳）戴著；曾力译．一北京：中国建材工业出版社，2011.10

ISBN 978-7-5160-0045-8

Ⅰ.混… Ⅱ.①戴… ②曾… Ⅲ.①混凝土一配合料一比例 Ⅳ.①TU528.062

中国版本图书馆CIP数据核字（2011）第204291号

**版权声明**



**混凝土配合比设计、质量控制与规范**

**Concrete Mix Design, Quality Control and Specification (3rd Edition)**

［澳］肯W·戴 著
曾 力 译

出版发行：中国建材工业出版社
地 址：北京市西城区车公庄大街6号
邮 编：100044
经 销：全国各地新华书店
印 刷：北京鑫正大印刷有限公司
开 本：710mm×1000mm 1/16
印 张：20.5
字 数：384千字
版 次：2011年10月第1版
印 次：2011年10月第1次
书 号：ISBN 978-7-5160-0045-8
著作权合同登记图字：01-2011-6449
**定 价：58.00元**

---

**本社网址：www.jccbs.com.cn**
**本书如出现印装质量问题，由我社发行部负责调换。联系电话：（010）88386906**

# 译者的话

Ken W. Day 教授一生大部分时间致力于混凝土质量控制方面的研究工作，已在该领域取得了卓有成效的成果。《混凝土配合比设计、质量控制及规范》是 Ken W. Day 教授在该领域的代表作之一，其内容不仅对现今混凝土技术，而且对未来都具有重要的影响意义，书中所持的许多观点对混凝土质量控制的发展具有很好地帮助和启发。本书经过作者的不断完善已是第三次出版，涉及内容丰富、新颖，可供从事混凝土行业工作的广大读者参阅。

本书由武汉大学曾力翻译，同时参加本书翻译工作的还有蒋睿、张艳花、高珍、刘志栋及陈霞等，在本书的翻译出版过程中，得到了武汉大学刘数华博士的帮助，在此表示感谢。

由于译者水平有限，难免有不当之处，敬请读者批评指正。

曾　力

2011 年 8 月于武汉大学

# 致　谢

本书第三版是在前两版的基础上修订完成的，在此仍希望不要遗忘那些曾帮助过我的人，因此第二版的致谢在此全部刊出。

2001 年，在我第一个美国客户、时任 Maricopa 总经理的 Dave Huddcr 鼓励下，我将混凝土咨询公司卖给了 Maricopa Readymix。感谢他让我认识到混凝土咨询公司在美国的价值，并让我以享受半退休生活的方式周游世界来宣传我的观念。

在 Dave 离开 Maricopa 时，又把混凝土咨询公司卖给了 Command Alkon。对此我非常高兴，因为该公司是大型、全球性配料系统供应商的理想选择。到 2004 年底，尽管我对新混凝土咨询公司没起多大作用，但仍感谢他们让我继续做兼职顾问。

我永远不会忘记 Maricopa 的技术经理 Don Bain 所起的作用。在 2000 年初期，他是最早推荐 Dave Hudder 收购混凝土咨询公司的人，收购混凝土咨询公司使 Maricopa 得以进一步发展壮大，并建立其在美国的影响力。而且，Don Bain 在 Maricopa 停留了一段时间来帮助 Command Alkon 进行市场的初期运作。非常感谢他对本书撰写做出的贡献。

Andrew Travers 作为混凝土咨询公司的执行总裁一直以来付出了巨大的心血。现在公司的未来取决于他马不停蹄地环球推销和安装 ConAd 系统。不管是多么想参与编写，也不管所编写内容是多么的受欣赏，不幸的是他太忙了，以至无法参与本书的创作，但愿下一版他会。

遗憾的是失去了两个有很大贡献的参与者。一个是被称为澳大利亚 Don Bain 的 Dan Leacy，但不幸英年早逝；另一个是 Michael Shallard，在还年轻时就得重病退休了，从而失去了计算机专业知识方面的帮助。我永远不会忘记他们。

近年来，在我的电子邮箱里充溢着许多给予我陌生领域帮助的人，其中有：Alex Leshchinsky 博士和他的父亲 Marat Lesinskij 博士，Mark Mackenzie，Norwood Harrison 博士，Grant Lukey 博士，John Harrison，Tracy Goldsworthy 和 Joe Dewar 博士等。在此，感谢他们，也再次感谢他们曾对以前版本做出的贡献。

还要感谢 Aulis Kappi，Charles Allen，James Aldred，Kevin Galvin，Lawrence Roberts，Richard Hall，Celik Ozylidirim 博士，Jay Lukkarila，Steve Trost 博士，George Smorchevsky 博士，Barry 和 Tania Hudson 等为网站 www. aggregateresearch. com 开辟的专题论坛做出的贡献，尽管他们不愿承认，但事实不容否定。应该强调的是不必所有人都赞同我的观念，我愿与他们共同分享成果，但一切责任我愿一人承担。

我的网站（www. kenday. id. au）现由 Justin Smyth（delphian@ smythconsulting. net）管理，他已对网站上的免费程序做了改进，在此表示感谢。

最后，要感谢的有 MBLC. Jeddah 的 Abdulla Al Menhali（他喜欢被称呼 Kamal）。他在看了第二版后留下深刻印象，迫切邀请我为他在麦加巨大的阿巴特项目的员工指导如何使用 ConAd 质量控制系统；还有在印度和美国的众多朋友，包括 Ramakrishnan 教授，Jagannadha Rao，Gajanan Sabnis 和 C. M. Dordi 等，他们曾于 2004 年在 Hyderabad 的高端计算机控制国际会议（ICACC）上投稿，以及参加一个后续讲座和在印度混凝土期刊上发表文章。还要感谢斯里兰卡首都科伦坡的 Doric Atton 提交的论文。

# 第二版致谢

如果没有下面三人，本书不可能会出版。如果没有下面另四人，本书也可能会大不一样。

第一组要感谢的成员有：一是 Q Jan Masterman，20 世纪 50 年代伦敦一家部件结构公司的技术总监，他不断给我启发和开导，是我撰写本书头两年时间里大部分哲理和概念形成的来源；二是 John J. Peyton，John Connell 及墨尔本的公司（现 Connell Wagner），没有他们的鼓励，我决不会于 1973 年创办混凝土咨询公司，并且新生的控制技术也绝不会发展到开花结果；三是 John Wallis，得克萨斯州休斯敦雷蒙德国际（Raymond International）前新加坡总监，没有他，我于 1980 年在新加坡创立的企业，其混凝土配合比设计系统就不会实现计算机化和在国际上得到广泛认可。

第二组要感谢的成员有：一是 John Fowler，他使用我的混凝土配合比设计方法编写了第一个计算机程序，而我曾一度坚持认为混凝土配合比设计是一门艺术，绝不可能计算机化；二是 D. A. Stewart，他撰写的《高质量混凝土的设计与浇筑》是第一本影响我的书；三是 David C. Teychenne，他主持了比表面积混凝土配合比设计的研究；最后还有我的儿子 Peter，他将“ConAd”从一个简单的电子表格转化成一个专业计算机程序。

第三组要感谢对本书正式出版做了许多工作的人，由于要感谢的人太多，在此不一一列举，但要特别感谢 Hasan Ay 和 Andrew Travers 对图表制作所做的工作。

特别感谢 Harold Vivian，Bryant Mather，Alex Leshchinsky 博士和 Francois de Larrard 博士提出的宝贵意见和建议。感谢 Sandor Popovics 在出版方面所做的工作。感谢 Joe Dewar，Bryant Mather 和 John Peyton 精彩的序言。还要感谢与我合作了 30 多年的 Vincent Wallis，他的意见真诚但时常有些刻薄。当然还有我的妻子，为了我的工作受了不少委屈。

还要感谢我的客户，有了他们才使我的混凝土咨询公司繁荣发展，也使我们的系统不断完善。他们有 Peter Denham 和 Dan Leacy，还有南非 Boral 的 Paul Moses 和 Alpha 的 Mark Mackenzie。

自第一版问世以来，ConAd 计算机程序已经历了很长一段历程的发展，在此感谢我的混凝土咨询公司员工。Michael Shallard 和 Lloyd Smiley 编写了最新的程序，公司的现任经理 Andrew Travers 比我清楚如何更好地去使用它。

最后，我必须感谢我的小儿子 John Day，他现任 Pioneer Malaysia 的技术总管。他利用这些技术建造了世界上最高的建筑物吉隆坡双子塔（Petronas Towers），也是使用低变异性、高强混凝土的最好例子。

# 序　言

在撰写第三版这段时间，对我而言已经有了很大变化。假如我以完全退休的状态去写这本书，那我会有更多时间深入研究未来的混凝土技术，而不只是局限在本书和我网站上的内容。2006 年 5 月，在 Canmet/ACI 专题讨论会上开始出现变化，承认我对混凝土质量控制的所做贡献。因此，在美国国家预拌混凝土协会（NRMCA）及其他公司的邀请下，2006 年 6 月安排我在华盛顿银泉（Silver Spring）出席了一整天的研讨会，研讨内容如同书中所提及的一样，就是试图从混凝土消费者到生产者实现美国质量控制的转变。

需进一步做的工作是邀请加拿大公司的 Contek 与 Shilstones 父子两人（或许是美国混凝土科技界最著名的人物）作为合作伙伴，努力研发世界领先软件投放市场，并遍及整个世界。

读者可以上我的网站 www. kenday. id. au 查阅以上相关信息。考虑到整体发展，该书序言的其余部分与前相同，未做改动，读者应该注意到这些，这样可更好地了解作者的观点和意图。

# 前版序言

作者出版第三版的宗旨不同于以前的版本。

我现在关心的是在世界范围内的混凝土产业和同行中尽可能广泛传播我的研究进展，且尽可能展望未来的混凝土配合比设计和质量控制，而不是推销商用程序“ConAd”。最重要的不是一本应如何遵守既定标准的手册，而是这些标准和其他根深蒂固的观念应如何得以改变，以更符合现实并促进发展。

关于混凝土配合比设计、质量控制和规范，我持有一些不同的观点：

在过去的50年，作者的比表面积混凝土配合比设计比其他任何方法都简单、适用，也有些方法尽管准确但使用起来却较麻烦。

我在质量控制中遵守的基本方法是多等级、多变量和累积和质量控制。其简单、有效，最终将在全世界范围内得到广泛使用。

我们必须赢得规范制定的胜利，仍有不少守旧的、所知不多的顽固保守主义者还在规定最低水泥用量及类似条款。现正好有一个不被他人愿意接受的现金处罚规范，当然，只有在混凝土供应监管做到完全公正后，现金处罚规范才会失去它的作用。

ConAd 程序的未来现掌握在别人手里，希望有更多的人来使用，并自己编写类似的软件，但不要去窃取别人的成果。

我努力传播自己的研究成果，甚至是那些依赖于本书和我网站 www. kenday. id. au 上免费程序的最小、最落后的生产商。该网站使读者有望跟上时代的发展步伐，即使在我完全退休后也会后继有人。

展望未来，随着实时（Just-in-time）混凝土配合比设计、早期成熟度、便携式流变仪和互联网命令设置的发展，自密实混凝土、水泥基替代材料、人工砂和聚合物混凝土等将成为今后主要的发展对象。就如混凝土产业，50年或100年后这些材料的使用已司空见惯，但要想得到认可仍需不断努力，可能化学外加剂除外。

需要发起一场新的改革，就是应由混凝土专业技术人员执笔或在其指导下编写混凝土规范，这是适应日益复杂的材料及其生产、控制要求的需要，也是针对现规范严重阻碍混凝土技术发展的现状，尤其是美国陈旧、甚至有害的规范。

美国混凝土产业已被痛斥技术滞后（由不恰当规范造成）许多年，但现在我不得不承认已在某地制作了强度近200MPa的自密实纤维混凝土工字型构件，这是我参与项目中技术最先进的混凝土。

Ken W. Day

于澳大利亚墨尔本的Nunawading

# 目　　录

**第1章　建议指南** …… 1

1.1　配合比选择 …… 1
1.2　质量控制（QC） …… 2
1.3　ISO 9001 …… 3
1.4　检测 …… 4
1.5　现金处罚规定 …… 5
1.6　创新 …… 5
1.7　结论 …… 6
1.8　P2P …… 6

**第2章　混凝土性能** …… 7

2.1　耐久性 …… 7
2.2　钢筋锈蚀 …… 9
2.3　强度 …… 9
2.4　抗渗性 …… 11
2.5　工作性 …… 14
2.6　可泵性 …… 16
2.7　坍落度 …… 16
2.8　自密实混凝土（SCC） …… 16
2.9　体积稳定性 …… 17
2.10　美观性 …… 17
2.11　放热性 …… 17
2.12　经济性 …… 18

**第3章　混凝土配合比设计** …… 19

3.1　简单混凝土配合比设计 …… 19

3.2 比表面积配合比设计的起源与局限性 …… 28
3.3 有经济竞争力的配合比设计 …… 33
3.4 ConAd 系统 …… 52
3.5 选择配合比设计的方法 …… 52
3.6 配合比设计竞赛 …… 66

**第4章 质量控制** …… 68

4.1 混凝土的变异性特征 …… 69
4.2 质量控制和质量保证的目的 …… 73
4.3 累积和图 …… 74
4.4 控制措施的重要性 …… 77
4.5 由谁控制 …… 78
4.6 质量保证 …… 80
4.7 Pareto's 法则 …… 81
4.8 相关变量 …… 82
4.9 累积和分析的实际使用 …… 83
4.10 直观图 …… 87
4.11 丢弃、处罚还是奖励 …… 89
4.12 ConAd 系统的数据处理和分析 …… 90
4.13 EN206——我们能否做得更好 …… 107
4.14 ConAd 测试结果输入以及早期数据分析系统的使用 …… 110
4.15 配料控制 …… 110
4.16 车载搅拌与工作性控制系统 …… 114

**第5章 22世纪的混凝土** …… 119

5.1 混凝土配合比设计与质量控制一体化 …… 119
5.2 相关配合比维护（by Mark Markenzie） …… 130
5.3 高性能混凝土（HPC） …… 137
5.4 经济技术型混凝土 …… 141
5.5 无机聚合物混凝土（IPC）技术的进展 …… 147

**第6章 混凝土质量规范** …… 149

6.1 规范混凝土背后的哲理 …… 149
6.2 标准配合比的发展 …… 153

6.3 配料厂设备 …… 154
6.4 从建议到规范 …… 155

第7章 骨料 …… 156

7.1 细骨料（砂） …… 156
7.2 粗骨料 …… 173

第8章 胶凝材料 …… 180

8.1 波特兰水泥 …… 180
8.2 粉煤灰（pfa） …… 184
8.3 高炉矿渣 …… 189
8.4 硅粉 …… 191
8.5 稻壳灰（RHA） …… 193
8.6 超细粉煤灰 …… 194
8.7 硅胶 …… 194
8.8 偏高岭土 …… 194
8.9 超细碳酸钙（纯石灰石粉） …… 195

第9章 外加剂 …… 196

9.1 外加剂的使用方法 …… 197
9.2 使用外加剂的原因 …… 198
9.3 常用外加剂类型 …… 198

第10章 统计分析 …… 206

10.1 正态分布 …… 207
10.2 各组平均值的变异性 …… 213
10.3 标准偏差评估变异性 …… 214
10.4 变异性的组成 …… 215
10.5 试验误差 …… 215
10.6 变异系数 …… 216
10.7 统计分析的实际意义 …… 218

第11章 试验 …… 219

11.1 试验哲理 …… 219

11.2 试验范围 …… 219
11.3 抗压试验 …… 222
11.4 成熟度与等效龄期的概念 …… 231
11.5 渗透性试验 …… 241
11.6 无损检测 …… 242
11.7 新拌混凝土工作性试验 …… 244

**第12章 不变的观念** …… 253

12.1 现金处罚规范 …… 253
12.2 什么是经济混凝土 …… 260
12.3 多快才是够快 …… 263

**第13章 疑难问题诊断** …… 269

13.1 强度、可泵性、外观 …… 270
13.2 混凝土的裂缝起因 …… 273

**结语** …… 275

**附录 无机聚合物混凝土(IPC)技术进展** …… 276

A.1 引言 …… 276
A.2 IPC 的反应化学 …… 278
A.3 波特兰水泥与无机聚合物在化学性质上的区别 …… 282
A.4 无机聚合物混凝土的物理性质 …… 283
A.5 IPC 的工程特性 …… 289
A.6 理解发展 IPC 技术的动力 …… 291
A.7 IPC 的潜在用途 …… 293
A.8 目前所面临的挑战和障碍 …… 295
A.9 IPC 产品在商业发展中的进展 …… 296
A.10 结论 …… 298

**术语表** …… 299

**参考文献** …… 301

# 第1章 建议指南

目前，混凝土技术正处于快速发展时期。自密实混凝土的应用越来越多，其强度也在不断提高，人们对耐久性影响因素的认识也在进一步深入。外加剂和水泥的替代材料正处在迅速发展中。由于许多地方的天然砂供给殆尽，人工砂（破碎细骨料）则受到更多关注。

实际上，现在的计算机已具有无限存储数据和程序的能力，可以更准确地控制生产过程，包括混凝土配合比设计、质量控制和生产控制。

要使专业混凝土技术人员跟上混凝土技术的所有发展是有困难的，因此，需要其专门挑选某个方面潜心研究并利用书、刊、网络资源来及时补充自己的专业知识。

在本书的前两版中，将规范这章放置在混凝土配合比设计和质量控制之后。在没有调整其合适位置前，考虑到对生产过程的理解，从逻辑角度讲这是必要的，但现在这被看似不太合理。掌握足够多的配合比设计和质量控制知识，使其能准确提出关于生产过程应如何加以规范的合理观点，这对于大多数规范编写者来说是做不到的，就像历史老师仅懂得一点点知识是很危险的一样。需要建议那些规范编写者，如何才能让混凝土生产者得到他们想要的混凝土技术或他们应该想得到什么？并让他们相信提出的规范条文是正确的。由于以前的一些规范一定程度上延缓了有效控制方法的应用，本书正想借此说服他们，并且得到那些缺乏混凝土知识，但又真正想生产优质混凝土的生产商的赞成。

## 1.1 配合比选择

混凝土现是具有高强度、高耐久性、外观漂亮、易于泵送且自密实等多种性能的潜在高科技材料。但是，否定那些相对低廉的传统性能的混凝土也许是不当的做法。对此，我们需要慎重考虑对于具体工程中哪些混凝土的性能是必需的，以及需控制在何种程度上？生产商、施工商考虑的结果应与专家商讨：即使你知道过去的最好答案是什么，但这并不一定意味着它仍是当今的最好答案。我真的需要100MPa高的强度吗？成本是否过于昂贵？混凝土是否会产生过大的热量？20MPa 强度的混凝土可以给我们建造一个很好的仓库楼吗？哪种混凝土可以达到100 年的耐久性？除了水泥还有什么材料也能拌制混凝土？我仅想知道在不超过最低成本的情况下如何得到20MPa 强度的混凝土？

应引起关注的问题是，有的完全独立的专家也许仍会比较棘手偏激，尤其是涉及到费用。原因是让他们对提供的混凝土提出一些限制要求时，不是说需要的是什么混凝土类型，而只要求指定混凝土的强度等级。因此，让这些专家倍感压力，这不会令人意外。特别是涉及大量的混凝土时，就应多征求一些专家的意见。尤其是在行业宏观调控良好的国家，例如澳大利亚标准协会已制定这样的规定，英国的 EN 206 和商品混凝土质量规划（QSRMC）联合体还正在实施中。

## 1.2 质量控制（QC）

质量控制是指需要找到确保规范规定的某种混凝土（已经指定或建议的）在整个供应期间不间断供给的方式。规定最小水泥用量和混凝土配合比一直固定不变的旧观念是绝对应摒弃的。在大多数情况下，水灰比越小意味着混凝土的品质越好，但很明显过多的用水量比过少的水泥用量危害更大。因此，在给定水灰比（等于给定强度）的条件下，水泥用量最低的混凝土品质最好，因为其用水量最低。

很明显，混凝土的质量不可避免的（但可减少的）会受到随机变化和意外平均质量变化的影响。因此，重要的是区分随机变化和平均质量变化，并在尽可能早的时候发现变化及其变化的原因，以恢复到最初确定的质量水平。当混凝土整体质量变化较小时，其变化的检测是比较容易且快捷的。一旦出现质量变化就应迅速整改，这样可以减小整体的变化，这属于自我调整和强化过程。现在的混凝土搅拌站可能善于检测每批搅拌的混凝土中各固体成分的任何变化，但问题或许不是由这些变化引起的。可能由于水泥或外加剂质量的变化，或者可能是用水量的变化。普通规范忽视了给定坍落度混凝土的用水量是随着温度的升高而增加的，其实这是最显而易见的事实。因此，在温暖的午后，由于温度高的原因使混凝土的坍落度偏小也许会被接受，而在寒冷的早晨时，由于温度低的原因使混凝土的坍落度偏大可能被视为质量不合格。

稍后我们将看到在任何特定龄期时，强度并不一定是衡量混凝土整体质量所必需的。脱模较早的预制构件或预应力混凝土是需要用强度来衡量的。有些混凝土 28d 龄期强度很低，而有些混凝土 28d 龄期的强度可能翻倍。当降低早期强度时，大掺量粉煤灰或高炉矿渣对提高混凝土耐久性是非常可取的。可能是水灰比或水泥质量带来了强度的变化，这也是对变异性和试验误差的最好判断。在这方面，重要的是要意识到测试数据并不一定准确。

规范也应意识到，混凝土是一种可变性材料，对其绝对限制在很大程度上是不恰当的。由于在强度或其他性能方面没有确切的分界点，因此，混凝土强度或其他性能是在一定范围内变化，而不仅仅是一个点上。另一方面，在合同中，有必要为混凝土质量的接受程度提供非常准确的条款。对于没有得到合同的供应商，由于他们所报的价格考虑到提供完全合乎要求的材料，公平的讲这是必要的。为了避免可能经历的质量逐渐恶化，对不合标准要求的材料供应进行惩罚也是必要的。

当确定需要哪种混凝土后，需要做的是按规范和合同要求对生产系统进行有效控制。全世界不同国家在处理这种情况时的做法大不相同。ISO 9001（国际标准，ISO 是指国际标准化组织）包括了任何组织实施的质量控制，不仅仅涉及混凝土行业。在一些国家，许多混凝土生产商都有 ISO 9001 认证，只有通过 ISO 9001 认证的生产商才允许投标报价。

## 1.3 ISO 9001

ISO 9001 认证有一定的行政程序，认定一个组织实施有效的质量控制管理，要求该组织编写一本详述其质量控制系统的“质量手册（Quality Manual)”。由于该组织不是一个特定的行业，靠其自身是办不到的。因此，一个组织可以有未认证的有效控制系统，而另一个组织则有符合要求的操作认证质量管理（QC）体系的规定，却没有必需的理想系统。例如，系统可提供检测和校正不合格产品，但这样做可能不会是最有效的方式。

通过行政程序得到 ISO 9001 的认证需要相当长的时间和高昂的费用。在这一过程中，指定一位质量控制顾问协助是恰当的，但也可以借鉴指南或其他文献。例如 http：//www. the9000store. com 提供了关于此内容的大量免费信息和由热心的客户提供的销售综合文档等。

显然，对于一些小规模生产者，特别是像“Ma 和 Pa”这样的个体生产厂家，可能无法投入时间和经费来实现 ISO 9001 认证，像这样的生产者可能有或没有一个有效的质量控制体系。规范需要根据当地的情况慎重做出选择。对于要求有 ISO 9001 认证地区的重大项目，供应商应提供全面的情况。在允许非认证供应商投标的情况下，规范应明确指出需要什么样的产品和可能要求检查过去的生产记录和运作控制过程。这种要求也符合通过认证的生产者执行。

## 1.4 检测

在我们更注重于混凝土抗压强度检测的时候，也不应忘记还有许多其他方面的检测。混凝土质量检测除抗压强度性能外还有许多重要的性能。在大多数情况下，抗压强度是控制混凝土质量最合适且最有效的措施，即使抗压强度并不是最重要的控制特性。对混凝土抗压强度进行检测是要通过变异性和试验误差发现其变化，进而判断其质量，这就是抗压强度检测通常优于其他检测的地方。例如抗弯强度或抗渗性对某些特殊用途的混凝土来说可能是最重要的性能，但作为控制机制却不太合适，这些性能和试验可以用来确定混凝土初始配合比的组成材料，但抗压强度试验适合于用来检测混凝土强度的变化，在发现强度出现变化且又恢复正常期间，必须对其他性能进行检测并应满足规范要求。

虽是优先的选择，但抗压强度检测还远远不是一个完美的答案。最好的样本测试误差大约为标准偏差的0.5MPa左右，超过1.0MPa就不正常了，这可以从两个试样的平均差准确地估算出来。因此，抛开实际试验误差，与实际混凝土强度相比，单个圆柱体测试结果误差能够达到±3MPa之多。

混凝土强度真实标准偏差的范围可从小于2MPa到超过6MPa。所以，混凝土试样的真实强度是不同于设计强度等级的，有些可能会超过±10MPa，这就是为什么规定绝对最低强度不切实际的原因。采用的解决办法就是规定一个标准，检测中不满足要求的试样比例应低于这个标准，大多数国家所选比例为5%，美国使用的比例为10%。使用高比例可使变异性减少，从而降低经济成本。

接下来的问题是，当规定的设计强度不能满足时如何再建立？这可以归结为小样本所涉及的误差和在可接受时间内获得足够数据来检测变化的成本。第4章将进行更为详细的讨论，采用的多等级、多变量及累积分析技术提供了更快捷的检测方法。

原则上就是把握两个完全不同的控制要求。要求之一是必须准确评估混凝土质量；要求之二是如果质量不理想，就必须检测出来并尽早予以纠正，并试图将都不满意的两个要求结合起来，最终达到混凝土的设计要求。

只要应得的处罚没被清除，第一个要求就应没有时间限制，并且也应没有特定的混凝土数量。因此，应基于30d或28d试验数据的统计分析结果进行评估，并且是相当可靠的，但在大部分时间内检测不到任何的质量变化。

第二个要求只考虑到紧迫性，没有提及准确性。提高质量的措施不应由生产方来要求，除非有可能确认质量不满意，但如果生产商甚至怀疑质量已降低到足以遭到处罚时，他是会马上采取改进措施的，而不用等到别人指出。这当然是在假设规范中没有包含错误的规定，即在还没有获得试验结果时，就去改变混凝土配合比。

## 1.5 现金处罚规定

通常情况下，作者喜欢将新的知识和建议呈现给读者，至少这些知识和建议的大部分应被早期的实践者所认可。但到目前为止，作者的这种想法还普遍没有被读者接受。这就意味着规范在采用以下建议时会遇到强烈的反对，即无论制定什么形式的处罚或奖励条款都不能完全公平地实现混凝土的质量控制。相对而言，确定一个具体的检测数量来评估混凝土的质量是否低于规定水平更容易，例如确定30个或30多个混凝土试验结果。因而，也很容易确定水泥用量是否增加，因为增加水泥用量，必然提高混凝土的平均强度。通过征收水泥用量成本的两倍现金处罚将足以确保没有生厂商故意通过提供混凝土来获取利润。当然，我们在此提及的低强度只是略低而已，如相差1MPa、2MPa或3MPa，最多不超过5MPa。此规范一个重要的作用是供应商应像购买者一样特别关注早期强度是否下降，如一旦下降，就应做出迅速反应，而不仅仅只会在等到28d强度出来时才去采取相应的措施（参见第12章）。

## 1.6 创新

规范需要谨慎处理创新问题。凡在实践中应用不理想，使混凝土供应商处于疑虑或更糟糕的是以不合适的方式组织管理时，就应修订规范去适应实际情况，特别是对于重大项目。要求修订规范打破现有的混凝土生产控制系统和改变混凝土质量初期的不稳定性。对于意想不到的突发事件也可能导致供应商在成本上大大增加。作者已在许多国家多次介绍规范，向供应商仔细解释条款，这些条款对双方都是有利的。通常约一半的规范制定者或许没有能力或没有积极性承担这样的任务。

作者看到在这方面英国商品混凝土质量规划（UK QSRMC）的运作就不太理想，英国商品混凝土质量规划的组织者应听取批评意见，并加以改进。只有在设有专门的商品混凝土搅拌站的重大项目中才可考虑选择运作商品混凝土质量规划，否则，不应要求购买者做出这样的选择。

## 1.7 结论

我希望上述分析在帮助了解规范中涉及问题的性质以及避免受到负面影响方面起到积极的作用。在过去的几十年里，特别是在美国，编制的规范没有考虑供应商希望通过减小变异性或改进混凝土配合比设计来获取经济效益的愿望，阻碍了提高控制技术的发展，这导致了美国的混凝土质量控制落后于其他许多国家。因此，美国的混凝土趋于变异性更大、成本更高及收缩率更大。

## 1.8 P2P

现在有一个由美国商品混凝土总会（NRMCA：一个生产者协会）发起的名为“P2P”的运动，这是从规定到规范变化的缩写（可在我的网站上看到）。由于几十年来阻碍了实践能力的提高，因此，由 NRMCA 发起的“P2P”运动是值得赞扬的。很有趣的一点是，此倡议的最终受益者将是混凝土购买方。

由于安装混凝土质量控制系统可降低混凝土的变异性和平均强度，从而可进一步改进混凝土配合比，产生更大的经济效益。当供应商在实现这些相同的经济效益时，竞争无疑将会导致成本更低。这种情形将会在对新形势反应最敏感的供应商受益一段时间后出现。当然，不要认为这将排斥一些小的供应商，本书及相关网站的真正目的是让这些小的供应商实施先进的混凝土质量控制系统。Maricopa Readymix，作为第一位经营作者的 ConAd 控制系统的美国生产商，取得了非常巨大的经济效益和声誉。

因此，本章以恳求来结束，恳求规范制定者仔细考虑所述的内容。当然，以确保您的客户以最低的成本获得满意的混凝土是你的职责。还应该考虑避免阻碍当地商品混凝土行业改进技术的发展。

应认识到在许多国家，尤其是在美国，不适合的规范制定者已占据了数十年。制定的规范有利于低技术供应商生产高变异性的、多砂的、高收缩的、没有使用水泥替代材料的混凝土，而水泥替代材料除了降低成本外还可提高耐久性。如果您的工程项目需要使用特殊混凝土，那就应该征求专家的意见。无论与否，这是一个良好的开端，如果在美国，将与美国商品混凝土总会（NRMCA）或美国混凝土学会（ACI）讨论关于你们当地的情况以及是否应征询专家的意见，每个国家可能都有其相当于美国混凝土学会一样的组织。如果规范制定者总体上能带来正面的影响效应，就会使当地混凝土行业的水平得到提高并改善他们的混凝土在世界的形象。

# 第2章 混凝土性能

在开始设计（或指定）混凝土之前，必须确定我们想要的混凝土应该具有哪些性能，不需要具有什么性能。

某些混凝土性能会受到两方面的影响，例如产生的水化热。但通常造成性能不理想，是因为缺乏对性能的要求。

混凝土的一般性能要求有：

- 耐久性；
- 强度；
- 抗渗性；
- 工作性；
- 体积稳定性；
- 美观性；
- 经济性。

## 2.1 耐久性

混凝土的耐久性必须放在首要位置，因为如果混凝土没有达到设计的使用年限，其他性能也就无从谈起。

然而，设计年限为几年、几十年或几百年的混凝土，成本昂贵与经济“合理”的混凝土，环境条件良好与恶劣的混凝土，其耐久性的差异很大，特别是素混凝土和钢筋混凝土的耐久性差别更大。

在一篇深入研究混凝土耐久性的文章中（论文引用的参考文献达15页之多，是论文篇幅的5倍，列举了许多错误观点的例子，该论文没有发表，但放在了网站上），A. Leshchinsky 和 M. Lesinskij 提出了一些关于混凝土耐久性的有趣的重要观点。目前，混凝土的耐久性差是世界范围内的严重问题，而现代水泥的性质往往被认为是罪魁祸首。该文章认为，现在的混凝土材料成分优于过去，其与过去混凝土成分的不同就需要采用不同的使用方法，真正的问题在于规范中没有明确这些。

最主要的是，随着新型水泥强度等级的提高，可带来辅助胶凝材料的使用量增加，而不需要增大水胶比。粉煤灰和高炉矿渣出色的潜在活性被低估，甚至有些规范不允许使用它们。另一方面，硅粉被看做是混凝土中的一种重要组分，对混凝土起着巨大作用，这种观点是因为规范的“过度规定”。混凝土的化学外加剂也被视为一种出色的新产品，但其中有误解和误用。

至于细骨料，作者发现了一个关于理解有害和非有害细骨料区别的误区。规范往往限制细骨料中细颗粒成分的百分含量，而不是限制这些细颗粒中含有害物质（黏土和淤泥）的比例。在细骨料（天然砂）濒临短缺的时代，重要的是既不拒绝或忽视不理想的材料，但也不允许使用不符要求的材料。对细颗粒真正合理的评价方法是采用亚甲基蓝法来测定，而不是筛分分析（我怀疑原始的沉降试验是否能执行此项功能，尽管所需要的专业知识和成本较少）。

在某些地区，有使用拆除建筑的废弃混凝土或钢渣作为混凝土的粗骨料来节省天然材料的趋势。作者不情愿也不赞成使用这些材料，由于用这些材料拌制的混凝土耐久性具有不稳定性和不可避免的高变异性，因此，建议使用一些耐久性更稳定、更好的混凝土会有更高的保存价值。

目前，使用的规范易造成人们对混凝土技术的错误理解，生产的混凝土不能达到令人满意的要求。可以列举许多实例，尤其是在养护方面。可明确指出，养护对混凝土耐久性和抗渗性的重要性要比对强度的重要性更大。由于制定的规范条款更繁琐和执行这些条款更严格，在监管力度不大的情况下，日后出现混凝土修复就不可避免，但应指出遵循这些条款增加的成本与未来修复或更换的费用相比将少得多。

从抗渗性的角度来看，水是混凝土中最糟糕的组成部分。当水泥水化所需的多余水分蒸发后，留下孔隙允许水分渗透。阻止渗透最简单的方法就是控制水胶比，事实上更多的用水量比更少的胶凝材料用量更有害。

海水或任何含有氯化物的水对混凝土结构都不利。这是因为氯化物提高了混凝土的导电性，导致了钢筋锈蚀。

硫酸盐侵蚀是使混凝土性能劣化的主要原因。硫酸盐与普通硅酸盐水泥中的水化铝酸钙反应可造成混凝土的膨胀破坏，此外，水泥浆体本身也变得脆弱。因此，抗硫酸盐水泥必须限制水泥中的铝酸三钙含量。另外，由于铝酸三钙还有水化热大的特性，低热硅酸盐水泥也必须限制其含量。因此，低热水泥也可被认为是抗硫酸盐水泥，但抗硫酸盐水泥不一定是低热水泥。因为，抗硫酸盐水泥中没有限制硅酸三钙含量的比例，这是水化热产生的一个更重要的因素。然而，这两种水泥都低于正常氯化物的抗渗性，因此都不能用于受海水侵蚀的工程，因为海水中包含硫酸盐和氯化物，好的解决方法是掺粉煤灰或高炉矿渣。高炉矿渣尤其适合海上工程使用，但其掺量必须达到70%以上才有效，而粉煤灰掺量应达到20%～50%，硅粉对提高混凝土的抗渗性也是非常有效的。

混凝土劣化的另一个原因是碱－骨料反应。这是混凝土另一种形式的膨胀破坏，破坏是由内部造成而不是外部渗透。碱－硅酸盐反应来源于碱（主要来自水泥）与活性二氧化硅（通常来自粗骨料）反应引起水泥基的膨胀破坏。虽然比较少见，但一旦发生，则是灾难性的。有三种办法可以抑制碱－骨料反应的发生：第一，避免以氧化钠计算的总碱（钠和钾）含量大于水泥用量的0.6%；第二，选择非活性骨料；第三，掺粉煤灰、硅粉或天然火山灰来提供过量的活性硅，消耗以任何形式存在的碱所产生的非膨胀表面反应产物。

虽然低渗透性混凝土不会迅速被侵蚀，但混凝土是不耐酸性侵蚀的。有趣的是，聚合物混凝土抗酸性侵蚀的能力很强。

## 2.2 钢筋锈蚀

事实上，钢筋是混凝土的致命弱点。我们都知道，当钢筋转化成氧化铁时，其膨胀会造成混凝土开裂、锈迹斑斑。罗马的混凝土建筑不加钢筋，这是其数百年来幸存的重要原因。然而，我们也要看到如果基础受到振动，无钢筋混凝土就会很易遭受破坏。

钢筋腐蚀的主要因素是没有足够厚度的普通混凝土保护层保护钢筋。然而，过厚的保护层又意味着混凝土表面实质上是无筋的，易产生收缩裂缝。

有了合适厚度的保护层，下一个造成混凝土中钢筋锈蚀的因素就是混凝土的渗透性。要想钢筋不生锈，除非与水和氧气不接触，二氧化碳是造成钢筋锈蚀的主要原因。因为水泥为钢筋提供了钝化条件，并降低了渗透性。我过去曾经认为高水泥用量的混凝土是实现耐久性好的一种方法，用一定比例的粉煤灰和高炉矿渣代替水泥会降低耐久性。如今我意识到，这些水泥替代材料，特别是超细材料（如硅粉），可降低渗透性，是减少钢筋锈蚀的一个重要的积极因素。然而，要有效减少渗透性，对于掺粉煤灰或高炉矿渣混凝土的良好养护更是必不可少的。

## 2.3 强度

强度是公认的评价混凝土质量的首选标准。混凝土配合比设计的意义就是在给定强度条件下设计一个满足要求的混凝土配合比。而强度往往不是最重要的条件，把混凝土用途作为标准，在最佳配合比设计程序中就可一步一步清楚显示选择配合比的原因。这是为了把强度要求转换成水灰比。强度和水灰比之间的关系一般归因于 Abrams（美国，1919）。事实上，Feret（法国，1896）在艾布拉姆斯之前提出了一个更准确的比例，就是在强度和灰水比之间加上了孔隙率。配合比的准确性不重要，重要的是可论证被假定用来代表强度的水灰比本身比强度更重要，同时概念的简单性与准确性同样重要。

虽然水灰比概念简单，且实现也很简单，但要去把测试它作为标准实施起来是困难的。例如，确定给定混凝土试样的水灰比最准确的方法（其中水灰比与强度的关系已经确立）是测定其强度。也许不幸的是，水灰比不如灰水比更受欢迎，因为在很大程度上，强度与灰水比几乎呈线性关系。

水灰比作为一种试验方法和规范手段对强度有很大的重要性。

最初的配合比设计方法是假定只采用一种细骨料和一种粗骨料，然后以任何合理的比例混合（例如，水泥:细骨料:粗骨料 =1:2:4），会有较大的坍落度（例如 100mm）。如果此混凝土拌合物在坚固的容器（例如一个圆桶，而不是像圆柱形模子那么小）中强烈振捣几分钟后，一些多余的粗骨料或砂浆就会留在顶部。如果将上半部分丢弃，则下半部分的砂浆比例应是理想的砂率。这是一种对学生有用的训练，因为它说明了用砂浆填充粗骨料中空隙的概念和表明一个理想的配合比一旦达到充分密实就不要再过分振捣，以避免混凝土的离析。

除了水灰比以外，高强度还取决于其他许多因素，这些因素包括粗骨料强度、基体与粗骨料之间的结合等。以往的混凝土强度很难超过 90MPa（13000psi），如今在给定粗骨料、硅粉和高效减水剂的条件下，很容易获得其两倍的强度。作者回顾 20 世纪 70 年代末在未使用高效减水剂之前，进行 60MPa 混凝土的配合比试验，采用两种不同强度的粗骨料，结果显示骨料强度高的反而不理想，这是因为尽管强度高的粗骨料本身是坚硬的防渗材料，但与胶凝材料却不能很好的黏结。如今随着硅粉和高效减水剂的出现，它们有了极好的黏结，强度高的粗骨料比另一种得到了更好的效果，但两者都很容易超过 100MPa。

使用高强混凝土需注意的是结构中的混凝土不像水中养护的圆柱体或立方体试件在试验时处于吸水饱和养护状态。结构中混凝土的水分不足以保证水泥充分水化，因此将发生自我干燥而不能充分发展其强度。实际工程中可能会在拆模后迅速用聚乙烯材料包裹，或把混凝土放置在像钢管柱一样的永久性模具中，来减少拌合水的流失。所以，高强混凝土试件在做试验时应该用聚乙烯材料包裹而不是在水中养护，虽然这可能仅限于少数对比试验，但对试验结果进行变异性分析来看，对质量控制可能不理想。

一个非常有趣的建议是在拌合物中使用饱和轻粒子以提供内部水分养护（Bentz et al.，2005）。另一项建议是使用一定比例的活性氧化镁来起类似的作用（见5.4节）。

高强混凝土（事实上是渗透性非常低的混凝土）的另一个问题是在火灾中易导致爆裂的问题。该理论认为，在遭受火灾时，混凝土结构受到高温烘烤，内部水蒸气将无法逃逸，并会导致爆炸剥落。前面提到的混凝土有自我干燥的过程，此时看似不太可能发生，但实际上混凝土内部的化学结合水是可分解的。这里提出在拌合物中掺入尼龙或聚乙烯纤维，以便在发生火灾时它们会融化，为水分提供逃逸的路径。一般来说，火灾造成的结构破坏多归咎于未能保护好钢筋而不是混凝土的破坏，因此，采用绝热性更好的轻骨料混凝土会使其抗火灾的性能有所改善。我有一个想法，当混凝土加热至高温时，地聚合物混凝土的强度实际上获得增长。这项研究甚至表明“纽约双子塔（New York Twin Towers）”若用地聚合物混凝土建造，可能就不会倒塌了。

关于高强混凝土的争论还有就是为提高抗冻性是否仍需要引气的问题。毫无疑问，对在水箱中养护或吸水饱和试样进行抗冻试验时是需要引气的，即使是超高强混凝土。然而，前面提到的混凝土的自我干燥过程，再加上实际工程中不可能为过饱和，这似乎表明引气是不必要的。

## 2.4 抗渗性

关于混凝土的抗渗性，前文已广泛涉及，但仍有几点值得一提。

养护对混凝土的抗渗性比对其强度更重要。

水渗入混凝土有三种方式：

（1）因没完全振实，通常水分由骨料分离导致的粗大孔隙渗入。

（2）水分由干燥收缩、热应力或泌水沉降产生的裂缝渗入。

（3）拌合水过多，超过水泥水化所需的水量，也就是用水量超过水泥质量的0.38倍时，就会形成连通的毛细管。

粗大孔隙对抗渗性的影响是显而易见的。值得一提的是，由于干硬的低坍落度混凝土比相同强度的多砂混凝土的用水量低，且灰砂比较大，因此，其孔隙率也相应减少。要想使混凝土达到低渗透性，就必须使其充分密实。当然，自密实混凝土的发展对渗透性来说就是一个很好的答案，因为从理论上讲，自密实混凝土是不会出现不密实的问题的。

当拌合水占新拌混凝土总质量的15%～20%，水灰比大于0.38时，并非所有的水被水泥水化所消耗掉。达到多余水分留下连通孔隙的程度，将会为水渗透提供便捷通道。这解释了渗透性与水灰比的关系趋势图，渗透性在随水灰比增大缓慢上升一段后，在形成连通孔隙的水灰比处变得陡直（图2.1）。

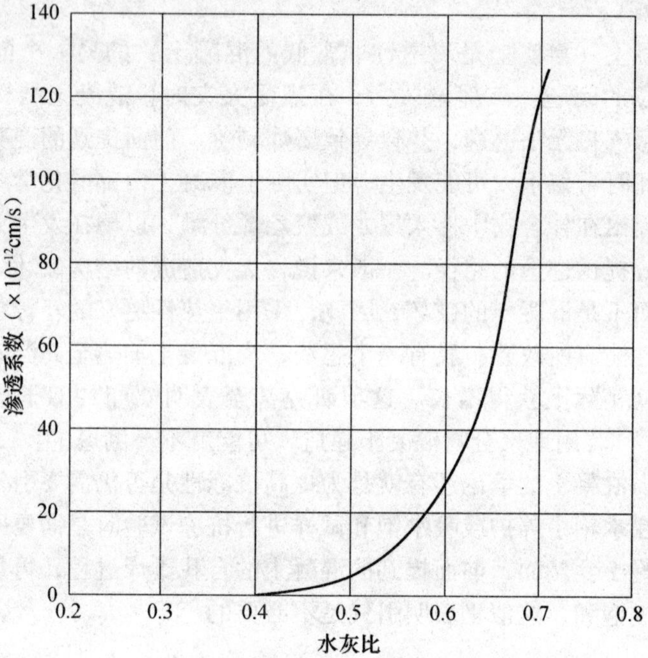


**图2.1 水灰比与渗透系数的关系**

最新混凝土配合比设计理论表明，应密切关注水泥和更细材料的填充效果，这样能够减少浆体中的总孔隙，尤其是掺入高效减水剂时。

总孔隙率不是决定渗透性的唯一因素，另一个重要因素是孔的分布和孔的不连续性。泌水是产生连续孔或半连续孔的根源。混凝土振实后，泌水是由于水泥颗粒下沉而水分上升引起的，这往往在细骨料颗粒下方留下了水囊。在水足够多时可使细骨料颗粒略有沉降，水分又顺其周围绕过上升。在粗骨料颗粒下方这一过程发生的范围较大，最终使整个混凝土略有沉降，在其表面形成水膜。这一过程的发生非常微妙，不会对混凝土性能产生很大影响。如果泌水严重，水上升时往往会留下清晰的毛细管，称为泌水通道。硬化混凝土发生的水渗透，显然是大量形成的垂直泌水通道和粗骨料甚至细骨料颗粒下方的孔隙造成的。

减少渗透性的第一种方法是，应避免泌水带来的影响，在形成通道后应进行堵塞。已形成的孔会随着水泥的不断水化，在孔中形成凝胶类水化物而逐渐堵塞，这就需要混凝土有良好的养护，同时合适的水灰比对其影响很大，如表2.1和图2.2所示。第二种方法是，在混凝土中使用憎水性材料，这种材料在市场上被称为“防水外加剂”和类似皂类的材料，例如硬脂酸盐类或有机硅材料。一些憎水性材料可能会提供早期效应，但长期效应会丧失。

**表 2.1　形成不连续孔所需要的时间**

| 水灰比 | 毛细管孔隙堵塞的混凝土龄期（d） |
| --- | --- |
| 0.40 | 3 |
| 0.45 | 7 |
| 0.50 | 14 |
| 0.60 | 180 |
| 0.70 | 365 |
| >0.70 | 无限长 |

**图 2.2　渗透系数与养护龄期的关系**

影响泌水的因素有：

(1) 细颗粒材料用量（包括水泥、矿渣、粉煤灰、硅粉和天然火山灰等)；

(2) 引气；

(3) 通过外加剂或低坍落度减少用水量；

(4) 连续级配 (尤其是细骨料级配)；

(5) 使用甲基纤维素或其他凝胶形成的外加剂 (主要是在水泥浆中)，称为 VMAs (黏度改良剂)；

(6) 缓凝，无论是由于低温或使用缓凝剂都会延缓凝胶形成，因而延长了泌水时间。

实际上，混凝土是由大量吸水饱和的颗粒组成，这些水分会逐渐析出，析出的水越多，泌掉的水也就越多。

这些颗粒填充的密实性越好，水越难以通过。水泥、矿渣、粉煤灰、气泡、稻壳灰和硅粉等是很好的泌水抑制剂。极细的碳酸钙 (石灰石粉) 是近年研发应用的，人工砂中的超细颗粒在某些情况下使用是非常必要的。硅粉是泌水最有效的抑制剂，它比水泥和水泥颗粒间的缝隙还要小很多倍，少量使用 (如 10 ~ 30kg/$m^3$) 几乎足以完全抑制泌水。应当指出的是，如果硅粉分散不充分，它的抑制效果将大大降低。从本质上讲，这意味着硅粉始终应拌成泥浆状，或者与高效减水剂一起使用并给予足够的拌合时间。

应指出的是，消除或大大减少泌水可能会带来开裂的问题。对这样的混凝土应特别注意采取相应的保护措施，如使用酒精蒸发抑制剂“Confilm”或采用聚乙烯薄膜、雾喷等。

## 2.5 工作性

工作性是大多数混凝土的一个重要特征，该性能比广泛使用着的坍落度试验包含更多的内容，本质上讲，是我们全面考虑新拌混凝土的一个性能。工作性试验的详细内容将在第 11 章试验 (11.7 部分) 中和骨料 (7.1 部分) 中涉及，这里不再赘述。

除坍落度之外，工作性包括流动性、可泵性、密实性、离析性和泌水性等中的部分性能或所有性能。对于工作性的影响，除用水量外，另一个明显的影响因素为黏聚性。黏聚性在抗离析和泌水方面可以从物理的角度估测出来，但是在配合比设计中需要采取量化措施。作者使用一个术语叫 *MSF* (配合比适合因子)。这个因子是考虑改变胶凝材料用量和含气量来调整混凝土配合比的比表面积，以达到改善黏聚性的目的。

使用流变仪测量混凝土的屈服强度和塑性黏度正在取代实验室的传统试验

方法和特征描述，但其很少延伸到混凝土的工作性领域，因为这些测量参数不能从级配和配合比中计算得来。因此，流变仪测量是一种不需采用计算而通过试验来确定混凝土的预期性能的方法，或许未来这可能会改变。

鉴于混凝土拌合物特征只能通过坍落度和文字描述，对于泵送混凝土、结构混凝土或道路混凝土，采用 MSF 的确是一个很大的进展。然而，*MSF* 只适应“新”材料、自密实混凝土或高流动性混凝土是不够的，普通泵送混凝土也需要衡量级配连续性和抗泌水性，对于后者则要解决含有多少细骨料（至少通过 200 号筛）或使用什么化学外加剂的问题。

级配连续性可通过推荐的起限制作用的理想级配曲线进行调整。理想级配曲线应有两条包络线：一条被认为是理想的包络线曲线，另一条是不可接受的包络线曲线。根据每个筛子的筛余物累计百分率来评定级配可否被接受，当级配曲线上任何一点落在限制区域以外就可确定为不可接受。也可考虑指定使用某些特殊粒径的筛子，用一个系数乘以在这些筛子上的筛余量。作者并没有亲自使用这种方法，因为理想曲线形状有太多未知数、限制的范围和特殊筛系数。然而，CohAd 系统允许用户根据自己的想法输入这些项目，当可泵性不重要或者有争议时，作者确实想看看与其他框架不同的级配。

作者更倾向于使用 *GI*“间断指数”来衡量级配与一直线的偏离程度。6 个筛（0.15mm、0.3mm、0.6mm、1.2mm、2.36mm、4.75mm）上各自筛余物的累积百分率通常占骨料总量的50%。所以，作者使用总量的7%和实际保留在每层筛上的量的差值的平方和作为间断指数。这项技术的优点是它可以被纳入作者的“Mixtable”配合比设计系统和网站上的配合比优化免费程序。当设计配合比给定强度、坍落度和 MSF 时，系统会显示一个间断指数 *GI*。如果设计的配合比要求泵送或有流动性、或因其他原因要求有较好的黏聚性时，可以指定该间断指数 *GI* 一个极限值。该程序将设计一个与指令一致的配合比范围，并将显示成本增加的原因。然后，用户可以根据他们预计的费用决定如何改进级配的连续性。在作者的设计系统中，也有些显示个别的保留图形，以便用户可以看到改变后 *GI* 的效果。

*GI* 技术有一个弱点，当相邻筛之间出现下面情况时它不会区分：每个筛的筛余为10%（=7% +3%），其中一个是10%，而下一个是4%（=7% -3%）。另一种 *GI* 将把连续筛之间的平方差加起来。因此，该评估系统可以输出 *GI*1 和 *GI*2，提醒用户任何一种情况。

更多关于坍落度试验的细节见 11.7 节，其在规范中的要求将在第 6 章讨论。

## 2.6 可泵性

根据多年工作经验，认为泌水的混凝土不能泵送，但也并不表示不泌水的混凝土必然可以泵送。在最近的一篇文章（Kaplan 等人，2005）中，这个理论已被充分和全面试验所证明。该文章描述了检测泌水方法的新进展，适合于现场使用，对限制泌水提供了明确指导。文章还提供了操作泵送的有关建议。然而，文章没有提供任何关于泵送混凝土配合比设计的建议。

## 2.7 坍落度

配合比设计和质量控制采用评估工作性的常用方法是坍落度。尽管该方法很方便，但坍落度试验在衡量不同配合比的工作性时却是一个很差的方法。保留坍落度作为衡量标准的第一个原因是，坍落度试验在混凝土的技术理论和实践中已根深蒂固。第二个原因是，作者提出的 *MSF* 结合了坍落度，作为一个绝对的标准比坍落度更具有效性。第三个原因是，也许是最重要的，它对同一配合比混凝土连续运送过程中含水量变化非常敏感。

所述这些，并不是要求停止使用坍落度试验，而是要认识到并允许其存在的局限性。例如，限制坍落度值通常包含在规范中。除少数例外，这并不是实现规范目标最好的方式。首先应该有规范什么的目的，而不是盲目地将先前的规范包含在当前的文件中。这些目的可能是避免混凝土产生过大的收缩、离析和泌水，或避免过大的水灰比导致强度或耐久性不足。然而，无论避免坍落度多大多小，这些问题几乎可在任何坍落度时都会遇到。因此，应允许承包商自己提供他所选择的坍落度、自己认可的配合比，以及设计适合他自己要求的无害处的坍落度限制。很可能当混凝土坍落度达到250mm 或以上的大流动性时，也不出现上面提及的问题，而混凝土坍落度达到50mm 时，却有可能会出现上面提及的所有问题。

更多关于坍落度试验的细节见 11.7 节，它在规范中的应用解释将在第 6 章讨论。

## 2.8 自密实混凝土（SCC）

自密实混凝土概念的提出在混凝土工作性方面翻开了崭新的一页。自密实混凝土是一个相对较新的混凝土种类，20 世纪 80 年代起源于日本，最初在世界混凝土工程界引起很大的怀疑。如今，人们已深信在不远的将来它会成为工程应用最为广泛的混凝土之一。后面会有整整一节（5.3节）致力于此主题研讨，尽管作者在这方面的实践经验非常少。

## 2.9 体积稳定性

体积稳定性表现在不良的热膨胀或因碱－骨料反应、硫酸盐侵蚀造成的膨胀破坏，但本质上的问题是收缩。收缩的主要类型有干缩（其中包含有自收缩或化学收缩）、碳化收缩、弹性劣化及徐变等。

自收缩是近来比较公认的像涉及到水灰比非常低的混凝土收缩是自干缩的结果一样的现象，比正常干缩发展快很多。

干缩是当多余游离水分蒸发时水泥浆体收缩的结果，收缩时受到骨料特别是粗骨料的限制。从这一点可明显看出，水、水泥及细骨料的用量越大，收缩也就越大。有些粗骨料有明显的吸收水分的变化，将直接产生收缩。除此之外，粗骨料弹性模量越大，收缩就越小。

## 2.10 美观性

良好的外观要求混凝土充分密实，避免孔洞。事实上，模板或模具的使用对美观性方面有相当大的影响。

普通混凝土泌出的水易上升到模具表面或任何轻微渗漏的接头处，造成混凝土表面非常难看，包括“砂纹”和“水化污点”。水化污点可由毗邻接头的区域引起，归因于泌水使灰色的水泥浆体表面变成了黑色。然而，自密实混凝土证明了混凝土无泌水的重要性。真正的自密实混凝土不会泌水，因此摆脱了这些缺陷，甚至在内倾斜模具面浇筑时也不会造成此类缺陷。

## 2.11 放热性

放热性与使用的胶凝材料种类和数量有很大关系。通常使用低热水泥来达到降低放热量的目的，但最好的办法是掺一定比例的粉煤灰。在粉煤灰不适合使用的地方，可以用硅粉代替。虽然在使用相同水泥用量的情况下，掺硅粉可加快早期反应产生更多的热量，但关键的是掺入硅粉可以减少足够多的水泥用量，从而使总的放热量仍然降低。

对于矿渣水泥要慎重考虑。矿渣水泥实际上比普通水泥产生更多热量，且放热很慢。在少数的特殊情况下热量可以释放出，绝热温升较低。但在大多数情况下，如浇筑的混凝土厚度超过 1m 时，热量不能快速的散去，绝热温升就会较高。

## 2.12 经济性

高质量混凝土本身的成本，在最终工程总成本中只占相当小的比例。钢筋、运输、浇筑、外观、养护等的费用，特别是模板费用，通常超过混凝土的基本成本。然而，应知道高质量混凝土的额外支出在混凝土生产商的利润中却占相当大的比重。

由此表明，要想得到比你自己规定质量更高的混凝土是不现实的，但应规定一个最低的质量要求（见 12.2 节的“什么是经济混凝土?”）。“质量”通常是指强度等级，但收缩、泌水以及耐久性等可能也需要考虑。

水泥替代材料一般会给予混凝土更好的性能，通常值得规定而不仅仅是允许。给定一强度，水泥用量最低的混凝土会更受欢迎，因为其用水量也将最低。

# 第3章　混凝土配合比设计

从本书的第二版发行以来，混凝土配合比设计技术又得到一定程度的发展。调查表明，混凝土配合比设计的发展与粉体材料（小于150μm、甚至小于75μm）相关，尤其是自密实混凝土、纤维增强混凝土及超高强混凝土（强度超过150MPa）。人工砂（“M sand”）、超细石灰石粉，以及目前广为使用的粉煤灰、硅灰和偏高岭土等，都正以一种新的观点对其开展研究。

因此，在这些方面（还包括化学外加剂）都应给予重视。

而对于很多的小生产商，在他们的工作环境中通常不会遇到这些技术问题，但仍需了解在工程项目的普通混凝土供给中如何参与竞争？当作者尝试着预测混凝土未来，并协助混凝土设计和控制技术取得新进展时，也在尽力减轻小生产商的任务。目前，混凝土配合比设计和质量控制的免费程序已上传网站www. kenday. id. au。本章旨在引导此类读者，以及刚投入该领域的学生对混凝土配合比设计和控制技术有一个更全面的了解，并利用一些简单的技术使客户实现前所未有的质量控制和经济效益。

## 3.1　简单混凝土配合比设计

混凝土配合比设计的基本概念就是选取合适的原材料及相互比例，以满足必需的强度和工作性等要求。通常认为混凝土强度与水灰比（*W/C*）相关，而工作性与坍落度、砂率（或黏聚性）相关。砂率越大，用水量则越大（由此导致水泥用量增大、成本提高），因而更“柔软”，混凝土拌合物坍落度一定时，黏聚性则更好。通常情况下，使用的砂越细、用量越大，也会得到相同的效果。许多混凝土配合比设计系统推荐“理想级配”，还有一些推荐不同用途的曲线范围。作者提供了一个表示砂率的实际数值因素，该因素就是*MSF*“配合比适合因子”（也有人称之为配合比砂率因子），来源于混凝土配合比中骨料的比表面积（*SS*）。

配合比设计系统最初应用于20世纪50年代初，那时甚至还没有计算器（更没有计算机）。本书以前的版本介绍了如何手工使用该系统，现在网站

www. kenday. id. au 已提供了简单的免费程序。

此后，作者还提供了开发完整的 ConAd 配合比设计系统的细节，但现在仅适用于由 Command Alkon 销售的 ConAd 整套软件的一部分。ConAd 软件不太适合于小生产商的生产方式，因此，该软件主要推荐给大型混凝土生产商，其比表面积配合比设计技术已获得更广泛的应用，作者也在网站上提供了免费程序。此程序简单易行，但用户应注意到其应用的局限性，这一点将在下面介绍。

首先，按照下载说明，从网站 www. kenday. id. au 上下载 KensMix 和 KensQC 程序（确定您下载了“firebird”数据库程序）。然后，从开始菜单中进入 KensMix，如图 3. 1（最初是没有数据的）所示。

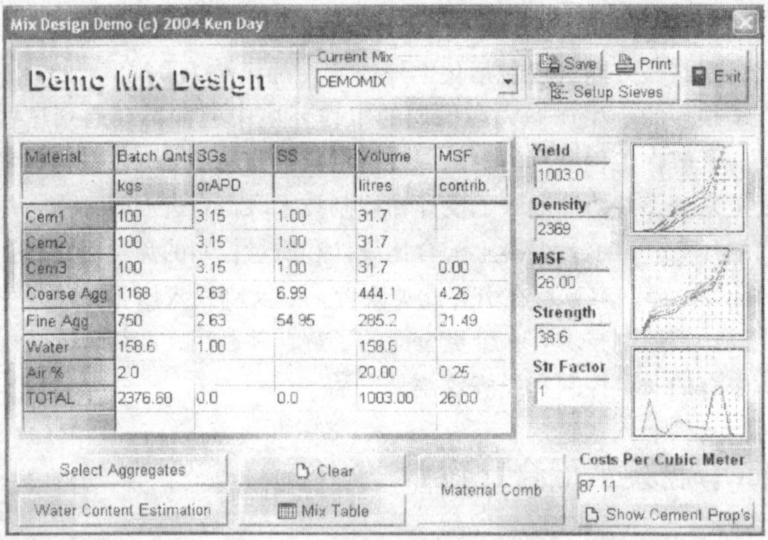


**图 3. 1　简单配合比设计页面**

以前的配合比可以通过点击向下的箭头从所提供的列表中选择，DEMOMIX 表将确保按照说明正确操作，但需要输入自己的混凝土配合比。第一步，输入骨料级配，点击“Select Aggregates（选择骨料）”按钮进入图 3. 2 所示界面。

第二步，按照第一列的筛孔尺寸，依次从粗骨料到细骨料填入累计筛余百分率。然后，点击“Save（存储）”，在“Current Aggregate File（当前骨料文件）”处给材料命名。此后，随时可以通过键入“Load（加载）”召回分级，从列表中通过高亮显示，点击右下角“Select（选择）”选项进行选择。在系统运行中，重要的是必须输入骨料的成本和 *SG*（成本单位无关紧要，只需是其他所用材料成本的相对值)。可以加入大量可供选择的骨料组合，系统会自动计算骨料的比表面积 *SS*。

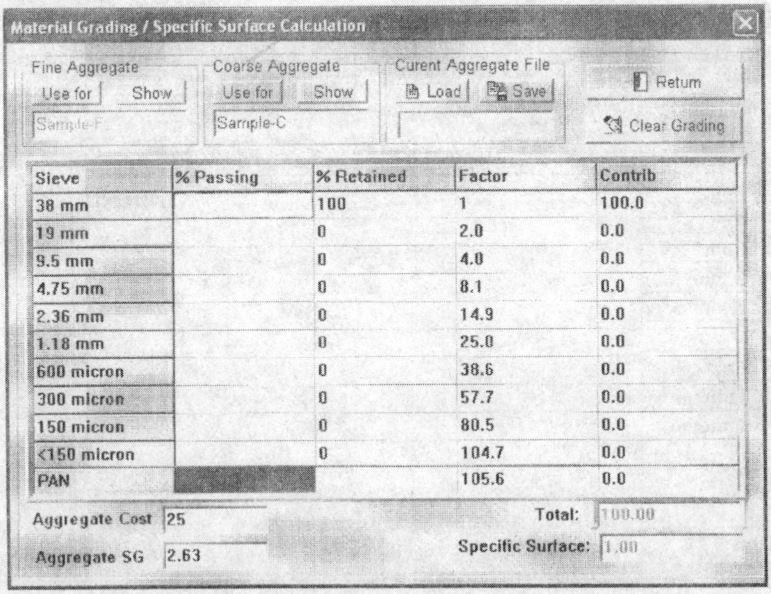


**图 3.2 比表面积计算界面**

一旦要调出所选定的细骨料，就在细骨料下点击“Use for（选定）”即可，粗骨料与之类似。返回时，每个 *SG* 和 *SS* 都会自动显示到配合比设计主页上。当在主页上重新进行配合比设计时，在骨料页面上点击“Show（显示）”，则配合比中所涉及材料的性质就会显示出来。

当使用的粗细骨料不止一种时，必须按图 3. 3 使用组合页面。在屏幕上点击 LHS 下的“Load（加载）”键，则输入的所有骨料都会以列表形式显示出来。其中一种出现亮光，点击“Select（选择）”，屏幕顶端的第一个框将显示材料名称，其级配出现在下方。第二个选框是选取组合中的材料比例，选中第三个选框就表示“采用这种材料”或将其从当前组合中清除。对加入的三种材料，相互比例可以是不同的，在 *RH* 列中观察各自的级配组合。组合确定后，按组合和描述命名，然后保存。该组合将以材料清单上的一种材料出现（如果需要的话，也可能将其作为单独一种材料纳入页面，并与其他材料混合）。

主程序仅涉及一种粗骨料和一种细骨料，因而必须指定两种或两种以上粗细骨料的相互比例。组合选定后，则按单独一种骨料将其保存。在配合比设计系统中，很容易调用该组合骨料（粗细骨料的理想比例见 3. 3 节）。

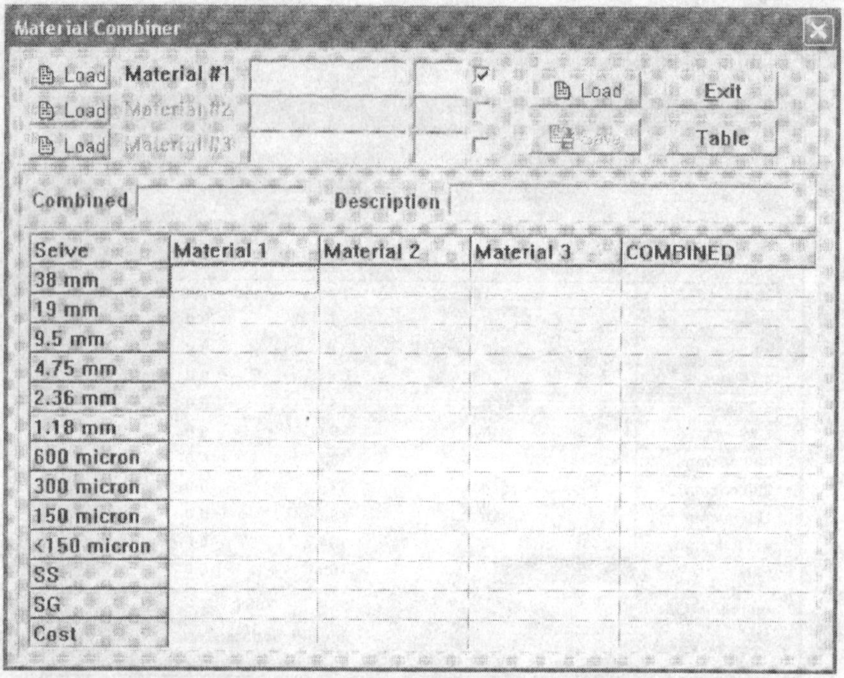


图 3.3　材料组合

现在重新返回到主菜单，如果使用多种胶凝材料时，则点击 *RH* 底部的“Show Cement Props（显示胶材体系）”。在这三行旁边，会出现一个小屏幕来分配各种胶凝材料。各种胶凝材料的强度因子和价格都必须输入，粉煤灰的强度因子范围约为0.5～0.9，硅粉约为3.0～4.0，水泥的强度因子已输入，为1.0。胶凝材料的 *SG* 也将在第一个页面上相应的栏框中输入。这种“等效水泥”是基于工作性，与基于强度的不同。对硅粉而言可能是相同的，但对粉煤灰而言可能是1.0或更高。这些因素都将直接输入到配合比设计主页的“*SS*”列。

如果要在试验中输入特定的混凝土配合比，则可在第一列中操作。若已知该配合比混凝土的强度，则应在屏幕下方的 RHS 处调整强度因子，直到满足程序的预设值。

如果你不知道配合比的用水量，或者是一个新的配合比，那么点击屏幕下方的 LH“Water Content Estimation（用水量估算）”，得到图3.4界面。

除屏幕上方的“Basic”及下方的水因子“Water factor”或用水量“Water to use”外，*RH* 栏的数字是不能由用户输入或修改的。水因子和用水量是相互联系的，当其中一方发生变化时，则会引起另一方的变化，以与所有结果保持总体一致。当输入或修改主页上的用水量“Water to use”时，水因子“Water factor”也将随之自动修改。无论在主页上输入什么，在页面上点击OK都会出现“Water to use”的大小。

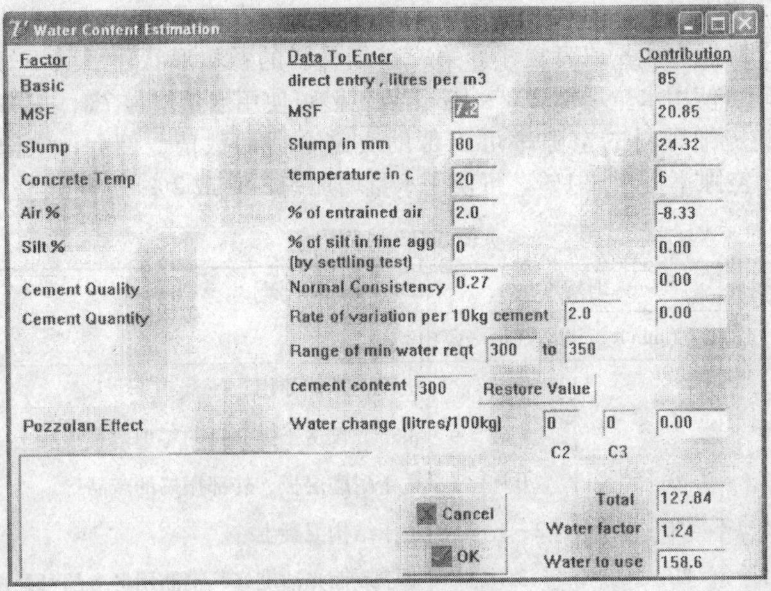


**图3.4 估计用水量**

在屏幕中间列，主页上输入的*MSF*值将会自动出现。用户可以修改*MSF*值来观察其对配合比的影响，但是新修改的数据不会自动传送到主页。坍落度、温度、含气量、砂的含泥量（由沉降试验获得的百分比）和水泥标准稠度等数据都由用户输入，并可导致Contribution列的变化。如果不知道这些数据，则可通过观察其综合影响效果来估计。例如，含气量的变化会对用水量有影响。

确定水泥用量时有点复杂。从用水量的角度看，水泥用量存在一个最佳范围，超出或者低于该范围都将使用水量增加。例如，当用户输入的水泥用量范围为300～350kg/m³或250～400kg/m³时，用水量的变化则大约为1～2L/10kg。水泥用量会自动地从主页传送出来，用户可根据其影响来修改该数据。同样，该输入数据不会自动传回到主页，只有键入“Restore Value（恢复数值）”后，才可将其恢复到主屏上。

对火山灰效应“Pozzolan Effect”一栏。一方面，应考虑粉煤灰可使用水量减少，减少量约为15L/100kg，因此，应在两个选框中的第一个（C2）输入－15；另一方面，还应考虑到硅粉又会导致用水量增加，约为5L/100kg，因而，在第二个选框（C3）中应输入5（不必输为+5）。

最后需输入的是“水因子”。水因子需要考虑以下两个影响因素：第一是减水剂，应记住允许含气量的影响，常用的普通减水剂可使水因子减小5%，此时，可将水因子设为0.95。而高效减水剂可使水因子减小20%以上，此时的水因子应设为0.8或者更小。第二是细骨料的颗粒形状，形状不好（棱角多）的砂可使用水量增加2%～4%，人工砂可使用水量增加7%～10%，甚至更多。确定细骨料的空隙率可以帮助决定合适的数值，例如，空隙率超过35%时，空隙率每增加1%，可使用水量增加5L/m$^3$或2%～3%。

**表3.1　*MSF*值**

| *MSF* | 坍落度 | | 备　注 |
|---|---|---|---|
| | （mm） | （in） | |
| 16 | | | 极干，不能使用 |
| 16～20 | | | 很干，仅适于强振捣的零坍落度混凝土 |
| 20～22 | 0～50 | 0～2 | 适于耐磨层板、外部振捣的产品 |
| 22～25 | 50～90 | 2～3.5 | 适于结构混凝土 |
| 25～27 | 80～100 | 3～4 | 适于表面光洁度好、钢筋用量多的可泵送混凝土 |
| 26～28 | 90～120 | 4～5 | 适于可泵送轻混凝土 |
| 27～31 | 200+ | 8+ | 适于大流动性混凝土 |

因此，使用普通减水剂和人工砂的水因子为1.00－0.05＋0.07＝1.02。然而，水因子大小最终还得由用户根据自己的经验来调整。

现在重新返回到主页做最后的调整。如果当前任务是对现有的混凝土配合比进行评估，则应按*MSF*分析该配合比是否能满足设计要求，包括产量、强度、密度等，以及该配合比的成本（可由表3.1提供指导）。在RHS页面上有三幅小图片，用鼠标点击后可将其放大。如果图片还在放大时，光标移出了图片，图片则将继续放大，直到再次点击使其停止。最上方的图显示的是传统的UK Road Note 4型骨料级配曲线。中间的图显示的是包括水泥、空气、水等在内的所有组分的曲线，这些曲线来源于平均强度的UK曲线，非常有用。最下方的图显示的是每个筛上筛余百分率曲线。由于骨料级配影响到混凝土的可泵性、离析或泌水等性能，因此，应确保级配良好。

如果当前的任务是设计新的混凝土配合比，则先输入一个粗略估计的配合比，再根据要求随时进行调整，当一处调整影响到先前的状态时，又需要重复调整。

首先，在屏幕上方 RHS 的“Yield（产量）”选框中输入 1000，该值输入后会自动调整以得到正确产量，但输入的胶凝材料用量不变。

然后，再输入所需要的 *MSF* 值，该值随粗细骨料比例的变化而改变，但不影响正确产量。

最后考虑输入强度值。可直接调整任何一种或所有三种胶凝材料量，这样可改变强度预测值，同时还会影响产量和用水量等，因而有必要重新在产量选框中输入 1000 之前再次检查用水量。

当然，强度预测值取决于两方面：主页上的主强度因子和附页上单个胶凝材料的强度因子，其中后者是在点击“Show Cement Properties（显示胶凝材料性能）”后出现的。强度预测值的可靠性依赖于当地原材料的品质，还应在最初以及随后的经验基础上对一种或多种配合比进行调整，当配合比改变时，原材料应保持不变。

与采用强度和用水量预测一样，也可采用密度预测，当 *SG* 值、用水量及含气量输入正确时，密度是不会错的。如果测试的圆柱体试件不是该密度，则有可能是混凝土振捣不密实、用水量或含气量不对或您输入的 *SG* 值不准确等原因引起。

当混凝土配合比满足设计要求时，则对其命名并保存。针对给定强度、配合比类型、胶凝材料组分以及不同的骨料等可同时设计并保存大量的混凝土配合比。在输入了不同的强度、坍落度、*MSF* 值、胶凝材料组分和骨料后，会同时对设计的配合比进行成本比较，这很有意义。当在主页（图 3.1）上键入“Max table（配合比表）”后，输入的配合比会显示在页面上，如图 3.5 所示。

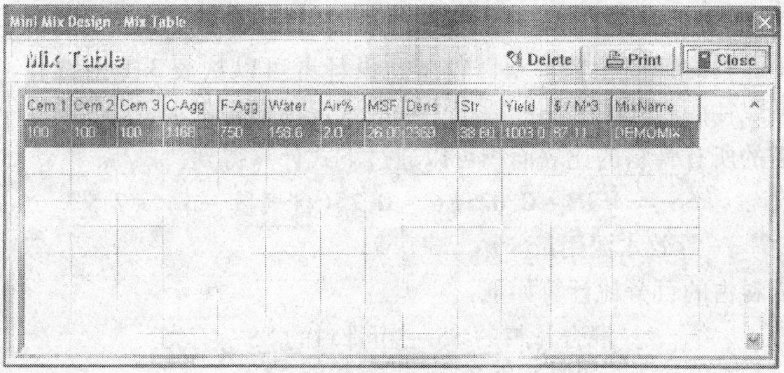


**图 3.5　配合比表**

虽然提供的系统不会显示用水量随预测页面表格中所列水因子的变化而变化，但用户若有兴趣可根据变化规律去构建一个电子数据表格。变化规律可能会很有趣，比凭个人经验预测会更准确，这样可通过选取典型的混凝土配合比，并与众多不同用水量的水因子一起拟出相应的混凝土成本。

掌握了基本的 $SS$ 配合比设计后，读者现在需要继续研究的是系统的起源和局限性，以及如何利用该系统对所选原材料研发具有商业竞争价值的混凝土配合比。

## 配合比调试

在本书第二版，作者曾在一定程度上忽视了混凝土配合比室内调试过程。这主要是源于起初对设计的高强混凝土配合比在相应的生产条件下进行调整可能更为有效的缘故。作者确信可以设计一种称之为“over the telephone（电话通知）”的混凝土配合比，该混凝土仅使用 OPC（普通硅酸盐水泥），有良好的工作性、强度在 ±5MPa 以内的变化，不考虑化学侵蚀或碱－骨料反应，但可能蕴藏其他危害的风险。正如 3.6 节介绍，作者在某国参加配合比设计竞赛时，对设计的混凝土配合比成型、拆模时出现圆柱体试件崩溃现象，究其原因，可能出在所选择的外加剂、粉煤灰类型和掺量与水泥之间的相互影响。因此，如果涉及到新的原材料或现有原材料的比例不合理时，建议至少将水泥、其他胶凝材料和外加剂按实验室配合比拌合后使用维卡仪（Vicat）测量其凝结时间。因此，一个很普通的试验就足以排除此类问题出现的可能性。

## 人工设计

在使用计算机，甚至计算器之前，作者提出的比表面积配合比的人工设计方法已使用多年。使用计算器对每种骨料的比表面积修正值进行计算，其难度比计算细骨料的细度模数要艰巨得多。设计者可以从表 3.1 中选择一个 MSF 值，并从以往的经验或公布的数据中选取水泥用量和用水量。

所需的所有骨料的比表面积可以通过下式计算得到：

$$SS = MSF - 0.025EC - 0.25(\text{含气量} - 1) + 7.5$$

式中 $EC$——等效水泥用量。

细骨料占的百分比计算如下：

$$\frac{\text{混合骨料的}SS - \text{粗骨料的}SS}{\text{粗骨料的}SS - \text{细骨料的}SS} \times 100 \tag{3-1}$$

如使用两种以上的骨料，则混合骨料的比表面积计算如下：

$$\text{混合骨料的}SS = \frac{\text{骨料1的}SS \times \text{骨料1\%} + \text{骨料2的}SS \times \text{骨料} + \cdots +}{100} \tag{3-2}$$

所有粗、细骨料都可以通过反复试验按任意比例来进行组合。式（3-1）可用于确定混合骨料中粗、细骨料所占比例。

甚至在小型计算器出现之前，作者就已经在该领域开始进行配合比设计，最初除了砂子级配外没有任何其他信息，有时甚至在信封背面逐字设计配合比，这个过程大约要用5min。粗骨料的比表面积 *SS* 通常估测为4或5，其影响较小，配合比设计时还应考虑水泥用量或水灰比。

之前所述的免费程序可以大大简化配合比人工设计过程。作者建立的计算机配合比设计系统中包含了所有的特征值，提高了系统设计的准确性，其准确性与其他设计系统相同，甚至更高。

### 人工设计示例

| | |
|---|---|
| 设计强度 | 40（MPa） |
| 允许标准差（范围3～6） | 取 $+1.65\times4$ |
| 平均强度 | $40+1.65\times4=46.6$（MPa） |
| 用水量（160～200L/$m^3$） | 取180L/$m^3$ |
| 水灰比［配制强度 $=25/(W/C)-8$］ | 0.458 |
| 水泥用量 $=180/0.458$ | 393kg/$m^3$ |
| 比表面积设计值（22～30） | 取25$cm^2$/g |

**砂的比表面积**

| 级配 | 筛孔尺寸（mm） | 过筛率（%） | 分计筛余（%） | 因子 | 总计 |
|---|---|---|---|---|---|
| | 4.75 | 100 | 0 | 8 | 0 |
| | 2.36 | 90 | 10 | 16 | 160 |
| | 1.18 | 80 | 10 | 27 | 270 |
| | 0.60 | 60 | 20 | 29 | 780 |
| | 0.30 | 30 | 30 | 58 | 1740 |
| | 0.15 | 10 | 20 | 81 | 1620 |
| | 0 | 0 | 10 | 105 | 1050 |
| | | | | | 5620 |

注：细砂（4区）的比表面积 *SS* 约为64，粗砂（1区）的比表面积 *SS* 约为40。

砂的比表面积：　　$5620/100=56.2$

粗骨料的比表面积取值为：　5

砂占的百分比：$[100\times(25-5)/(56.2-5)]=2000/51.2=39\%$

水泥浆的体积：水的体积＋水泥的体积＋空气的体积

$=180+393/3.15+20\times10=324.8$（L/$m^3$）

骨料的体积：　　　　　$1000-324.8=675.2$

细骨料的密度：　　　　　　2.6

粗骨料的密度：　　　　　　2.8

细骨料的质量：　$675.2\times0.39\times2.6=684$ （$kg/m^3$）

粗骨料的质量：　$675.2\times0.61\times2.8=1153$ （$kg/m^3$）

在混凝土配合比设计中，选择用水量和强度公式时，都存在近似值问题。而本程序估算用水量的方法更准确，而且估算强度的公式也更准确，还可从其他系统选择列表参数。

所需要的比表面积并不是一个估计值，而是设计者为了适应特定工作条件精选出来的。如果能够满足要求，则该值就可通过图 3.1（在不含空气、水泥用量为 $250kg/m^3$ 的情况下，比表面积和配合比适合因子是完全相同的）中配合比适合因子参数列表来选择。

尽管以上的计算过程比大多数已发表的方法要简单，但仍能准确地反映各种级配细骨料产生的作用，并且允许设计人员选择所需的混凝土类型。

如果像大多数配合比设计系统一样，忽略不同水泥及含气量带来的影响，那么，确定最适宜的细骨料过程将相当简单。设计人员可能已经想到一条组合细骨料的级配曲线，比如说，理想细骨料级配的比表面积可以和实际骨料一样采取相同的测定方法来准确确定。考虑所有的条件（包括最适宜的坍落度、水泥用量、含气量等）时，应记住根据经验来确定比表面积值将是最直接的方法。

所有的骨料可通过重复试验的方式直接混合，或者说，所有的粗骨料及细骨料可分别以任意比例进行混合。式（3-1）可应用于确定混合骨料中细骨料与粗骨料所占的比例。

## 3.2　比表面积配合比设计的起源与局限性

比表面积配合比设计的基本概念非常简单，但需加以修正以实现其可操作性。基本原则是，对于规定的工作性需要合适的比表面积来避免离析，流动性越大，所需要的比表面积相应更大。已知细骨料和粗骨料各自的比表面积后，就可以计算所需要的砂率。

我们知道砂的用量一定时，砂越细，则用水量就越大。但根据比表面积理论，在很大范围内，如果细砂所占比例较小，则粗细骨料混合的比表面积、需水量以及黏聚性等与粗砂一样。

最初的比表面积理论并没有应用于实践中，原因在于过高估计了细颗粒的作用。球体的直径减半，其表面积就增加三倍，进而产生表3.2中第二栏的数据。当球体直径减少到某一个值时，填充颗粒间空隙所需的水就将比覆盖其表面所需要的水要少。表3.2中第二栏数据“比表面积修正值”完全建立在经验的基础上，是作者为了完善比表面积理论在20世纪50年代提出的。当时，曾设想通过试验来进一步完善这些数据，但50年来这些数据基本上没什么变化。

**表3.2 比表面积修正值**

| 筛孔尺寸（mm） | 比表面积修正值（$cm^2/g$） | 比表面积实际值（$cm^2/g$） | 模数 |
|---|---|---|---|
| >20 | 2 | 1 | 1 |
| 20~10 | 4 | 2 | 2 |
| 10~4.75 | 8 | 4 | 4 |
| 4.75~2.36 | 16 | 8 | 8 |
| 2.36~1.18 | 27 | 16 | 16 |
| 1.18~0.600 | 39 | 35 | 32 |
| 0.600~0.300 | 58 | 65 | 64 |
| 0.300~0.150 | 81 | 128 | 128 |
| <0.150 | 105 | 260 | 256 |

虽然使用单位固体体积的比表面积比使用单位质量的比表面积可以得到更准确的结果，但是单位质量的比表面积仍得保留，因为现在使用的实际人数仍与最初*SS*理论的使用人数相当。鉴于此原因，作者已对最初的数据进行了大量修改，以便现在全部混合骨料的*SS*和最初的*SS*属于同一数量级。然而，由于粗细骨料间颗粒密度有一定的差异，因此，还需做适当调整。

对基准*SS*值进行修正，并不仅仅是比表面积配合比设计工作需要调整的全部，还应考虑其他一些因素的影响：

（1）胶凝材料和含气量的影响。

（2）骨料颗粒形状的影响。

（3）骨料级配连续性的影响。

（4）砂子粗细的影响。

在考虑这些影响因素之前，应先对混凝土配合比设计的目标进行评估。一般来讲，使用的砂越细，混凝土拌合物的黏聚性越好，也更易浇筑，但对水的需求量会更大。水灰比通常被看做是衡量混凝土质量好坏最合适的标准，因而采用细砂的拌合物就需要更多的水泥，成本也更大。有资料表明，在给定水灰比的条件下，增加用水量比减少水泥用量更有害。因此，混凝土配合比设计的目标应是在用水量最低的条件下，能够获得满意的新拌混凝土性能。随着自密实混凝土的出现，这会变得越来越重要。

### 胶凝材料和含气量的影响

增加胶凝材料用量可以增强混凝土拌合物的黏聚性，并相应降低所需骨料的 *SS* 值。为了考虑所有材料对黏聚性的综合影响效果，作者提出了一个术语：*MSF*（配合比适合因子），该值的计算表达式如下：

$$MSF = SS + 0.025EC + 0.25(\text{含气量} - 1) - 7.5$$

式中　*SS*——混合骨料的比表面积，$cm^2/g$；

*EC*——等效水泥用量，$g/cm^3$。

### 骨料颗粒形状的影响

关于比表面积配合比设计的一个基本假设是，砂越细，对粗骨料堆积造成的破坏性就越小，从而砂率可允许减小。但允许减小量是否与保持混合骨料的比表面积不变时的需要减少的砂子比例完全一样尚无必要，但实际中却是在按这样的方式处理。

粗骨料颗粒的棱角越多，需要的砂也越多，因为这使得粗骨料中由砂浆所填充的空隙率会增大。考虑颗粒棱角（比针片状颗粒产生的影响更大）的影响，有必要将 *MSF* 值增加到 3。

在给定骨料级配的条件下，颗粒的棱角越多，粗细骨料的实际比表面积将会明显增大。虽然砂的细度增加带来的影响完全可以由减少用量来得到补偿（这样用水量不会增加），但是对于多棱角的细骨料并非如此。特别是被当作细骨料使用的砂中石粉，因为石粉不仅没有减少对粗骨料堆积的干扰，甚至可能增加。因此，在确定细骨料的使用比例时，其棱角的影响可以忽略不计，但用水量预测值应增加 5% ~15%。

由于没有考虑骨料颗粒形状的影响，比表面积不能作为确定骨料比例的唯一标准，也不能表明颗粒级配连续性的情况，而良好的颗粒级配连续性是避免离析和实现可泵性所必需的。空隙填充理论已在这方面有清楚的论述，但是作者相信为了达到这些目的可通过使用半经验的修正来获得更简单、更可行的方法。

## 骨料级配连续性的影响

过去，为了寻找理想的骨料级配投入了大量研究。从某种角度讲，这是没有多大意义的。因为即使该理想级配存在，此类骨料也很难获得，就算能获得，成本也会很高。砂子级配要求限定在一定范围内的要求仍然存在，特别是在美国，但是要求废除这些限制的势头正日益增长。

然而，不可否认的是骨料级配存在间断的情况，而间断级配通常可使混凝土更容易振捣密实，但增大了混凝土离析的趋势。在大坍落度或者泵送混凝土中，抗离析能力是不可或缺的。因此，作者在自己的配合比设计系统中增加了一个“间断指数”。这已在第2章的“工作性”中对其进行了讨论。

通过适当地调整砂率来获得一个合适的混合骨料比表面积，可使砂子细度的变化范围更广，但这种方法存在一定的局限性。

## 粗砂的影响

当砂浆中没有足够的水泥浆体（水泥、水和空气）来使其充分的润滑、流动时，则表明砂过粗，超过一定限度。这种现象的产生并不是因为单位质量时砂越粗，需要的浆体也越多，而是因为砂越粗，要想达到理想的比表面积就需要更多的砂。如果砂量没有增加，混凝土拌合物就显得很干硬，要不坍落度很小，要不就发生离析。如果砂量超过了限制，就必须通过增加用水量来提供需要的浆体体积。这样的结果是混凝土强度降低，拌合物泌水严重，工作性变差。Dewar在他的著作里（1999）对这个问题给出了数学综合处理的方法，但在这里，我们仅用些经验法则来处理。重要的是当用户遇到此类问题时，应对其有清楚的认识。当需考虑此类问题时，提供的经验法则如下：

（1）砂率变化范围可取为50%（低水泥用量）~65%（高水泥用量）。

（2）砂的体积应约超过胶凝材料体积的5倍。按质量计算，通常情况下，砂和水泥之比约为4。当涉及粉煤灰、重砂或轻砂时，可运用体积图分析。此经验并非总是准确，因为还要受到粗、细骨料颗粒形状及级配的影响，也受到含气量的影响。

（3）根据经验，当低水泥用量混凝土使用细度模数（*FM*）超过3.0的砂，或者当高水泥用量混凝土使用细度模数（*FM*）超过3.5的砂时，可能就要出问题了。在ConAd比表面积程序中，危险信号对高水泥用量出现在40左右，对低水泥用量出现在45左右。

### 细砂的影响

当砂率进一步减少，导致没有足够的砂浆（砂和水泥浆）为粗骨料提供充分的润滑时，则表明砂过细，超过一定限度。由于砂非常细，在 $1m^3$ 混凝土中使用粗骨料的松散体积可能达到近 $1m^3$，而且对粗骨料颗粒形状和级配的要求与在其他情况下有着很大的区别。只有当粗骨料的松散体积接近混凝土总体积的 60% 时，对粗骨料颗粒形状和级配的要求与其他情况下的区别才很小。从另一角度来看，由于砂的细度模数大约只有 1.5（水泥用量高时）~1.8（水泥用量低时），或在 ConAd 比表面积程序中的水泥用量超过 90，出现问题是很可能的。灰砂比过大或过小均不可接受，此外，还应尽可能避免出现砂的质量轻于胶凝材料质量的情况。

### 极端砂子级配的影响

重要的是很少规定准确的限制条件，事实上，并不像普通规范表明的那样，在这些相当宽泛的限制条件内，砂子级配是不成问题的。当然，有必要准确确定在每一种特定情况下砂的用量，这是作者演化配合比设计方法的主要动力。

最近，在印度尼西亚发生了一起限制粗砂使用的例子，当地砂通过 300μm 筛的量只不到 3%，其细度模数为 3.0。细度模数似乎也不算特别大，但其 40~42的比表面积显然是非常的小，增大砂率并不能解决泌水严重的问题。最终的选择是，要么选择一部分较细的砂，即使这种砂的成本很高，甚至当地还无法提供；要么为了抑制泌水额外增加水泥用量。另一个方法就是采取引气措施，但由于当地施工人员对此不熟悉，又没有试验经验和检测仪器等，因此很难采用。在新加坡和澳大利亚，有 48%~55% 的粗砂，只有在水泥用量相对较高的情况下才可使用。在极端情况下，如果砂子非常粗，且混凝土强度很低，这样水泥用量就需使用得很少。因此，可考虑采用以下处理措施：

（1）使用一小部分的细砂（即使细砂十分昂贵）。

（2）使用一小部分石粉含量高的人工砂。

（3）使用粉煤灰，粉煤灰要比同质量水泥的体积约多 37%（如果粉煤灰很便宜，可考虑适当增大掺量）。

（4）使用引气处理措施（如果能替代同体积的水泥浆体）。

（5）除此之外，额外增加水泥用量，因为这既可减少给定 *MSF* 要求的砂率，也可为填充砂石空隙提供更多的浆体。

出现超出砂子细度限制条件的极端情况也有发生。在 1956 年遇到的一案例中，作者的 ConAd 比表面积程序系统计算的砂率达到 15% [实际上所有的砂子都通过了 300μm 的筛（No. 50ASTM）]。这表明可以使用 7mm（1/4in）单粒径的碎石，既以 10% 的 7mm 粒径的碎石材料、15% 的砂及 75% 的 20mm（3/4in）粒径的碎石拌制混凝土。

ConAd 比表面积程序系统发展初期（20 世纪 50 年代初，英国）使用的砂率为 22% ~23%，尽管使用的砂是“抹灰砂”，而不是“混凝土用砂”。这是于硬混凝土使用非常小的 *MSF* 值，而不是使用非常细的砂的一个例子。当使用的天然砂太细时，可以掺用一定比例的人工砂（选择较粗的一种）。然而人工砂的颗粒形状会增加用水量，因此在一定程度上也会增加水泥用量。

## 3.3 有经济竞争力的配合比设计

### 总体经济性

混凝土生产的经济性非常重要，这是一个充满竞争的行业，一个不具竞争力的生产商将无法生存。当然，可靠度和信誉也同样很重要，但一定要考虑到经济成本。

影响混凝土生产成本的主要因素有：

（1）原材料成本。

（2）设计经济混凝土配合比的能力。

（3）控制强度富余度（减小配制强度与平均强度间的差）。

（4）人员、设备和软件的支出。

（5）工作效率。

生产商必须有能力在原材料方面做出正确的选择，要认识到原材料的质量变化可导致混凝土变异性的增大而带来成本的增加。因此，必须控制混凝土强度的富余度。不需要进行大量拌合试验就能确定骨料用量的能力是做出正确决策的一个很重要条件。

当涉及到自密实混凝土 SCC 或高性能混凝土 HPC 时，需要更多的知识来有效利用水泥的各种替代材料和外加剂等。

控制混凝土生产成本需要在各方面进行协调、平衡，包括人力、设备、软件、试验频率等，必须知道混凝土强度的富余度越大，水泥用量也越大，混凝土成本就更高。如果标准差取到 2 ~4MPa，混凝土强度不合格率为 5%（保证率为 95%），则意味着强度富余度应控制在 3.3 ~ 6.6MPa 之间（表 3.3）。3.3MPa 的富余度变化范围可能等值于约 25kg/m$^3$ 水泥。

**表 3.3 不同不合格率 $A$ 时的概率度 $K$**

| 不合格率 $A$(%) | 概率度 $K$ |
|---|---|
| 0.1 | 3.09 |
| 1.0 | 2.33 |
| 2.5 | 1.96 |
| 5.0 | 1.65 |
| 10.0 | 1.28 |

使用多等级控制系统可以很容易证明：即使试验次数减半，由出现质量变化时带来时间延误的影响也不会太大。

在作者的网站上，免费的电子优化制表程序对普通混凝土提供了一个快速评估骨料最佳用量的方法。

图 3.6 表示的是沿 $x$ 轴方向的横坐标轴为所有的配合比，纵坐标轴分别列出成本（\$/MPa）、强度（MPa/100kg 胶凝材料）和用水量，表示所有配合比的经济性，检查出其中最好的和最差的以做出适当的修改。此外，还可做另一种分析，使用同样的数据及同样的纵坐标，以强度为 $x$ 轴，画散点图。将显示不同类型的配合比在规定强度范围内是否比其他配合比更经济。过去，仅根据每 1MPa 强度的水泥用量来简单画图的方式不再适用，因为这种关系已受到外加剂和水泥替代材料使用的影响。

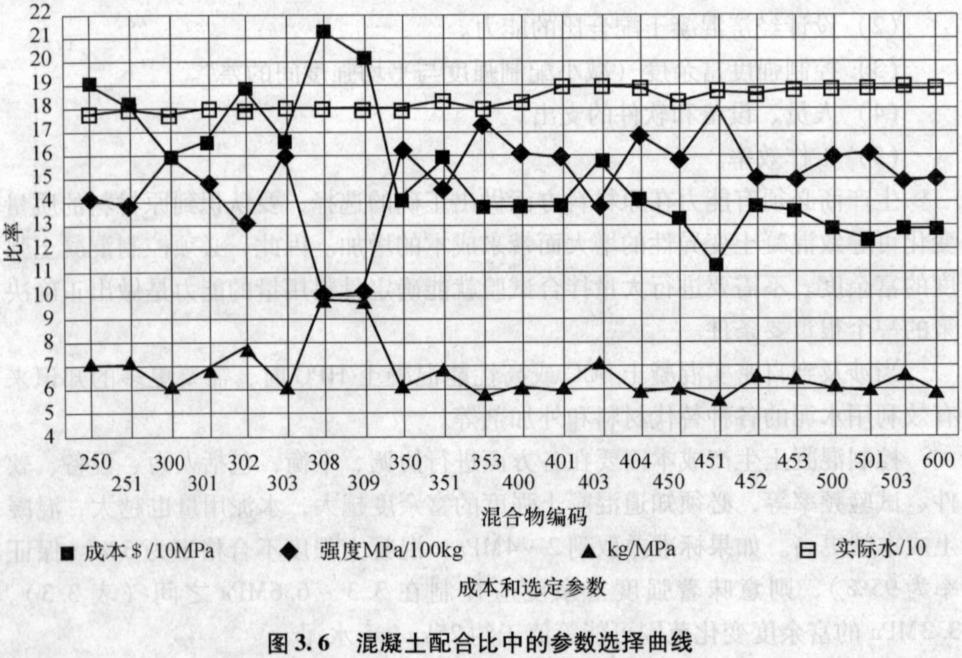


图 3.6 混凝土配合比中的参数选择曲线

当然，所有配合比中强度（MPa）所需成本是不一样的。通常坍落度越大，其经济性会越低，如泵送混凝土和自密实混凝土。然而，把所有配合比的混凝土都列在同一个图表中时，可以很好地显示出工作性高的混凝土需要的成本有多大。

## 骨料选择最大利益化

### 混合两种砂

应该认识到水泥用量不是鉴别成本的唯一标准。砂和石的价格往往有很大的差别，谁高谁低都有可能。若砂的价格比石子高，通常可采取混入一定比例人工砂的方法。若砂子较便宜，则可选用粗砂使砂率最大化。

作者一直认为水泥用量越高的混凝土必然更加昂贵，由于泵送混凝土通常使用更多的砂，故需要更多的水和水泥，比低坍落度、采用卸料式浇筑的混凝土更加昂贵。在20世纪80年代的新加坡，砂比粗骨料要便宜得多，大砂率配合比混凝土尽管需要额外增加水泥用量，但成本并不高。对这一现象的自然反应是即使在不需要泵送的工程结构，也尽可能使用泵送混凝土，除非是必须要求混凝土收缩性能很小。

若在混凝土中混合使用粗、细砂，则粗砂与细砂之间的比例需要认真考虑。假设砂的级配不理想，则粗、细砂的比例在相当大的范围内对混凝土质量的影响不大。因此，其相互比例按质量要求考虑会偏向一个极端，而按经济成本考虑又会偏向另一极端。当两种砂的价格没多大的差别时，考虑增大便宜的细砂比例易导致使用更少的砂和更多的粗骨料，因此，很少使用额外的细砂。重要的是粗砂和粗骨料的成本，如果粗骨料价格更加昂贵，那么使用最少量的细砂可得到最大的总砂量。

当两种砂混合时，给出下面两个关于混合砂 $SS$ 的计算公式：

$$\text{最大}\ SS = 66 - 0.02C - 0.024F$$

$$\text{最小}\ SS = 55 - 0.02C - 0.024F$$

式中 $SS$——作者修正后的混合砂比表面积，$m^2/kg$；

$C$——水泥用量，$kg/m^3$；

$F$——粉煤灰用量，$kg/m^3$。

以上并不表明计算得到的值就限定死了。针对实际情况，读者应该不受其限制，可合理、自由选择，但往往却给出一些保守的值来指导缺乏经验的用户。另一个经验法则是用砂量不应该超过水泥（或胶凝材料）用量的4倍。

### 粗骨料选择

Michael Shallard 起初设计了一个 XL 数据试算表，已将其免费挂在作者的网站上。这种最初的简单表格很好用，但当要考虑以上所有的因素时，就超出了它的计算能力。现在 John Harrision 和 Pierre Perrault 在网站上提供了一个改进的版本，该版本不再是永久免费，但目前在免费试用期，如果想要的话可以从 Jone Harrison 那里购买。

XL 数据试算表输入了含有多达 8 种的粗骨料和 5 种的细骨料，每种骨料都有各自的级配（通过百分率）、密度和成本。

数据试算表把通过百分率转换为各自的筛余百分率，并确定每种骨料的比表面积。

在极简单的表格里，用户要输入水泥用量、*SG*、用水量、含气量和要求的 *MSF* 值。该程序用 MS Solver 确定 13 种材料最经济的组合方式。对该系统的限制条件如下：

（1）对混合细骨料，各种细骨料占混合细骨料的百分比之和应等于 100，粗骨料类似；而且细骨料占所有骨料的百分比加上粗骨料占所有骨料的百分比应等于 100。

（2）混合骨料的比表面积应等于规定的 *MSF* 值减去水泥和含气量的比表面积。

（3）混合骨料的体积应等于 1000L 减去水泥、空气和水的体积。

到目前为止，该程序能做到这个程度已经是很好的了。它也能像上面定义的那样可输出所有级配的图表，如：累积通过百分率、分计筛余百分率，以及每级骨料对间断指数（Gap Index）的影响。当然，如果给定了公式，间断指数自身连同材料总成本、砂率和强度也可一起输出。

然后，作者试着引入另一些特征如下：

（1）每种骨料最大和最小尺寸的限制。

（2）间断指数的限制。

（3）可用一个输入强度替代水泥用量。

（4）可用一个考虑了 *MSF*、含气量、水泥用量、坍落度和温度等的公式合理替代用水量。

（5）应考虑骨料形状和含泥量对用水量的影响。

如上所述，程序计算并不会一直运行良好。由于考虑的影响范围与真实情况不完全一样，因此，数据试算表中的结果可能不会是最佳的。然而，它仍是评价材料质量的重要依据。

用户可以在数据试算表中［图 3.7（a），（b）］的 G、H、L 直到 T 列分别输入级配、*SG*、价格、8 种粗骨料和 5 种细骨料。

在F列的29～34行输入所需的强度值，MSF值，坍落度，温度，水因子（包括外加剂和细骨料颗粒形状产生的效应）和含气量。

在G列35～37行输入水泥的价格，SG和强度因子（[illegible]水泥）。

在数据试算表的顶部选"tools"和"Solver"（当然[illegible]须加载了求解器）可以激活该系统。这样，就出现了图[illegible]然后，在RHS顶角键入Slove，又出现了D列29～33行所示[illegible]，以及该数据试算表F列8～21行选定的比例。

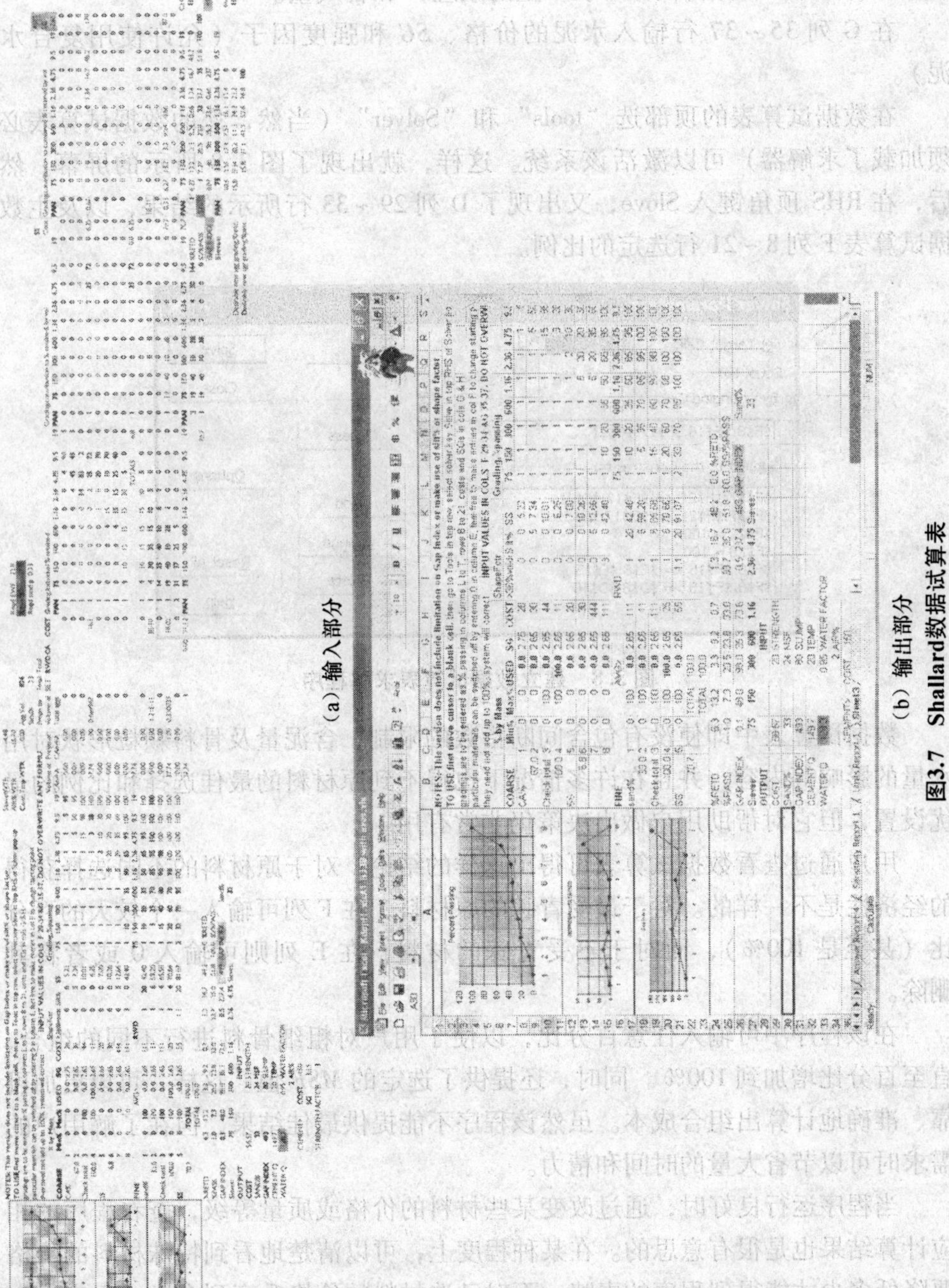

（a）输入部分

（b）输出部分

图3.7　Shallard数据试算表

数据[illegible]目前该程序没有包含同时[illegible]含泥量及骨料颗粒形状的[illegible]量的影响[illegible]并[illegible]计算[illegible]原材料的最佳选择和比例[illegible]设置[illegible]但它同样可用[illegible]。

开始通过查看数据试算[illegible]对于原材料的[illegible]的经济[illegible]是不一样的[illegible]在F列可输入[illegible]大的[illegible]比（最[illegible]是100%），[illegible]在E列则可输入0或者[illegible]删除。

在[illegible]时可输入任意百分比，以便了解对粗细骨料进行不同的[illegible]直至百分比增加到100%。同时，还提供了选定的MS[illegible]需，准确地计算出组合成本。虽然该程序不能提供最佳结果[illegible]需求时可以节省大量的时间和精力。

当程序运行良好时，通过改变某些材料的价格或预留等级[illegible]应计算结果也是很有意思的。在某种程度上，可以清楚地看到[illegible]要降低多少才能得到程序的青睐，而对已选材料的价格升高到[illegible]将其弃用，或者降低其使用比例。当然，价格可以任意选择，[illegible]

在F列的29~34行输入所需的强度值、*MSF*值、坍落度、温度、水因子（包括外加剂和细骨料颗粒形状产生的效应）和含气量。

在G列35~37行输入水泥的价格、*SG*和强度因子（允许使用复合水泥）。

在数据试算表的顶部选“tools”和“Solver”（当然，您的数据试算表必须加载了求解器）可以激活该系统。这样，就出现了图3.8所示的屏幕。然后，在RHS顶角键入Slove，又出现了D列29~33行所示的结果，以及主数据试算表F列8~21行选定的比例。

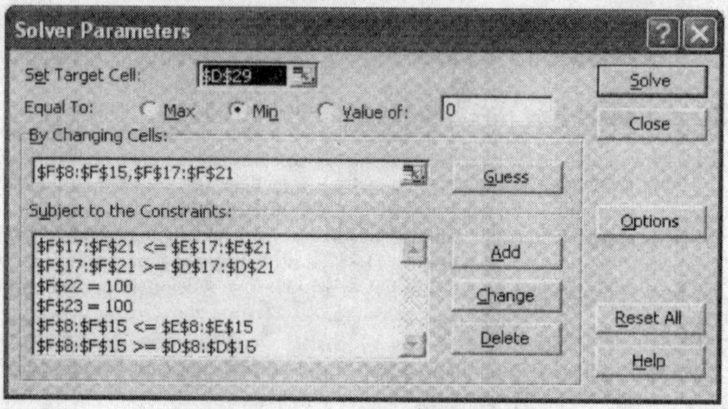


**图3.8 建立数据试算表求解程序**

数据试算表中即使没有包含间断指数的限制、含泥量及骨料颗粒形状对用水量的影响等内容，并且在许多情况下也得不到原材料的最佳选择和比例的最优设置，但它对帮助用户做出决策仍非常有用。

用户通过查看数据试算表可得出这样的结论：对于原材料的不同选择获得的经济性是不一样的。对于最受青睐的原材料，在F列可输入一个较大的百分比（甚至是100%），而对于不受青睐的材料，在E列则可输入0或者将其删除。

在该程序中可输入任意百分比，以便于用户对粗细骨料进行不同的组合，直至百分比增加到100%。同时，还提供了选定的*MSF*值。这样，可以更加可靠、准确地计算出组合成本。虽然该程序不能提供最佳结果，但在了解用户的需求时可以节省大量的时间和精力。

当程序运行良好时，通过改变某些材料的价格或质量等级，查看程序的相应计算结果也是很有意思的。在某种程度上，可以清楚地看到特殊材料的价格要降低多少才能得到程序的青睐，而对已选材料的价格升高到多少，程序才会将其弃用，或者降低其使用比例。当然，价格可以任意选择，但应关注的是实际价格。如果需要，可暂停使用某种骨料，使用一个“非最优价格”。例如，将额外的细砂放置在另一料仓中，如果使用它会带来很大效益时就用。但输入后是实际价格的 2 倍或 3 倍时，就要确保程序不会选择它，除非真的很有必要。

为了避免进一步复杂化，若使用水泥替代材料时，如粉煤灰，就应按有合适 *SG* 和强度因子的复合水泥输入。

为了有效地解决问题，就应考虑所有因素。然而，使用该程序是初学者真正了解对混凝土配合比进行经济优化的一种很好的方式。

尽管已实现了对骨料的选择，但由于还没有考虑胶凝材料用量、用水量和外加剂等材料的影响，因此，在设计混凝土配合比时，我们还有一段路要走。

## 配合比实际设计——I

以上涉及在有许多选择的条件下原材料的初选问题，而不是配合比的实际设计。下面将对使用不同的材料进行混凝土配合比设计，看看哪个配合比的混凝土最经济。

在第二版中，介绍了 5 个程序。其中“The Basic System（基本系统）”（在程序 ConAd 序列中被描述为“One Mix Fine Tune（配合比调整）”）已被证明太复杂，限制了一些人的使用，而这里不予考虑。现在把第 4 章介绍的“Cement Margins（水泥利润）”和“Benchmark（标准）”视为质量控制，而不是配合比设计。此外，还剩下“Automix（自动配合比）”和“Mixtable（配合比表）”两个程序。除了这些免费程序以外，现在还加入了“Relational Mix Maintenance（相关配合比维护）”和“Just-in-Time（实时）”配合比设计。后面三个将在 5.1 节的配合比设计和质量控制中介绍。

所有混凝土配合比设计技术的共同点如下：

（1）数据库中所有材料要求是可使用的，包括骨料和胶凝材料。

（2）创建的配合比数据库需为日后分析保留。

（3）需要每一批次生产的混凝土数据库。

（4）需要所有混凝土测试结果的数据库，而且要与第（3）点的实际批次一致。

（5）需要一个公式来确定提供输入强度的 *W/C*。当测试数据合理时，应包括一个反馈因子来改进其准确性。

（6）需要一个公式来预测设计配合比混凝土的用水量，该公式一定要有反馈和调整因子。

现在很容易获得每批混凝土的准确水泥用量，并与混凝土强度和工作性试验数据联系起来。可准确记录每一批次相应的加水量，以及采用湿度探针和物理测试方法准确检测骨料的含水率。还可用置换水体积分析仪或直接采用微波炉干燥法准确测试新拌混凝土试样的含水率，作者以前曾做了大量这方面工作。尽管如此，仍然很难获得准确、可靠的用水量数据，这仍是评估配合比设计程序准确性的最大困难。

材料数据库：骨料

应输入所有使用骨料的试验数据，例如，ConAd 允许输入实际筛余量，然后自动计算通过百分率、筛余百分率和比表面积（图 3.9 ~ 图 3.11），包括砂的细度模数及对数平均粒径（尽管 ConAd 目前不使用它们）。还要输入从砂的流锥试验（7.1 节）中得到的流动值和堆积密度，因为作者认为这些数据可能在未来有重要意义。过去的输入记录可以被看作是图形或表格（图 3.10 或图 3.11），并且计算机能在任何指定日期进行更新，或对指定阶段进行平均。

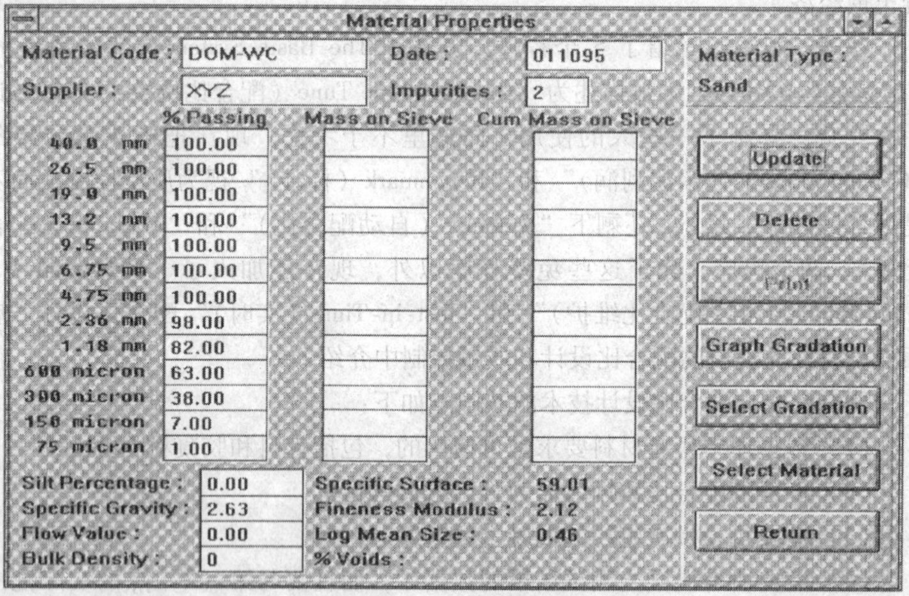


**图 3.9　材料级配**

在同一页面，还可能包括各输入性能的累积图，如强度，以及其他累计值，如流动值和堆积密度等。

Gradation Selection

| Material | DOH-WC | DOH-WC | DOH-WC | DOH-WC | DOH-WC | DOH-WC | DOH-WC |
|---|---|---|---|---|---|---|---|
| Date | 01/12/94 | 15/12/94 | 01/01/95 | 01/04/95 | 01/06/95 | 01/07/95 | 01/08/95 |
| Supplier | XYZ | XYZ | XYZ | XYZ | XYZ | XYZ | XYZ |
| 40.0 mm | 100.00 | 100.00 | 100.00 | 100.00 | 100.00 | 100.00 | 100.00 |
| 26.5 mm | 100.00 | 100.00 | 100.00 | 100.00 | 100.00 | 100.00 | 100.00 |
| 19.0 mm | 100.00 | 100.00 | 100.00 | 100.00 | 100.00 | 100.00 | 100.00 |
| 13.2 mm | 100.00 | 100.00 | 100.00 | 100.00 | 100.00 | 100.00 | 100.00 |
| 9.5 mm | 100.00 | 100.00 | 100.00 | 100.00 | 100.00 | 100.00 | 100.00 |
| 6.75 mm | 100.00 | 100.00 | 100.00 | 100.00 | 100.00 | 100.00 | 100.00 |
| 4.75 mm | 100.00 | 100.00 | 100.00 | 100.00 | 100.00 | 100.00 | 100.00 |
| 2.63 mm | 97.00 | 97.00 | 97.00 | 98.00 | 97.00 | 97.00 | 98.00 |
| 1.18 mm | 81.00 | 82.00 | 80.00 | 82.00 | 82.00 | 82.00 | 82.00 |
| 600 micron | 68.00 | 68.00 | 65.00 | 63.00 | 63.00 | 63.00 | 63.00 |
| 300 micron | 38.00 | 38.00 | 38.00 | 38.00 | 38.00 | 37.00 | 38.00 |
| 150 micron | 6.00 | 7.00 | 6.00 | 7.00 | 8.00 | 7.00 | 7.00 |
| 75 micron | 1.50 | 1.50 | 1.00 | 1.00 | 1.00 | 1.00 | 1.00 |
| Silt % | 0.00 | 0.00 | 0.00 | 0.00 | 0.00 | 0.00 | 0.00 |
| Spec Grav | 2.63 | 2.63 | 2.63 | 2.63 | 2.63 | 2.63 | 2.63 |
| Spec Surf | 59.49 | 59.85 | 58.80 | 59.01 | 59.14 | 58.67 | 59.01 |
| Fine Mod | 2.10 | 2.08 | 2.14 | 2.12 | 2.12 | 2.14 | 2.12 |
| Flow(sec) | 0.00 | 0.00 | 0.00 | 0.00 | 0.00 | 0.00 | 0.00 |
| Bulk Dens. | 0.00 | 0.00 | 0.00 | 0.00 | 0.00 | 0.00 | 0.00 |
| % Voids | 0.00 | 0.00 | 0.00 | 0.00 | 0.00 | 0.00 | 0.00 |
| LM Size | 0.45 | 0.44 | 0.46 | 0.46 | 0.46 | 0.46 | 0.46 |

Cementitous　Coarse Aggregates　Sands　Admixtures　Cancel

**图 3.10　材料级配单**

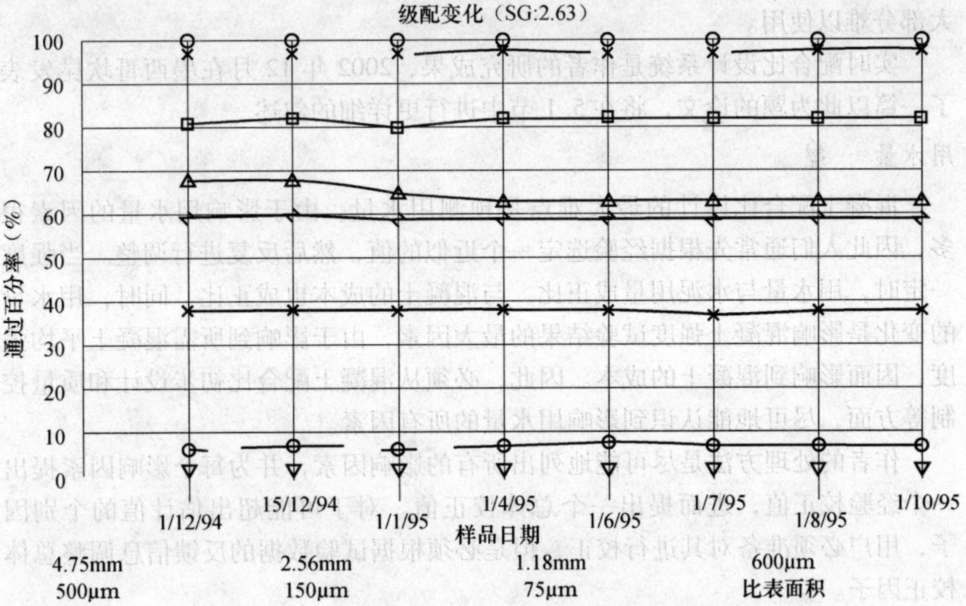


**图 3.11　混合洗涤混凝土砂子级配随时间的变化曲线**

材料数据库：胶凝材料

出现在水泥检验报告上的所有数据应按日期存储于胶凝材料数据库中。正如骨料那样，可以选择数据库中的任何项目与强度试验数据一起绘制累积图，以便寻找变化点的相关性。

混凝土配合比设计系统实际考虑的唯一因子可能是强度因子、水因子或黏聚性因子。考虑这些因子的主要依据是经验，而不是试验数据。尽管用户可能会据此推导公式，自然地将经验与实际试验数据联系起来。系统更关注的是相关性而不是绝对值，因为质量控制系统会反馈出校正因子。因此，如果使用的只是单一的水泥，并没有使用掺合料，则该值就为 1。当使用掺合料，尤其是诸如粉煤灰、矿渣或硅粉时，就要求分析其影响效应。

在第二版中，当掺合料是在一定掺量范围内变化时，则假定考虑的因子保持不变。该假定也是 Automix 和 Mixtable 系统中的一部分，但产品数据分析表明实际情况并非如此。对简单配合比设计来说，该假定是合理的，但当试图基于有限的包含大量胶凝材料组合的早期试验数据反馈校正因子时，就会引起太多的不确定因素，如实时配合比设计。采取的解决办法是将每一组合看成是独立的胶凝材料，即掺 20% 粉煤灰的水泥可以看成单独的水泥进行分析，以便与掺 30% 粉煤灰的水泥区别开来。“大量”胶凝材料组合未必意味着它们中的大部分难以使用。

实时配合比设计系统是作者的研究成果，2002 年 12 月在墨西哥坎昆发表了一篇以此为题的论文，将在 5.1 节中进行更详细的叙述。

用水量

混凝土配合比设计的最大难点是预测用水量。由于影响用水量的因素很多，因此人们通常先根据经验选定一个近似的值，然后反复进行调整。当强度一定时，用水量与水泥用量成正比，与混凝土的成本也成正比。同时，用水量的变化是影响混凝土强度试验结果的最大因素，由于影响到所需混凝土平均强度，因而影响到混凝土的成本。因此，必须从混凝土配合比初步设计和质量控制等方面，尽可地能认识到影响用水量的所有因素。

作者的处理方法是尽可能地列出所有的影响因素，并为每个影响因素提出一个经验校正值，进而提出一个总体校正值。对于可能超出估计值的个别因子，用户必须准备对其进行校正，但是必须根据试验数据的反馈信息调整总体校正因子。

用水量的任何变化肯定会在混凝土强度和表观密度中有所反映。而坍落度或工作性指标的变化不一定能反映出用水量的变化。例如，在给定用水量时，温度升高可能导致工作性下降；或者在工作性不变时导致用水量增加。这就是在质量控制图表中，为什么与强度累积和一起使用表观密度累积和的重要原因。

表 3.4 影响用水量的因素

| 影响因素 | 对需水量的影响（ls/m$^3$） |
|---|---|
| 基本用水量 | 85 |
| 级配 | +3×EWF |
| 坍落度 | +0.36×坍落度-0.0007×坍落度$^2$ |
| 含气量 | -5A×250/总胶凝材料用量 |
| 混凝土温度（℃） | -0.1×温度+0.02×温度$^2$ |
| 砂的含泥量 | +[（含泥量%-6）×（砂子）]/300 |
| 第二种胶凝材料 | -$k_2$×胶凝材料质量 |
| 第三种胶凝材料 | -$k_3$×胶凝材料质量 |
| 水泥用量 | +渗入因子×超出渗入范围的量=总和 |

总和×水因子=总用水量（不考虑吸水量）

作者的校正值列于表 3.4 中，并对以下方面进行讨论：

①基本用水量。根据经验得出，可任意调整。

②骨料级配。有一定的影响，但不大。

③坍落度。需要一个以其他方式衡量工作性的指标，但目前还没有获得。

④含气量。其影响可以达到总用水量的 10%，值得注意的是含气量的影响已包含在外加剂供应商声称的减水率中。因此，当声称可减少 13% 的用水量时，就有可能比实际减水率高出 3%~4% 之多。作者的经历主要是在不存在抗冻问题的国家，因此可以降低含气量（含气量仅对工作性有利）。

⑤混凝土温度。严格地说，较高温度并不会立刻引起用水量的增加（正如只有粉煤灰的拌合物，它是不会凝固的，因而当温度较高时，在给定坍落度的条件下也不需增加用水量），但是增加了水泥的水化速率，尤其是在刚开始的几分钟。因此，在搅拌后的短期内，用水量确实随着温度的增高而增加。有趣的是，这仅发生于水和水泥开始发生反应的最初几分钟内，尤其是在搅拌过程中。天气较热时，运送过程中的拌合物坍落度损失不会太大，因为坍落度的大部分损失已经在装卸时发生了。当然，拌合物在较热的条件下进一步水化引起的硬化会发生得更早，除非出现缓凝情况。

⑥含泥量。在作者的 *MSF* 中，淤泥或黏土只考虑通过 150μm 筛的部分。黏土对用水量的影响也许和水泥一样，但是应采取不同的对待方式。实际上，

少量黏土是略有益处的，但是若超出了一定的范围，则每增加1%的黏土，用水量会增加1L。值得注意的是含泥量是通过野外沉降试验测出的，该百分率在质量上与人工砂石粉相同，但可能是天然砂中黏土质量的三倍。

⑦胶凝材料用量。如果水泥用量与需填充砂子颗粒间空隙的需求量不相等，都会导致用水量增加。其原因是，当水泥用量小于需求量时，就需要额外增加用水量来填充剩余的空隙；而当水泥用量大于需求量，也需要增加用水量来润滑多出的水泥。由于这种影响是由杜瓦（Dewar J. D.）提出的，因此我称之为“Dewar 校正”。当水泥用量在 250 ~ 350kg/m$^3$ 范围变化时，通常是不需要增加用水量的，但当超出该范围以外时，每增加 10kg 水泥就需增加 1L 或 2L 的用水量。

⑧水泥的标准稠度用水量。水泥的标准稠度用水量越大，则混凝土的用水量也越大。

⑨火山灰材料。尤其是粉煤灰通常会减少用水量。每100kg 粉煤灰可以减少15L的水，但是某些粉煤灰（尤其是颗粒较粗时）也会增加用水量。

⑩粗骨料的颗粒形状和大小。由于人工粗骨料的空隙率较大，因此需要更多的细骨料来填充。然而，由此引起的用水量增加则可谨慎通过增大 MSF 值来解决，也就是事先需要了解增加的细骨料是什么情况。如骨料的颗粒形状很差，*MSF* 值可能要增加到3；如果骨料是非常光滑的圆颗粒形状，则 *MSF* 值可降低1，甚至2，影响的重要因素是颗粒的尖度或棱角而不是其形状。

粗骨料大小的影响与颗粒形状的影响相似。以20mm的粒径作为标准尺寸，粒径超过20mm时应降低 *MSF* 值，粒径小于20mm时则应增大 *MSF* 值。*MSF* 值变化可能为1，极少情况下也会达到2。

⑪细骨料的颗粒形状。人工砂或尖角多的坑砂将会使用水量增加，这与粗骨料的影响是一样的，增加的空隙是需要增加用水量来填充的。对于颗粒形状很差的人工砂可以导致用水量增加高达10%，而形状较好的人工砂用水量一般增加为7%，棱角非常多的天然砂用水量一般增加为2% ~4%。

颗粒呈圆形的细砂，例如刮风形成砂丘的风砂，能有效地润滑拌合物，尽管其级配不一定好，会导致用水量相当大。出现这种情况时（很少出现），比较好的处理办法是将根据级配计算得到的比表面积值减少约5%，按系统要求对这种砂的用量可取更大的比例，通常只有当圆形颗粒的细砂比较便宜时才这样做。建议的数据是作者根据经验得出的，应注意的是从砂流锥试验（见图7.3）得出的结果可间接表明，多棱角或表面粗糙的砂可使用水量增加15%。

⑫外加剂。与细骨料颗粒形状的影响效果相似，外加剂的影响可直接考虑在总体调节因子中。应注意的是，外加剂供应商声称的减水率通常包含引气产生的减少率。因此，对于普通减水剂，将其减水率预计值定为5%，而非10%是合理的，而高效减水剂的减水率可达到25%，甚至更高。

对于使用普通减水剂和人工砂时，水因子取为 1.00 - 0.05 + 0.07 = 1.02。对于天然砂时，该值取为0.95。

对于人工砂，使用引气剂是非常有效的。

## 配合比实际设计——Ⅱ

上述内容旨在使读者尽可能多地了解混凝土配合比设计所涉及到的因素，从而有助于完成混凝土配合比设计。如今，作者及其他许多专业人员已经设计出计算机程序，这些程序能根据少量的输入值设计出混凝土配合比。然而，如果你没有选择最经济的材料（未必是最便宜的或质量最好的），你的混凝土就可能不具有竞争力；如果不了解所有涉及到的因素，就可能难以解释控制系统的输出结果。

Automix 程序是作者设计的商业计算机程序中最简单一个，现在由 Command Alkon 经营。

Automix 程序旨在使用上更易操作，与 ConAd 程序相比，它缺少了某些特征，主要是产品数据的反馈信息和骨料形状校正。但是，这可以通过其他方式得到反馈信息，如下述的由 Mixtables 程序获得的试验数据。

对那些不喜欢完全随意地指定几种粗骨料或两种砂之间的相互比例的人来说，Automix 程序通常以理想级配为依据。不过，该程序仍然使用比表面积来确定总砂量与总粗骨料量之比。

有种观念是，砂的理想级配应正常分布在对数级配区范围内。例如，当按 $x$ 轴上标准筛孔的筛余百分比进行划分时，就呈正常分布的柱状图。如果级配不呈正常分布，尽管经济成本不会发生什么变化，但离析、泌水、用水量增加的风险会增大。关于如何采用合适指标评估的问题，采用空隙率或流动时间进行评估可能会更合适（见7.1节）。但是，正常分布概念可能有助于在这些试验都不能进行的情况下评估两种砂子的最佳组合。对于任何砂的给定平均粒径（例如对数平均粒径），指定通过75μm 筛孔的百分率、或指定标准差、或变异化系数等都是可行的。这些指标都可用来计算所有正常分布的砂的级配，而每一种级配都对应一个平均粒径。

另一个可供选择的标准是英国的砂级配分区标准（图3.12）。

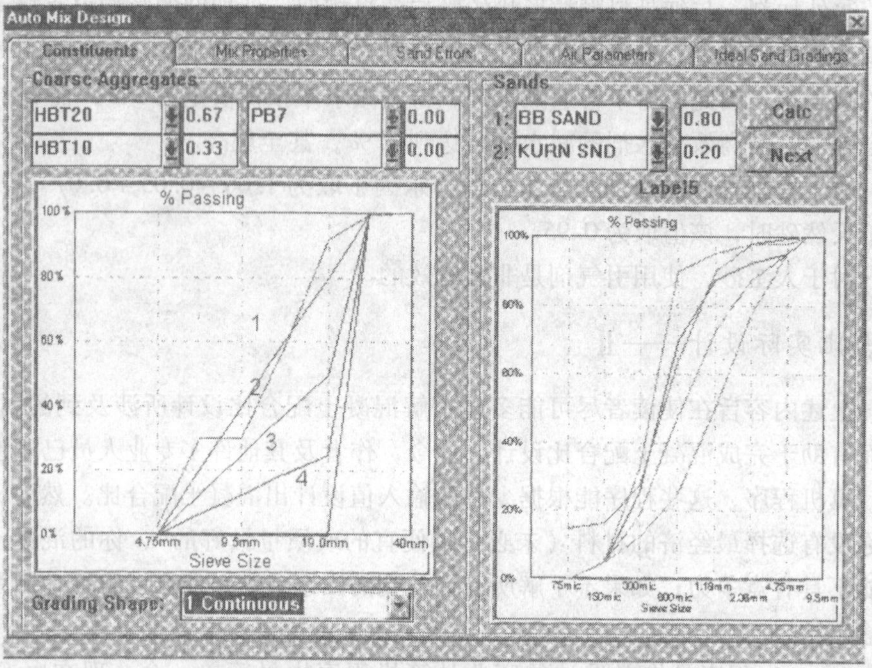


图 3.12　自动配合比组成页面

自动配料程序能够逐一适用上述可供选择的标准，并维持输入的各级配和屏幕上现有的组合不变。对于任何一组参考曲线，自动配料程序都可将两种砂按 4:1 到 1:4 的整数比例混合后进行计算，以找出哪一种组合方式与其中的某一条参考曲线最接近。当然，用户也可以输入任何想要的组合比例并逐一测试这些给出的曲线，从而判断是否合适。

对于粗骨料还没有更好的方法，用户只有从连续级配、半连续级配、半间断级配和间断级配这四种可行的组合方式中进行选择。由选择的组合所生成的曲线会在这四条可供选择的曲线上叠加显示出来。同样，用户也可以输入其中一种组合。

现在用户可进入第二个窗口（图 3.13），在这里进行混凝土配合比实际设计。先下拉菜单，按 *MSF* 值指定所需的混凝土类型。该菜单描述了每一种类型的混凝土，都对应一个 *MSF* 值（例如，低坍落度干硬性商品混凝土是 22，多砂流动性混凝土是 30）。然而，在某种程度上，这些都是观念上的问题，一旦用户熟悉了通过一个给定的 *MSF* 值来预测新拌混凝土的性能，就很容易为正在进行的配合比设计指定所需的 *MSF* 值（可以键入任何所需要的 *MSF* 值，而不只是从表中选择一个值）。

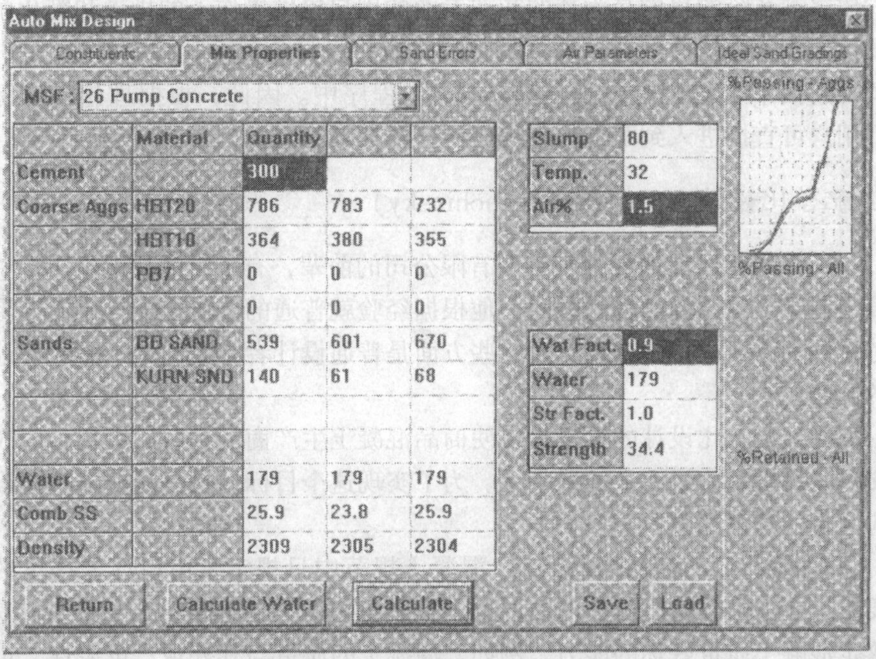


**图 3.13 自动配合比性能页面**

输入相应的坍落度、含气量及混凝土温度，默认水因子为 0.95（5% 的减水率适合于使用普通减水剂）。根据用户的经验，该值是可覆盖提供材料的应用范围的。

正如之前所解释的，Automix 程序假定所计算出的用水量只有有限的一部分用于与水泥发生水化反应，这部分水可由用户指定。传统的范围是 300 ~ 500kg/m³，但现在可能会采用一个更大的范围。在该范围之外，用户可以指定每增加 10kg 水泥的水的增加量，建议采用每增加 10kg 水泥，就增加 2L 的水。

当引气时，除通常的起降低用水量的作用以外，假设气泡有助于填充砂的空隙，因而还可进一步降低用水量。否则，在低水泥用量的情况下就要对用水量进行预测（而在高水泥用量的情况下不需要）。

现在余下的只是键入“calculate water”和“calculate”，让程序计算混凝土配合比。通过计算砂率得出规定的 *MSF* 值，程序将该结果与图 3.13 中的两条级配曲线进行比较，分析是否与之匹配。由计算配合比和目标级配两个得到的级配都显示在三个小图上：骨料通过百分率；所有材料的通过百分率；各材料的剩余百分率。每个小图都可以通过正确的点击扩展开来，松开点击键后，又会恢复到原状，但在松开点击键之前将光标移动到扩展图之外，扩展图就可以保留在屏幕上。

建立本系统的目的是为新的或非专业的用户提供操作上的指导和简化配合比设计方法。为扩展配合比涉及的范围，应将设计的配合比保存在资料库中，并调入到接下来的配合比表“Mixtables”程序中。因此，根据理论和实际知识，用户可直接进入到配合比表程序中（见第5章）。

商业配合比设计（Dr Alex Leshchinsky）

Alex是作者以前的混凝土咨询有限公司的前辈，有丰富的授课经历，并担任商品混凝土生产商的咨询顾问。他根据经验就普通的混凝土配合比设计者没有考虑到的方面进行了介绍，而这些方面是普通设计者容易出错、需更好地了解的内容。

混凝土配合比设计的目标是要使商品混凝土生产商的利益最大化，同时能够交付满足设计质量要求的混凝土。为了实现这个目标，在混凝土配合比设计中应考虑的建议如下：

（1）设计客户满意的配合比：混凝土规范中只规定了由设计者提出的质量要求。在大多数情况下，商品混凝土生产商的客户就是混凝土专家，自身就有鉴定混凝土质量好坏的能力。例如，混凝土的质量与其外观、可泵性、可浇筑性和凝结时间等有关，而满足这些要求和满足规范中的要求一样重要，否则商品混凝土生产商将会失去客户或者被迫将混凝土降价销售。对于那些使用与其他客户不同技术要求的长期客户，商品混凝土生产商有时甚至需要建立客户专用混凝土配合比。

（2）用市场价购买由其他公司生产的混凝土原材料：对混凝土原材料的拥有权决定了商品混凝土生产公司在这个商业交易中的主要目的，其目的如下：

① 有效利用由其他集团部门生产的原材料；

② 从混凝土销售中获取利润。

另一种情况，商品混凝土生产公司没有他们自己的混凝土原材料而必须从其他公司购买，这样他们的利润仅仅来源于销售商品混凝土。

市场环境和利润来源的不同，决定了混凝土生产公司选择混凝土原材料的策略也不同。没有自己的原材料的商品混凝土生产公司通常可以自由选择混凝土原材料。有自己原材料的混凝土生产公司却不仅受制于必须购买自己公司生产的原材料，而且还必须自己使用这些原材料（如骨料），这些原材料通常是过剩的。

有自己原材料的商品混凝土生产公司的利润不仅取决于原材料的品质，还取决于原材料的价格（指国内的市场价格和转让价格），这是他们付给集团内部其他部门的费用。如果这些原材料的内部价格和市场价成一致，那么商品混凝土生产公司的利润就可真实反映其运营情况。否则，利润曲线将会偏离。例如，一个集团自己生产水泥，并供应与之联营的商品混凝土生产公司使用。这种水泥比与其竞争的水泥公司生产的强度稍差，也就是说拌制同样强度的混凝土需要更多的水泥。然而，集团内部的水泥是以和竞争对手所用水泥一样的价格销售给混凝土生产部门的。这就意味着，作为集团一部分的商品混凝土生产公司生产每 $1m^3$ 混凝土比他们的竞争者使用其他公司的成本更高。在这种情况下，作为联营企业一部分的商品混凝土生产公司的利润就人为降低了。但也有些人认为由于资金总是在集团内周转，因此上述问题无关紧要。

这种观点可能引起争议，因为企业对未来的发展方向（包括投资）进行的展望和决策是建立在不同部门业绩的基础上的。面对商品混凝土公司生产业绩实际遭到不公的现实情况，往往会导致不正确的或高昂的决策。

（3）研究混凝土组成材料的性能：了解和弄清每种混凝土组成材料的性能是非常重要的，因为同一种混凝土组成材料在使用不同性能要求的混凝土时可能表现出不同的特性：

①不同强度。例如，在混凝土强度达到 40MPa 以上时，有些磨细矿渣水泥的性能表现较差；另外一个例子，极细粉煤灰（根据强度作为水泥的替代材料）对混凝土强度的影响效果通常是随着混凝土强度的增加而增加。

②不同掺量。例如，同样的减水剂既可作为促凝剂（当以正常掺量的 50% 使用时），又可作为缓凝剂（当高掺量时）；另一个例子是，粉煤灰的作用取决于它的掺量，当等量取代水泥时（仅考虑强度），仅掺 $20\sim30kg/m^3$ 的粉煤灰是不需考虑其质量对混凝土强度的影响的，但超过这个掺量时，粉煤灰的质量就变得越发重要了。

③其他成分。使用硅粉会抑制其他辅助胶凝材料的作用，如抑制粒化高炉矿渣 GGBFS（Aïtcin 和 Neville，2003）和粉煤灰（Montes，2005）的火山灰反应。

忽视这些问题往往会导致混凝土成本的不必要增加或引起混凝土的质量问题，这也增加了以后的维护成本。

（4）合理选择原材料和利用工厂储备：应选择既能满足混凝土性能要求又最便宜的原材料用于配制混凝土。例如，当只有一种粒径的骨料时，比如粒径是 14mm，对其选择就是最实惠的。采石场有大量该尺寸的骨料，但往往没有对其充分利用。这种低价骨料可以抵消单级配骨料混凝土由于增大水泥用量所增加的成本。

采石场通常供给商品混凝土生产商 20mm、14mm 和 7mm 粒径的骨料。但是，对于一些特殊的工程也需要10mm粒径的骨料，并且需求量还很高。而一些工厂仅有四个料仓，必须用来存放三种粗骨料和两种砂（粗砂和细砂）。解决的办法是要求采石场提供20mm、14mm和7mm三种粒径混合好的骨料，将其作为一种单级配骨料用于配制20mm的配合比。很多采石场通过自己的粉碎和筛分设备（没有额外增加成本）有能力将20mm、14mm和7mm三种粒径的骨料混合。

许多工厂仍仅有两个筒型料仓，使用三种胶凝材料（即波特兰水泥、粒化高炉矿渣粉和粉煤灰）时，就需要找到最经济的解决方案。

换言之，混凝土原材料的选择应由以下情况决定：

①混凝土原材料的价格；

②混凝土搅拌站的生产方式；

③原材料的储存设备。

此外，还应考虑以下要求：

①符合项目规范要求；

②满足用户的实际需求；

③成本最低要求。

在一些地区，同一商家的下属部门常常购买本商家的原材料，而在其他地区则从其他供应商购买原材料（部分、甚至全部）。商品混凝土公司以比市场价格高很多的所谓“转让”价格购买骨料和胶凝材料，这相当常见。即使商家没有自己的原材料（骨料和胶凝材料）来源，常常都有中介公司，这些中介公司购买原材料，然后以较高的价格将它们转售给混凝土施工方。

应该强调的是，混凝土成本的优化是基于市场材料的实际价格完成的。使用转让或一些其他方式人为地调整价格，可能会导致业务总体亏损。关于内部价格对商家行为不会有任何影响的不同观点是错误的。内部价格必须是市场价格，否则商家将赔钱，甚至更大的损失是丢掉业务。

让我们用实例来说明上述观念。

**案例1**：一公司下属的采砂场以25 $/t的价格出售500kt砂给本公司下属的混凝土部门。该采砂场又以17 $/t的价格卖同样的砂给外面的混凝土商家。尽管他们买的远比本混凝土部门少，但由于市场上砂的短缺，外面混凝土商家宁愿以大约相同的价格（即17 $/t）买得更多。由于采砂场部门不能生产更多的砂，但在其中一采砂场有批人工砂，采砂场部门又不能卖掉它们，则可用它们来补充（天然砂）。混凝土部门准备以目前的市场价5 $/t购买人工砂，通过使用这些人工砂可以缓解砂子对外销售不足的问题。然而，采砂场对这个很合乎逻辑的解决方案并不感兴趣，因为目前内部售价25 $/t的砂子对外仅卖

17 \$/t。即使有人工砂销售的额外收入，但是并不会抵消采砂场的收入损失。结果，外面的混凝土厂商转向将从其他砂石供应商那里购买砂，严格来说，这是采砂场市场份额的流失。

**案例2**：情况完全不同，如果混凝土部门以市场价格购买砂子，假设为15.5 \$/t，其500kt的购买量远比外面的混凝土商家大。由于砂子的短缺，混凝土部门又以5 \$/t的价格购买人工砂，以此来缓解15.5 \$/t购买天然砂的压力。而这些砂会以17 \$/t的价格卖给外面的混凝土商家，这样就可以给采砂场带来1.5 \$/t的利润。在这个背景下，采砂场会从以下几个方面受益：

（1）销售人工砂（5 \$/t）；

（2）减少了从粉碎和筛分设备到原材料堆放的采砂运输成本。这笔费用的依据是采砂运输成本为0.5～1 \$/t。

应注意的是，混凝土部门的主要目标是成为公司下属原材料部门的一部分，去消耗掉原材料部门生产的混凝土原材料，而采砂场、水泥厂等原材料生产部门不能卖这些材料给外面的商家。除了上面的建议，所有的混凝土原材料应以市场价格卖给混凝土部门。混凝土部门在不影响混凝土质量的条件下必须以尽可能低的成本生产混凝土。比如说，仅仅因为水泥厂的水泥卖不出去，而混凝土部门是没有必要增加水泥的用量的；同时，水泥厂应该寻求其他市场，包括需要更多混凝土的施工方。

还有重要的一点应该注意到，从成本方面来说，混凝土配合比的优化不能以牺牲客户的需求为代价。首先，一个商品混凝土生产商必须去满足客户的需求；然后，在保持满足混凝土性能设计要求的同时，考虑降低成本。

使用掺合料（辅助胶凝材料）的目的如下：

（1）改善混凝土性能；

（2）降低混凝土成本。

世界上，大部分混凝土搅拌站都是联营体中的一部分，联营体中还包含生产诸如骨料、胶凝材料（如水泥、粒化高炉矿渣粉、粉煤灰）等的混凝土原材料部门。

叙述本部分的目的是从商业的角度来分析混凝土的各组成材料，也就是分析混凝土原材料如何在满足混凝土质量要求的前提下获取更大的经济效益，这有助于我们有效选择降低混凝土成本的方法。

商业混凝土技术考虑到了超出传统混凝土技术范围之外的因素，例如：

①混凝土原材料的价格；

②原材料的所有权；

③工厂的储存能力；

④工厂的选址和混凝土配合比涉及的范围；

⑤顾客的意见等。

## 3.4 ConAd 系统

最初由作者开发的 ConAd 系统现已归 Command Alkon Inc. 所有。这个系统所需要的技术远不止是本章开头所介绍的基础的比表面积和 *MSF* 原理。ConAd 系统结合了 3.3 节中描述的自动配料程序和 5.1 节中描述的综合配料设计和质量控制程序，它在质量控制、使用配料量巨大的自动配料设备、用于工程管理及生产质量控制数据等方面的功能尤其强大。该系统作者在本书第二版的一些章节中（可以从 www. kenday. id. au 下载）对该系统做了详细的介绍。

ConAd 系统所有权的继承者将会不断对该程序进行改进和创新。可以预见，这最终将被纳入到 5.1 节所描述的"实时"（"Just-in-Time"）方法中去。作者认为，将 ConAd 系统与产品结合起来，并由一位配料系统的领先研发者所有，是非常合适和可取的。现在，作者与 Shilstone 和 Contex 成立了一个新的组织，以进一步发展自己的理念。

ConAd 系统多年来形成的技术特征主要是来自系统用户的反馈意见。这种联合开发模式"相关配合比维护"将在 5.2 节进行描述。

## 3.5 选择配合比设计的方法

很明显，混凝土强度至少受到 *W/C* 的影响，砂的细度和用量影响到混凝土的用水量和施工的难易度。一个系统必须决定需要多少某一指定的砂（是否需要多于一种的砂或需要粗骨料），以及需要多少用水量，即需要多少水泥用量。

在不考虑典型骨料级配曲线图表时，解决骨料组合问题的四种方法如下：

（1）尝试着满足典型级配曲线，考虑一个理想级配的骨料级配；

（2）由砂的细度模数和粗骨料的堆积密度选择砂率（ACI 方法）；

（3）使用一个基于用骨料平均粒径及空隙率表示堆积密度的计算机程序（或以不同的粗、细骨料比例进行试验以找到最大堆积密度）（Dewar 和 de Larrard method 方法）；

（4）使用一种基于比表面积理论的方法。

1:2:4 配合比

曾经很长一段时间，认为混凝土是由一份水泥、两份砂、四份粗骨料组成（或当需要配制更高强度的混凝土时采用1:1:2）。随后逐渐发现，只有在某一特定的砂子级配条件下按此比例拌制的混凝土才能表现出令人满意的性能。因此，在英国制定的规范中出现了A级砂，一种按1:2:4配比能生产出性能良好的混凝土的砂子级配制约标准。把A级砂包络区两边的包络区划分为B级砂，如果使用B级砂仍按1:2:4的配比拌制混凝土，则得到的混凝土性能较差。A级砂和B级砂级配区见图3.14所示。

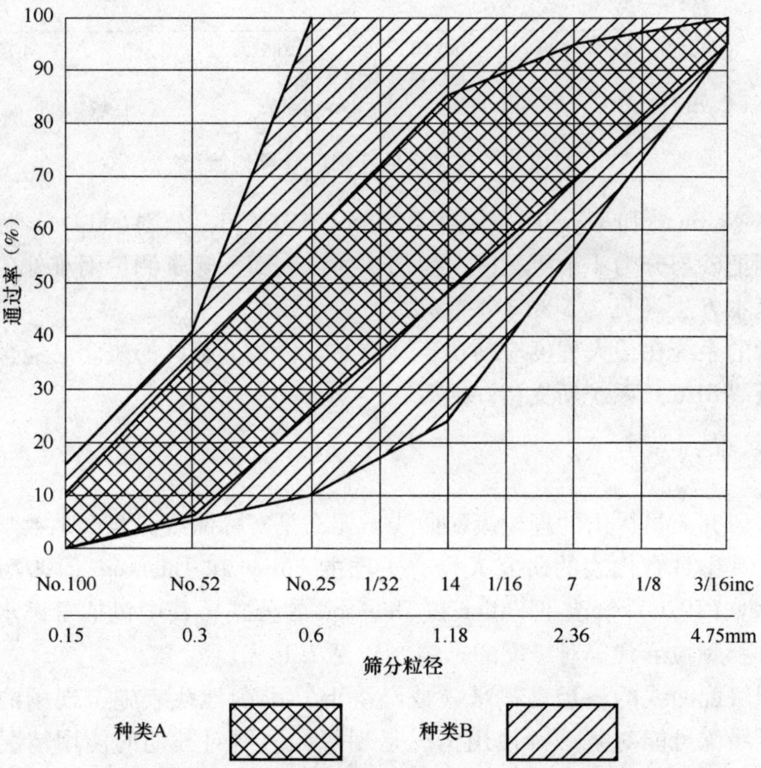


图3.14 A和B级配区（B. S. 8821 1994 混凝土用砂）

在1954年，Newman和Teychenne认为假如能适当调整砂子和粗骨料的相对比例，那么仍可用B级砂拌制出同样好的混凝土。他们提出把砂分成4个级配区，而不是2个。砂在骨料总量中所占的比例范围是从1区最粗的砂占40%到4区最细的砂占22%，2区砂占33%（老的为2:1），3区砂占25%（图3.15）。

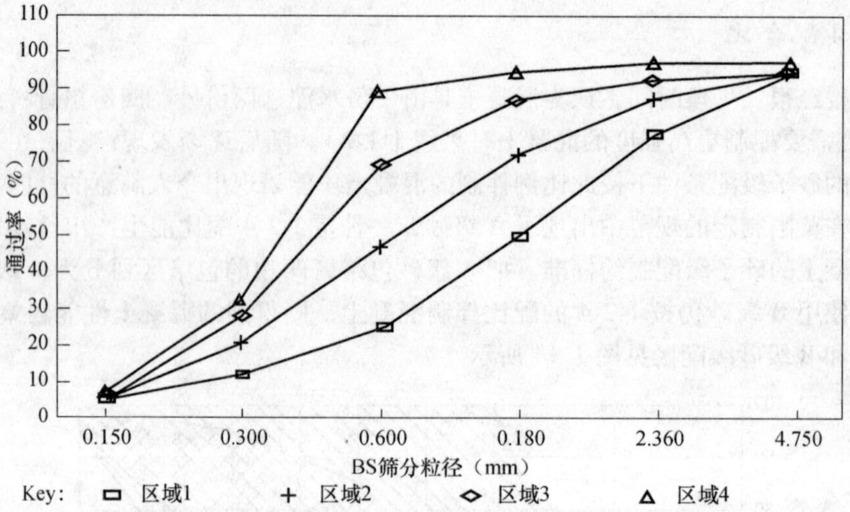


**图 3.15　英国砂的级配区（平均值）**

虽然 Newman 和 Teychenne 基于 25BSS（ASTM30，公制 600μm）标准筛分后的比例把砂划分为 4 个级配区，但却认为比表面积除了测量困难外应是一个最好的基本方法（见 2.5 和 3.4 节）。

作者的系统在很大程度应归功于这篇文章，该分级区的概念已经被英国建筑研究所（BRE）系统所支持。

## 理想级配曲线

许多研究人员提出的理想级配曲线，要么是实际曲线，要么是数学公式推导曲线，其中具有代表的研究人员有美国的 Füller 和 Thomson（1907）。法国的 Bolomey（1926）修改了 Füller 和 Thomson 的公式，其中包括考虑水泥、工作性及骨料颗粒形状等对级配的影响（详见 7.1 节）。

理想级配曲线的不足是很难（或经济上）准确地代表施工现场的理想级配，而且级配可能对某一种使用情况是理想的，但对其他的使用情况不一定理想。

## 间断级配

间断级配也有很多的拥护者，例如 D. A. Stewart（1951）。间断级配技术是使用单级大粒径的粗骨料（通常是 40mm）和粒径很小的细砂。通过这样的组合，就能有效地测量粗骨料中的空隙体积，进而根据空隙体积大小来提供充足的砂浆填充，并留有一定的富余量。

毫无疑问，间断级配的混凝土更易被振实（Plowman，1956），并且在低坍落度情况下混凝土通常更加经济（至少在水泥用量是唯一的成本衡量标准的时候）。然而，间断级配混凝土也常存在一些不利因素。首先，就拿理想的连续级配来说，合适的骨料不一定是经济的；其次，间断级配混凝土不仅在低坍落度（如坍落度为50mm）时，而且在任何情况下发生离析的趋势都增大。尽管间断级配混凝土比同一坍落度的连续级配混凝土更加坚固，但这一点通常很难使工人信服，并且在施工中常常加水直至产生灾难性的后果。

简而言之，在适当条件下，并且当被用于和其相似的配合比混凝土中时，间断级配混凝土可能是不可替代的，但在通常情况下不推荐使用。

间断级配混凝土的另一个特性是，由于粗骨料具有很好的体积稳定性，因而混凝土的干缩很小。这种配合比最适合用于预填混凝土，该技术包括先用单粒径的大骨料填充模板，然后将一定比例的砂浆从底部泵送进去。由于粗骨料结构处处都是紧密连结的，因此除了骨料中水分的移动外，收缩是很难发生的。间断级配混凝土非常适合于用于大型机械设备的基座，混凝土通常是在机械设备已经安装好以后再进行浇筑。

作者认为骨料暴露的混凝土外观也是很有品位的，没有什么比运用大量间断级配混凝土获得的外观效果更具吸引力。例如，使用大量的单级大粒径粗骨料和少量的细砂浆拌制的混凝土。

### 道路骨料级配

在20世纪40年代和50年代，以及更早的许多年里，是公认的英国体系。在哈蒙兹沃思道路研究实验室进行的大量组合系列试验的基础上，英国体系提出了相应的试验数据图（RRL，1950）。

图3.16中包含四种可供选择的骨料级配，用户可以选择使用一种砂更粗糙、砂率更大的混凝土配合比。这些典型级配曲线可按以下介绍的方式使用。

图中数据不仅包含四种骨料级配，而且还包含了三种最大骨料粒径（40mm、20mm、10mm）和两种不同的颗粒形状。由于系统完全是以试验为依据，因此当掺入外加剂和出现水泥品质改变时，其适应性不是很好。当粗砂确实较少时，就很难与级配曲线匹配。事实上，该系统是处理骨料与水泥的比率，而不是每方混凝土的拌合量，这就给商品混凝土带来了不便。

然而，由于图3.16中的级配长期使用，而幸免于被实际系统终止，其原因是广泛被用作（包括作者）参考标准来划定严格和宽松的级配。

详见第7章砂级配区部分。

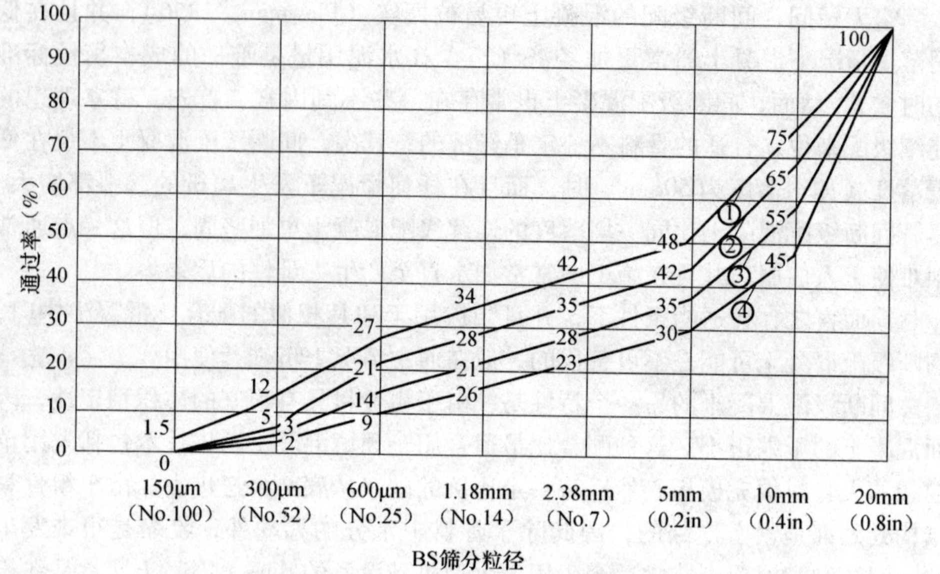


**图 3.16　最大粒径为 20mm（0.75in）的道路参考骨料级配曲线**

## BRE/DOE 系统

英国将道路骨料级配替换为“标准混凝土配合比设计”，由英国环境部门（DOE）（即建筑研究所和运输与道路研究工作实验室）于 1975 年发布。DOE 系统归属于 D. C. Teychenne、R. E. Franklin 和 H. C. Erntroy，并且在很大程度上归功于 Teychenne 在比表面积上所做的研究工作。Teychenne 将砂率和砂的级配与水灰比结合起来，准确地处理更大范围的细骨料。最近，在混凝土试验的基础上，很好地解决了水灰比和强度关系的调整，以及用水量的确定。DOE 最新版本允许引气，以及使用粉煤灰和粒化高炉矿渣等，但没有提供对严格或宽松骨料级配的选择，或不确切给出骨料的准确产量和密度。这个版本的封面上印有英国建筑研究所的标志，因此 DOE 系统可以说是美国能源部或英国建筑研究所的系统。

在混凝土技术方面，建立 DOE 系统的基础几乎与作者的 ConAd Mixtune 系统相同，但设计过程却完全不一样。因此，审查两个系统在混凝土技术上的一些使用细节，并评估这两种方法的相对优劣是非常有趣的事情。

最明显的区别主要是，DOE 系统是采用手工操作来制表和绘图，而作者的系统是由电脑操作的。然而，目前还没有找到答案，为什么 DOE 系统不能计算机化，而作者的系统却可以手动操作。如果做了这些改变，DOE 系统在图表插值方面将比现在更加准确。在第 3 章中提到的作者的系统，需要大量的计算或以图表的形式提供大量的辅助设计。这清楚地表明，在不影响操作方便性的条件下，计算机化适合对混凝土技术基础的进一步完善。

假如有一个设计计算机系统的简介，DOE 系统团队就可能设计出一套与作者非常类似的系统。然而，如果要求作者设计一个新的人工系统，就应结合比表面积技术和 ACI 表观密度系统（见 2.7 节），而且还需一个更详细的用水量预测系统。

作者基本上是从 D. C. Teychenne（连同 A. J. Newman 一起）、Newman 和 Teychenne（1954）学习比表面积理论的。然而，尽管比表面积理论仍然是这两个系统的基本依据，但作者和 DOE 团队已从不同的方面来运用该理论。1975 年版本的 DOE 系统使用了砂级配区，1988 年版本的 DOE 系统采用砂通过 600μm 筛的百分率来进行近似的简化。显然，这种近似简化不如比表面积法准确，但可在近似值和准确值之间寻找大折中点。

作者发现，由于真实的比表面积法也不能给出一个足够准确的用水量预测值，因此创建了“比表面积修正值”（*MSF*，见第 7 章）。甚至在人工系统中，额外付出的努力也微不足道，因此没有理由认为 DOE 系统过于简化。由此可以认为 DOE 系统简化方法是可取的，因为真正的比表面积仍无法获得非常准确的用水量预测值，以至于简化几乎不会带来太多影响。为了避免在比表面积理论方面下更大工夫，简化方法很有吸引力，但在 20 个世纪很长一段时间内，它却都遭到抵制和不信任（见 3.2 节）。

图 3.17 介绍了砂率的选择机制。图 3.17 中骨料的最大粒径为 20mm。

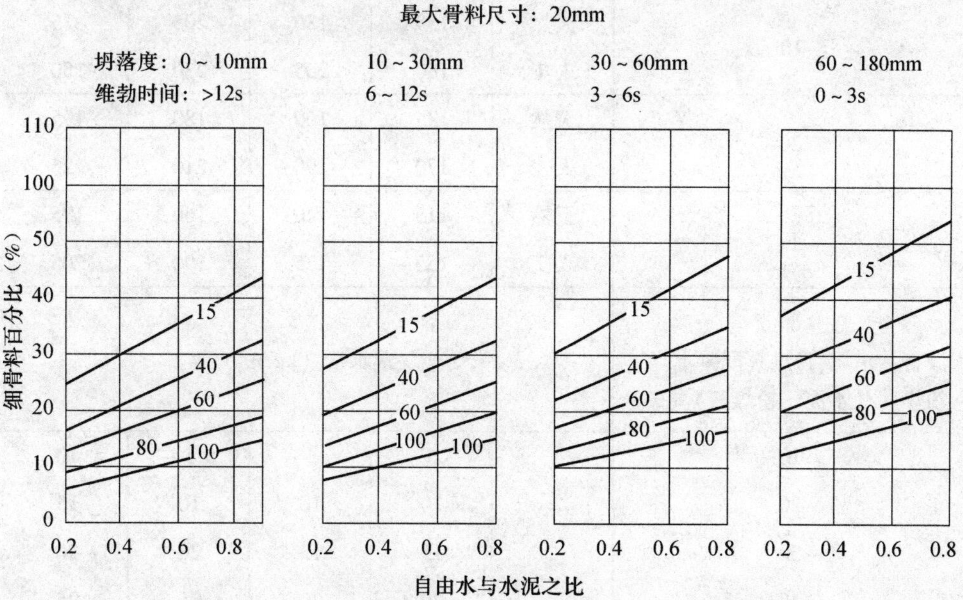


**图 3.17 砂率的选择**

英国建筑研究所（BRE）的报告也提供骨料最大粒径为10mm和40mm的类似图表。对于某些给定的细骨料，在推荐砂率上的差别主要在于骨料最大粒径的不同，对此，作者不能完全认同。

由图3.17看出，砂率越大（因为具有更大的比表面积，可提供更大的黏聚力）时，就可用在混凝土坍落度更大的地方。曾经有一段时间，作者的方法也是很机械的以同样的方式把比表面积和坍落度联系起来。但发现这个方法尽管可取，但过于僵化。此外，砂率还与水泥用量有关，也就是与给定用水量条件下的水灰比有关。这和作者通过EWF和MSF方法得到的相关结果是一致的（见第3章）。

在表3.5中列出了用水量。此表的目的：一部分是为了比较，另一部分是为了体现掺粉煤灰时进行的相应处理。

**表3.5 用水量**

| 坍落度（mm）<br>维勃时间（s） | | 0~10<br>>12 | 10~30<br>6~12 | 30~60<br>3~6 | 60~180<br>0~3 |
|---|---|---|---|---|---|
| 骨料最大粒径（mm） | 骨料种类 | 用水量（kg/m³） | | | |
| A部分<br>波特兰水泥混凝土 | | | | | |
| 10 | 天然 | 150 | 180 | 205 | 225 |
| | 人工 | 180 | 205 | 230 | 250 |
| 20 | 天然 | 135 | 160 | 180 | 195 |
| | 人工 | 170 | 190 | 210 | 225 |
| 40 | 天然 | 115 | 140 | 160 | 175 |
| | 人工 | 155 | 175 | 190 | 205 |
| B部分<br>波特兰水泥/粉煤灰混凝土<br>粉煤灰/（水泥+粉煤灰）（%） | | 减水量（kg/m³） | | | |
| 10 | | 5 | 5 | 5 | 10 |
| 20 | | 10 | 10 | 10 | 15 |
| 30 | | 15 | 15 | 20 | 20 |
| 40 | | 20 | 20 | 25 | 25 |
| 50 | | 25 | 25 | 30 | 30 |

另一有实用价值的技术是将表3.5中的混凝土强度值与无量纲的一系列水灰比结合起来，即得到水灰比-强度关系曲线（图3.18）。此技术是用列表显示的强度值得到图中水灰比为0.5的一条直线，然后平行移动图中显示的曲线可调节得到需要的强度或水灰比，同样还可应用于调节与实际测试结果相符的强度值。

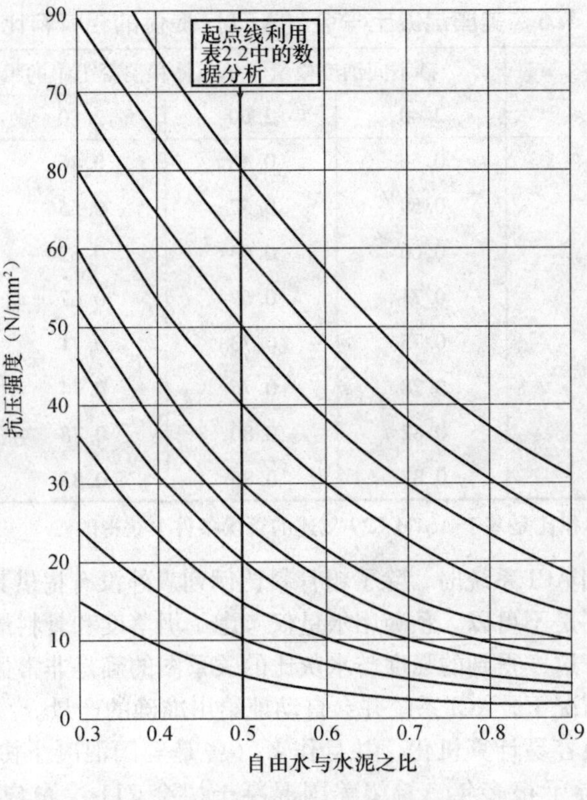


图3.18 水灰比-强度关系曲线

表3.5中给出了不同粉煤灰掺量时得到的28d混凝土强度，其中用 $W/(C+0.30F)$ 替代 $W/C$，将粉煤灰的强度贡献按水泥的30%考虑。在作者的印象中，澳大利亚的粉煤灰从未有过这种处理方式。此外，该表未提供小于或者大于28d强度，但可以推测两种强度分别会比仅使用普通硅酸盐水泥（不掺粉煤灰）时更小和更大。

## 美国混凝土协会（ACI）系统

美国混凝土协会（ACI）（ACI 211，1991）系统并未质疑在世界范围内被广泛采用的其他系统，各系统都具有不同的特点。ACI系统的特点是以粗骨料的密度作为切入点建立起来的，这可以非常灵活地在某一数量上分析粗骨料的级配、密度（颗粒密度）和颗粒形状对理想砂率的综合影响（见表3.6）。砂率将随砂的细度模数（见第7章）和水泥、水、含气量的绝对体积的变化而进一步变化。在所有其他成分体积变化的影响效果中，确定用砂率变化来进行相应调节。

**表3.6 美国混凝土学会（ACI）提供的粗骨料比例**

| 骨料最大粒径（mm） | 砂不同细度模量时单位体积混凝土中的粗骨料体积比 | | | |
|---|---|---|---|---|
| | 2.40 | 2.60 | 2.80 | 3.00 |
| 9.5 | 0.50 | 0.48 | 0.46 | 0.44 |
| 12.5 | 0.59 | 0.57 | 0.55 | 0.53 |
| 19 | 0.66 | 0.64 | 0.62 | 0.60 |
| 25 | 0.71 | 0.69 | 0.67 | 0.65 |
| 37.5 | 0.75 | 0.73 | 0.71 | 0.69 |
| 50 | 0.78 | 0.76 | 0.74 | 0.72 |
| 75 | 0.82 | 0.80 | 0.78 | 0.76 |
| 150 | 0.87 | 0.85 | 0.83 | 0.81 |

注：粗骨料体积比是基于ASTM C29叙述的干燥条件下获得的。

用户在使用ACI系统时，除了粗骨料比例列表外没有提供其他可选择的信息，不过这也不是不可以。预测用水量仅考虑了坍落度和骨料最大粒径，而不考虑是否引气。这样得到的强度与水灰比的关系图的确是非常保守的。在给出准确密度图的情况下，ACI系统并会自动地给出准确的产量。

ACI系统很容易计算机化，并且作者（曾是美国混凝土协会211校订文件的会员）倡导了很多年，希望美国混凝土协会211会员应慎重对待这件事。ACI系统没有意识到不同的砂率（影响黏聚力）的不同适用情况，对表中的粗骨料体积比可以乘上系数的形式提供，这个系数也被称作是“黏聚力系数”。

ACI系统存在的其他欠缺的方面是用水量（表3.7），以及假设强度仅与水灰比有关（表3.8）。如果这些缺陷得到弥补，同时该系统也计算机化了，则将会成为作者系统的强有力的竞争者。在决定使用粗骨料的密度时，用比表面积替代细骨料的细度模数可能并不困难。同样需要指出的是，最近一版的ACI 363（高强混凝土配合比）包含在考虑细骨料空隙率的基础上对预期用水量的调整，虽然这个还有待运用于ACI 211（标准混凝土配合比），但已经是一项重要的改进。

**表 3.7 不同坍落度和骨料最大粒径（SI）的用水量和含气量**

**（ACI 211 用水量表）**

| 坍落度（mm） | | 不同骨料最大粒径的混凝土用水量（kg/m³） | | | | | | | |
|---|---|---|---|---|---|---|---|---|---|
| | | 9.5 | 12.5 | 19 | 25 | 37.5 | 50 | 75 | 150 |
| 非引气混凝土 | 25～50 | 207 | 199 | 190 | 179 | 166 | 154 | 130 | 113 |
| | 75～100 | 228 | 216 | 205 | 193 | 181 | 169 | 145 | 124 |
| | 150～175 | 243 | 228 | 216 | 202 | 190 | 178 | 160 | — |
| | 含气量（%） | 3 | 2.5 | 2 | 1.5 | 1 | 0.5 | 0.3 | 0.2 |
| 引气混凝土 | 25～50 | 181 | 175 | 168 | 160 | 150 | 142 | 122 | 107 |
| | 75～100 | 202 | 193 | 184 | 175 | 165 | 157 | 133 | 119 |
| | 150～175 | 216 | 205 | 197 | 184 | 174 | 166 | 154 | — |
| 对不同的暴露程度，推荐平均总含气量（%） | 轻微暴露 | 4.5 | 4.0 | 3.5 | 3.0 | 2.5 | 2.0 | 1.5 | 1.0 |
| | 中等暴露 | 6.0 | 5.5 | 5.0 | 4.5 | 4.5 | 4.0 | 3.5 | 3.0 |
| | 过度暴露 | 7.5 | 7.0 | 6.0 | 6.0 | 5.5 | 5.0 | 4.5 | 4.0 |

**表 3.8 美国 ACI 提供的强度与水灰比关系表**

| 28d 抗压强度（MPa） | 水灰比 | |
|---|---|---|
| | 非引气混凝土 | 引气混凝土 |
| 40 | 0.42 | — |
| 35 | 0.47 | 0.39 |
| 30 | 0.54 | 0.45 |
| 25 | 0.61 | 0.52 |
| 20 | 0.69 | 0.60 |
| 15 | 0.79 | 0.70 |

注：表是含气量不足 2% 的非引气混凝土和含气量达到 6% 的引气混凝土的测量结果。对固定水灰比的混凝土，强度随含气量的增加而减小。

## 试验配合比

最广泛应用的标准试验配合比系统是英国商品混凝土协会（BRMCA）使用的系统。

最初的试验配合比使用实际中常用范围的 *A/C*（骨料/水泥）比值，细骨料与粗骨料的比值通过观察由经验来调整，直到达到最优的黏聚性。首先，准备一系列不同水泥用量的配合比，在保证相同坍落度的条件下，确定相应的用水量和获得相应的混凝土强度。然后，将数据绘制成图，该图可在水泥用量按5kg或10kg增加时得到对应的混凝土性能。

上面的内容听起来很简单，但实际的细节过程是做了非常详细的规定的，而且能给出可重复的结果。这个过程的缺点在于：

（1）对实验设备，尤其是人员的要求较高。

（2）花费时间和财力。

（3）尽管这个系统在处理强度变化（水泥用量发生变化时，强度会增加或减小）上非常灵活，但是它不能处理骨料性能变化（如果砂子级配改变，整个过程就必须重来）带来的影响。

（4）考虑两种骨料优缺点的唯一方法就是分别用两种骨料来试验全过程。如果用这种方法来考虑多种细骨料和多种粗骨料的各种使用方式时就会非常的漫长且昂贵。

J. D. Dewar博士设计出了这个过程的电脑仿真系统。

### Dewar：颗粒相互干扰作用和空隙填充

Dewar（1986，1988，1999）开发了一套完整的理论和相关的颗粒混合物数学模型，这个模型已经被有效运用于粉末、骨料、砂浆和混凝土中。这一理论是在Powers（1968）提出的设想的启发下发展而来的，特别是使用了单位体积固体中空隙体积这一参数。

Dewar理论的实质是，当两种不同粒径的颗粒混合在一起的时候，由较小的颗粒填充较大颗粒间的空隙，从而使空隙减少；但在两种粒径的颗粒混合时又会由于相互干扰，部分抵消填充空隙的效果。Dewar已经通过数学模型将这两种影响模拟成一个综合系统，而这个系统已经由英国的Questjay有限公司和SP计算机运作公司使其计算机化。

该系统的混凝土操作只需要知道每种固体成分的3个参数即可，这些参数是：

①颗粒密度：

骨料，以SSD为基准；

粉体，在煤油中测得。

②平均粒径（基于对数）：

骨料，通过级配试验得到；

粉体，通过颗粒分布或细度试验得到。

③空隙率

骨料，通过松散堆积密度试验（在SSD条件下）和颗粒密度试验得到；

粉体，通过标准稠度的维卡试验和颗粒密度得到。

知道了每种材料的平均粒径后，就可计算出粒径比影响效应。平均粒径、颗粒形状及结构等对颗粒大小变化范围的影响可以通过测量每种材料的空隙率计算出来。

对于只有三种组成材料的简单混凝土拌合物，例如水泥、砂和石，计算机程序首先把两种最细的材料（水泥和砂）混合成砂浆；再将砂浆与石混合，从中选出给定坍落度下具有足够黏聚力的混凝土拌合物，由此得到覆盖整个范围的拌合物。然后，根据满足不同用途的要求（例如混凝土的强度和耐久性等），从中选择最合适的混凝土配合比。Dewar从理论中得到的结果与英国商品混凝土工业有很大关联，因为英国商品混凝土工业需要大量经济的、随时可用的混凝土。

如图3.19所示，对于几种不同的材料，无论混凝土的用水量和水泥用量怎样变化，都可通过改变所用材料的比例来修正。对于这样的变化，重要的是要知道每种材料的组合与这种变化的关系，可以注意到在一个很宽的中心区域，一些关系基本上是固定不变的，但在其他区域则变化很大。

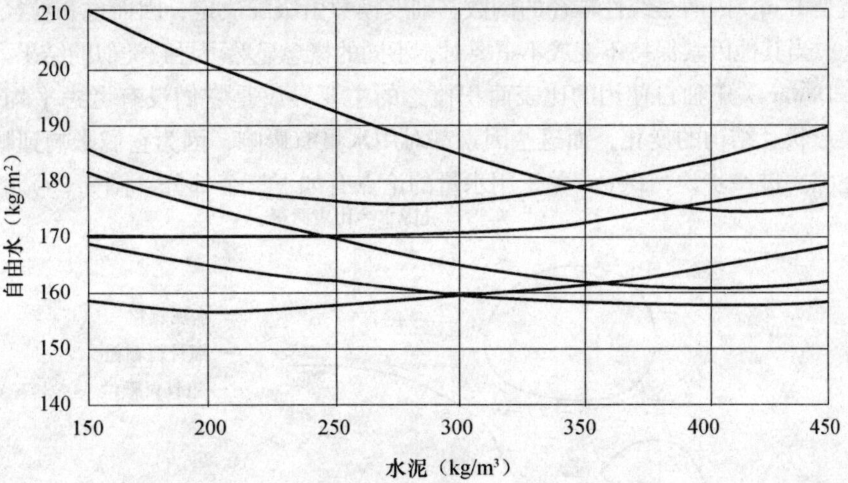


**图3.19 6组材料中用水量和水泥用量之间的关系**

Dewar认为他的程序的用途之一是可以检验其他方法，以此来确定其适用范围，当扩展到超出某一方法原适用范围以外时，显得特别有用。

通过实例，Dewar粗略地检验了一些方法，包括早期版本的ConAd体系（表3.9）。

表 3.9 比较 Dewar 和 ConAd 的预测值

| 参数 | 方法 | 水泥用量（kg/m³） | | | |
|---|---|---|---|---|---|
| | | 120 | 230 | 310 | 420 |
| 水（L/m³） | Dewar | 186 | 162 | 162 | 176 |
| | ConAd | 158 | 160 | 161 | 163 |
| 砂率（%） | Dewar | 51 | 46 | 41 | 32 |
| | ConAd | 53 | 48 | 44 | 38 |

Dewar 已证明在大部分范围内，其预测值与 ConAd 系统一般有较好的一致性。但 Dewar 也对所有开发系统提出警告，要确定适用性范围，以减少重大事故的风险。

对 Dewar 理论的有效性假设可能产生疑问，是否不同的方法在一特定的范围内同样有效。私下讨论得出的结论是，虽然使用不同的术语，许多系统可能都有一个隐藏的共同基础。例如，Dewar 使用存在颗粒干扰的平均粒径比概念，这和比表面积以及细度模数虽然不一致，但它们有共同的联系。比表面积有 $m^2/m^3$ 的量纲，也就是 1/m，因而是线性粒径的倒数。细度模数由级配决定，因而也和粒径相关。因此，当其他因素保持不变或不重要时，不同的概念显然可导致类似的结果。

Dewar 关于独自使用的比表面积概念的主要异议是它们没有考虑平均粒径、颗粒形状及结构的变化，而这些因素都对用水量有影响，因为它们影响到颗粒间的空隙。进一步说，Dewar 关于用水量的论点有如下三个部分（图 3.20）。

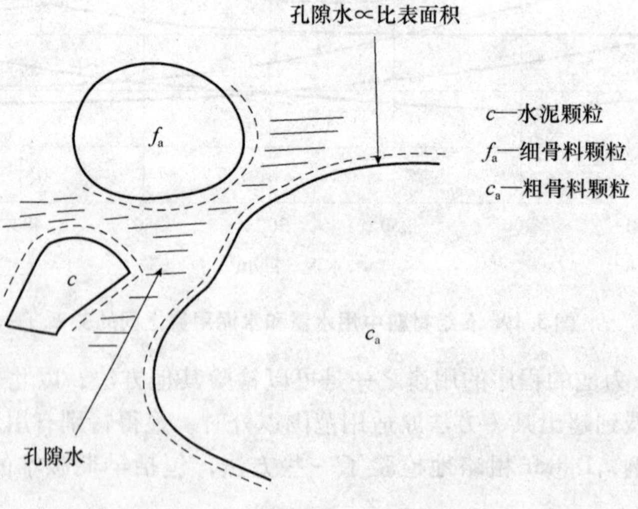


图 3.20 孔隙水在混凝土中的作用

①填充颗粒表面附近空隙的水。

②在普通工作性条件下（50mm 的坍落度），填充颗粒间空隙的水。

③为选定的工作性增加或减少的水。

上面①及②之间不同的原因是，与填充“敞开”空间空隙的能力相比，由于颗粒间的相互阻碍作用降低了细颗粒填充粗颗粒表面附近空隙的能力。在①和覆盖颗粒表面水的比表面积概念之间有相似之处，但又不完全一致。

颗粒粒径比和其他影响粒径的相关因素，同时也影响②和①。

通过使用粒径差别较大的水泥、细骨料和粗骨料，这些材料各自的平均粒径依次为0.015mm、0.4mm 和12mm，其相对大小比例约为30，颗粒间的相互干扰以及空隙体积按照通常的说法是减小了。

然而，即使存在这一效果也不足以将颗粒干扰作用减小到零，仍需较粗的颗粒维持扩展的结构以容纳细颗粒以及随之增加的空隙和用水量。

上述部分由 Dewar 博士友情提供。很难比较这两个体系的结果，因为他们使用的数据不同。例如，作者在配料设计及其性能和组成材料上使用了大量的数据，但不包括 Dewar 系统中使用的密度数据。

目前，ConAd 系统承认，用水量将会增加至超出水泥用量（300～500kg/m$^3$）的理想范围。然而，ConAd 系统较少关注用水量的初始估计量，而更关注坍落度、温度、砂和含气量的变化。此外，ConAd 系统的目的是接受生产反馈的数据，包括用水量，并相应地修改预测值。

我们极力建议读者阅读 Dewar 博士的著作（Dewar，1999），此书相对于其博士论文中有关混凝土配合比设计内容又进行了更深入的论述。另外，已开发出一套命名为 Mixsim 的 Dewar 系统用户的友好型 Windows 版本来计算 SP。在 www. mixsim. net 中，对该书和软件都有描述。

## De Larrard：填充空隙和最大浆体厚度

Francois de Larrard，在巴黎路桥实验室工作，创建了一套和 Dewar 理论在本质上非常相似的理论，但是他主张测量骨料的振实空隙率，而不是 Dewar 的松散空隙率。他还介绍了称为 MPT 或最大浆体厚度的概念，这似乎很好地解释了高水泥浆含量配合比混凝土会导致强度下降（对任何 $W/C$ 情况）的原因。他的工作包括对各种混凝土、火山灰和化学外加剂等进行数学上的处理，这些在先进的计算机化系统中可以做到。

De Larrard 博士写了一本内容全面的书（1999），由 Spon/Routledge 出版社出版，在此极力推荐此书给对混凝土配合比数学设计感兴趣的读者。在该书中用了几页的篇幅（与 Dewar 一样）简单地总结了他的理论，并愿意再撰文发表自己的观点。

Francois de Larrard 在巴黎路桥实验室不仅拥有一流设施和辅助装置上的优势，而且还有广泛的实际合作研究项目、设备制造和物资供应等，还包括 BTRHEOM 仪器的开发，即对混凝土配合比设计有相当大帮助的平行板黏度计。

## 3.6 配合比设计竞赛

可以想像，即使不是数万人，世界上也有数千人（包括许多还未涉及任何实际混凝土的学生）有能力使用标准的混凝土配合比设计系统（如 ACI 或 DOE）设计出混凝土抗压强度在规定强度的 ±50% 内变化的配合比，而不是使用混凝土试验仪器设备。因此，在国际混凝土配合比设计竞赛中，如果发现强度变化在规定强度的 0% ~220% 内变化时是相当令人吃惊的。

目前，举行的混凝土配合比设计竞赛（见作者的 Hanley-Wood 网站）着重强调了 RILEM 的竞赛结果，该结果发表在本书旧版上（高达 300kg/m$^3$ 的不同规定强度目标下的水泥用量），以证明混凝土配合比设计知识是多么的有限。

最近的竞赛远比 RILEM 有趣，配合比设计是在使用各种骨料、外加剂、三种粉煤灰及一种水泥等原材料的条件下，在实验室通过试验完成的。

竞争中的一个不合理规则是，如果设计的混凝土没有达到规定强度要求的绝对最低值则将被淘汰。但不管强度超过多少都不处罚。这可能是提交混凝土的平均强度约比规定强度高出 50% 的主要原因（若每高于或低于规定强度的 1% 时，将有 1% 的处罚则会更有意义）。

竞争中的第二个不合理的规则是，应提醒按要求坍落度（60mm）设计混凝土配合比，但在实际拌合时却达不到此坍落度要求，所有坍落度的平均值只有 36mm，这将影响到混凝土的强度结果。这也可部分解释为什么混凝土超强，因为坍落度受到温度、搅拌机和材料制备等因素的影响（难道是使用了干燥搅拌机和比 SSD 要求更干的骨料吗?）。

另一个问题是，在一些混凝土配合比（包括作者的）提交后，却发生了竞赛规则的改变，以至于按原标准考虑的原材料花费从占总经费的 45% 降到了仅占 10%，而按引入的流动性标准考虑时占 30%。这或许是为了更好获取强度和工作性造成混凝土强度偏高的又一原因，对经济混凝土而言超强为零才更有价值的。

没有期望竞赛会是完全公平的，美国一些公司的竞赛者能买到竞赛材料的样品实施多种试验配合比，然后再提交多种作品，但这对来自海外的个体竞赛者是望尘莫及。然而，竞赛者参赛的目的应是获取知识，这可能比更关注试验配合比更有意义。

最糟糕的不合理地方是，迄今为止，作者知道所有提交的结果细节从未公布过。因此，竞赛以获取知识的目标也就站不住脚了。

然而，作者设法获得了出现在 Hanley Wood 网址（www. kenday. id au）的部分匿名结果，其中还有其细节的注释和评语。可以看到，作者的混凝土配合比没被选上，不过这确实是一次学习经历。这是在指定水泥、外加剂及粉煤灰等原材料的条件下得到的设计结果，由此不得不促使作者对自己在国际上长期的配合比设计进行修正，而这些配合比是在没有进行初步试拌调整的情况下就由电话告诉客户把第一车混凝土浇进了混凝土结构中。似乎使用各种外加剂（甚至不用外加剂）、各种粉煤灰、各种水泥等时，混凝土都可以达到规定的强度，并且成本确实最低。外加剂应用技术是一个大课题，现在的外加剂是如此复杂，以至于许多主要外加剂供应商的技术代表都还没有意识到所有存在的潜在问题，并且他们的网站信息也不一定可信。然而，不幸的事还是发生了，有人在没许可的情况下引用了资料中的信息，其实从实际情况中是可以看出问题的（Roberts，2005）。

在混凝土配合比设计竞赛领域，仍对一些机构敞开大门。他们可以正当举办，并大张旗鼓的报道宣传。竞赛中设立了的两个项目：一个是个人参赛项目，以纯理论知识为基础；另一个是团队参赛项目，配有仪器设备进行混凝土配合比设计和试验，其中的试验材料需支付费用获取。如果能更重视个人参赛项目，那才真的有意义。

# 第4章 质量控制

作者认为在配合比设计原理上应还有比他自己的比表面积法更严谨的方法，比表面积法主张的主要是使用的方便性和灵活性。然而，却没有提出比作者的多等级化、多元化、累积和质量控制（MMCQC）更合理的方法。由于规范规定不能以减少水泥用量和任意调整配合比的形式来改进配合比设计和质量控制，从而造成没有任何的经济效益。因此，对小生产者来说，这种由 Command Alkon 拥有和经营的 ConAd 软件全系统就显太贵了，从而遭到拒绝使用。然而，作者现在已经在网站上创建了一个免费程序，该程序具有多等级化、多元化、累积和质量控制的基本特征。

累积和法在英国是第一次被运用于混凝土质量控制，该方法确实包括多等级法。但是，正如随后讲述的，累积和法的效率较低，并且难以建立和使用，它也没有具体表现出网站上免费系统的多元特征。

实践证明，有必要非常全面地阐明质量控制系统的基本原理和理念，而不是仅仅简要地说明其使用方法。

质量控制听起来很简单，但是要想真正做好，就必须全面理解概念之间所有细微的差别，而且要决心摒弃旧规范中数十年来存在的错误认识和有害做法。

质量控制与设定一个较高的质量水平无关，所要求的最低质量水平应由规范和与生产管理有关的质量控制或质量保证体系来确定，从而以最低的成本达到所要求的质量水平。

一个常见的错误（过去或现在的某些领域）是将质量控制与校核检测结果混淆，这两者几乎没有共同点。

正如 Juran 教授在 20 世纪 50 年代发布的，质量控制的基本理念是“控制全部而不是一部分”。确保在搅拌站不生产有严重缺陷的混凝土，比确保在特定交货地点不会有缺陷的混凝土要经济得多，但取样应仍在交货地点进行。

以纽约环保部门（CNYDEP）为例。在 20 世纪 90 年代（也许现在仍然是），他们以自己的系统而骄傲，该系统就是一接到通知就组织对所有工地进行检测。而且他们还雇佣检测员来监督配料。不管是拒绝还是接受质量控制的理念，他们都不分析这些数据。由于不允许生产商改变混凝土配合比，因此，安装一个分析系统对他们来说是没有意义的。其结果就是他们很自豪地将控制成本减少到大约 5 美元/$m^3$。

澳大利亚混凝土生产商支付的常规质量控制成本还不到纽约环保部门的一半，而且混凝土中的水泥用量成本也较小。这是因为变异性较低，从而要求的平均强度和规定强度之间的差值较小的缘故。

现在我们必须考虑混凝土的变异性特征、影响变异性的因素及检测与控制变异性的方法等。

## 4.1 混凝土的变异性特征

### 分布形式

大多数学者认为混凝土强度呈正态分布（图 4.1）的形式，这意味着完全可以用平均强度和标准偏差进行描述。换言之，位于特定值以上或以下强度试验结果的百分比可以通过平均强度、标准偏差及教科书中的统计学表算出。

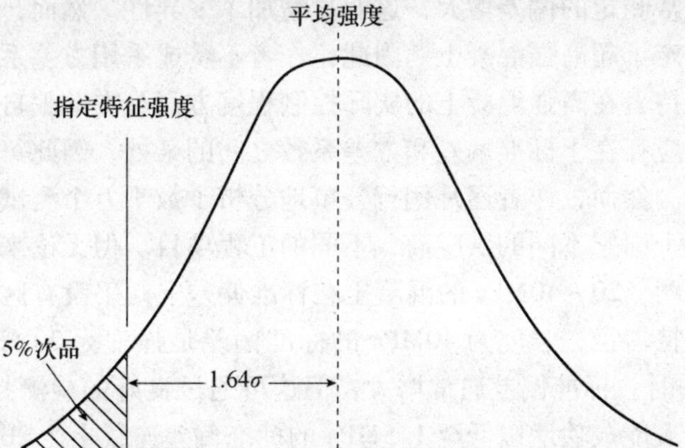


**图 4.1 混凝土强度的正态分布**

作者认为理论上大约一半的试验结果预计低于平均强度，而平均强度应为规定强度加上 1.64$\sigma$，这已得到实践的充分证明。平均强度与规定强度的关系见下式：

$$X = F + k\sigma$$

式中 $X$——平均强度；

$F$——规定强度；

$\sigma$——标准偏差；

$k$——常数，取决于试验结果中允许低于 $F$ 强度值的百分比。

在美国的现行规范中，不合格混凝土的允许百分比通常为10%，对应的 $k$ 值则为1.28。

在世界上其他大多数地方，允许百分比为5%，对应的 $k$ 值为1.645（英国取1.64，澳大利亚取1.65）。通过减少标准偏差，使得他们获得的经济效益比美国要高出28%。

标准偏差 $\sigma$ 值可以从小于2.0MPa到大于6.0MPa的范围内变化。因此，要求的平均强度变化值可以达到6.0MPa或者更大，这取决于实际的控制程度。

理论上讲，试验结果应分布于平均值上下的3倍标准偏差范围内（1‰的超出了这个限制）。实际上意味着在正常情况下，低于平均强度3倍标准偏差的试验结果的发生概率只有1‰。

一些很有经验的人，包括许多ACI的会员，都认为方差系数比标准偏差能更恰当地评估混凝土的变异性，而方差系数由标准偏差比平均强度得到。当强度较高时，通常测定的偏差增大，这明显增加了变异性。然而，作者亲自以很低的变异性生产了超高强混凝土。因此，作者不赞成采用方差系数，认为那些方差系数的支持者在高强混凝土的实际控制程度方面是在欺骗自己。对于高强混凝土，真理应存在于标准偏差和方差系数之间的某处，因此每个人都有权做出自己的选择。然而，作者逐月例行公事地分析了数千万个测试结果，这些测试结果来自数个国家不同的供应商、不同的工程项目。但无论来自哪家工厂的试验结果都表明，20~40MPa的混凝土在标准偏差上几乎没有区别。然而，据方差系数的支持者说，强度为40MPa的标准偏差是强度为20MPa的两倍。强度高于50MPa时，标准偏差通常增大，但这可通过良好的检测技术予以避免。目前，还没有人能成功地以低至1.5MPa的标准偏差连续生产20MPa强度的混凝土，但能以3MPa的标准偏差大量生产平均强度为100MPa的混凝土。第10章将会根据统计数据进行详细的分析。

### 安全富余度

混凝土生产商生产的混凝土如果恰好是预计的平均强度，并且能准确评估，则可断定混凝土强度的不合格率为50%（第10章会进一步讨论）。因此，为了避免这类问题，生产商可能会决定增加安全富余度，如增加1MPa或2MPa。然而，这个额外增加的强度富余度所花费的成本将会降低其竞争性，并且这些费用如用于降低变异性可能会更有用。在英国，要求目标强度比规定强度高出两倍的标准偏差，通常为4～6MPa。与澳大利亚普通混凝土2～3MPa的标准偏差相比，这是个很麻烦的事情。因此，在英国，平均强度通常比规定强度高出10MPa，而在澳大利亚只高出5MPa。

作为利润的一大部分，安全富余度的成本对生产商来说是很高的，然而这一富余度的成本与工程总成本相比又几乎是微不足道。工程业主指定的混凝土强度最好要高于严格要求的强度，从而有一个富余度（见12.2节的《什么是经济型混凝土》）。在英国，所有的商品混凝土供应商都依据商品混凝土的质量方针（QSRMC），这样做有很多好处，其中之一就是避免了由于使用较高的强度富余度而引起相互间的恶性竞争。

我注意到，统计表中比平均强度低1.65倍标准偏差强度值的百分比几乎总是2%～3%，而不是5%，其原因并不重要（也许是通过各种控制措施造成的，如采用低坍落度混凝土、使用了有缺陷的样品进行抗压试验、或在有任何质量下降时采取的应急措施等）。但幸运的是，不可避免的较低分布结果减少了人们不必要的担心。一位英国混凝土技术专家申明他的经验与此相反。他获得的低于1.65倍标准偏差的试验结果超过了5%的强度。如果正确，这有可能是由UK累计控制图对强度下降反应较慢的原因引起（见图4.1和4.2节的最后一段）。

当处于平均强度值（严格地说是峰值或出现频率最高的值）附近的试验结果分布不规则时，该分布称为“偏斜”。这种情况一般很少发生，如果遇到，就必须找出其原因。一方面原因有可能是非人为因素，如粗骨料的强度低、表面光滑及非吸湿性导致的黏结力差等；另一方面原因也有可能是人为因素，如试验机器有故障、检测员操作不当等。必须找出原因以确保没有不利或外来因素导致对实际情况不正确、故意或偏见的评估。另一种非正态分布的形式是双峰分布，这是两个独立分布组合起来的结果。混凝土可能来自两个搅拌站，这两个搅拌站生产的混凝土平均强度不同，上午和下午的试验结果也可能不同（如温度、坍落度等），不同的检测员或检测仪器也可能会产生不同的试验结果（在关于检测和统计资料的章节中会有更详细的描述）。

当用来分析的大量试验结果（比如说100个或更多）是在长达几周的时间内获得的时，假定平均强度保持不变，则其变异性完全是随机的。如果同样多的测试样品是从同一天的混凝土中获得，甚至是从同一车中获得，则其变异性（标准偏差）很小也并不奇怪。这是因为并不是所有在一定时间内引起变异性的因素每天都会起作用。样品在来自同一车的情况下，变异性应该被描述成“试验误差”。因为如果样品是由适当搅拌的许多混凝土样品组成的，尽管这些混凝土样品在货车卸料过程中被分开，但整个混凝土在本质上都是一样的。

下面是可能遇到的、有用的变化类型：

（1）没有确定原因的随机变化。随着控制水平的提高，这种变化会逐渐减小，并且能实质性预测变化的非随机原因。

（2）由非随机原因引起的单个的、非持续性的变化，例如，单个的大坍落度会导致混凝土强度降低。

（3）平均强度的持续变化。

（4）由于试验程序产生的变化（即虚假变化），这种变化可能是持续的或孤立的。

严格讲，统计资料只适用于随机变化。但是重要的不是统计资料是否有效，而是所用的技术能否提高混凝土的质量控制水平。作者的经验是将同一时段的试验结果分解为子时段。这些子时段的平均强度不变，并且其变异性比整体的要低。各子时段的变异性称为基本变异性，是随机的，引起该变异性的因素有配料误差（包括用水量）、试验误差等。各子时段平均强度的变异性不同，整体变异性是这些基本变异性的组合。如前所述，子时段的变异性确实有非随机原因，无论控制系统是否能够发现它。各子时段之间的点称为“变化点”，“变化点”的平均强度会发生突然变化或台阶式变化（图4.2）。变异性变化的典型范围大约为2～5MPa（这可能仅仅意味着大大低于2～5MPa的变化没有被检测到）。可以看出，早期发现变化是控制系统的基本目标。

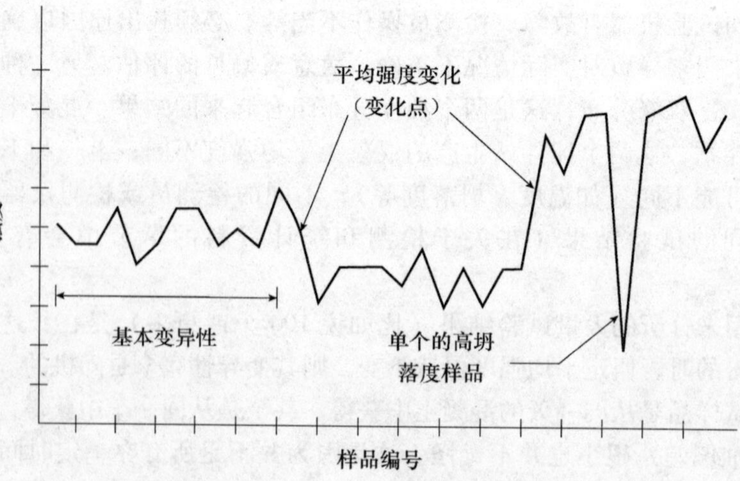


图4.2 变化点和基本变异性

## 4.2 质量控制和质量保证的目的

混凝土质量控制包括两个方面：一方面是避免质量不合格；另一方面是获得低变异性。显然，低变异性有利于避免不合格产品。反之，将二者分开考虑也是有利的。同样，如果在平均质量水平和规定最低质量水平之间有一个足够大的富余度，也就不会有不合格产品了。

将持续性影响因素和间断性影响因素分开考虑是有用的，甚至有的因素同时符合这两类。例如，每车砂子的级配不可能完全相同，并且可能随着地点和条件的改变而不时发生更大的变化。因此，同一平均值的变异性和平均值的变化是不相同的。如果平均值的变化未被检测出来，就会引起基本变异性的显著增加。

连续的基本变异性可看成是生产过程的一个特征，其只可通过改进该过程或材料的均匀性来得到改善。控制系统的一个特征是早期检测并及时矫正平均强度的偶然变化。因此，控制系统用来测定基本变异性并发现其变化点。如果变化点不能及时被发现和被改修正，就会影响到整体的变异性。

显然，整体变异性也会随着试验误差或记录数据错误的增加而增大。部分不明显的变化点，减慢了对变异性的检测，因此也会影响到实际的整体变异性。

采用的分析系统同样会通过检测速度影响到整体的变异性，这种检测速度能对变化点做出反应，对基本变异性也有很大影响。在一定程度上，能找出引起基本变异性的原因，进而通过维修和改进生产系统减小基本变异性。

必须记住质量控制（QC）和质量保证（QA）的区别。其区别是质量保证注重于预先对材料检测、控制及生产程序的实施标准等方面来避免出现问题。因此，质量保证更注重于消除变化点而不是早期检测。如果不能消除变化点就会产生相反的效果，并且放慢检测速度。然而，这个论点可能过于迂腐。质量保证也被称为文件化质量控制，表明它们的主要区别是记录保存。

控制系统是监测生产情况，尽快检测出平均质量、变异性发生的变化，或者即将发生的变化，然后系统进行调整或利用该变化（这取决于该变化是恶化还是好转）。

控制系统不仅要监测产品的质量，还必须监测输入材料、生产过程、周围环境和测试过程的精度等。

在质量保证开始流行的数十年以前，作者以质量控制的方式做了上述工作。在某种程度上是“玫瑰不管叫什么名字，闻起来总是香的”。但是，关于质量控制和质量保证的区别，质量保证的过程及其实施都必须事先计划并记录下来，以合格记录的形式保证全面实行质量控制程序，系统必须足够全面地保证产品质量合格。尽管质量控制可能也包括同样的程序，但不是必然的。

通过检测是否有不合格产品而进行质量控制的时期已经过去（尽管不合格产品还是不容忽视的）。统计分析用来确定一定时期内的产品是否合格。然而，我们必须记住变化点的重要性。检测这些变化点的方法有数学方法，但不如图解法直接有效。

问题是要区分非随机变化和随机变化。十年以前，作者进行了一项广泛的研究，在该研究中，用计算机随机选择上千个对应一系列选定的标准偏差数据（服从正态分布），包括一个大小已选定的变化点，然后用不同的方法分析这些数据。第一版本中对此进行了广泛的陈述，第二版本中也充分进行了总结，得出了以下主要结论：

（1）平均每15个结果中检测出一个变化点的任何系统，会在平均每100个结果中产生一个错误的检测。

（2）检测效率与检测结果的变异性成正比，不可能检测出小于0.5倍标准偏差的平均强度下降点。

（3）检测效率可以通过抑制随机变化的影响而提高。这可以通过以3、4或5个试验结果为一组进行分析（增加效率）或利用累积和控制图。然而，如不单个分析数据，就可能找不出个别变化的原因。

（4）关于分析方法，明智的选择是累积和分析法。使用累积和图的效率是常规的休哈特图（Shewhart）的3倍。由于累积和图也包含了多等级法和多元法，大大提高了其效率。

结论还比较令人满意。不管是15个结果中发现一个变化点或100个结果中发现一个错误，都不是我们想要的。解决的方法是用“相关变异性”确定明显变化是否是非随机的。因此，如果密度、温度、坍落度等能解释质量下降的原因，则就是非随机的，而不管统计分析能否证明。自20世纪50年代初以来，作者已经利用多元法图进行质量控制，并且在40年间写了多篇关于此方面的论文，但这不包括英国的累计和体系。

## 4.3 累积和图

累积和是针对一系列连续的试验结果，每个结果分别与目标值或者说先前的平均值相减得到一系列差值，再将这一系列差值相加得到的和。按照定义，与平均值差值的累积和是零。因此，如果仍然保持先前的平均值，累积和曲线会暂时发生偏离（偏离程度取决于混凝土的变异性），但仍维持基本水平。

然而，如果平均值变了，即使只变了一点点，图上每一个连续的点将会与先前的点相差一个数。图中的曲线同样会表现出与直线的偏差。该直线与水平线成一角度，这个角度可以准确地衡量平均值的变化，变化前后直线的交叉点描述出发生变化的时间（图 4. 3）。

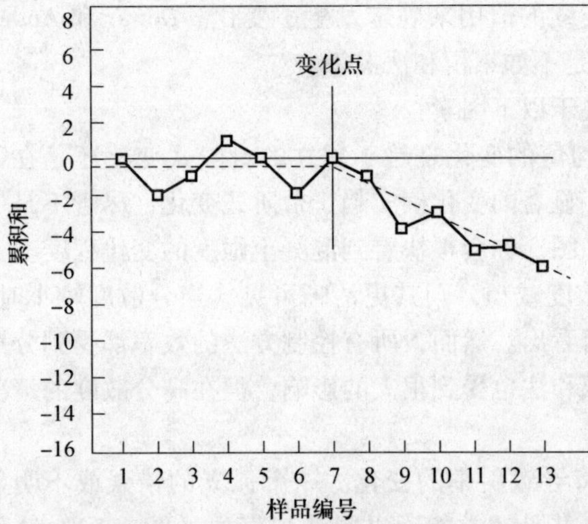


| 结果 | −50 | 累积和 | |
|---|---|---|---|
| 50 | 0 | 0 | 平均值 50 |
| 48 | −2 | −2 | |
| 51 | +1 | +1 | |
| 52 | +2 | +1 | |
| 49 | −1 | 0 | |
| 48 | −2 | −2 | |
| 52 | +2 | 0 | |
| 49 | −1 | −1 | 平均值 49 |
| 47 | −3 | −4 | |
| 51 | +1 | −3 | |
| 48 | −2 | −5 | |
| 50 | 0 | −5 | |
| 49 | −1 | −6 | |

**图 4. 3　样品累积和控制图**

累积和法起源于化学工业（Woodward，1964），并且于 20 世纪 70 年代在英国第一次运用于混凝土的质量控制（检测服务有限公司，1970）。

斜率出现任何特殊变化的数学意义都可以通过使用 V-mask 累积和控制图简单而准确地表达出来（图 4. 4）。

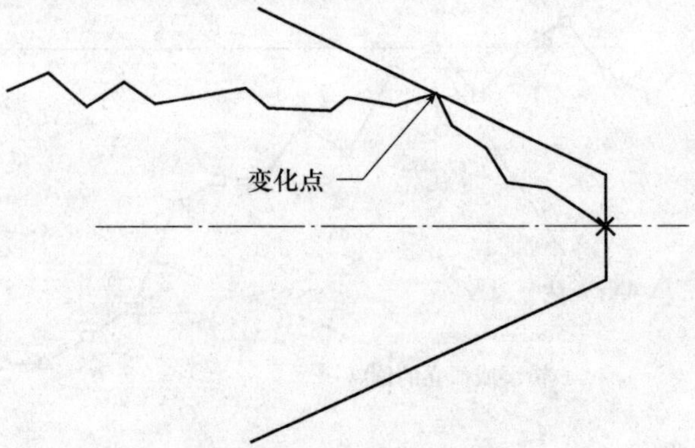


**图 4. 4　V-mask 累积和控制图**

V-mask 累积和控制图的端点是图中的最后一点，如果累积和曲线将 V 形图切断，则表明发生了显著的变化。V 形图由一系列材料对应的图组成。每种材料对应不同的 V 形图，分别预示着不同的意义。

累积和法最初被英国商品混凝土协会（BRMCA）和澳大利亚商品混凝土协会（OSRMC）采纳为质量控制的基本原理，尽管现在有了一种替代方法，该替代法能记录位于目标强度值以上或以下的实际数目（Barber，1983）。处于目标值以上或以下的一系列连续的值用来确定发生了变化。Dewar 和 Anderson 认为替代法更容易操作，但是不如累积和法灵敏。

累积和法是否有效主要取决于以下因素：

（1）最基本的因素在于平均值的变化是趋于独立的台阶式变化还是在数量上逐渐增加。作者的经验是，显著的变化确实趋于台阶式变化，尽管不是一成不变的。如果你画一个累积和图，你会很快看到混凝土强度的变化程度。

（2）如果变化点的整体分散度减小，则其更清晰可见。当分散度较小时，从变化后的少部分点中也可清晰看出。然而，所有控制方法的效率都受到分散程度的影响。事实上，尽管累积和法也受到很大的影响，但在高分散度的情况下仍比其他方法更优越。

（3）如前所述，显著变化将导致斜率的变化。一个孤立的错误或不明显的变化，可以抵消斜率的变化，并且通常能通过眼睛观察到（图 4.5）。这种抵消对一个经验不足的操作员在运用 V 形图自然会产生影响，但不会扰乱熟练解释员的判断。

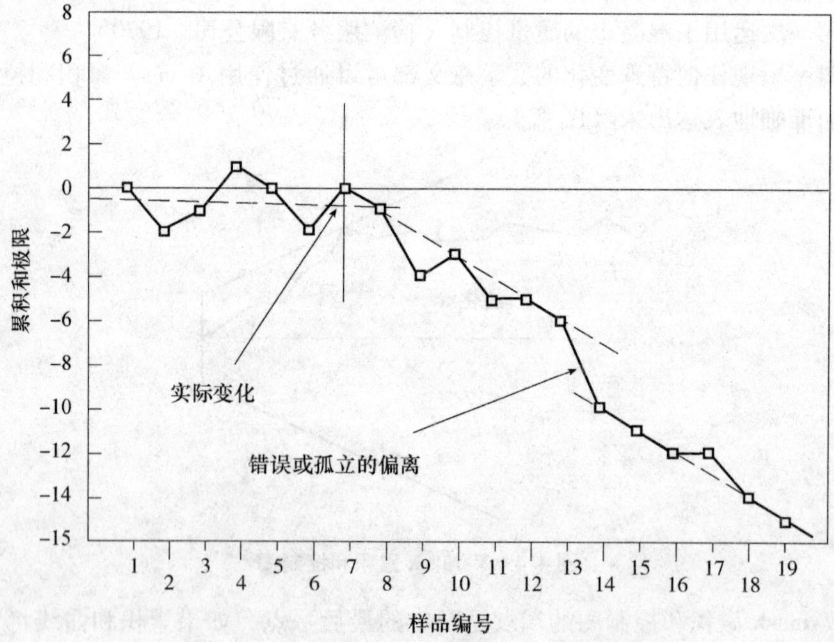


**图 4.5　显示实际变化和不显著变化的累积和图**

（4）显然，测试的次数和频率，以及测试和分析之间的时间间隔都是影响快速检测变化的重要因素。作者将各种单个等级组合成一个图表（多等级化法），并且根据早期试验结果预测 28d 龄期的混凝土强度，通过这种方法可以大大提高效率。

（5）最后，如前所述，对变化检测的证实不需要依赖于讨论中变量的试验结果的数学分析（正如英国 V 形图所假定的）。如果相关变量，如密度、坍落度和温度等，也可在累积和图中画出来，则会显示相应的变化。如这些变化都同时出现在一个时间点，那么这些变化就得到了证实。

作者创建的多等级化、多元化、累积和及 28d 强度预测等方法，具有重要的意义。多等级化累积和中包含有许多等级的混凝土。按照统计原理，其检测可能需要变化点以后的 15 个或者更多的试验结果。但如果考虑用相关变量累积和，则只需 4~5 个试验结果。

UK 累积和在图表中也利用多等级化数据，但是其原理不同。该方法对每一等级混凝土建立了一个修正系数（主要基于水泥用量），试验结果经过该修正系数修正后，其分析就和基本等级的分析一样。这种方法的问题是：首先，很难建立一个准确的修正系数并使其一直保持最合适；其次，即使做到了第一点，还必须为此将混凝土等级限制在一定的范围内。欧洲标准 206（EN 206）是尽可能在最大程度内分析一年多来的一系列 28d 试验结果，这样就需要大量的试验配合比。

UK 体系旨在质量保证，使混凝土性能在长时期内不发生变化。相反，作者的方法是旨在反馈质量控制，使每天、甚至每小时都能进行调整，以降低变异性（见 4.13 节中 EN 206 与作者方法的比较）。

累积和图能克服在联系相关变量（如强度、坍落度等）中遇到的困难（Shilstone，1987）。这是因为累积和图中同时发生的变化点显示的是一个瞬时关系，就如在回归分析中，它不受到外来因素的影响，而外来因素是在一定时期内影响其相关性。

作者的这种方法与最初的 RMC 版本有很大的区别。作者的方法是计算每一等级混凝土所有性能的平均值（可能有几百个），然后计算这些平均值与各试验结果的差值，再将这些差值相加得到累积和。对于不同等级的混凝土，同一性能（例如强度、密度或坍落度等）的平均值可能有很大的差别，但是需要检测的是变化。因此，所有这些差值都被累积相加，就像它们是从同样的目标值计算得到的一样。

## 4.4 控制措施的重要性

各变化点之间形成的差异通常是一个配料精确度的问题，尤其是对用水量和坍落度的控制。由于砂子含水率、级配和温度的微小波动，可使用水量和坍落度的控制变得更加困难。因此，这在本质上是生产过程的特性，变化本身产生的附加变化是输入材料和控制系统的另外一个特性。

首先，应尽可能事先检测出材料特性和温度变化带来的影响，并知道其对混凝土强度的定量影响程度。

其次，即使不知道引起平均强度变化的原因，也可以检测出该变化，并且通过改变水泥用量来调整，但进行该调整的关键是时间。第一，这是因为平均强度与规定强度偏离的时间越长，对整体变异性的影响越大。第二，还有一个方面对调整很重要，但却很容易被忽略，那就是如果根据28d实际强度进行调整，意味着在发生变化而需要进行调整时，却要在28d以后才能进行。在发生第一次变化和检测出该变化后的这段时间里，很有可能发生进一步的变化，接着发生的变化可能朝任一方向进行。如果第二次变化朝着第一次变化相反的方向进行，那么对第一次变化所做的调整将会加强第二次变化。在这种情况下，必须更加注重于延迟控制措施，而不是急于调整来减小变异性。

过去在各行业中都接受教条的质量控制模式，就是只有在当前情况明确以后才允许调整。对混凝土强度而言，这意味着只有在30d以后才能获得28d的试验结果，作者对此持相反的观点。因此，只有在满足以下条件时才可如此，即尽最大努力去保证只有真实的变化点在起作用，并且有一个容易准确调整的配料系统，以及准确记录哪些已经做了，哪些将要做。显然，还要求有一个配合比设计系统，当水泥用量发生变化时，该系统会自动修正产量和*MSF*值（见3.2节）。

综上所述，现阶段对控制系统提出两个很有用的基本要求如下：

（1）控制系统必须尽快地对平均强度的变化做出反应。

（2）控制系统必须尽可能地找出变化的原因。如果可以定量地找出原因，对证明检测到的因素是否是唯一原因是很有价值的。

显然，累积和法很好地满足了第一个要求，能在单一的分析中包含所有等级混凝土的结果（因此，多等级化法比EN 206法应用的广泛），还能利用预测的试验结果，而不仅仅是28d的实际结果。

第二个要求涉及到多元累积和法，该法对第一个要求也是有帮助的。因为其原因已知的变化是不依赖于数据来证实的。

## 4.5 由谁控制

过去，承包商按照规范（规范中通常规定混凝土配合比）生产混凝土。

监督员代表业主安排测试，如果有必要，还会要求或协商做出变化（这取决于合同的条款）。

最近（按照标准 AS 3600—1989），澳大利亚顾问工程师已经意识到必须由生产商进行质量控制。然而，许多年来，澳大利亚的大多数生产商都使用自己的测试和控制系统，是不考虑其顾客的测试结果的。

考虑到澳大利亚的局势演变具有很大的启示意义。1958 年引进了强度规范，该规范规定以独立的国际检测机构协会（NATA）注册实验室的测试结果为依据。1973 年出台了一条新的准则（ASl 480—1973），该准则试图将质量控制工作移交给个体生产者，要求他们利用自己的注册实验室进行控制。然而，还有另外一种连续的进行独立测试和控制的方法。生产商的控制方法是不仅将控制工作完全移交给个体生产者（不像在英国实行合作控制），而且没有制定合理的条款来告知混凝土用户实际情况，也不要求他们使用早龄期的测试结果。实际上，供应商几乎在两个月内都有可能生产不合格的混凝土（也就是直到生产了一个月的不合格混凝土后才有了 28d 的试验结果）。然后，仅仅要求他们修改配合比来将最小强度值恢复到规定值。甚至不要求他们告知买方发生了什么，除非其混凝土测试结果低于规定强度。但顾问工程师一般都具有较强的判断力，他们完全不考虑这种方法。

1989 年，一条新的准则（AS 3600—1989）更明确地要求实行由生产商控制。这条准则要求生产商使用质量控制系统，不管是否使用独立的测试，并要求使用早期预测系统。顾问工程师一时无法适应这个准则，仍然趋向于要求使用以前的准则。新准则除了包括对生产商控制的规定外，还包括对独立测试机构的规定。但由于独立测试结果非常少，因而实际运行起来确实有相当的难度。

1991 年，作者想出了一种折中的解决办法，这种办法很有效。问题是独立的测试结果太少，不能可靠提供混凝土质量的独立评估。如果增加测试频率，开销又太大。作者的解决办法是，利用独立的测试结果来评估混凝土供应商而不是评估其混凝土。混凝土生产商一直有这样一个问题，就是声称其独立的样品没有取好或者样品没有成型和养护好。这个问题可以通过这样的方法解决，要求混凝土生产商的实验室员工在指定的测试频率下，测试两倍的样品。由此，独立测试的成本也降低了，测试频率范围是每天、甚至每周测 3 ~ 4 组样品，以至于在很低的测试频率时都会揭示出存在的问题。如果检测出问题，可增加测试频率。第二批样品要求生产商运送到独立的实验室进行养护和测试。另外，要求生产商在测试当天将测试结果发送给独立的顾问工程师进行分析。有趣的是，当对不符合要求的产品进行进一步复查时（通过增加的样品），结果几乎总是不符合要求的产品立即减少了（也就是每个人会更仔细的试验）。然而，有些重要的真实偏差却没有被发现。

很明显，通过这种方法不仅能很好地了解混凝土，而且还能了解生产商与独立测试机构实验室的工作质量。必须记住，澳大利亚在20世纪40年代就已经有了实验室评估系统（NATA），比英国和美国都早。它有很好的名声，以至于成为许多国家在建立其评估系统时的榜样，在10.5节中会进行详细的说明。但是应注意的是，这些比较结果确实证实了程序的合理性，同时，还应弄清的是这种方法不能揭示任何不诚实的迹象，只能证明避免偶然的低测试结果是很难的。只有多次的独立测试结果才能用来表明生产商实验室得到的结果是否低于混凝土的要求。然而，很多情况正好与此相反，但并不意味着供应商的结果通常是有偏差的，因为当结果不同时，较高的结果通常更接近实际值。既然如此，就应明白需支付混凝土供应商用在确保质量上增加的检测费用，这部分费用可以由降低混凝土的成本得到补偿。然而，独立实验室只能在市场能承受的成本水平和市场能区分的质量水平下有效运行。当监理工程师认为任何注册实验室总是得出准确的结果，并且指定独立测试，但允许承包商选择最便宜的实验室时，将标准降到最低的压力就产生了。

到20世纪90年代后期，顾问工程师对生产商控制的关注度在逐渐地下降，并且独立测试也变得越来越少，这是因为广泛采用了质量保证措施的缘故。

## 4.6 质量保证

如前所述，如果不是由生产商进行质量控制，就像在许多其他领域一样，这一问题应通过混凝土质量保证这一全球趋势来解决。质量保证不仅要求检查最终结果，而且还要求检查所有进厂材料和整个生产过程。这只能由生产商自己去做，因为在经费上才可得以保证。

国际标准ISO 8402将“质量保证系统”定义为旨在保证产品、工艺或服务满足规定要求的组织机构、责任、程序、行动、能力和资源。显然，这比测试技术和数学分析要全面得多，它可以被看成是建议，也可以被看成是忠告。建议是为了获得全面的质量保证，应具备这样一种正式的、全面的预先计划结构。忠告是应注意避免把大量的费用花在填表和行政管理方面，以及避免对有效质量控制的影响。

还必须注意避免“新成员”假设，这一假设就是质量保证和质量控制是不同的，后者已经过时并被取代。将质量保证看成是简单的“文件化质量控制”是有用的，例如砂子的质量规定和控制，规定级配限制并摒弃不符合要求的砂子看起来是正确的质量保证方法。这与作者的看法不同，作者认为几乎所有级配的砂都是可用的，并且假定级配是可以调整的。“质量控制反馈”这一特殊方法可能成为了质量保证的对立面，因为它对原材料品质的变化做出反应。然而，质量保证的原则没有问题，在质量指南中指出，如果砂子级配发生变化就必须调整配合比；如果坍落度发生变化，就必须调整用水量。要确保质量就应制定相应的措施，并指定专人去处理这些变化，且记录存档。

## 4.7 Pareto's 法则

Vilfredo Pareto 是一名意大利经济学家（1848～1923 年），他奔波于各个城镇，力图调查国家财富资源的分布。在调查中，逐渐意识到城镇上 4～5 个最富有的人几乎控制了整个城镇大半的财富。因此，要有效地进行这项调查，就应先找到合适的人，然后再询问他们相关的问题，而不是随意找几个人进行调查。

该原则对各种质量控制（当然也包括混凝土质量控制）是很有借鉴价值的。也就是说，尽管可能有 100 个或者更多的因素引起混凝土强度变异性的变化，但是总变异性的 70% 或 80% 通常是由这 100 个可能因素中的 2～3 个引起的。常常一个单因素就可引起总变异性一半以上的变化，并不是所有情况下的主要因素都是相同的，甚至其中的 2～3 个主要因素也不一定相同。但是，下列因素可能包括了大多数情况下的主要因素：

（1）坍落度（判断错误或者有意的变化）；

（2）温度；

（3）含气量；

（4）细骨料含泥量；

（5）细骨料有机杂质泥量；

（6）细骨料级配；

（7）粗骨料粉尘含量；

（8）粗骨料黏结力特征；

（9）水泥品质；

（10）外加剂品质、掺量及效果；

（11）粉煤灰品质（特别是含碳量）；

（12）时间延误；

（13）粗骨料强度；

（14）细骨料颗粒特征；

（15）取样和试验过程（包括：离析、振实、养护、压盖、置中于试验机、球座的润滑、压板平整度、机器结构刚度、加载速度、样品与球座是否在一直线、操作员受到样品突然破坏或者想要保持样品完整的影响等）。

在许多情况下，强度受到的影响与用水量的变化有关，特别是在第（1）、（2）、（4）、（6）、（7）及（12）等几种情况下。

找出变异性的主要原因很重要。在某些情况下，一些原因明显占据主导地位，但是情况并不总是这样。在这么多因素中进行猜想或进行控制，对如此多的因素来说，要么太微不足道，要么太昂贵，不如听从 J. M. Juran 教授（1951）对质量控制的建议，并且询问过程。这可通过以下两个步骤来进行：

（1）比较实际强度和预测强度。如果它们之间存在差别，就深究下去，这可能会找出特定工程中影响强度最可能的因素。

（2）利用累积和分析监测强度和选定的相关变量。

选定的相关变量通常包括坍落度、含气量和混凝土温度等。能否从所有资料中获得可靠的用水量是相当重要的。要特别检查一组样品中两个试件强度结果出现的差异，并把 7~28d 的强度结果作为固定统一的测试方式。必须意识到强度低不是偶然发生的，它们通常是由用水量大、水泥用量低、密实度不够、养护和测试不规范以及水泥品质差等因素引起。质量控制技术就是通过对结果模式的逻辑检查来确定其中哪些因素是主要的。例如，当混凝土从一个地点运送到另一地点时，如果出现强度变化，则水泥品质的变化就不能作为解释的原因；如果从同样的样品中得到的 7d 强度正常的话，用水量大就不能作为解释 28d 强度较低的原因；当然还有可能混凝土是正常的，但是测试有问题，这种情况时常发生，因此必须充分考虑其影响。

## 4.8 相关变量

仅仅根据强度结果显然是不能充分操作控制系统的。我们不能忽视某个或某批特殊孤立的结果是否满足规范要求。然而，更值得关注的是结果检测的方式，以及它们的相互关系或相关变量（例如坍落度、密度等）。主要的目的是，首先应尽可能准确地确定整体情况，然后再考虑这些特殊结果的重要性。

### 监测每天的性能变化

实践经验表明，仅建立一个好的实验室并全面培训合格的检测人员是不够的；同样，仅建立一个好的搅拌站并提供好的材料也是不够的，在这两种情况下都必须对实际性能进行监测。就试验而言，判断的标准是试验的可重复性（尽管结果的相关性可能也在考虑之中，特别是在混凝土工作性和早期强度试验中），衡量重复性的最好指标是试验时的平均偏差。例如，圆柱体试件抗压试验是成对进行的。另外一个有效指标是从早期到后期之间的平均强度增长值，这可能由其他因素引起，如水泥、养护等，但这种变化通常由试验引起。例如，由试验龄期相同而成型日期不同测得的7d和28d强度都降低时，试验过程就值得高度怀疑了（作者曾经遇到过这种情况，只是进行的是抗弯试验而不是抗压试验）。

### 相关性分析

相关性分析的传统方法是利用计算机统计程序进行回归分析（分析两个相关变量间直线方程的斜率、相交值和相关系数）。这种方法应该是有效的，但是Siltstone（1987）已经报告过有不准确的情况。作者发现利用累积和图能得到更好的分析结果。

问题是涉及到许多的因素。用水量的增加可能引起坍落度的增大，在这种情况下强度会降低。然而，坍落度的增大也可能是由较低的混凝土温度或粗砂引起的，在这种情况下强度是不会降低的。因此，坍落度和强度关系的回归分析就可能得不到准确的结果。当然，如果有一个强度变化点与坍落度变化点一致，则在这个点上就存在着相关性。但是，有可能在强度和坍落度中的其中一个有变化点，而另外一个却没有与之对应的变化点。

## 4.9 累积和分析的实际使用

对于使用中的每个配合比及选定的众多变量，可以使用累积和分析法。如果是手算或者使用试算表格，就要很好地限制变量的数目，并且要准确地选择变量，还必须适合于有限选定的配合比。如果利用诸如ConAd系统的方法，每个配合比和每个记录的变量将会被自动累积。由于由作者开发的ConAd系统现由Command Alkon经营，一个解决办法是在www. kenday. id. au网站上可以下载免费程序（图4.6～图4.8），但这要求将变量限制在8个以内（如早期强度和后期强度、7～28d的强度增长量、7d和28d的预期强度、坍落度、密度和温度等）。与此相反，在完整的ConAd系统中，可以包括50个以上的变量（见4.12节）。

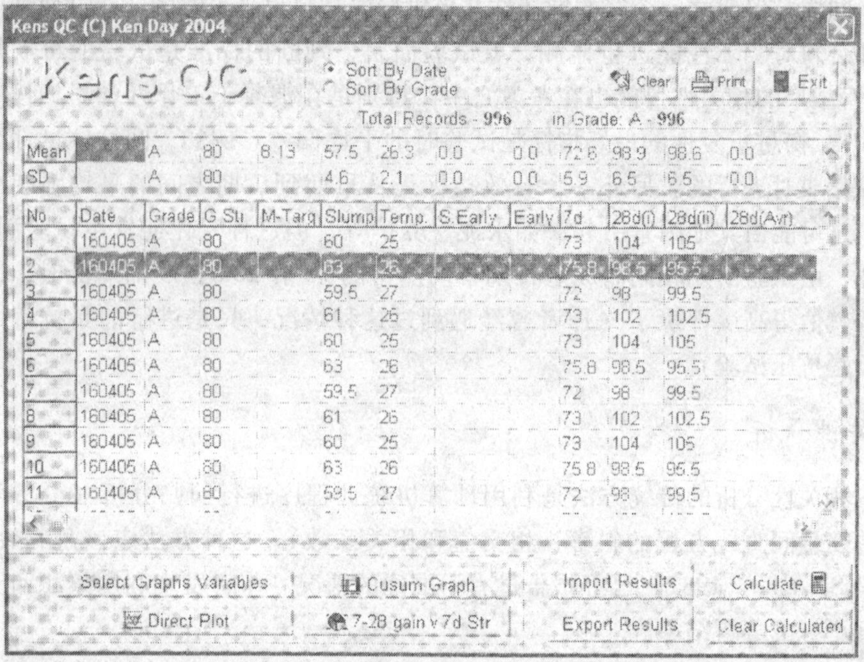


**图 4.6　质量控制程序（从作者的网站上免费下载）**

对于讨论中的配合比，通过将早期到28d 龄期的强度增长量相加，可用早期强度（7d 或者更早）的累积和来预测28d 的强度。相累加的这些差值是与讨论中的当前28d 平均强度的差值。最初不管它们是来自20MPa 混凝土还是100MPa 混凝土，是来自流动性混凝土还是无坍落度混凝土，是来自复合波特兰水泥混凝土还是纯波特兰水泥混凝土，是来自自密实混凝土还是轻混凝土，所有这些差值包含在单一累积和中（按照日期或时间顺序）。只要当天的试验结果一被输入，就必须每天检查累积和。如果没有出现变化点，表明没有问题。可以延迟一周或一个月再进行检查，视情况而定。

如果出现变化点，就必须判断该变化点是真的存在还是统计误差。如果是真的存在变化，就必须找出原因，变化原因可以分为由用水量和非用水量引起。如果变化原因是过大的用水量引起，则密度将会降低。因此，下一个最重要的累积和就是密度累积和。如果密度累积和图存在变化点，该变化点又与强度图的变化点一致，则说明两点，一是该变化点确实存在；二是该变化点是由过大的用水量引起（或可能是由引气引起）。重要的一点是希望密度是在实验室获得而不是在现场，并且在获得密度的当天就进行累积和。在这种情况下，密度累积会在7d 强度累积之前持续6d，这更加证明了测得的变化点是真实存在的。

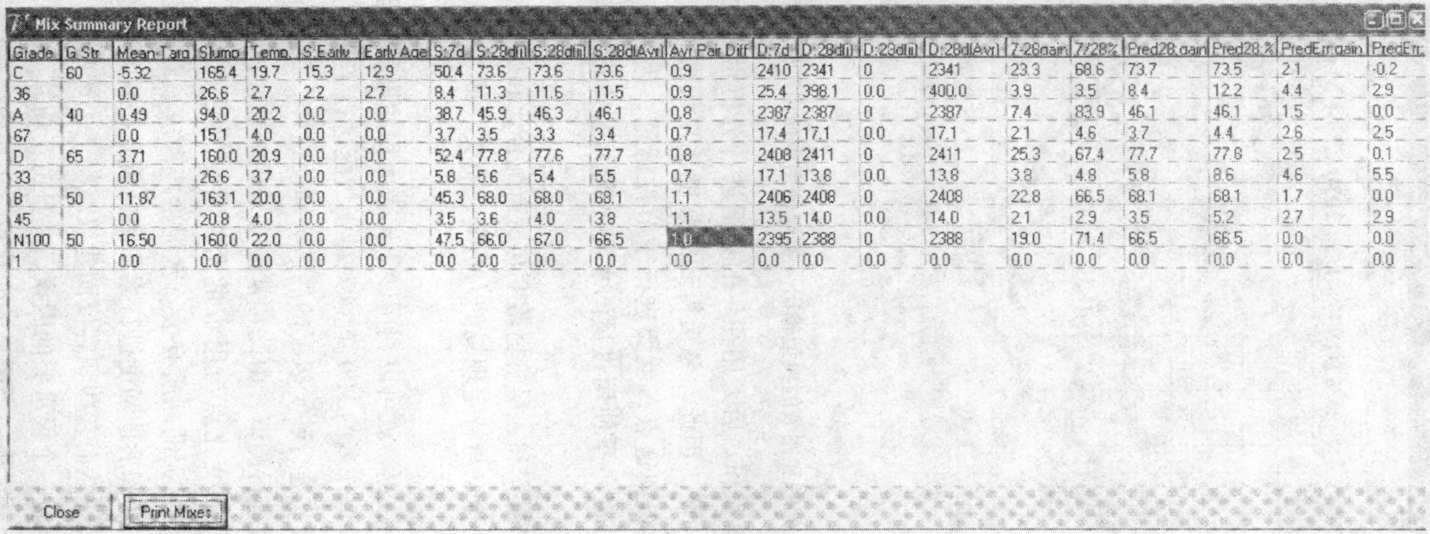

Mix Summary Report

| Grade | G.Str | Mean-Targ | Slump | Temp. | S:Early | Early Age | S:7d | S:28d(i) | S:28d(ii) | S:28d(Avr) | Avr Pair Diff | D:7d | D:28d(i) | D:28d(ii) | D:28d(Avr) | 7-28gain | 7/28% | Pred28.gain | Pred28.% | PredErr.gain | PredErr. |
|---|---|---|---|---|---|---|---|---|---|---|---|---|---|---|---|---|---|---|---|---|---|
| C | 60 | -5.32 | 165.4 | 19.7 | 15.3 | 12.9 | 50.4 | 73.6 | 73.6 | 73.6 | 0.9 | 2410 | 2341 | 0 | 2341 | 23.3 | 68.6 | 73.7 | 73.5 | 2.1 | -0.2 |
| 36 | | 0.0 | 26.6 | 2.7 | 2.2 | 2.7 | 8.4 | 11.3 | 11.6 | 11.5 | 0.9 | 25.4 | 398.1 | 0.0 | 400.0 | 3.9 | 3.5 | 8.4 | 12.2 | 4.4 | 2.9 |
| A | 40 | 0.49 | 94.0 | 20.2 | 0.0 | 0.0 | 38.7 | 45.9 | 46.3 | 46.1 | 0.8 | 2387 | 2387 | 0 | 2387 | 7.4 | 83.9 | 46.1 | 46.1 | 1.5 | 0.0 |
| 67 | | 0.0 | 15.1 | 4.0 | 0.0 | 0.0 | 3.7 | 3.5 | 3.3 | 3.4 | 0.7 | 17.4 | 17.1 | 0.0 | 17.1 | 2.1 | 4.6 | 3.7 | 4.4 | 2.6 | 2.5 |
| D | 65 | 3.71 | 160.0 | 20.9 | 0.0 | 0.0 | 52.4 | 77.8 | 77.6 | 77.7 | 0.8 | 2408 | 2411 | 0 | 2411 | 25.3 | 67.4 | 77.7 | 77.8 | 2.5 | 0.1 |
| 33 | | 0.0 | 26.6 | 3.7 | 0.0 | 0.0 | 5.8 | 5.6 | 5.4 | 5.5 | 0.7 | 17.1 | 13.8 | 0.0 | 13.8 | 3.8 | 4.8 | 5.8 | 8.6 | 4.6 | 5.5 |
| B | 50 | 11.87 | 163.1 | 20.0 | 0.0 | 0.0 | 45.3 | 68.0 | 68.0 | 68.1 | 1.1 | 2406 | 2408 | 0 | 2408 | 22.8 | 66.5 | 68.1 | 68.1 | 1.7 | 0.0 |
| 45 | | 0.0 | 20.8 | 4.0 | 0.0 | 0.0 | 3.5 | 3.6 | 4.0 | 3.8 | 1.1 | 13.5 | 14.0 | 0.0 | 14.0 | 2.1 | 2.9 | 3.5 | 5.2 | 2.7 | 2.9 |
| N100 | 50 | 16.50 | 160.0 | 22.0 | 0.0 | 0.0 | 47.5 | 66.0 | 67.0 | 66.5 | 1.0 | 2395 | 2388 | 0 | 2388 | 19.0 | 71.4 | 66.5 | 66.5 | 0.0 | 0.0 |
| 1 | | 0.0 | 0.0 | 0.0 | 0.0 | 0.0 | 0.0 | 0.0 | 0.0 | 0.0 | 0.0 | 0.0 | 0.0 | 0.0 | 0.0 | 0.0 | 0.0 | 0.0 | 0.0 | 0.0 | 0.0 |



**图4.7　将分析数据从Kens质量控制（QC）输送到试算表或笔记本**

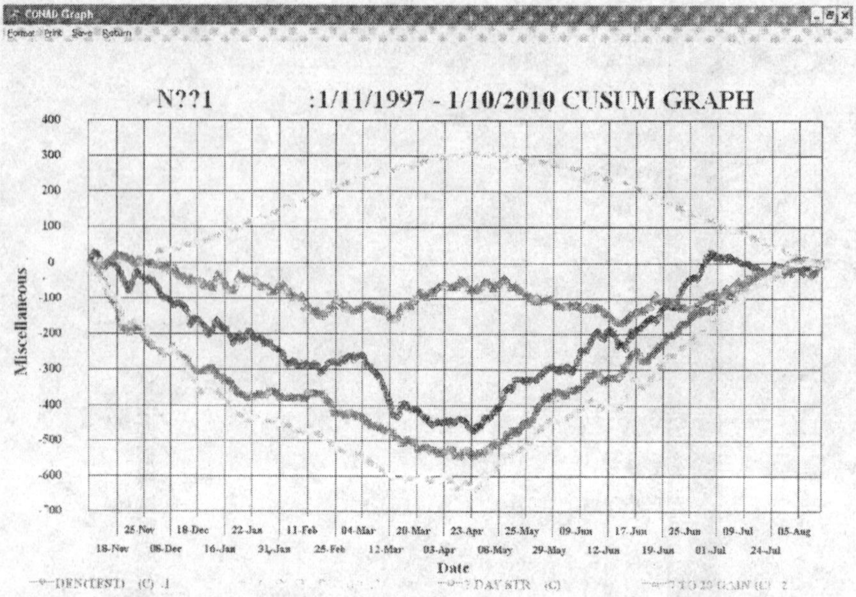


**图 4.8　累积和图表的典型输出（实际使用中使用不同颜色）**

下一个是温度累积和。后人用往年的数据进行分析得出的结论是温度与强度之间总成负相关性。因此，冬天得到的强度比夏天得到的强度高（除了早龄期外）。一旦意识到这点，就要进行季节性调整，因为在夏季去冒生产不合格产品的风险或在冬季使用过量的水泥是毫无意义的（除非早期强度有问题）。

第四个是坍落度累积和，尽管坍落度与所有配合比和所有客户联系得不是很紧。通常出现的变化点与特定现场的人员变化有关，或者与运送卡车的不同类型有关。

如果有砂子级配数据，就可以利用砂子比表面积的累积和分析出用水量对强度的影响（除非根据作者的 MSF 理念对砂子级配进行了调整）。不幸的是通常只有在砂量很大时才进行砂子级配的测试。即使这样，也是在贮备时进行测试，而不是在使用时进行测试，由此常常失去了相关性。

如果强度累积和的变化点与用水量无关（也就是在密度中没有体现出来），那么就有可能与水泥的品质有关。水泥生产商应该对水泥的细度、标准稠度、化学成分、早期和后期强度进行累积和分析，并且为顾客提供关于处理水泥品质变化的建议（然而有些顾客反而建议混凝土生产商）。

试验误差有时也是一个很重要的因素，并且由于新算法的引进，每对差值的累积和分析有时会显示出一个明显的变化点。正如随后解释的，记录的平均强度通常被人为降低，降低值至少高达28d龄期的每对差值。为了弥补这部分强度而将平均强度提高1~2MPa，这除了可能影响到标准偏差外，还会产生相当可观的额外费用。因此，在对有关问题的进一步分析时，计算每对差值累积和是很有用的。

根据早期测试结果预测的28d强度可能相当于3个28d龄期后的实际强度，7~28d强度增长量等于试验误差，即每对结果的差值，尽管可能是由养护条件或水泥品质的变化引起的。因此，7~28d强度增长量的累积和当然是有用的，但是必须准确地考虑其变化点。

根据已掌握的知识和个人观察，从某种程度来说，在评估过程中，必须严格限制累积和分析中选定的等级。如果不是只使用一种水泥或胶凝材料组合、外加剂，则将它们分为不同的组，这样就可分析出是否其中某个因素是引起变化的原因。此外，还可以设置使用特殊骨料的试验组。

当然，也有可能由极少数的结果分析出某个等级会出现问题，这些问题通常被大多数的其他结果所隐藏。然而，ConAd程序，甚至是网站上下载的免费程序，按照偏离目标强度的次序自动地列出了每个等级。因此，有缺陷的等级会明显地出现在该列表的顶部，这是这种分析程序的重要特征。

分析程序会产生一个总标准偏差，该偏差是由同一等级的连续结果之间的差值引起的。如果结果中没有变化点，实质上这就是获得的标准偏差。等级列表会列出按常规方法计算得到的每个等级的标准偏差。在许多情况下，可能没有足够的结果，但每个等级至少有20个结果，且当其标准偏差比总标准偏差大得多时，就预示着该等级的系列结果中可能有一个变化点，这样必须检查讨论中的单个等级的累积和及直观图。

## 4.10 直观图

作者极力主张采用累积和分析，但这并不意味着测试结果的直观图不重要。累积和分析确实很有效，其部分原因是其很少受到个别结果的影响，但个别结果通常也是很重要的。

直观图的其中一种形式是由测试结果减去目标强度、平均强度或规定强度中的一种而得到的，该图也可以包含多个等级。分别绘出其中一个变量的28d龄期和早龄期的图是很有用的。如果这两个图都显示出较低的结果，那表明其结果可能确实较低。但如果只有其中一个图显示出较低的结果，则测试过程就值得怀疑了（图4.9）。

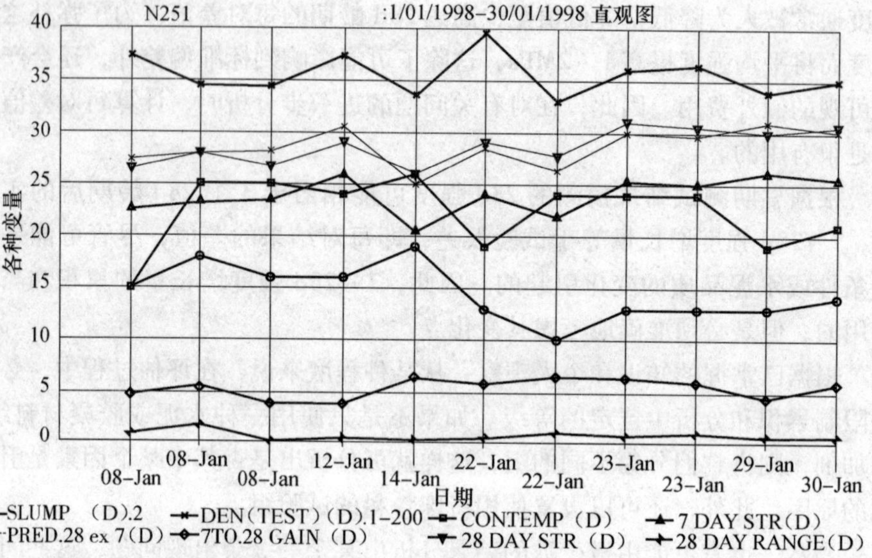


**图 4.9 多元数据（同一等级）的直观图**

将这些直观图连同强度累积和一起显示出来也是很有用的。在累积和较低的阶段内，存在个别低值结果，这并不奇怪。然而，更令人关注的是一定时期内当平均强度符合要求时的个别低值结果。这种低值结果可能是由试验误差、配料错误、现场加水、卸料延迟或一个有特殊问题的等级等引起。显然，必须对这些结果进行进一步研究（图 4.10）。

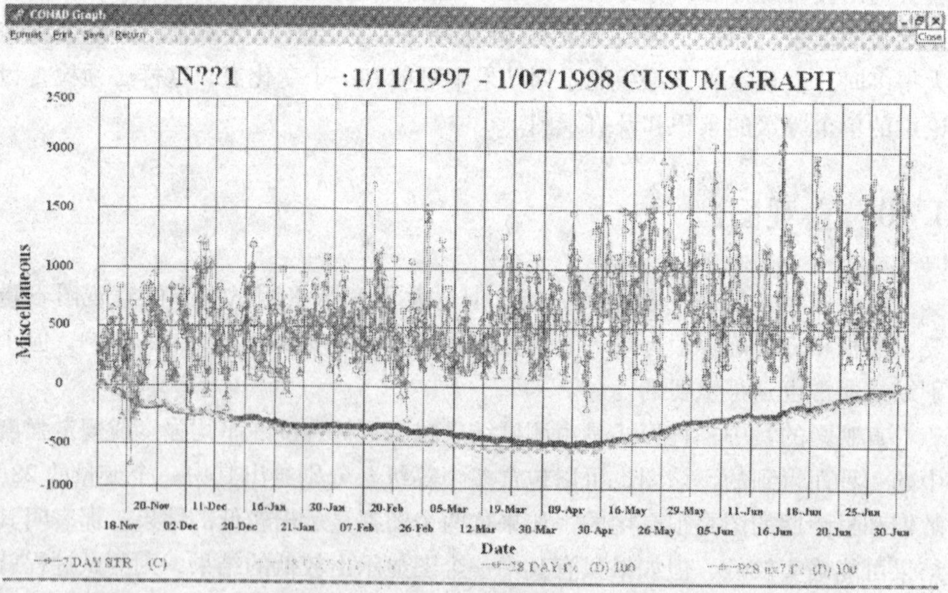


**图 4.10 多等级数据中考虑强度与要求强度之差的强度累积和直观图**

最近记录的大坍落度或低密度可能是令人担心的原因，可以回顾直观图来寻找其对强度带来的问题。

## 4.11 丢弃、处罚还是奖励

1958 年，作者写了一系列关于“混凝土和混凝土产品统计质量控制”的文章，其主要内容如下：

除了 100% 的测试外，唯一理性的目标不是找出并丢弃不合格的混凝土产品，而是查明造成生产质量水平差的原因。显然，如果测试了总产品数的 10%，则对每件被发现和丢弃的不合格混凝土产品，就有九件不合格混凝土产品会被接受。这不仅应用到混凝土产品的最终测试，还可应用到对生产的每批混凝土进行测试。

如果发现有不符合要求的混凝土产品时，不能仅采用将其丢弃的方式来解决问题，需要进行额外的测试，但该测试规模通常会打乱整个生产系统。

不符合要求的产品和废品是有区别的。废品必须被丢弃，但是不符合要求的产品必须按合格品付钱。如果规定最低强度是 28MPa，显然强度是 27MPa 的混凝土不是废品。如果混凝土丢弃的强度最低值是 28MPa，那么若混凝土试块中有九成强度大于 28MPa，一成为 27MPa，而将此类混凝土丢弃，显然是不合理的。

如果 10% 的测试产品低于要求的强度，那么所有产品可能都包含有不合格的混凝土。尽管在圆柱体试件试验中只有十分之一的产品表现出不合格，但这十分之一的产品不应被丢弃。然而，如果对这些结果进行统计分析，分析结果表明有 10% 的产品低于规定要求（但不会低到出现危险），则必须对其进行罚款，但这些产品可以被接受。如果测出了一件有危险性的、强度很低的产品，则就有可能其余九件都包含有此类危险性的混凝土，这时就必须对所有产品进行测试验收。

这突出了产品虽然不符合要求但可用的范围。如果没有这个范围，我们要么将强度为 27MPa 的混凝土看成是有危险性的产品，要么生产商有时生产了差的混凝土也没有受到处罚。

作者仍然认为结构不合格混凝土和合同不合格混凝土是有区别的，二者定义如下：

结构不合格混凝土是指不能达到预期性能而必须从结构中清除或者以某种方式进行加固补强的混凝土，这种混凝土是绝对不允许生产的（允许生产一些这样的产品，然后再将其从结构中清除的做法也是不可取的)。

合同不合格混凝土是指能满足预期性能但没有严格满足规定质量的混凝土。结构中含有一小部分这类混凝土不会对结构造成危害。

这两者之间存在较大的差距。以作者的经验，如果不进行处罚就不接受合同不合格混凝土，或者生产此类混凝土会给承包商增加相当大的费用或不便，则结构不合格混凝土就不会产生了。然而，如果供应合同不合格混凝土而不处罚，就有可能产生结构不合格混凝土了。

## 4.12 ConAd 系统的数据处理和分析

### 数据处理

混凝土质量控制的一个基本挑战是处理大量数据的有效性。毫无疑问，如果人们无法处理数据，就很难辨认事实。必须记住质量控制是一项关于降低成本的训练，该成本包括质量控制成本。质量好的混凝土可以高价购买，但质量控制的任务是以最低的价格来选择质量较好的混凝土。因此，这些数据的价值必须与其获取、储存、分析和利用等成本一起考虑，尤其是在获取和储存那些明显没有价值的数据时不要花费太大的成本。另一方面，如果可以以较小的成本和努力获取数据，并且能容易且自动地获取准确的数据，则大量数据的储存已经不再是问题。

之前，提到过纽约的关于不合适成本或利益的例子。在纽约，人们高价雇佣监督员手工记录配料量，但不对这些数据进行分析。与此相反，ConAd 系统会自动记录配料量（预期的或实际的)、自动将试验数据与试验载荷匹配、自动以数据形式或图表形式显示出误差。在最新发展中，ConAd 系统还可自动发送邮件或给指定人打电话告知其误差，预测配料错误产品的强度，并且长期的发展趋势可以准确地用图表展示出来。当然，这些设施需要合适的拌合设备和分析程序。

能自动获取的其他数据还包括各个环节的详细资料。因此，专业测试人员只需要记录配料号和实际配料量。另外，许多实验室测试仪器可以将试验结果直接输送到实验室的电脑中。这不仅节省了时间，还避免了在输送过程中可能造成的误差及花费在检测这类误差工作的时间。不仅记录了破坏载荷，而且还自动记录了抗压试件的质量和尺寸。

ConAd 程序的另外一个作用是从数据库里检索数据。如果储存了大量数据，检索过程必须完全自动化。数据量最大的通常是配料数据，这是完全需要的，以便研究累积误差和程序的可变性。必须将所有资料制成表格，帮助分析者查看以找出异常情况，甚至为了更快找出异常情况，还要将数据绘成图。系统必须检索出哪些误差超过了规定值。另外，还必须将累积误差绘成图，显示是否是预期的平均值。

## ConAd 系统

ConAd 系统的说明书长达数百页，显然无法在这里重述。本书的目的不是为了展示 ConAd 系统，而是为了让读者意识到存在各种质量控制技术，其中一些现在在其他地方也在使用，包括作者网站上的免费程序和 Contek 的 Labsys 程序，Contek 是作者的新合作伙伴。

一本厚厚的手册表明全面的质量控制系统不是通过一堂简短的培训课就能够掌握的。一个好的系统应该搜集并存储简单但全面的数据，并且能自动检测出重大的混凝土质量问题。年轻人或者专业人员必须能够在一天内了解这些特征，并且随着每天使用而牢记在心。稍年长的技术人员应逐渐熟悉越来越多的程序功能，并用其分析出现问题的原因，或者用其降低变异性，以便获得更好的经济效益。

因此，在此用版本 2 的 ConAd 系统来解释说明，不过 Command Alkon 现在已开始使用版本 3。

第一个屏幕（图 4. 11）允许通过数据日期、文件编号范围或样品编号范围来选择。数据仅局限于特定顾客、项目、生产厂家或供应商（主要项目可持续使用系统，不只从一家供应商购买混凝土）。可以选择分析中的配料数据或者测试过的数据，数据可以限制于特定的水泥和骨料。右边部分适用于不同的国家，输入 3 或 4 和 10 或 20（或者输入其他值）。不合格率低于 5% 时对应的 $k$ 值为 1. 65，不合格率低于 10% 时对应的 $k$ 值为 1. 28。

屏幕的左上角是产品代码输入，点击它会出现所有在用产品的代码（图 4. 12）（在最大的组中可能多达数百个）。再将这些代码分类，尽管这只需要进行一次，但仍是一项繁重的任务。因此，增加了能使用万用字符的设备，视选择产品代码的谨慎程度而定，可以使工作变得更简单。产品代码选择从 N 或 S 开始（如在澳大利亚，N 代表正常，S 代表特殊）。也许第二个和第三个或者第四个和第五个给出了强度等级，也许第六个或第七个区分出哪些是泵送混凝土，哪些是使用骨料最大粒径为 14mm 的混凝土。因此，用 N 代表所有的标准混凝土，??? 1 代表所有泵送混凝土，???? F 代表所有掺粉煤灰混凝土等。

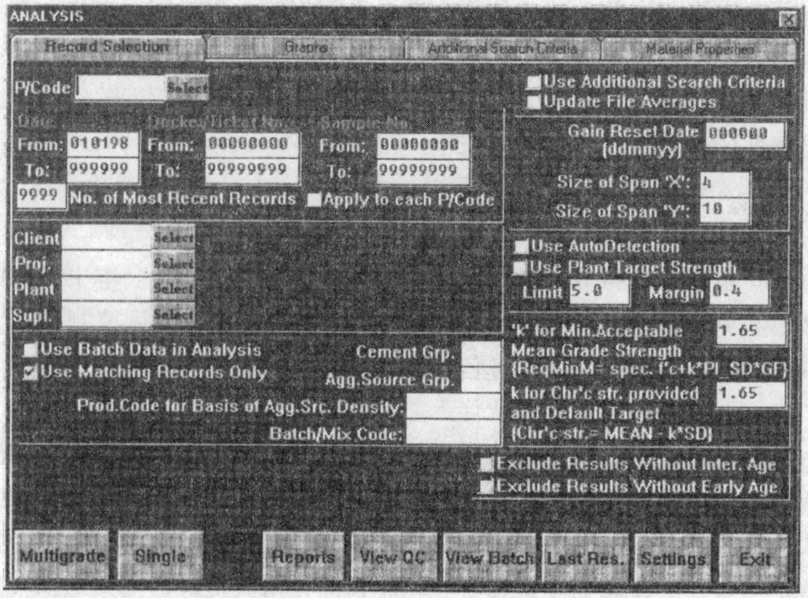


图 4.11　记录选择屏幕

在图 4.11 屏幕的右上角有两个复选框，这是为了提供更广泛的选择设置的第二个屏幕（图 4.13）。

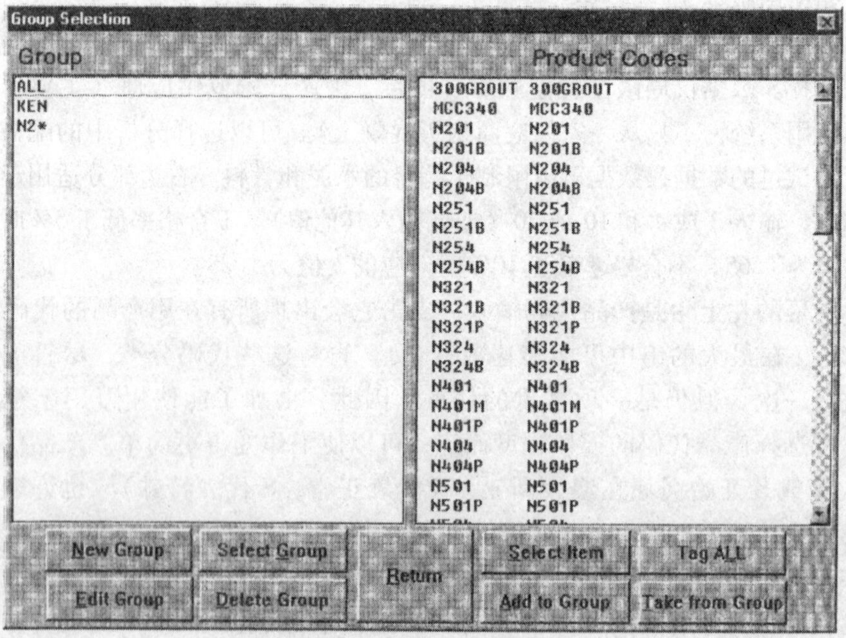


图 4.12　等级/组选择屏幕

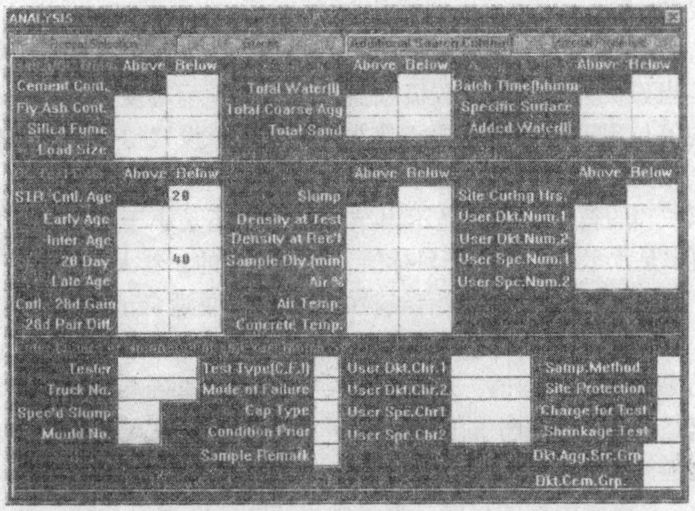


图 4.13 第二个屏幕准则

利用顶部的两个复选框，可以将原材料数量在指定极限之上、之下或之间的数据，以及各龄期测试结果在指定极限之上、之下或之间的数据分离开来。

屏幕底部给出了更有趣的功能。在任何选定时期，可以检查每个测试人员轮流测试结果的平均差（根据 28d 强度测试结果），或者每车混凝土预期的与测得的坍落度之间的平均差，甚至是每个测试样品目标强度与实际强度之间的平均差。尽管该屏幕提供了一系列广泛的功能，但是每次最多只能选择其中一个。

主屏上“使用额外查找准则”这一复选框是很有用的，因为有些用户可能忘了他们已经输入的一些数据，并且无意中使用了有疑问的数据。

同样，在进行限制分析时，系统保存的连续平均值必须进行更新。

最后，对主屏上的“获得重置日期”进行说明。对于每一等级混凝土的强度输入结果，该系统会自动保存其平均增量。这使得无论使用什么特殊的水泥或混凝土配合比，系统都可以预测出 28d 强度。然而，如果水泥品质（或外加剂用量）发生很大变化，系统就会花费一定的时间来将平均值进行调整，得到相应的修正值。因此，如果检测到这样一种变化，就必须将修改日期输入显示框内，以便将该日期以前的所有结果从平均值中剔除掉。

将所有配料记录保存数个月的做法也许是行不通的，也是没有必要的。但是，系统必须能够将样品的测试数据及与得出这些数据的详细配料资料进行匹配。

## 强度累积和目标类型

区分累积和图的不同用途，并进一步考虑什么样的目标值适合于哪种用途是很有必要的。

类型1：遵守预置目标。显然，在这种情况下，应使用预置目标值作为累积和目标。当累积和超出了预置极限值，也未必预示着发生了变化，仅仅意味着实际平均值与预置目标值不同。除非产品平均值设置得与预置目标值非常接近，否则，该类累积和在多元图中就会显示出与其他变量较差的相关性。

这类累积和的斜率明确地显示出结果是大于还是小于目标值。如果等于目标值，其斜率是水平的；若小于目标值，斜率是负的；若大于目标值，斜率是正的。因此，对于相对不熟练或没有经验的人来说，更适合于使用这类累积和。

类型2：变化（以及变化的原因）检测。针对此类型时，最好使用作为目标值分析结果的实际平均值。这类图通常以零开始和结束，并且通常只展示变化。由于它适用于多元图中的所有变量，因此更容易发现其相关性。然而，这类图不一定遵守预置目标。

类型3：未监测因素的检测。如果画出实际强度除以计算强度（即强度因子）或实际强度减去计算强度的累积和图，则该图能揭示什么取决于计算强度的复杂性。如果公式准确地考虑了温度、坍落度和运输时间等因素的影响，则这些因素就不会在图上引起变化点。水泥品质、砂子级配和含泥量等因素引起的变化点会更明显地展示于图中。如果这些因素被有效地监测到，并且在计算强度的公式中给予了考虑，就能很灵敏地分析出不合适的测试（包括制样和样品管理）和不恰当的搅拌等。这种分析（如果非常全面的话）极有可能展示出计算公式或测试机制（包括混凝土和原材料）的不足之处。

这类累积和的目标值通常是1，但如果存在某些原因考虑的不是强度因子而是其他值（例如比平均水泥质量高或低的值）时，那么就应该使用分析时期的平均值。

### 控制期的基本标准偏差（SD）

如果一系列结果中包含有平均强度的变化，则基本标准偏差就会增加。正如第10章统计分析中解释的，系统强调此点是有用的，基本标准偏差可以根据同一等级的连续结果的平均差计算得到，该值可以用来描述基本变异性。在数十种或数百种不同的等级中，平均有上百甚至上千种结果。基本标准偏差可能为2.0~2.5，但如果大大超过3.0，混凝土产品就发生了明显的变化。有些变异性可能是由测试或配料误差的个别结果引起的。在ConAd系统中，用户可以指定一个范围。为了计算基本标准偏差，凡超出了该范围的结果都将被摒弃。然而，由于摒弃了大量结果，当变异性实际上不是很低时，用户却可能会误以为变异性比较低。因此，系统通常会通知摒弃了多少结果。

具体描述见图4.14的右上方，计算过程见图4.15。统计汇总屏幕中显示的传统标准偏差是 3. 3。下一栏是连续结果之间的偏差，其中三个用粗体字，因为它们超出了图 4. 13 中间部分设置的极限 5。第一个 7d 的基本标准偏差（2. 61）显示在第四列底部，它是利用 5. 3 节中的公式计算得到的，该公式是控制期连续结果之间的平均差除以 1. 128。最后一列将超过 5 的三个值去掉了，第二个 7d 的基本标准偏差（2. 06）显示在这一列的底部。

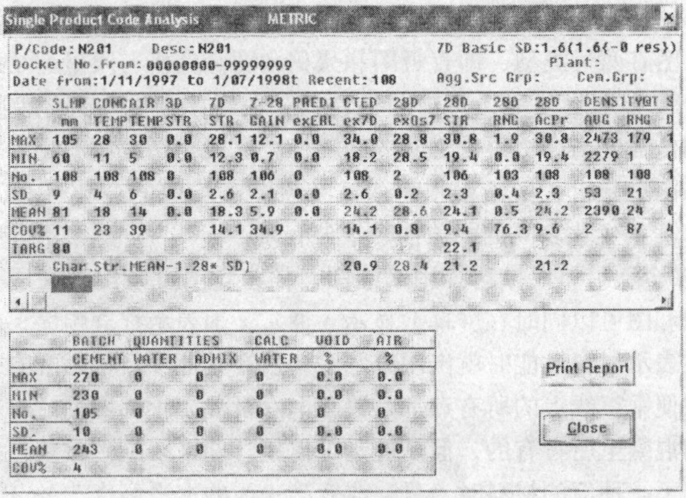
Single Product Code Analysis METRIC

P/Code:N201 Desc:N201 7D Basic SD:1.6(1.6(-0 res))
Docket No.From:00000000-99999999 Plant:
Date from:1/11/1997 to 1/07/1998t Recent:108 Agg.Src Grp: Cem.Grp:

| | SLMP mm | CONC TEMP | AIR TEMP | 3D STR | 7D STR | 7-28 GAIN | PREDI exERL | CTED ex7D | 28D exOs7 | 28D STR | 28D RNG | 28D AcPr | DENSITY AVG | QT RNG | S D |
|---|---|---|---|---|---|---|---|---|---|---|---|---|---|---|---|
| MAX | 105 | 28 | 30 | 0.0 | 28.1 | 12.1 | 0.0 | 34.0 | 28.8 | 30.8 | 1.9 | 30.8 | 2473 | 179 | 1 |
| MIN | 60 | 11 | 5 | 0.0 | 12.3 | 0.7 | 0.0 | 18.2 | 28.5 | 19.4 | 0.0 | 19.4 | 2279 | 1 | 0 |
| No. | 108 | 108 | 108 | 0 | 108 | 106 | 0 | 108 | 2 | 106 | 103 | 108 | 108 | 108 | 1 |
| SD | 9 | 4 | 6 | 0.0 | 2.6 | 2.1 | 0.0 | 2.6 | 0.2 | 2.3 | 0.4 | 2.3 | 53 | 21 | 0 |
| MEAN | 81 | 18 | 14 | 0.0 | 18.3 | 5.9 | 0.0 | 24.2 | 28.6 | 24.1 | 0.5 | 24.2 | 2390 | 24 | 0 |
| COV% | 11 | 23 | 39 | | 14.1 | 34.9 | | 14.1 | 0.8 | 9.4 | 76.3 | 9.6 | 2 | 87 | 4 |
| TARG | 80 | | | | | | | | | 22.1 | | | | | |
| Char.Str.MEAN-1.28* SD) | | | | | | | | 20.9 | 28.4 | 21.2 | | 21.2 | | | |

| | BATCH CEMENT | QUANTITIES WATER | ADMIX | CALC WATER | VOID % | AIR % |
|---|---|---|---|---|---|---|
| MAX | 270 | 0 | 0 | 0 | 0.0 | 0.0 |
| MIN | 230 | 0 | 0 | 0 | 0.0 | 0.0 |
| No. | 105 | 0 | 0 | 0 | 0 | 0 |
| SD. | 10 | 0 | 0 | 0 | 0.0 | 0.0 |
| MEAN | 243 | 0 | 0 | 0 | 0.0 | 0.0 |
| COV% | 4 | | | | | |

Print Report

Close

**图 4. 14　统计汇总屏幕**

| Date | Docket | All Results 7-Day | Included Difference | 3 Results Excluded as >5MPa Difference |
|---|---|---|---|---|
| 98-06-02 | 38994 | 25 | | |
| 98-06-02 | 38996 | 27.6 | 2.6 | 2.6 |
| 98-11-11 | 42176 | 20.1 | 7.5 | |
| 98-11-12 | 42205 | 23.1 | 3 | 3 |
| 98-11-23 | 42389 | 22.5 | 0.6 | 0.6 |
| 98-11-23 | 42394 | 21.9 | 0.6 | 0.6 |
| 98-11-24 | 42433 | 25.2 | 3.3 | 3.3 |
| 98-11-25 | 42476 | 26.2 | 1 | 1 |
| 99-01-08 | 42892 | 29.2 | 3 | 3 |
| 99-01-12 | 42899 | 33.7 | 4.5 | 4.5 |
| 99-01-15 | 42934 | 25.1 | 8.6 | |
| 99-01-21 | 43040 | 27.4 | 2.3 | 2.3 |
| 99-01-26 | 43122 | 27.1 | 0.3 | 0.3 |
| 99-01-26 | 43126 | 23.6 | 3.5 | 3.5 |
| 99-01-27 | 43145 | 25.4 | 1.8 | 1.8 |
| 99-02-02 | 43294 | 21.9 | 3.5 | 3.5 |
| 99-02-03 | 43328 | 23.1 | 1.2 | 1.2 |
| 99-02-03 | 43329 | 22.2 | 0.9 | 0.9 |
| 99-02-09 | 43494 | 26.1 | 3.9 | 3.9 |
| 99-02-09 | 43509 | 22.9 | 3.2 | 3.2 |
| 99-02-10 | 42542 | 27.6 | 4.7 | 4.7 |
| 99-02-15 | 43658 | 27.9 | 0.3 | 0.3 |
| 99-02-22 | 43857 | 24.4 | 3.5 | 3.5 |
| 99-03-02 | 44059 | 30.0 | 5.6 | |
| 99-03-02 | 44077 | 31.2 | 1.2 | 1.2 |
| | | 3.25 SD | 2.61 1BSD | 2.06 2ndBSD |

**图 4. 15　计算表**

第一个和第二个基本标准偏差计算的多等级分析本质上与单一等级分析是一样的。唯一的区别是在计算结果之间的连续偏差时，没有计算一批产品的最后一个结果和下一批产品的第一个结果之间的差值。每次要考虑控制龄期结果的产品代码，然后标上编号顺序。

图选说明

ConAd 图有两种类型，即直观图和累积和图。分析有限量的结果（比如说 50 个或者 100 个结果）时，直观图更有效。在建立强度与其他变量之间的相关性时，如低强度与高坍落度之间的相关性，这两种图都很有用。

累积和图对分析大量结果很有效。在检测平均值的变化（以及变化的准确时间）和变量变化之间的相关性时十分有效。

有 90 多个项目可以被选择用来绘图，任意 8 项可以出现在同一轴上。直观图和累积和图可以同时在屏幕上显示。通常 $x$ 轴表示拌合顺序，但需按日期标注，但在表示材料性能时就出现难题了。所有其他项目都匹配有文件编号或标签号，以便垂直线上的所有点都是关于同一批混凝土的数据。材料性能不是特定批次的混凝土所特有的，但是还是可以用日期来匹配。材料性能图呈城堡形，当输入了一种新的材料时，只需改变第一天的水平高度。

我们注意到在 ConAd 系统中有 90 多个项目可供选择使用，但顾客只选择了其中的一小部分。当然，目的是提供所有可能的选择，并且希望每位顾客都有其特别喜好的选择。然而，许多顾客可能不理解许多选择背后的意义。这本指南试图通过列举每个选择项目并解释其含义来改进这种状况。下面，提出一些关于结果分析的建议。

强度：强度是评估混凝土质量最合适的指标，并且还是混凝土变异性的评估标准。影响强度的两个基本因素是水灰比和水泥品质，温度对早期强度也有很大的影响。当强度表现出下降点时，第一个要关注的问题就是强度下降是否与用水量的变化有关（通常是有关的）。

标签号：这是除了与材料性能以外的所有其他变量的基本联系符号。

坍落度：坍落度虽然不是评估混凝土实际工作性较好的指标，但是它是同一混凝土在连续的两个交货地点之间评估相对用水量极好的指标。然而，坍落度也受到温度、含气量、砂子细度、含泥量和拌合时间等因素的影响。坍落度的增大（其他变量不变）通常会导致强度的降低。然而，其他变量的改变通常会在一定时期内使坍落度与强度之间的关系变得复杂。强度降低通常与坍落度的增大有关，但是，反过来未必如此。

实际坍落度与规定坍落度的差值：如果允许货车司机增加水量，则这可作为衡量货车司机技能的一个标准。当规定不同的坍落度时，如果调节水泥用量的难度很大，那么这种通过增加水量调节坍落度的方式更有意义。

总含水量：由于总含水量是除强度以外所有变量中最重要的变量，因此，应尽可能准确知道总含水量。然而，不幸的是总含水量很少能准确知道，对其进行准确的评估是非常有用并值得关注的。通过烘干（在烘箱或微波炉中）或通过水的置换可以测出总含水量。影响这种测量方法精度最大的因素通常是非典型的粗骨料与砂浆的比例。最好对提取出的砂浆进行测试并将其转换至假定恰当的骨料比例时的混凝土。

含水量与坍落度和温度：含水量不仅仅是由坍落度和温度来决定的，但是程序是根据这些变量的变化来计算含水量的变化。通常将该图与先前的图进行比较，看哪幅图与强度和密度的变化联系得更紧密。

密度测试值与密度平均值的差值：在大部分国家的规程中都提倡通过试验来测量混凝土的密度。这比不测量好多了，没有理由不通过测量获得早期数据。平均值是指由同一混凝土品种组成样品组的平均值。混凝土中最轻的两种成分是引气剂和水，最重的是水泥。因此，如果混凝土样品比以前的样品轻，则其性能肯定比较差。如果样品不比以前的样品轻，但其性能又比以前的样品差，那么就该考虑是否由水泥品质、养护温度、污染或试验误差等因素引起的了。

拌合物密度变化范围：这是指同一组混凝土样品中最轻和最重样品之间的差值。如果所有样品一取到就进行测试，该范围显然会更大。该变量要在振实的情况下保持测试的一致性。如果该变量的累积和表现出变化点，就表明了混凝土的质量有变化。

试块密度：应尽早得到。更适宜在抗压试验前进行测试，因为能更早检测到问题。

拌合物密度与试块密度的差：如果养护正常的话，混凝土的质量会增加。该差值的累积和中的变化点预示着是由振实或养护引起的变化。

试块密度测试值与实际配料量计算值的差：如果已知实际配料量，程序就会根据这些数据自动地计算密度。该变量的变化可能意味着混凝土拌合物离开搅拌站后增加了水量，或者测试样品在采集以前干燥失水，或者不够密实。该值通常是负的，如果是正的，则表明样品不是标准的。

拌合物密度：在澳大利亚和欧洲很少测量混凝土拌合物的密度，但在美国却很频繁测量该值。原则上，拌合物密度是早期一个很重要的性能，但实际上很少能精确获得该值，只能发现一些明显的缺点（轻混凝土除外）。这一观点现在可能过于悲观，因为目前还没有适用于野外使用的精确而又坚固的称量设备。已知体积的刚性容器是没有问题的，并且可与玻璃盖板结合使用（在不足以抹平表面时）。

混凝土温度：混凝土温度对用水量有显著的影响，并且通常要对其进行测试和记录，因为该测试工作几乎不消耗时间和设备（为了防止磨损，应使用金属刻度盘温度计，但必须对其进行校准）。测量坍落度时，应相应测试混凝土的温度。

气温：一般来说，气温没有多大意义，但是可用来解释某些强度超高或超低的意外情况。

早龄期强度与平均龄期强度的差，控制龄期和28d龄期强度与预测强度的差：早龄期样品可能不只一件，记录实际平均值有利于解释预测误差。真正重要的是28d强度值，但是必须检测出预测误差以及其原因。*k*值是控制龄期以前的强度随龄期对数值而变化的直线斜率（见11.4节）。该值是不变的，如果发生了变化，就可能是选择的控制龄期太晚，或者是水泥与外加剂品质发生了变化。我曾经在新加坡建议用它来检测水泥品质的变化。

中间龄期强度与平均强度、范围及28d龄期预测强度的差：中间龄期的样品通常只有一组，如果不止一组，就使用其平均值及范围。与早龄期不同，中间龄期是固定的，因此该时期的统计资料是有效的。输入第一个28d强度结果（与中间龄期的结果一起），就能自动获得预测的28d强度。如果没有28d强度结果，就必须输入一个估计值，以便根据第一个21d的结果绘出预测的28d强度。在一定程度上，28d龄期时的强度增长率主要取决于水泥的性能，若该值发生变化，可能是因为水泥熟料不同或研磨的细度不同，也有可能是因为外加剂品质发生变化或混凝土样品养护条件不同等。

控制龄期强度与平均龄期强度、范围和28d龄期预测强度的差：关于上面提到的中间龄期，称其为控制龄期是因为控制决策不能由28d龄期的强度来决定。我们已经确定，把从控制龄期到28d龄期的强度增长量加到控制龄期的结果上，而不是把它看成是28d龄期结果的一部分，这种做法更加准确。也适用于超过2～3d的中间龄期，但不适用于早于2～3d龄期的结果。

28d强度与平均强度、范围、处理方法的差：28d强度被认为是评估混凝土质量的主要指标，但是若用于控制目标就太晚了。一定时期内，一对结果之间的平均范围（有时是三个结果）是评估测试质量的主要指标。对于一对结果，较好的测试范围应在0.5～1.0MPa之间，大于1.5MPa时是不合格的。个别一对结果的差值达到2.0MPa很平常，但是如果超过了2.0MPa，就必须找出其原因，并且可能摒弃其中较低的结果。累积和图能很好地显示出平均强度或测试质量的显著变化发生在什么时候，但是当个别结果受到测试水平、坍落度和温度等因素的影响时，直观图就能更好地显示出来。

程序能自动计算并可由两个不同的处理方法绘图。规范确定的处理方法是，ACI 取 3 个，英国取 4 个，从控制角度来讲，取 5 个应更好。为了给出更稳定的值，第二个处理方法可能取 10、20 甚至 30 个。

28d 强度与实际或预测强度的差：一些 ConAd 客户更喜欢这种图。为了在单一图中更好地评估质量情况，根据已有的数据绘出 28d 的结果，再根据控制龄期的数据接着绘出预测的 28d 结果，然后根据中间龄期的结果及最后根据早龄期的结果绘出预测的 28d 结果。作者喜欢分开看这些图。

28d 强度与由坍落度、温度和密度得到的预测强度的差：根据上述因素不可能做出全面的预测，但是能根据上述因素的变化求出与平均值的差值。如果该图能反映出实际强度累积和中的变化点，显然就很清楚出现变化点的原因。如果不能反映出来，原因就可能是由测试误差或水泥、外加剂及骨料等品质的变化引起。

后期：如果值得测试，就去测试并绘图。

28d 实际强度（以及 28d 预测强度）与要求的平均强度，$F_c'$ 或目标强度的差：与强度累积和一样，作为同轴上的直观图，这都是有用的变量。它极其适合于在同一图上绘制实际强度和预测强度的差值，因为这样可以突出误差。当累积和显示出下降趋势时，出现实际强度和预测强度都表现出不足也在意料之中。然而，如果两个结果不一致并且累积和没有下降趋势，就表明有测试或取样误差。如果两个结果与低的结果一致但累积和没有下降趋势，问题则在于个别货车装的料。这可能是坍落度过大、原地停留时间过长、搅拌不充分或取样、成型、测试不好等。这都是一些直观图，对多等级原理很有用。

根据拌合用水量或计算用水量计算的强度：将拌合用水量和计算用水量两者与实际强度一起绘制累积和图或直观图是很有用的。此外，需要计算的是与平均值的差值而不是强度的估计值。目的在于通过看哪些变量是一起变化的，以确定数据的可靠性。

总水泥用量与实际强度或预测强度之比：作为直观图，这可用来显示不同配合比的“水泥效率”（kg/MPa）。在有这些数据的情况下（计算机操控的搅拌站），水泥用量不可能成为变异性的主要原因。因此，通常不能获得较好的相关性。现在，使用水泥替代材料的情况增多，更不可能获得好的相关性。

取样延迟：这通常不是问题，但是当怀疑取样延迟时画出它是有用的。取样延迟的时间越长，就等于坍落度需要的越大，因为坍落度随时间延长会损失（当然除非增加了水）。

含气量：测试时，将含气量与强度对比，以查看含气量为多大时会引起强度的损失（在较低强度的混凝土中，2% ~4% 的含气量可以减少用水量，从而避免强度损失）。

孔隙率（混凝土样品）：孔隙率可根据设计配合比、原材料密度和实际混凝土密度来计算。通常认为，如果振捣不密实，密度每减小1%就会导致4% ~5%的强度损失。混凝土中最重的成分是水泥，最轻的是水或空气。因此，较轻的混凝土通常性能较差。

比表面积：指砂的比表面积。比表面积增大会导致用水量增加，如果没有采取其他补救措施，又会导致强度降低。程序可以计算混合骨料的比表面积并考虑配料误差。

利润：程序可计算每批混凝土的利润。利润过高或过低都影响到每立方米混凝土的水泥用量，从而影响到混凝土强度。当然，利润有其固有的经济重要性，但这应在产品分析中讨论。

水泥强度：对于水泥，规定输入一个值（约等于1）。至于根据什么原理来确定该值，这取决于用户。但是，如果记录有意义的变量（例如水泥检测记录），可以将它们与混凝土强度一起绘制出来。

水泥表：一些客户习惯从表中读混凝土配合比，并根据当前试验结果更改表中的数据（有效地改变水泥用量）。如果这样做了，显然在评估当前结果时必须将其考虑进去。

水泥品种：通常情况下不会为了特定的配合比而改变水泥品种。但是，在多等级分析中，某些等级可能会使用不同品种的水泥。如果特定的水泥有质量波动趋势时，就必须对其进行检测。

水泥、粉煤灰和硅粉用量：如果配料数据已知，就可以得到水泥和其他胶凝材料的用量。显然，在评估单一等级的性能时必须将其他胶凝材料用量考虑进去。同样，在多等级分析时也应考虑所有胶凝材料的用量。

骨料和外加剂：与胶凝材料情况相同。

用户定义文件或样品数据：允许用图表来表示每批所需的选项（测试数据输入）。显然，如果选项太多就无法全部包含进去，但是项目可以任意选择。

负坍落度（使用高效减水剂混凝土的坍落度）：通过使用高效减水剂获得的混凝土坍落度差值是有益的。如果上述值是实际计算的，其值应为负。

规定坍落度：当某等级的混凝土被用来供给有不同坍落度要求的买方或结构部位时，画出这是有用的，不管是否为了保持强度不变而调整了水泥用量。

总胶凝材料：可以用图表表示，如果各胶凝材料是分开记录的，则各自单独绘出会更好。

强度等级：在单个等级分析或者连同多等级化累积和分析来观察变化点是

否与高强度混凝土等级或低强度混凝土等级有关时，将强度等级作为水平参考线是有用的。

坍扩度（DIN）测试：可用坍扩度取代坍落度并做记录，坍扩度对分析超高流动性的混凝土有用。

开口孔隙率：这是维多利亚道路安全局专门使用的测试。开口孔隙率与耐久性有一定的相关性，如果输入，了解其与什么因素相关是有益的。

4个值的平均值与目标强度的比：这有利于检查情况，特别是在英国采用4个值平均是符合规范的。用这种方式可以有效地分析多等级数据，尽管我们更喜欢用累积和分析多等级数据。

## 关于图形的建议

### 优选的次序

①第一是要避免产生过多的次品。

②第二是要尽早检测出结果的下降趋势。

③第三是要利用所有实际条件达到节省成本。

④第四是配合比优化。

### 避免产生过多的次品

一输完当天的测试结果（如果需要可增加输入次数，例如，由于某些结果的输入而预示着出现次品时），就必须对所有结果进行多等级化分析。可能需要从指定的用途中排除一些测试结果。但是，即使没有排除砂浆或无砂混凝土样品中的某些测试结果，其后果也不会很严重。该分析通常包括前两个月的数据，以便得到的28d数据更可靠。

程序列出了分析数据中的每一个混凝土强度等级，并按偏离目标强度的次序将它们列出来。每一排所列的项目取决于用户，但至少要包括结果的数目、次品的数目和百分率、预测次品的数目和百分率等。有时还包括控制龄期和28d龄期的平均强度及标准偏差，以及从控制龄期到28d的强度增长量。早龄期和中间龄期的结果也很有用，但如果可用或许已经用于专门的控制了。

以上，很容易看出是否某些强度等级需要立即进行调整。通常的调节方法是对强度不足的等级调整量要偏大，对强度过高的等级调整量要偏小。例如，一般认为强度每降低1MPa时需要增加8～10kg水泥，强度每超出1MPa时只需减少4～5kg水泥。

对于次品率过高的等级，如果测试结果很少，在对其进行调整前，必须像直观图一样单独对其分析，这需迅速进行进一步研究。

在屏幕的顶部显示标准偏差远远超出基本标准偏差的强度等级，它可能包括一个明显的变化点，应作为单一强度等级被安排在早期进行研究。对于28d强度增长量远远高于或低于其他类似的强度等级，也必须进行详细的研究。

尽早检测出结果的下降趋势

下一步是观察所有分析结果的多等级累积和图。如果结果在近期没有表现出下降趋势就不急于进行进一步研究。如果表现出下降趋势，则必须进行研究。第一个图的变量通常选择控制龄期强度。有些客户喜欢选择实际的或预测的28d强度，但作者更喜欢将控制龄期强度、28d强度、中间龄期强度或根据早龄期预测的强度看成单独变量。选择控制龄期强度和根据控制龄期预测的28d强度作为累积和图变量是没有意义的，因为这两者的意义相同，应将其看成是一个图。另一方面，它们在单一等级直观图中也很有用。

其他变量至少包括混凝土的密度、坍落度和温度等。如果屏幕上不是很混乱，每对结果的平均差值和从控制龄期到28d的强度增长量也是有用的。如果怀疑某变量有问题，取样延迟可能值得绘成图（通常绘成直观图而不是累积和图，原因是问题常由个别卡车装的料引起）。

强度出现下降的趋势通常伴随有密度的下降。如果一收到样品就对其进行称重和测量，则密度图就可在7d控制龄期强度图的前6d绘出。这将有利于确定下降趋势是确实存在还只是统计出现的波动（或测试误差）。

同样，强度的下降趋势通常也伴随着坍落度增大或温度升高（因为这两者都会导致用水量增加）。如果这两者存在其一，那么强度下降的原因就清楚了。如果继续需要较高的温度或较大的坍落度，可以调节水泥用量。如果强度下降的原因不是由这些因素引起，则就有可能由水泥、砂等的配料量引起。

另外，砂的细度增加（可增加用水量）也是一个问题，最后需要检测的是含气量。如果强度的下降趋势没有伴随着密度的下降，则下降原因就不是额外增加的水，也不可能是水泥的质量问题。下一个可能的原因是测试误差，这需要查询每对结果平均差值的累积和图表。当安排新的测试人员时，该图通常会显示变化，该变化有可能变好也有可能变差。当然，该图落后于混凝土生产后28d，这段时间过长将等不到采取相应的纠正措施，但根据样品密度变化的累积和可以预测出这些问题。

利用所有实际条件达到节省成本

如果最初多等级分析屏幕设置为按偏离目标强度的次序分类，就很容易看出哪种混凝土的强度富余度过大。此时，应进行水泥用量调节，但在以少部分测试结果为依据的条件下，应谨慎减少水泥用量。

配合比优化

这是质量控制的最主要目标。上述步骤有时被称为是“救火”，但在良好管理的运行过程中通常很少需要去操作。

或许首先要检查的项目是测试质量水平，因为其他一切结果都取决于它。最好的衡量标准是分析同一龄期、同一混凝土样品中的每对结果的平均差值。数十年的经验表明，平均差值基本上很少在 0.5MPa 以下的，有可能在 1.0MPa 内。通常 1.0MPa 意味着一对结果的平均值至少低于其实际值 0.5MPa（说“至少”是因为即使是其中较高的那个值也很可能低于实际值）。这意味着生产混凝土时要多用水泥 2~5kg/$m^3$，因此，需要对其进行评估确定值得花费多少来改善情况。如果每对结果平均差值超过了 1.5MPa，就必须尽力去降低。高强混凝土也可准确测试，但其平均差值会变大。对于强度超过 50MPa 的混凝土，上述平均差值可能增加 0.5MPa，甚至 1.0MPa。

下一个需检测的是混凝土的变异性。多等级报告屏幕顶部将显示“基本标准偏差”。在英国，这是正式确定标准偏差的方法。但在其他国家该方法通常受到质疑，因为用这种方法获得的值通常低于用常规方法测试每个等级得到的值。其原因是平均强度值的变化点通常会使后者增大，但是不会影响到前者。而且，个别例外的过高或过低的值（通常是误差或者测试引起的，而不是标准变异性）对后者的影响比对前者的影响大得多。

基本标准偏差大约在 2.0~2.5MPa 之间，甚至对于 100MPa 混凝土的基本标准偏差也大约在这个范围。如果该值大，则成本更高。此时，将该值乘以 1.28 或 1.65，因此强度需额外增加 1MPa，这将会增加超过 10kg 水泥的成本。

要降低基本标准偏差，就必须检查配料、坍落度、温度、水泥和砂子质量等因素对变异性的影响。

另一方面，对于标准偏差大大高于基本标准偏差的强度等级，必须对其进行单独检查，以找出其问题所在。这种检查可能开始于多元分析而不是单一强度等级累积和，找出是否存在变化点。如果有，就找出其与什么有关。这可能会加上直观图（也是多元的），来找出个别特别高或特别低的强度，并查明原因。

在尽可能降低了变异性后，就可以调整所有强度等级以得到要求的平均强度。

## 水泥富余度

下述的水泥富余度程序和基准系统，是 ConAd 程序的一部分，只有在 Command Alkon 那里购买以后才能直接使用。此处只对这些程序做个简介来阐明其理念，同时也可启示其他人进行类似的或更进一步的发展。

水泥富余度程序的理念是检查过去的结果来看它们是否达到要求的目标强度，目的在于帮助操作员及时注意到以下情况：减少水泥用量；或者增加水泥用量以降低混凝土被丢弃的风险。

水泥富余度程序有两个功能：

①调整水泥用量以达到最大的经济性。

②尽早提示需要进行研究的问题。

程序将质量控制测试数据按下列项目分组：

①月份；

②产品代码（配合比）；

③工厂；

④水泥组（处理配料数据时，每种胶凝材料组合有不同的组）；

⑤骨料组；

⑥最后可能还包括外加剂。

屏幕显示（图 4. 16、图 4. 17）和基本输出是按照偏离目标强度的值排序的。因此，在列表的两端突出了可能产生次品（或者需要进一步研究）的组及可以减少水泥的组。这些组很清楚地显示出各种材料的相对经济性。

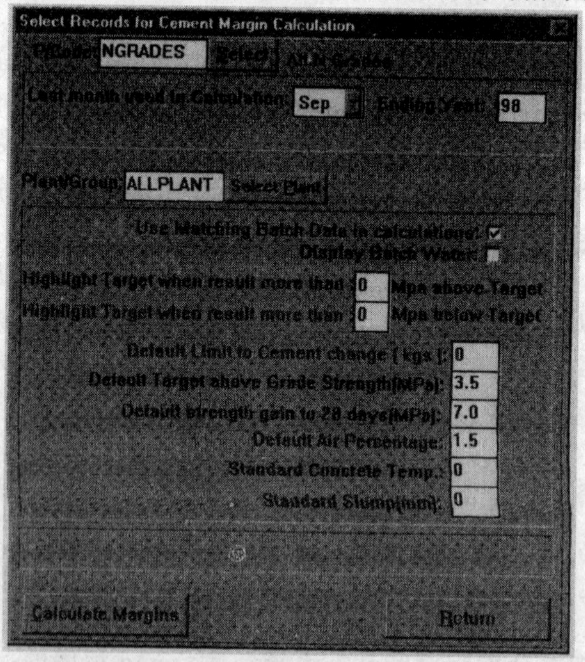


图 4. 16 水泥富余度记录选择屏幕

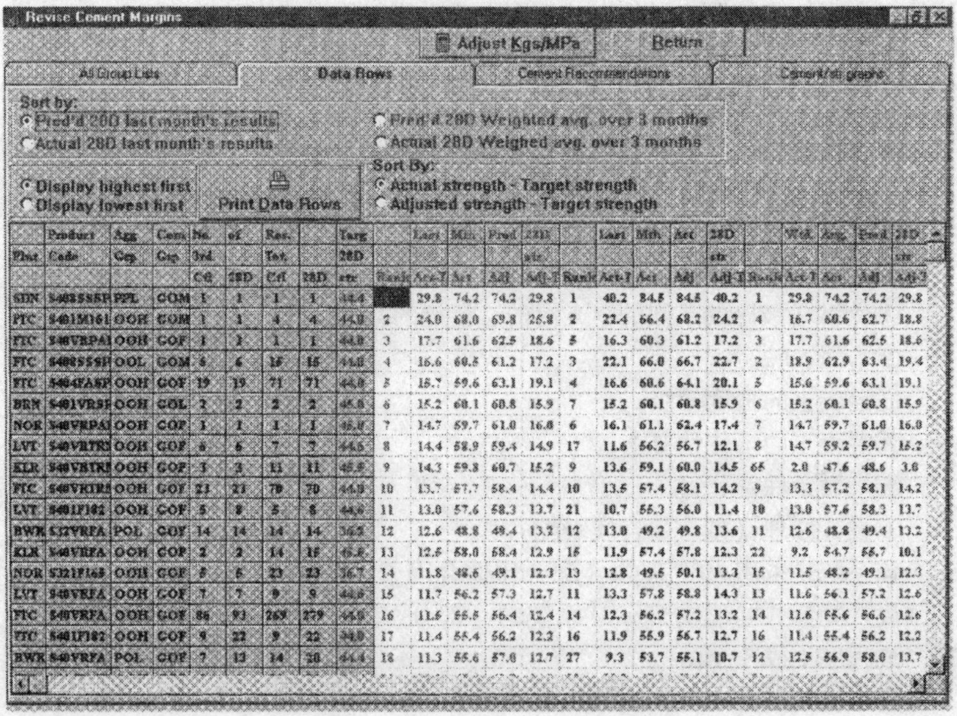


图 4.17 水泥富余度："数据全屏"

从计算机分析中得到的质量信息取决于输入的数据。程序可以合理地显示出富余度是否过大或不足，但这需要操作员专门确定富余度的大小范围。这些组可能与目标强度不同，其原因除了当前的富余度选择不恰当以外，还有其他一些因素。这些因素包括坍落度或温度变化，以及测试误差。为了克服这些可能造成结果分析不准确的潜在因素，在分析中必须进行以下检查：

（1）该分析分别检查最近的结果及过去三个月的加权平均值。

（2）该分析分别检查 28d 实际结果及根据 7d 结果预测的 28d 结果（应强调测试误差）。

（3）除了显示"实际强度 - 目标强度"值外，程序还显示了"实际强度 - 计算强度"值。这可提醒操作员对偏差的警觉性，这些偏差是由反常的坍落度或温度引起的（不允许它们影响材料质量变化的富余度）。如果可预见，ConAd 程序能考虑到这种情况而对个别配合比进行修改，但目前很少有客户使用这种设备。

（4）程序还根据这些偏差来调节强度数据，以确定是否需要对未来的配合比做出调整。这种调整是通过以下方式进行的：将结果绘制成图（实际上适用于方程）来消除变异性，并从图中读出修正值（或者从方程中算出）。

## 基准系统

混凝土的主要生产商利用基准系统来比较大范围内（可能是国际性范围内）大量使用的混凝土性能。然而，基准系统也可以被小生产商用做绝对比较标准。

输入的混凝土配合比可能在以下方面不同：

①骨料（破碎的、圆的、光滑的、粗糙的）；

②水泥；

③混凝土的强度等级；

④混凝土的工作性要求；

⑤气候条件；

⑥设计原理（砂率、连续级配）。

该系统是采用 MSF 理念（配合比适合因子）提供的绝对标准，与用水量和强度计算值共同形成 ConAd 系统的一部分，来比较输入配合比混凝土的性能。该程序生成 8 个图：

①水泥用量与 *MSF*（有或没有形状修正系数）的关系图（图 4.18）；

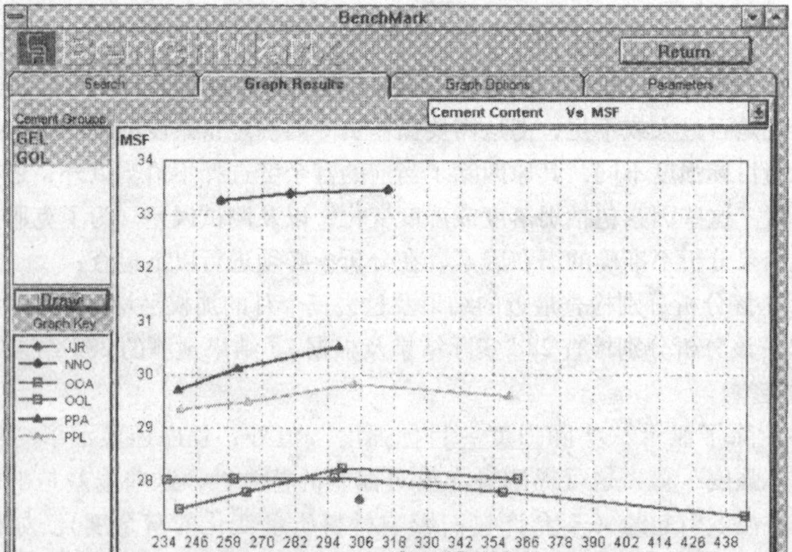


图 4.18　基准样品图（水泥含量与 *MSF* 的关系图）

②水泥用量与实际强度或计算强度的关系图；

③水泥用量与实际用水量或计算用水量的关系图；

④水泥用量与水泥效率（kg/MPa）的关系图；

⑤水泥用量与强度比（实际强度/计算强度）的关系图；

⑥水泥用量与用水量比（实际用水量/计算用水量）的关系图；

⑦计算用水量与实际用水量的关系图；

⑧计算强度与实际强度的关系图。

如果确有大量的数据可以利用，则用户应不受作者关于“哪些才是好的”这一观点的支配，而是有效利用自己的数据进行比较。

①*MSF* 与水泥用量的关系图将会显示出在设计理念或骨料性能方面的差别。

②实际强度与水泥用量的关系图将会显示出相对的成本效率。

③实际用水量或实际强度与其计算值的关系图将会揭示出成本效率的变化是否归因于材料特性、气候条件或设计原理。

该程序能使用户格外注意到不经济的原材料来源和设计的配合比的实用性，能突出这两者间导致成本过高的差异，并考虑到地区气候变化的影响。

## 4.13 EN 206——我们能否做得更好

EN 206 是国际委员会数年以来的研究成果，该委员会包括 19 个成员国。因此，即使是出现了更优越的系统，EN 206 也不会被轻易地废弃或修改。然而，这并不是说就不值得去考察已明显满足 EN 206 要求的系统以及改善了某些方面性能的成果。

本文中讨论的基本理念是“混凝土家族”的另一种途径。显然，该途径是从及时采取矫正措施和降低测试成本的角度包含最大数量的单个混凝土成员。为了做到这一点，EN 206 要求对基本测试结果做出几点调整，这种调整包括水泥用量、坍落度、外加剂掺量和可泵性等方面。

在混凝土家族中包含更多成员的益处是在一定程度上抵消了由不太恰当的调整引起显著变化的增加，还需持续检查家族中包含的各成员的有效性。即使有了调整公式，但用于单个成员的配合比范围也是有限的。

实质上，EN 206 的家族理念是根据家族成员来调整实际测试数据，以便能像来自单一配合比一样有效对其分析。ConAd 系统中使用的替代方法是对每个配合比独立保存其所有测试性能（坍落度、温度、密度、强度、28d 强度的增长量等）的连续平均值。然后，这些实际平均值被用作个体配合比性能的累积和目标，至于它们与这些个体目标的偏差，就好像与所有配合比的目标值是一样的。这种方法不是一种新构思，但却已被许多国家的相关组织使用了10多年（在ConAd系统中），并且使用效果很令人满意。

ConAd系统的优点列举如下：

（1）本质上对单个配合比的范围没有限制，这些单个配合比可以看成是单个“家族”成员。

（2）对调整公式没有要求。

（3）对检测没有要求，各配合比混凝土仍然是可接受的家族成员（检测到变化点时除外）。

（4）由于上述原因，检测变化点变得更迅速，多元变量累积和能更有效检测出变化原因。

需要进一步论述的要点是：

（1）在ConAd系统中，根据早期（通常但不一定是7d）预测的28d结果，是通过将平均增长量（对每个个体配合比都会自动保存）加到早期结果而得出的。很容易比较这种方法与其他方法的准确性，曾经对此进行了很多次比较，结果一直表明对于3~7d的早龄期，该方法比其他方法更准确。一种采用温度监测和Arrhenius等效龄期法的技术可以用来将预测范围降低至几个小时，但这在此处没有关联。平均增长量的偏差仅是80项之中的一项，这80项可以在控制图上被选择为累积和，以便迅速并自动地检测出发生的任何变化（如水泥性能的变化）。

（2）可以把所有个体配合比有效地看成是来自同一家族，然后将配合比分成几个不同的组，以有利于在检测到变化点后进行分析。这些分组与EN206的家族理念不完全相同，对同类型组成而言，分组的依据仅仅是单一的普通组分，不包含在其他分组中，例如水泥、外加剂、细骨料或粗骨料等。个体配合比出现在许多分组中（可每种组成材料一组），系统可以迅速依次检测出这些分组，直到搜寻到其中的一组出现的变化点，从而找出变化的原因。然而，通常不必进行这样的搜寻，因为很容易观察到出现变化的分组（诸如每对结果平均差值累积和中显示的混凝土温度、坍落度、测试质量等）。

（3）当检测到各组配合比中出现任何变化点后（诸如配合比组成成分的质量或配合比的标准偏差等性能），就会运行Mixtables程序来调整各组中所有成员的配合比。该程序可考虑到及时采取修正措施的需要，以避免根据有限的早期结果而造成调整不当的风险。

（4）一按下对所有配合比进行多等级分析的单键，第一个屏幕就会自动地将每个个体配合比大量的各种性能制成表格（每个配合比一行）。用户可从40多项中预选需要的性能，这40多项性能中包括有各龄期的平均强度和标准偏差、实际的和预测的次品数目和百分率等。该表通常是按偏离目标强度的预测偏差或实际偏差列出的。因此，很容易看出个体配合比混凝土性能是否过低或过高，以及性能评估是否基于大量的结果。该表没有要求与 EN 206 保持一致，但一旦需要很容易做到。

（5）因为多等级分析实际上不需花多少精力和时间（按下单键并等待一分钟即可），每当输完一天的结果后，即开始运行。因为多等级分析始终保持最新状态，并且是针对每个个体配合比，因此可以对单个配合比进行大胆调整。对生产商来说，要么不考虑这种配合比的经济重要性（如果没有很多结果），要么尽快加大调整力度（如果有很多的测试结果）。

（6）系统需计算基本标准偏差，这实质上是 EN 206 要求的。EN 206 还基于传统原理计算每个个体配合比混凝土的标准偏差。后者超过了前者（前者是基于适当数目的结果），这使用户在分析时可以警觉到哪个配合比可能出现了变化点。

## 总结及结论

很重要的一点是不要怀疑 EN 206 的基本要求，否则，将会延迟所有欧洲国家的相互协调，这种协调是非常重要的。然而，人们认为如果要连续自动地将所有一致性准则按单一家族运用到每个等级标准和所有结果处理，并且满足标准，则应采用同一个系统来满足 EN 206 的要求。

由于作者的系统不包括结果调整以适应控制等级，因此，运行该系统时不需很高的技能，也不需太多以前的数据和专门的知识。而且可能使检测员或观察者更快速、更容易地检查一个工厂或一个公司提供的混凝土是否满足要求。

多年以来，使用 ConAd 系统的经验是其能迅速检测到变化，并查明原因进行修正，从而使整体变异性较低。另外，其结果比平均值低 $1.645\times SD$ 的比例几乎总是大约为 2% ~4%，而不是统计学上预测的 5%。

据作者所知，在英国 4 ~6MPa 的标准偏差被认为是正常的，然而作者认为在使用 ConAd 的客户中标准偏差为 2 ~3MPa 才算正常。因此，在英国则要求有 7 ~10MPa 的强度控制富余度，而在 ConAd 的客户中比较常见的是 4 ~5MPa 的强度控制富余度。

EN 206 本质上不是一个控制系统，而是一种检测混凝土是否在良好控制中的方法。在英国，名叫商品混凝土质量方针（QSRMC）才是真正的控制系统，该系统确实包括多等级累积强度结果的累积和分析，而 EN 206 使用有限家族中适应控制等级的结果。V 形图被用来确定累积和图的下降趋势（或上升趋势）是明显发生的变化还是统计偏差，这种图是应用严谨的数学显著性检验的简单有效的方法。它完全忽略了这样一个事实，就是在 ConAd 系统中，利用多元累积和来分析所有强度变化的原因。如果分析出了强度变化的原因，就确定了其实际意义，而不管其数学意义如何。此外，还可分析密度、坍落度和温度等相关变量的结果，甚至在 7d 强度结果出来前还有 6d 的时间可以控制。然而，商品混凝土质量方针的累积和通常是以 28d 结果为依据。看起来，在英国 ConAd 系统通常能达到变异性一半的主要原因是可在不到十分之一的时间内就对配合比做出了修正。

## 4.14 ConAd 测试结果输入以及早期数据分析系统的使用

在 11.5 节中给出了利用成熟度测量仪测定现场混凝土早期强度的几个系统。然而，好像只有作者的 ConAd 系统才在控制系统中利用早期测试结果预测 28d 强度和规定龄期的强度。系统还为用户提供设备，用来输入在中断蒸汽养护或其他热养护后温度降低的最大值或最小值。然后，系统可以指出这样一个时间点，就是在该时间点中断热养护后，仍能在要求的龄期内达到规定的强度（这使得某些客户可以节省供热成本）。

结果输入系统通常将龄期视为等效龄期，在该系统中输入早期强度。然后，系统立刻给出预测的 7d 和 28d 强度，就如输入 3d 或 7d 结果时一样。

当根据同一混凝土样品，获得标准养护 7d 或 28d 的结果，并输入这些数据后，系统就会根据这些数据自动地更新其预测值。

操作程序时不一定要查看图形信息，但为了确保系统运行准确，当然希望时常查看。当输入同一样品的 7d 或 28d 结果时，则会看到个体误差。图 11.4 显示了每种样品关于强度与等效龄期对数（log*EA*）关系图的斜率，该图中用一条红线表示当前的平均值（用于下次预测）。系统也可以画出任何时期 *k* 值（强度与等效龄期对数的关系图的斜率）的直观图或累积和图，以及其他需要的图。

## 4.15 配料控制

大多数生产商认为现代计算机控制的混凝土配料厂能够进行持续的、重复的、精确的混凝土生产是理所当然的事情。事实上，他们一直在进行监控和调整。所有计算机配料控制系统的监控和报警系统都会不时地出现各种各样的错误。其中很容易犯的错误有两种类型，就是某一种或多种原材料配料时出现过量或欠量。通常这两种错误报告的类型是一样的，且经常会在按了一个特定的键之后被撤销。尽管所有的过量或欠量错误很容易被纠正，但设备操作人员过于自信，通常忽视了这两种错误。在现实中极少有配料上的错误会被纠正，以至于有问题的混凝土也被运送到了工地。

质量管理员了解并掌握配料过程是很重要的。实现此目标最简单的方式之一是安装一个自动评估和报警系统，ConAd 配料检测软件就是其中的一种。这种软件与基于配料算法软件的个人计算机结合在一起，事实上是检查设备操作员的工作。当大量混凝土被分批处理之后，根据质量控制标准评估被装载的混凝土，并且一旦装载量超出规定限度就报警。这种报警是以电子邮件的形式发送到计算机上或以短信的形式发送到手机上。这些报警的参数，比如地区、设备、材料以及误差大小等能由接收者进行编辑。这些报警到达目标接收者的手中，就能及时避免不符合标准的混凝土被运送到施工工地。

大多数混凝土公司通过检查一天、一周或一个月累积的资料来分析其配料的准确性。对于有多种设备或跨地区生产的公司，所有的设备都是被组合起来进行考虑的。在这种实践中，质量的含义是很明显的。分析的方法还不够精确，以至于一台现有的混凝土设备还不能充分证实其配料质量的好坏。最后的累积结果只能反映一小部分问题，我们有必要限定得到最终结果的途径。计算机控制系统通常会打印出每一批产品的材料组成，以及每批材料实际指标与目标指标之间的差值。对于一个典型的日产量为 50～200 车或批次的混凝土生产设备，不难发现会产生大量的资料。据说，如果你有时间去看装在盒子里的资料，那么你就很可能还不能理解它。解决这个难题的方法是，配料系统的软件必须进行自身分析。配料监控系统能够排除大致的错误，但是未排除的错误也足以导致对混凝土性能得出错误的结论。

那些频繁发生的小错误，尤其是对水泥而言，会导致关于混凝土性能的错误结论，并且在设计配合比时会出现混乱。这种现象在多种设备操作中尤为突出，尤其是当两台设备都使用相同的方案时。如果其中一台混凝土生产设备倾向于出现水泥稍微过量，而另一台却倾向于水泥稍微欠量的情况，则就会得出关于水泥用量的错误结论。这两台设备都没有按照计划的那样生产混凝土，通常需要增加水泥用量来弥补不足。不难发现由这两台设备生产的混凝土，不仅其水泥用量比要求的高，而且具有更大的变异性，从而可能导致更高的水泥用量。然而，一个合适的软件能根据原始设备将配料错误和混凝土测试数据区分开来。未被修正的或被忽视的配料错误是导致混凝土变异性的根本原因之一，但是正确地运用现代化的监控系统，可以很容易地控制和纠正这些错误。现在主要的错误可以由配料监控系统控制，但是如果要想获得更低的变异性，那些较小的错误也是需要注意的。

在 ConAd 系统中，计算机会自动将实际配料量与骨料级配数据结合起来。每车混凝土的配料（包括水泥、用水量、甚至含气量等）被自动存档。根据要求，这些数据都会传给计算机用于分析，而计算机很可能是安放在一个或多个距离较远的地方，例如实验室或技术总管的办公室。此处描述的系统是用来使监督人员较容易地检查操作员的行为，以及系统运行的情况。

如前所述，在 20 世纪 70 年代末就已经出现了能够打印出实际配料量的系统。难点在于这些数据需要相当大的容量。由于没人有足够的知识去有效利用这些数据，因此需要花大量的时间按常规方法对其研究。通常只有在某种程度上发现问题后（例如试验结果偏低），才会去考虑这些数据。这种使用方式一开始就丢弃了一个至关重要的优势，那就是可使用专用的检测设备。

在测试结果可否真实反映被测试批次的混凝土质量方面，一直都存在、也可能永远都存在一定程度的偏差，尽管 ConAd 系统有助于检测并减少这种偏差。在被测试的批次能否代表所有的混凝土产品这一问题上还存在着不确定性。正是由于存在着不确定性，目前这种方法可能会被彻底抛弃。

于是出现了这样一些问题，为什么会发生配料错误？其原因是什么？更重要的问题是发生配料错误对混凝土的性能有什么影响？等等。首先，控制设备的计算机对限制条件设置得太宽松，从而容许产生更大的错误。其次，混凝土原材料物理性能的改变，以及湿度、温度、骨料级配、骨料颗粒形状及流动阻力等因素也都会影响到配料的精确性。最后，可能也是最重要的因素是工厂自身的生产设备条件，更确切地说是生产设备随时间的老化。

对于大多数计算机而言，当装载量下降时，绝对误差和相对误差都会增加。也可以这样说，当装载量较少时，配料过量的可能性就会增加。很多配料系统运用三阶段的配料程序，有时被称为是快速喂料、同步喂料和慢速喂料三阶段。在每个阶段都会有不等量的“非落入”料，它们是来自储存箱中但尚未落入到天平的部分。很明显，对于少量的配料，“非落入”料的量会更大，这是因为材料落到天平上的距离变得更远。快速喂料阶段的目的是尽快将大量的材料输送到天平上。要保证材料质量，就需要使自由料减少。可以通过调整阀门开启度来控制材料的输送速度，对不同的设备这是不一样的。

当配料设备不处于正常运行状态时，调整其配料精确度是没有意义的。必须对设备进行良好的保养并使其处于正常的工作状态。对于一台给定的设备，一旦备料参数设定以后，导致出现配料误差频率或大小增加的最可能的原因是设备机械发生老化，甚至恶化。在一定时期内，即使时间很短，配料误差的变化几乎总是设备即将发生问题或故障的征兆。如果配料监控系统连续发出多于两个或三个报警，并且这些报警是针对同一设备、同类材料，则一定预示着即将发生或已经发生了故障。在较长时间内出现配料误差的变化更预示着设备的恶化。导致阀门更缓慢开启的任何因素都对配料精度有显著的影响，改变配料计算机的参数可以暂时弥补设备机械问题引起的配料误差，但不是解决问题的长久办法。

值得进一步研究的是在搅拌运输车上安装控制和记录设备（见4.16节）。这种系统能检测和量化运输过程中加入的水量，即使不是来自其自己的供水水箱。然而，还存在一个问题就是在取样后如何将水加到泵送漏斗里去。

或许某天需要连续、自动地记录泵送压力，因为在质量控制中要用到这些数据。根据这些记录，很容易检测并基本量化所加的水。

不确定性的另一方面是混凝土样品中的水泥用量可能高于或低于预期的水泥用量（或者是其他显著的差别，如砂率过大）。现在可以利用ConAd系统来纠正结果分析中的这种变量，以及与预期的坍落度、混凝土温度、含气量和原材料质量等的偏差。事实上，实际测试结果可以转化为能准确代表预期混凝土的样品获得的结果。预期混凝土是指利用预期原材料在预期条件下生产的混凝土。

接下来可以确定哪批混凝土具有最不利的组合特征，从而确定讨论等级的混凝土在任一天或一周的最低预期强度。事实上，对任一车混凝土的测试都可以告诉你已经获得的测试结果，然后选出强度最低的那车混凝土。理论上，这可能意味着每天只需采集1~2件样品来了解每车混凝土的特征。的确这可能有些太少，但减少取样频率是合理的。

尽管综合分析设备是半自动的，但对每天的频繁使用来说还是太复杂。如前所述，如果配料误差超出了预置极限，就需要利用配料监控系统进行即时保护。ConAd系统增加了一个显示设备图表的屏幕，在该屏幕上，全天候显示每批次中每种材料的配料误差。它只需花费几秒钟来显示并检测发生了什么变化。然后，就可键入上下极限值，系统将会显示增减值并扩大至整个屏幕。另外，还可显示或输出不符合要求配料量的“例外列表”。这种日常列表（保持简短的）被交给指定人进行进一步研究。实践证明，如果这样，配料误差会随着时间逐渐减少。

尽管许多科学技术已得到很大发展，但用水量仍是数据分析的一大难点。为此，系统可根据坍落度、温度和*MSF*值计算理论用水量。然后，系统根据这些用水量再计算或预测强度。对于单个测试结果，其实际情况可能不会很明显。然而，一定时期内的多元图可以清楚显示不合格的测试、不恰当的加水及实际用水量间的相对偏差（例如由级配变化、含泥量变化等引起）等。

## 4.16 车载搅拌与工作性控制系统

本书在11.7节中论述了有关工作性测试的问题，但是在作者看来，将来会利用混凝土搅拌车进行工作性自动化控制。除了调整工作性外，车内的搅拌系统也会影响标准偏差。

影响混凝土变异性的因素主要有三个：原材料、配料及混合搅拌。本节主要讨论第三个影响因素，也就是运输搅拌因素，涉及到搅拌速度和搅拌时间、加水量及再搅拌等。

事实证明，如果车队的每辆车都采用相同的拌合周期，并且采用统一的搅拌速度，结合计算机辅助的坍落度调整，那么混凝土性能的变异性将会降低30%。

有一种装在车上的“Compu-Mix”系统，将会在最新版本中描述。该系统用来负责混凝土的混合与搅拌，同时协助司机调整混凝土的工作性，于1993年首先在第一版中提出，但被混凝土市场接受的过程一直非常缓慢。直到在1997年出第三版后，作者才目睹了在规模有限的条件下令人满意的运行。

设计Compu-Mix系统的公司已被加拿大魁北克Systems D的数据库自动化决策支持系统收购。他们通过在人工智能车上装载控制系统方面的专业知识，以及利用科学技术研究更具盈利性的软件，为系统在混凝土市场的开拓做出了很大努力。现在的市场还不能完全接受Compu-Mix系统，但他们相信当水泥的价格达到200美元/t时，混凝土生产商就会心甘情愿在节约水泥方面进行投资了。

Compu-Mix系统在市场上难以突破的可能原因，至少在目睹过操作过程的作者看来，是由于卡车司机不喜欢使用。一部分原因是司机们觉得使用这个系统就显得对他们自己的工作能力没有信心，还有一部分原因是它会显示对司机们操作的全程记录（包括未被许可的暂停等）。这是一个在混凝土技术范围之外的人事关系问题。尽管如此，作者依然认为Compu-Mix系统已具有最好控制系统中必不可少的特征。

Dan Assh，P. Eng. 和 Christine Lemay，P. Eng. M. Sc. A 在前一版本中对Compu-Mix系统进行了讲述，在本版中作者做了总结。

### Compu-Mix 车载拌合过程和控制系统

有来自北美、南非和澳大利亚等国家的商品混凝土生产商及由Michel Pigeon博士（混凝土技术方面的首席研究员）建立的SEM咨询公司都独自进行了此方面的研究，研究表明Compu-Mix系统可带来以下好处：

（1）坍落度更好控制。

（2）在给定坍落度的条件下工作性得到提高。

（3）含气量更稳定。

（4）无论是在日常生产还是在高强度作业（如在20h内完成桥梁面板的浇筑）的情况下，无论是干拌料厂还是湿拌料厂，产品的变异性都大大降低，变异性降低率大约为33%。

（5）节约使用时间。

Compu-Mix系统同时能够提供一个完善的管理系统来了解交货行为，包括：

（1）装载历史记录。

（2）与驾驶员无关的卡车状态跟踪。

（3）监视驾驶速度的记录信息。

## 对Compu-Mix操作过程的描述

Compu-Mix控制系统最初的功能是控制材料的混合与搅拌，从而确保拌合按照规定的顺序进行，同时确保车队的所有卡车都施行相同的操作工序。为此，系统控制混凝土搅拌鼓的旋转速度以及转数。在装料、混合、搅拌过程中，旋转速度和转数都是可通过程序控制的，以适应特定的设备要求。更具体而言，控制系统能实现以下功能：

（1）在装料过程中控制搅拌鼓的转速。

（2）短暂、高速地搅拌一段时间，大约为冲洗搅拌鼓的时间。

（3）执行慢速搅拌以保证卡车在去施工工地的途中不断地搅拌中。

（4）自动地将搅拌鼓的转速降低到最优搅拌速度，以保持混凝土的均一性和更长久的新鲜度。

（5）测试坍落度并协助操作员将坍落度调整到实际需要的值。

（6）当加入水后，会自动增加一个专门的搅拌循环以确保水彻底将水分散到混凝土拌合物中，同时确保水能与水泥有效的反应（这使加水对强度的不利影响降到最低）。

（7）控制卸料过程直到完成一定的搅拌时间（可设定在0%~100%）。

## Compu-Mix的坍落度控制

随着计算机化的发展，即使已经卸下了部分料，Compu-Mix也能精确测量0~200mm范围内的坍落度。测量精度达到±10mm，读数直接以mm为单位，以便与由其他坍落度仪测得的以强度为单位的读数区分。

Compu-Mix 还能协助司机调整坍落度。目的是要通过一次性的调整来达到期望值，避免“一点点添加、一点点搅拌调整”的操作方法以节约时间，并避免因反复加水造成的对混凝土强度的不利影响。车装坍落度变化专家系统能将加水时预测出的坍落度变化呈现给远方控制屏前的操作员。司机只需打开阀门，并保持打开状态，直到屏幕上显示出坍落度的改变，然后关掉阀门。这个操作过程可以利用螺线真空管实现自动化，但是目前还没有这个必要。

加完水后开始充分搅拌，以确保水能完全分散到拌合物中，使坍落度保持一致。这种方式，可不会因为第一次搅拌不充分而需要进行坍落度的重新调整(产生差错通常是由于卸料时拌合料失水干燥引起的)。

## 车上坍落度和厂中坍落度的调整

即使是有最好的湿度测试仪，要保证每次配料都达到所需的坍落度，并且精度为 ±10mm 是极其困难的，因为可变因素太多了。很明显，当混凝土分批处理之后，很容易得到坍落度。初期的吸水量是极不稳定的，在初期水化和骨料吸水后，再将残留在搅拌鼓内的水计入时，更容易调整坍落度，Compu-Mix 能使混凝土生产商利用这一优点。Compu-Mix 开发商提出的程序规定混凝土坍落度的指标是低于所期望的坍落度值 30mm。拌合 2min 以后，Compu-Mix 将会提供一个精确的坍落度值，然后，司机利用坍落度变化专业系统来调整坍落度，同时使其期望值精度为 ±10mm。余下的搅拌工作将会在运输到施工工地的过程中进行，这样可以节约时间。

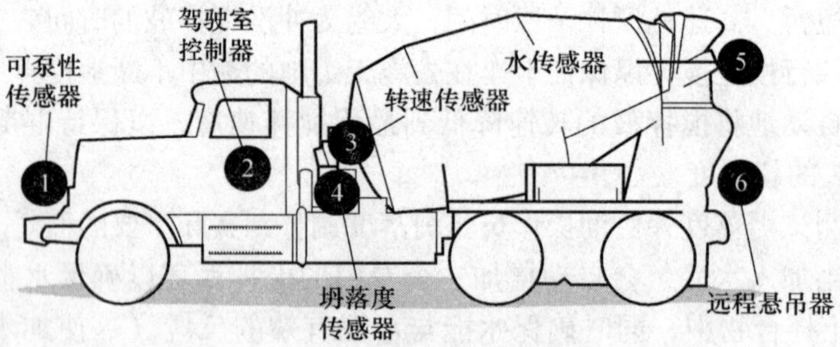


图 4.19　Compu-Mix 工作性控制系统组成部分

## Compu-Mix 系统坍落度控制技术

Compu-Mix 的开发商们坚信如果要使每次的坍落度测定都准确无误，在搅拌鼓转速已定，同时考虑鼓中残留的混凝土量、鼓和叶片的形状因素的条件下，我们至少需要读取 2 万个数据。接着，Compu-Mix 设计有复杂的模型，可以利用这个模型采用人工智能的方法对以上所有因素进行全面分析。该方法还有一个重要的优势，就是很少因为搅拌鼓磨损而需要进行重新校准的。

经过改进后的坍落度调整程序，其优越性远远超过通常使用的线性函数。将混凝土拌合物坍落度改变10mm的用水量，取决于残留在搅拌鼓中的混凝土量，同时还取决于初始坍落度，这就是为什么在控制系统中始终要检测这两个变量的原因之一。很容易校准Compu-Mix中的模型结构使其标准化，以适应几乎所有类型的混凝土。

## 为什么Compu-Mix可以减小变异性

实践证明，除了精确控制坍落度外，所有车都执行相同的搅拌时间，并且控制搅拌速度以减小产品的变异性，原因是搅拌对强度和含气量都有影响。另外，加水后增加的搅拌保证了水均匀分布到拌合物中，再次确保了均质性和低变异性。最后，充分的搅拌减少了泌水和离析，在给定坍落度的条件下提高了工作性（该研究出自SEM咨询公司）。结合控制的低速搅拌，还能减少远距离运输过程中的强度损失，从而延长了混凝土寿命，而且由不同运输时间引起的变异性也减小了。

## Compu-Mix用做管理系统

质量管理和责任担保的历史记录

控制系统的最初目标是避免出现各种各样的问题，Compu-Mix提供了拌合物完整的历史记录，从而能从中找到关于实际执行的搅拌时间、坍落度、加水过程、剩余量、输送过程中不同步骤的时间等有用信息。这将有助于解决混凝土生产商和承包人之间的争论（图4.20）。

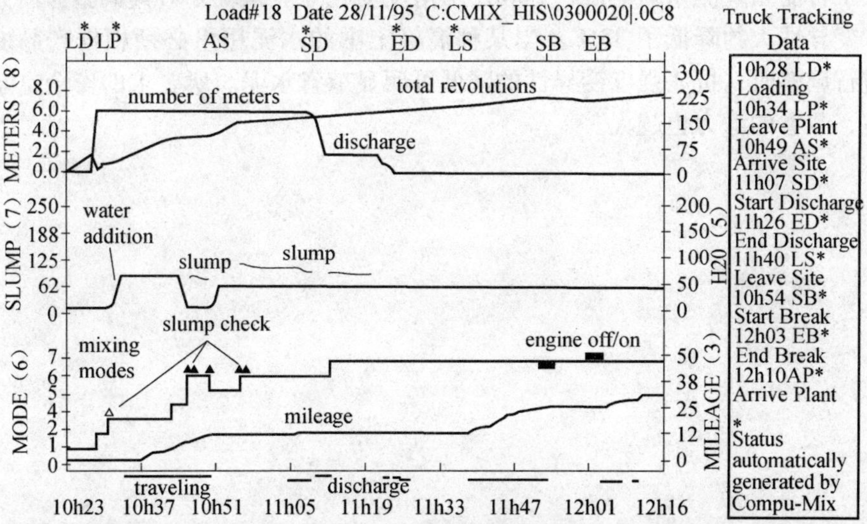


**图4.20 包括速度记录图和货车运输日期的Compu-Mix记录实例**

在历史记录中记录有在配料厂时的坍落度、司机在工厂加的水及加水后的坍落度、到达工地时的坍落度、工地加的水及最终的坍落度等。此外，还有每一步骤的时间记录（加水、卸料）和在相应时刻运送的混凝土量。

为了检索到这些历史记录数据，Compu-Mix 大约每月从普通 IBM 计算机中下载一次。然后，这些数据可以用于 ISO 9000 记录，利用图形程序快速显示和分析搜集到的信息。

## 速度记录图信息和运输车定位系统

Compu-Mix 正朝着全控制系统的方向发展，可用来执行所有监测和控制任务，这些任务在搅拌车上都是必须进行的。过程控制系统中还包括速度记录图和运输车定位信息。Compu-Mix 运输车定位的一个主要优点是其大部分工作都是自动化的，从而减少了错误和作假的概率。之所以能做到这一点是由于控制系统的智能监测。

速度记录图记录运输车行驶的里程、速度、加速度和发动机转速等。这些信息与 Compu-Mix 过程控制的信息相结合，就可以监测驾驶行为，形成自动控制状态，检测时间消耗或作假的情况，如不规范暂停、长时间冲洗及混凝土遭偷窃等。

## 结论

Compu-Mix 系统使控制成为商品混凝土生产过程的重要组成部分，包括利用人工智能系统测量坍落度，并利用坍落度变化专业系统来对其调整。研究表明，变异性大约降低了 33%。当某种混凝土中的水泥用量必须根据产品变异性进行调整时，抗压强度变异性的降低可明显节省水泥。所要求的安全富余度越高，节省的潜力也越大。

# 第5章 22世纪的混凝土

在2005年10月，作者给CIA Biennial提交了一篇题为“22世纪的混凝土”的论文（现在他的网站上，同时还有他发言用的PPT）。该论文突出说明了由于在生产波特兰水泥时排放大量的$CO_2$，应考虑对其合理限制的问题。同时，也设想了材料的持续快速发展及渐增的多样性，尤其是外加剂与增加的细粉材料。作者建议（正如本书第1章所提到的），由于这种情况可能超出了当前说明书编写者（例如结构设计者）的知识范围，为了既不给科技发展增设难以接受的障碍，也不冒失败的风险，有必要要求只有合格掌握混凝土技术及长期在该专业领域工作的专业技术人员才有资格编写规范。

论文还预示虽然外加剂和其他技术的发展方向未必能被准确预测，但这种质量控制及本书中描述的混凝土质量评估技术仍可使用。尤其是，这有可能更多地应用到未来将会广泛应用的自密实混凝土中，以及大量掺入已有或新增掺合料的波特兰水泥中。

自研讨会以来，作者曾进一步探讨过可改变混凝土未来的两种技术：无机聚合物（更适合称为矿物聚合物，但很少正确使用）与技术型水泥（掺有适量氧化镁的水泥）。由于自身能力有限，作者想找到这两种技术领域的领头人，以便说服他们贡献自己的知识。

因此，作者认为22世纪的混凝土是通过掺辅助胶凝材料或无机聚合物材料，使得混凝土能更专业地设计、控制和规范；能更适应用户与具体情况的需要；能更具有自密实性；同时，能更耐用、耐酸、耐火，且污染少等等。

## 5.1 混凝土配合比设计与质量控制一体化

ConAd程序已运行了十多年，本节将对其功能做进一步描述，其中一些功能多多少少已由ConAd程序的现拥有者Command Alkon修改。不管怎样，这些功能仍在世界上大多数地方远超前于实际现状，因此理应列入“未来的混凝土”中。本节继续论述作者的“实时”（Just-in-Time）概念。尽管此概念第一次出现是在2002年的ACI Cancun会议上，但一旦用在商业生产上时，对任何人来说都视之为过于超前。因此，本书仍继续对此概念进行论述，直到理想变成现实。

所有完善的技术应具有如下共同点：

（1）需建立所有原材料的数据库：包括骨料、胶凝材料等。

（2）需建立混凝土的数据库，用做日后分析。

（3）需建立每批次生产的混凝土数据库。

（4）需建立来自混凝土所有试验结果的数据库，与上面第（3）项可合二为一。

（5）需有一个确定水灰比（$W/C$）的公式，以提供要求的强度。这应包括根据不断反馈的试验数据对水灰比公式的准确性做进一步的修正。

（6）需有一个预测混凝土配合比设计用水量的公式，该公式应考虑反馈或调整等方面的因素。

在混凝土配合比设计与质量控制一体化方面，有两种很有价值的处理方法。一种方法是，分析现场观察到的情况和实验室的试验数据，逐步改善混凝土性能，由单一分析来调整所有的配合比。另一种方法是，根据混凝土配合比设计资料，将选定的一系列混凝土试验数据整合成单一的分析。在过去的50年里，作者的兴趣一直放在第一种方法上。第二种方法是本书中“相关配合比维护”及英国与欧洲采用 EN 206/QSRMC 技术的基础。

本章关于质量控制法的讨论，在与 EN 206/QSRMC 方法相比时，作者没有考虑使用中的配合比数量，以便组合所有结果成为一个单一的多等级分析。此外，作者已开发了一系列系统来确认哪种配合比的混凝土强度与规定强度呈现一致性；同时，揭示了混凝土成本与水泥用量效率的相关性。该技术还可判别混凝土出现较大变异性变化的任何趋势，也可判别对于特定的测试人员发现混凝土出现难以测试的任何趋势（但对此方面的判别可能会很少，其原因是测试难度相对较大的干硬性、低坍落度混凝土已不再适合经济类型的高强混凝土）。

在现代的混凝土搅拌站，很容易获得每批次拌合混凝土的准确水泥用量，并将其与混凝土强度和工作性的测试数据联系起来。此外，还需要拌合时加水的准确记录，以及骨料含水量的准确测试记录等。通过取代水的容积分析或直接烘干测试分析可获得新拌混凝土样品中的含水量，作者已在前期进行了大量此方面的工作。然而，仍难以获得准确和可靠的含水量数据，这也是准确评估混凝土配合比设计程序面临的最大困难。

输入所有组成材料的测试数据后，就可产生最佳的混凝土配合比。例如用 ConAd（即使是作者的免费软件）分析骨料的实际筛余量和自动计算过筛及筛余的比例、比表面积、细度模数及对数平均粒径等，不过目前的 ConAd 并不使用它们。也可输入砂的流值及根据砂的流锥试验测得的堆积密度（图 7.1）。

因为作者认为这些数据在未来可能是非常重要的（当你正在读这篇文章时，可能已经用于预测用水量了。如果这样，在作者的网站上可以收索到）。可通过图查看过去的记录，然后计算机就可计算任何指定日期的最新级配，或任何指定阶段的平均值。

与强度一样，在同一屏幕可获得输入混凝土各种性能的累积和图，以及类似流值或堆积密度等性质的累积和图。

第3章给出了有关骨料及胶凝材料的详细数据，其中胶凝材料之所以在这里反复提及，是因为其对理解实时（Just-in-Time）配合比设计系统特别重要。

### 材料数据库：胶凝材料

在水泥数据库中，对水泥性能检测的所有数据应显示记录的日期。与骨料一样，数据库中的任何项目可与强度测试数据一起绘制累计和图以寻找相关的变化点。

实际上，在配合比设计系统中使用的唯一因子很可能是强度、用水量或黏聚性等。这些更可能是建议，而不是测试数据，尽管用户可以通过自己推导的公式自动选择与各因子相关的实测数据。本系统更关心的是相关性，而不是绝对值，因为质量控制系统将反馈正确的因子。如果仅使用水泥，没有使用水泥替代材料（掺合料），则可立刻得到所需的值。凡使用掺合料，如粉煤灰、矿渣和硅灰等，就需要考虑相关因子了。

本书第二版，在 Automix 和 Mixtables 程序中，假设掺合料掺量在一定范围内变化时这些因子保持不变，但生产数据分析表明实际情况并非如此。假设为一个简单的配合比看起来合理，但当这是建立在包含各种胶凝材料组合、有限早龄期测试结果的基础上时，就可能存在很大的不准确性，正如实时配合比设计一样。作者采用的解决方法是把每种组合看成各自独立的胶凝材料——这样在水泥中掺20%的粉煤灰与掺30%相同的粉煤灰都被看作是独立的胶凝材料，大部分胶凝材料组合是可以按此方式处理的。必须指出的是，Mark Mackenzie 已经采取了不同的假设，即混凝土中掺合料对强度的贡献大小是随混凝土强度等级的变化而变化的，且强度变化值不是固定的，需由你自己确定。

实时配合比设计系统是作者最新的研究成果。2002年12月，在墨西哥坎昆岛提交了一篇以此为标题的论文，在该系统中采用的公式（Feret）为：

$$M \times 290 \times [C/(C+W+A)]^2 + K$$

式中 $C$——水泥的体积；

$W$——水的体积；

$A$——空气体积；

*M*、*K*——固定常数。

该公式假设：对不同的胶凝材料组合，其强度、水泥用量、用水量等曲线都具有相同的形状，只是初试斜率或平均值可能不同。

当使用同一种水泥时，将相应得到的大量 28d 强度试验结果与每一组试验结果中的水泥用量、用水量和含气量结合一起，通过电脑程序输出常数 *M* 和 *K* 的最优值将会变得很简单（基本公式的建立者 Feret 显然希望 *M* 为 1、*K* 为零，但那是在 1894 年）。

对许多不同的水泥或不同的胶凝材料组合，要由少量的早龄期试验结果给出每一种组合的 *M* 和 *K* 值是有困难的。Cancun 在论文中给出的实例见图 5.1。

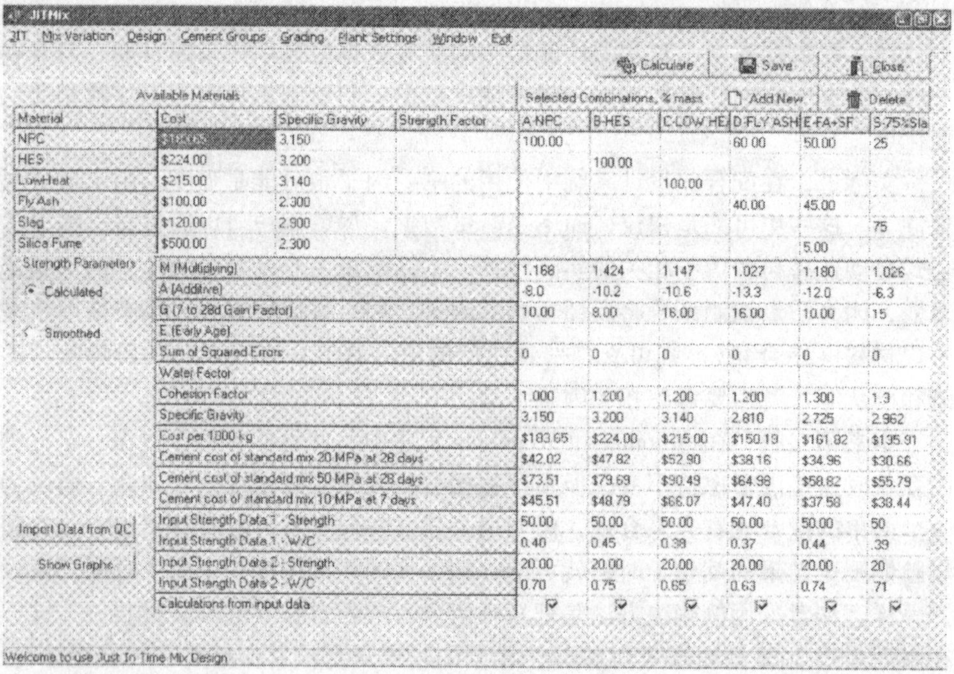


**图 5.1　水泥组合屏幕**

使用的所有胶凝材料及其成本和密度一起列在图 5.1 屏幕的左手边，象征强度的因素也有选择地列出，右手边展示的是这些胶凝材料不限数量的组合。

在图 5.1 中表格的下方，*M*、*K*（等于公式中的 *A*），*G* 和 *E* 因子更适合通过对测试数据的分析获取，提出的平方误差和是用于衡量派生因子准确性的指标，或表示测试数据的分散程度。不管怎样，为了推动这一进程开始，或处理新的组合，要求输入两个来自过去的经验或试验配合比的试验结果。最后一排的标记表明应由这些数据确定程序中的 *M* 和 *K* 值，而不是由生产数据的分析结果来确定。

### 石灰石粉

多年以来，许多国家允许将少量的石灰石粉（达到5%的掺量）和水泥一起混合使用。一项最新研究成果表明，更大掺量的使用石灰石粉会带来意想不到的结果，甚至包括提高早期强度。然而，上述技术是否适合在混凝土中使用还为时尚早，尤其是能否获得水灰比（*W/C*）与强度之间相同的关系曲线。这将取决于石灰石粉混凝土的试验结果与普通混凝土的试验结果能否联系起来，还是必须单独考虑。

### 用水量

混凝土配合比设计中最棘手的问题是确定用水量。由于涉及到太多的影响因素以至于总是先根据经验预估一个用水量值，然后再不断进行调整。然而，用水量是与给定强度混凝土的水泥用量及其经济性呈正比关系的。并且，用水量的变化通常是影响测试结果变异性最大的因素，同时影响到所需混凝土的平均强度和经济成本。因此，从初始设计到施工过程中的质量控制，必要考虑到影响用水量的所有因素。

作者采取的方法是列举尽可能多的影响因素，然后对每个因素按经验进行修正，最后再提供一个总的修正因子。用户应对条款规定中任何一项出现过高或过低的估计值都要准备进行修正（如按百分数或其他方式），但有必要由试验数据的反馈结果来调整总的修正因子。

用水量的任何变化可以通过成型的混凝土试件强度和密度测试结果反映出来，但坍落度或工作性的变化却不一定能反映用水量的变化。例如在已知用水量时，温度上升可能会导致流动性下降或流动性不变时用水量会增加。这就是为什么在质量控制图中与强度累计和一起使用密度累计和是如此的重要了。

作者对用水量的估算见表3.4和图3.4，以及相关的讨论见第3章。

### 配合比的实际设计——Ⅲ

接着第3章的“Automix”程序，下面介绍“Mixtable”系统。

#### Mixtable 系统

作者希望看到用计算机控制混凝土的搅拌系统，而不是从配料单中断断续续了解混凝土的实际拌制情况。然而，顾客永远是正确的，ConAd 系统中的 Mixtable 程序可生成一个水泥用量范围为 200～500kg/m$^3$ 的表格，其中，水泥（或胶凝材料）用量由用户确定，以每1MPa为一级。该程序用在实际拌制混凝土时具有独立性，因为它能使批量混凝土的检测变得容易，并可与实际检测数据进行对比，用来修正系统中预测的混凝土用水量和强度。

Mixtable 系统会自动产生一系列胶凝材料用量从 200 ~ 500kg/m$^3$ 的组合。用户指定（图 3.9）有三种粗骨料的组合比例及有两种砂子的组合比例（或从 Automix 程序中取出）。规定 *MSF*、坍落度、温度、含气量等值，按固定量或掺量设定粉煤灰、硅粉及矿渣等材料。以 1kg、5kg、10kg、20kg、25kg、50kg、100kg 为等级生成表格。对于一个给定强度的表格，1kg 听起来有点可笑，但却能从表格中更准确了解水泥的用量。

图 5.3 中表格显示了一批混凝土配合比及其对应的密度，同时用 Feret 公式预测了混凝土的抗压强度。

Mixtable 系统可输入混凝土的水泥用量、用水量、强度和密度等相关数据（或自动从制定的生产搅拌机数据库获取），具有对用水量预测方程及强度方程中的常数进行优化并以最佳匹配输入数据的功能。图中显示了强度与水泥用量、强度与水灰比、密度与水泥用量及用水量与水泥用量等之间的关系曲线。除了显示最优方程的图外，在每个图上都呈现输入数据栏，并提供 3 个缩略图。一旦点击，缩略图会放大，并可与对应的配合比表一起自动打印出来。图 5.2 显示的是输入屏幕，图 5.3 是一个典型的配合比表格，图 5.4 检索生产数据，图 5.5 显示的是关系曲线。

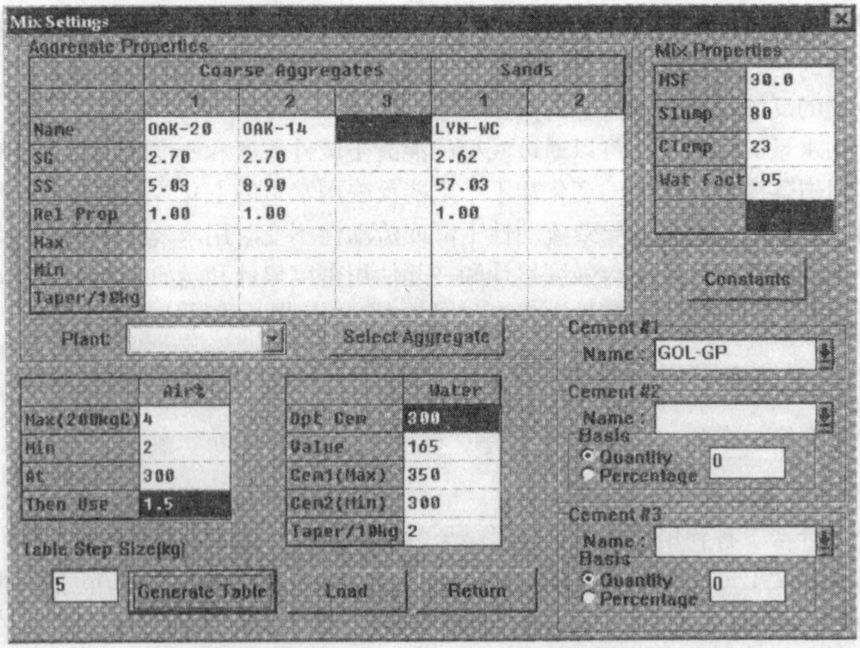


图 5.2　配合比表：输入设计结构和数据

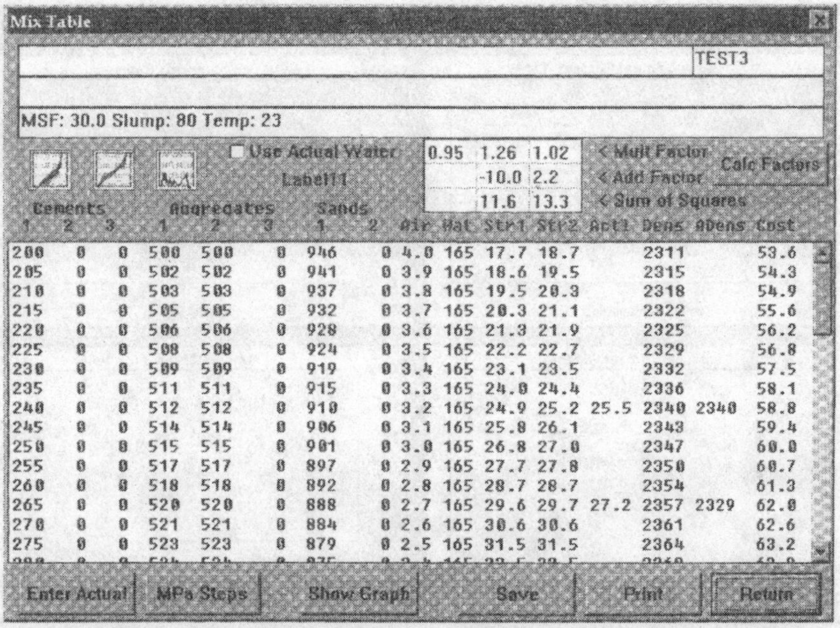


图 5.3　配合比表：配合比数据

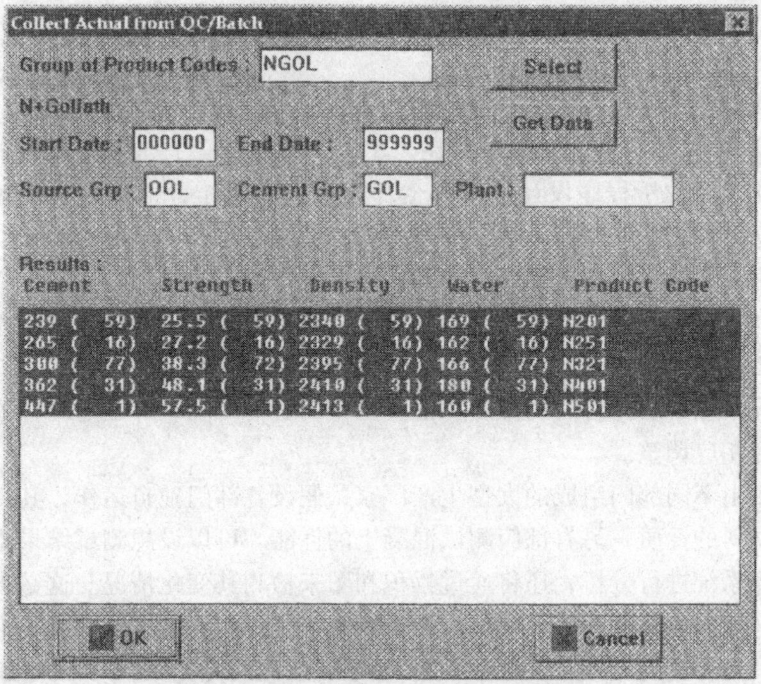


图 5.4　配合比表：检索生产测试数据

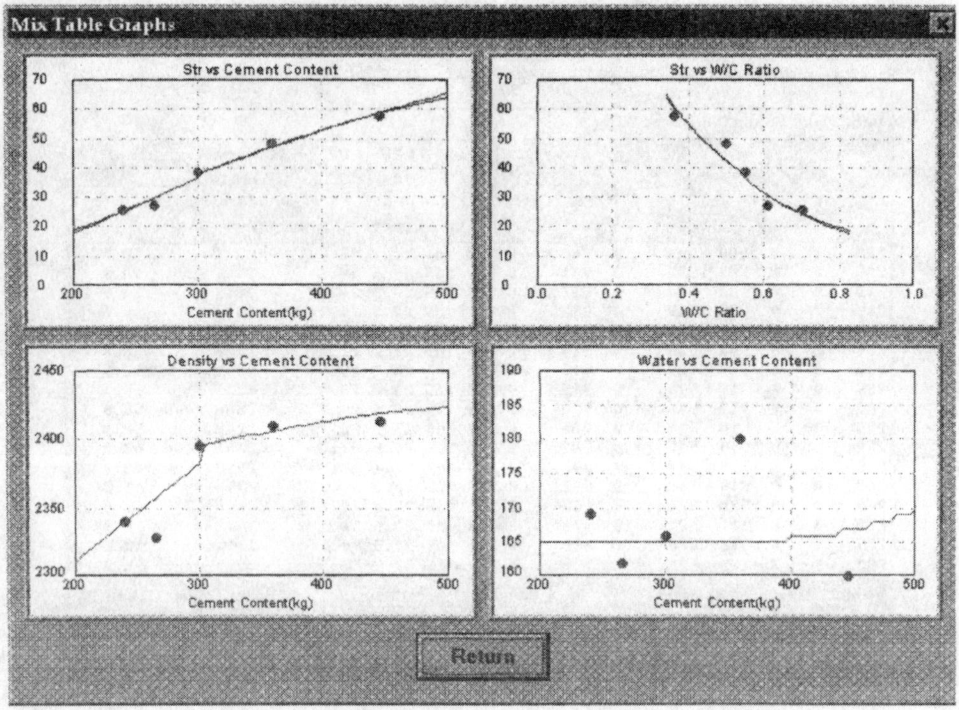


**图 5.5　配合比表：由检索的生产数据优化系统方程**

实时（Just-in-time）配合比设计

2001 年 12 月，在墨西哥的坎昆，ACI 会议上提交了题为“实时配合比设计”的论文。由于程序设计还没有全部完成，因此作者很乐意听到对该程序的修改意见。

由生产数据和材料数据库反馈的信息可见，该方法类似于上述的 Mixtables 程序，而且扩展到更广泛的组合，并在拌合混凝土时需了解每车混凝土的有关信息。不得不承认如果这些信息还保留到现在的话，是很有价值的。如果没有其他情况，应了解拌合时的温度和混凝土车的运输时间，并通过增减外加剂掺量来进行相应调整。

对于由不同部门组成的大型生产厂家，假设各部门独自运作，其中有部门测试原材料的性质，另有部门测试混凝土的性能。可以设想测试结果不仅将立即输入到系统进行分析，还将通过累积和图来检测其变化情况。这必须要求各种原材料性质检测的准确性，例如砂子级配等。

对一个特定的生产者，通常采用 *MSF* 和最大间隙指数（Gap Index）来定义混凝土的工作性。间隙指数可能是在第 2 章“工作性”中讨论过的其中一种。目标级配与图 5.6 屏幕中显示的级配结合一起。用户仅需在中间行（过筛率,%）进入理想级配即可，其理想级配界于表中上下 $x$ 或 $y$ 的范围之间。然后，系统填补表中的其他四行，并在左边图中显示理想级配曲线，在中间图中显示对理想级配曲线的限制范围。当完成实际配合比设计时，看起来三个图完全重叠。

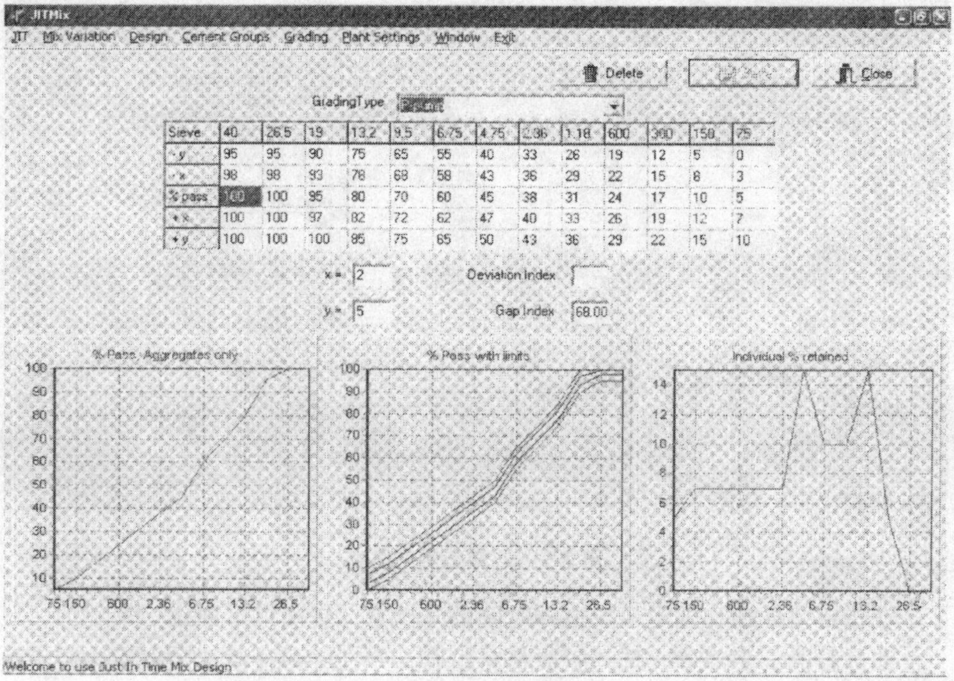


**图 5.6　JIT 级配屏幕**

此时，屏幕显示的是针对各种情况应如何去考虑实际的需求，而不是认为必须去考虑所有限制条件。该系统允许以不同的目的或不同的限制条件输入任何数量的不同理想级配，但在大多数情况下，取这两个中较简单的一个就可以了。

更重要的是投放到市场产品的选择范围。图 5.7 显示的是一个综合系统。

此时的配合比是指一范围内所有的配合比，而不是指某一个。此“范围”内的配合比应具有相同的组成原材料和相同的新拌混凝土性能，但不需达到相同的强度。每个小区域会获得一个代码和描述。由浇筑方法、坍落度及强度等确定最低水泥用量。目标级配可以规定，也可以是屏幕上右手边输入的 *MSF* 和 $G_{ap}$。同时输入用水量或典型用水量、含气量及产量（一些生产者考虑从产量中扣除含气量部分，而另一些生产者则打折到略低于产量）。

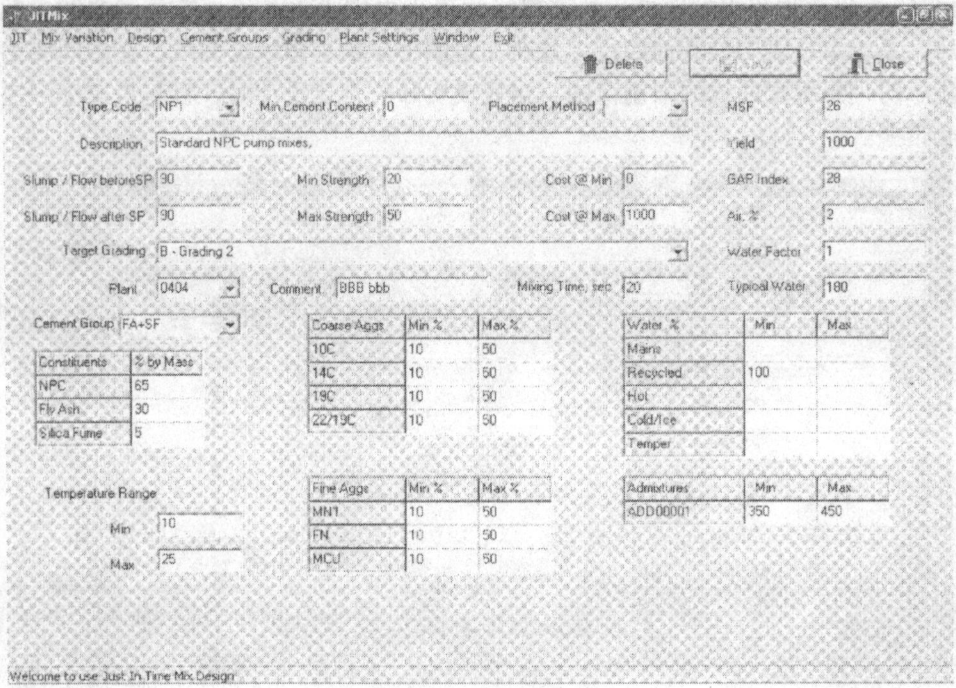


**图 5.7　混凝土生产屏幕**

在指定搅拌站和规定最少搅拌时间的条件下，提出以下建议：

在屏幕的下半部分，选择胶凝材料组合，并在屏幕显示从数据库中检索到的胶凝材料信息。

在屏幕中央推荐使用的粗、细骨料，并规定其使用的比例限制。

详细规定用水量的来源，尽管计算总用水量时必须考虑到搅拌时的混凝土实际温度。

还要规定外加剂品种及掺量。

例如，对于强度覆盖范围为 20 ~ 50MPa 的泵送混凝土，要求在该强度范围内所有的泵送混凝土应具有相同的 *MSF*、工作性及胶凝材料组合。

配合比的实际设计，如系统标题所标明的，应在供料时设计完成，尽管也可能在订购时完成，以便提供一个报价，以后如有必要再做调整。

购买方选择所需的混凝土类型，并输入送货地址和要求的送货时间，系统会查阅内部记录并指定一家混凝土供应搅拌站。

选定配合比的详细信息显示在“生成”栏中，所推荐的成分出现在屏幕的右手边（最初没有数值），见图 5.8。

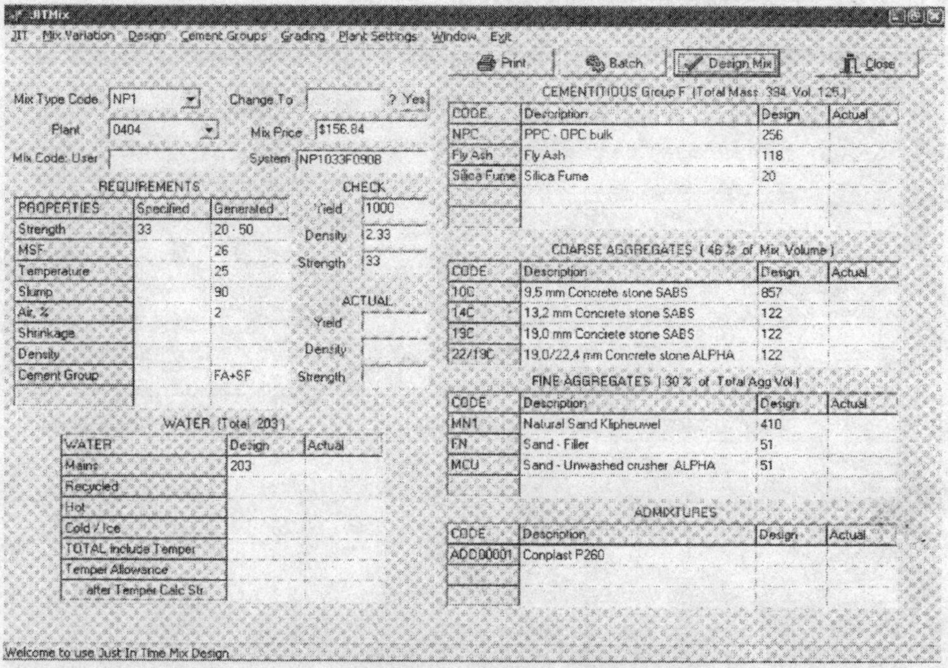


**图 5.8 实时（Just-in-time）配合比设计屏幕**

随后，客户在指定项输入需要的强度，并键入设计的配合比，系统就可以计算出报价，然后给出工程用量。

如果用户希望修改“生成”栏中显示的任何细节，就得在“规定”栏中输入自己的要求，其要求是通过改变配合比和价格来转换执行的。用户的要求有可能超出了选定的配合比范围。在这种情况下，屏幕最上端系统“更改”栏中提供了一个可供选择的配合比类型，用户可以根据需要选定。

“实际”栏是系统自动输入实际批次的数量（包括配料误差），这对强度、密度和产量等很重要。这些内容储存起来，以便以后分析并与所有试验配合比得到的实际数据进行对比。

虽然配合比的详细信息可提前设置，但一些用户或规定制定者，至少在初期，实际上并不清楚他们需要的配合比是否准确。图 5.9 表明可输入所有性能，用户可以为最终性能指定一范围，系统将输出一表格显示配合比发生的变化。

图 5.9 列举的例子是在供料过程中，混凝土配合比将随混凝土温度的不同而变化。当然，当输入不同的数据时，将生成大量表格。描述这些特征的目的是阐明提供的配合比不是由计算机偶然生成的。如果用户可以规定确切的需求

条件，系统并能按要求提供确切的配合比。

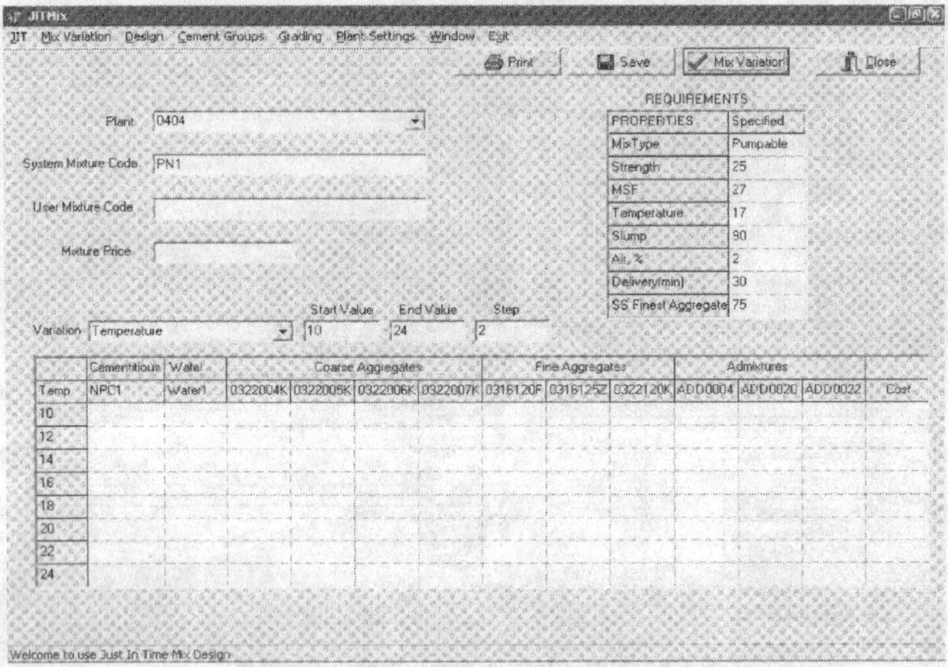


**图 5.9 JIT 配合比打印输出屏幕**

一个具有大多数所描述功能的程序可在网站 www.kenday.id.au 上查到，并供读者免费下载。为了提供搜寻的真正方便，程序必须对材料和混凝土的测试数据保持广泛的联系及持续不断的数据更新。特别是该程序必须包含能推断出每组强度公式中参数 $M$ 及 $K$ 值的技能。虽然从本质上看不是特别困难，但至今仍未完成，原因是作者已没有团队去进行这方面的研究。

## 5.2 相关配合比维护（by Mark Markenzie）

商品混凝土工业革命给我们带来了许多利益与机遇，对现今的技术管理者及其团队而言，为了满足世界各地商业与工业界的需求，其工作量随之显著增大。本章讨论的一个重要领域是对大量类型的混凝土产品进行管理和优化，以适应原材料质量的波动和品种的变化，以及商业和系统的运作与限制。在此过程中需对处在动态环境中的原材料给予相应的限制和要求。在从事这类工作时必须要有高度的信心并冒最低的风险。可能遇到的困难如下：

（1）测试结果通常集中在少量的产品上，而且通常没有足够的、甚至没有与大多数混凝土产品有关联的测试结果。

（2）调整所有的配合比以适应新拌合硬化混凝土性能变化的需要，其重要性已在少量产品的身上得到证实。作为一个行业，必须确保能提供满足规定、预期要求及优化目标的产品，即使没有这些产品的实际测试结果。

（3）自动化和一体化程度的日益增长大大提高了人的办事能力，但也带来了一些自身的问题。计算机系统并不像人那样的宽容，也不如人类那样的灵活。系统有自身的局限性，例如，混凝土产品组成成分的数量；基于容量储存的最大批量；商务管理流程等。为了确保能设计和生产所需的产品，技术管理人员应了解、熟悉这些限制，并始终遵守。

（4）在配合比的设计、管理及优化过程中要自始至终坚持同一哲理与逻辑。在优化、性能、可预测性、生产工艺等许多方面，这是非常重要的。

（5）要有信心并快速应对生产原材料变化时带来的影响。

（6）需在一个或更多的工厂调整和优化大批量或单个产品。

（7）要有跟踪并遵守重要条款的能力，例如，确保客户指定的产品是基于提交的配合比或实验室的试验结果。这一能力不应改变，也不会去迁就。

（8）需跟踪设计配合比的变化，上传内容包括总的材料清单（配合比的全部信息）、生成和失败、创建和完成日期、完成人、修改人、最后修改时间及修改人等。

（9）需有能力分析某段时间、某批产品及工厂等在生产中发生的变化，并对其进行优化调整，同时有能力报告和量化这种变化。

其他可用于处理商业方面的工具往往非常简单，甚至是手工，并普遍只提供产品的储存及系统的维护。为了实现这些长远目标，作者赞同 Ken Day 关于将来管理和优化混凝土产品的大部分设想和论点：

（1）需要一系列具体的步骤。

（2）必须创建一个可用于系统的框架或构架。

（3）我们必须开发可靠的流程和设置：

①重要的绩效关系，如水泥用量与混凝土性能的相互关系。

②准确和一贯性量化原材料特点的方法，特别是对于骨料，破碎骨料的用量增加引起的许多挑战，例如人工砂。

③原材料相关数据的检测方法，对在工厂任何时间段使用的原材料通常应在生产源头进行检测。

④确定混凝土产品性能的准确方法，然后根据上面建立的相互关系，确立满足规范要求的混凝土产品。

（4）有了这些发展，我们还要改变客户的保守观点，有些客户常常在做决策时考虑一些未知的或潜在的风险。

(5) 关键是在程序和系统发展中应建立行业信心，要发展此信心，就需确保我们有足够多的技术管理人员参与进来，但应采取循序渐进的方式。

(6) 与此同时，还需要全面、清晰地公示整个行业的财务状况及其他效益，否则，要想获得更大产出就只能局限在加大投资方面了。

滞后于相关配合比维护发展的理念来自在混凝土生产的管理和优化中遇到了许多有争议的问题，而混凝土生产应遵从当前已认可的体制与流程，并能实现利益的最大化。然后，在此基础上建立一个具有实现全自动化混凝土管理和优化为最终目标能力的系统。使用的主要机制包括：

(1) 定义明确，同时容易执行。

(2) 提供一系列额外的福利。

(3) 提供一个晋升的平台，这对大多数企业来说是可实现的。

访问系统时应使用熟悉的、可识别的重要设计标准及影响因子等内容，可通过主菜单显示（图 5.10），涉及的内容如下：

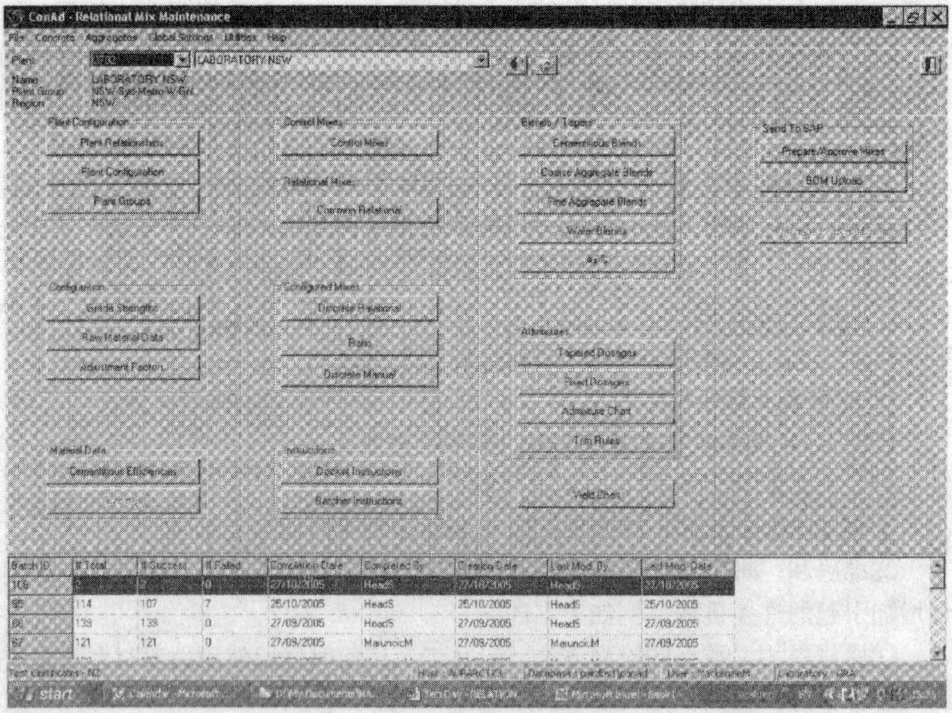


图 5.10　相关配合比维护——主菜单

(1) 原材料数据。涉及提供给工厂所有原材料的全部清单，包括工厂正在使用的原材料和已提供但不能用的原材料。数据包含所有需要的代码、描述、成本、采购单位、批次及密度等（连接到 ConAd 原材料数据）；批次序列（主要的和次要的）；配置规模及自动或手动配料方法的细节等。

（2）胶凝材料效率。假定常用水泥（如 GP、OPC 等）对所有等级混凝土都可达到 1.0 的效率，其他胶凝材料发挥的效率又与水泥的效率相关。发现根据不同强度混凝土计算得到的胶凝材料效率是随混凝土强度的变化而变化的。当设计混凝土配合比时，计算的胶凝材料效率可通过 *W/C* 来调整。

（3）拌合物锥体（随混凝土配合比不同而变化）。混凝土拌合物含有胶凝材料、粗骨料、细骨料、水及气体等。不考虑粗骨料的影响时，拌合物锥体的形状随混凝土强度等级的不同而变化。输入各种拌合物锥体作为控制标准，在设计混凝土配合比时，用户从所有拌合物锥体中选择一种作为标准，然后根据此标准确定混凝土配合比的参数。对于一组给定的材料，其变化范围实际上是有限的。因此，拌合物锥体可用在多品种混凝土产品中。拌合物设计标准的改变会影响到所有用于拌合物的产品组合。

（4）外加剂。外加剂掺量可按下面两种或其中一种方式设定：100kg 胶凝材料中的掺量或 1$m^3$ 混凝土中的掺量（由混凝土强度等级确定）。在外加剂图中，将使用的外加剂与生产批次联系起来。同时，坚持通过调整外加剂掺量来适应温度的变化。

（5）产量图。设定产量。每种产品有一个目标产量，除了个别手册规定（固执的规定）的配合比外，自动计算所有产品应完成的目标产量。

（6）控制配合比。有一个配合比设计的理论基准，所有常用和专用配合比设计以此为基础。

（7）调整因素。调整因素主要涉及到用水量、粗骨料用量等；次要因素是通过调整 *W/C* 来补偿工作性的差异等，同时通过控制配合比获取所有常用配合比。

（8）常用配合比。指涉及了可预测强度的全部范围，同时可在逻辑关系上与控制配合比联系起来的系列配合比。此系列配合比按下列方式设定：

①确定水和粗骨料用量的调整因素；

②确定拌合顺序和原材料用量。

在此基础上，依据公式计算的控制配合比来推测出设计配合比。用户可选择多达 5 种掺合料、配置高智能可推导的配料设备、对需求产品发出指令、设定最高或最低水灰比及最高或最低胶凝材料用量等。此后，单个产品或批量产品即可表现接受或拒绝。

（9）专用配合比。对经常出现的单个专用配合比需进行专门设计，但仍与规定的控制配合比有关，并且针对每种产品，配合比在给定的限制范围内还会相应变化，这类配合比混凝土有喷射混凝土、设计龄期为早龄期的混凝土等。专用配合比和专用手册配合比可与一个或多个核准的试验配合比或已提交的设计配合比联系在一起，如果工厂的原材料发生变化，系统将会告知不要再按试验配合比生产混凝土。

(10) 配合比表示方法。采用材料质量比或百分比的方式来表达混凝土配合比。

(11) 专用手册配合比。即使绝大多数国家，混凝土按其性能出售的，仍有专用手册规定的配合比。这是 Relmix 最基本的部分，也是系统中不需要重新计算配合比以达到目标产量的唯一区域。也就是说，如果某种原材料由于其密度变化导致混凝土的计算产量与目标产量的差值超过了允许范围，则系统将会及时通知用户。

(12) 工厂配置。每个行业所能做的事及获得有用的信息都受到限制。本部分将讨论以下几方面内容：

①称量与配料配置。对大多数公司而言，技术服务的职责就是确保为混凝土生产尽可能配置最大容量的生产设备。如果采用人工称量，是极其困难和花费时间的，并且也已过时。因此，需要专用的称量设备和操作能力，且称量时可设置成定量系统。

②基于此，每次都应准备将产品上传到商业系统，计算每次最大拌合量，准确至 $0.1m^3$。

③原材料数量（BOM）。尽管有些新系统在组成产品的原材料数量上没有限制，例如 3 种水泥、5 种骨料等，但目前大量使用中的配料系统却有这样的限制。或许这些大量使用中的系统在未来会升级，但现在已与大量的商业系统和界面设计融为一体。最终结果是这些限制因为各种原因在多年后迟早会来。上传越过限制产品的后果很难预测并冒相当大的风险，例如，产品上传不成功、产品不能用、组成成分不合适等。

相关配合比维护需在单个产品中指定使用原材料的最大数量，原材料包括胶凝材料、骨料、外加剂及水等。在此基础上，每次准备上传产品前，系统将检查每个产品，告知用户出现的任何问题，直到问题解决后再上传。

④储料配置。负责设计和管理混凝土产品的工作人员普遍脱离客户对产品的实际需求，尤其是大公司。也就是说，一直在告诉他们应满足客户对使用新原材料或改变工厂现用原材料等方面的需求。重要的是要考虑这些要求受到工厂储料能力的限制。因此，系统不是通过增加已超过储料能力的更多材料方式来满足用户要求。

（13）强度等级。由取样所在地区来设定。

①取样所在地区设定了各种需要的强度等级，如果未设定某个强度等级，则该强度等级的产品将不能生产。因此，设定所需要的强度等级是非常重要的。

②设定强度控制等级并能进行校正。

（14）工厂关系。在相关配合比维护中，所有产品都在工厂生产。在这一环节中，每个工厂按强度控制等级设计配合比，其中涉及到3个主要的关键设计因素——用水量、胶凝材料用量、粗细骨料用量等。在各工厂之间对这些因素进行比较，如果某个工厂出现关键设计因素的变化，则将会导致其在该地区使用的所有混凝土配合比发生变化。

（15）准备及认同的配合比。技术服务的主要责任是处理与降低风险。具有潜在高风险的区域是配合比设计的创建、调整及上传。风险的性质与大小取决于使用的系统类型：

①大多数组成成分依赖于人工调节的初始系统很容易受到人为错误的影响，等等。

②在类似相关配合比维护系统中，仅仅一个错误就可能影响数百乃至数千的配合比。

很明显，实施全面的人工检查并一直有效保持或使其在识别问题的能力上一直有效是极其困难和不切实际的，而且是极不可能的。为了确保检查顺利进行，一定要防止差错，而所有使用系统和依赖产品的个体客户都对其准确性极其自信。相关配合比维护包含对推荐及最后上传配合比的检查，确定配合比是否超出用户界定的范围。然后，允许用户考察已无异议的推荐及上传配合比。基于这份评估，用户或许会对配合比表示认同，或许要求做必要的修改，同时重新进行检查。除此之外，流程也会证明配合比已不能有效使用，同时也不会为试验配合比所支持。

（16）物料清单上传。一旦获得认同的配合比上传到商业管理系统或指定的系统。系统将对配合比的变化进行跟踪，上传内容包括物料综合清单、成功与失败、创建和完成日期、完成人、修改人、最后修改时间及修改人等。

（17）上传设计配合比。每个上传配合比和系列相关数据，都会被保存在上传配合比数据库中，这部分的主要功用是让其得到有效利用。

①目前获得认同的配合比应与以前推荐过的设计配合比进行比较。

②对工厂生产的产品质量应具有详细分析的能力，并有指定时期内的特征记录。

系统运行流程见图5.11。

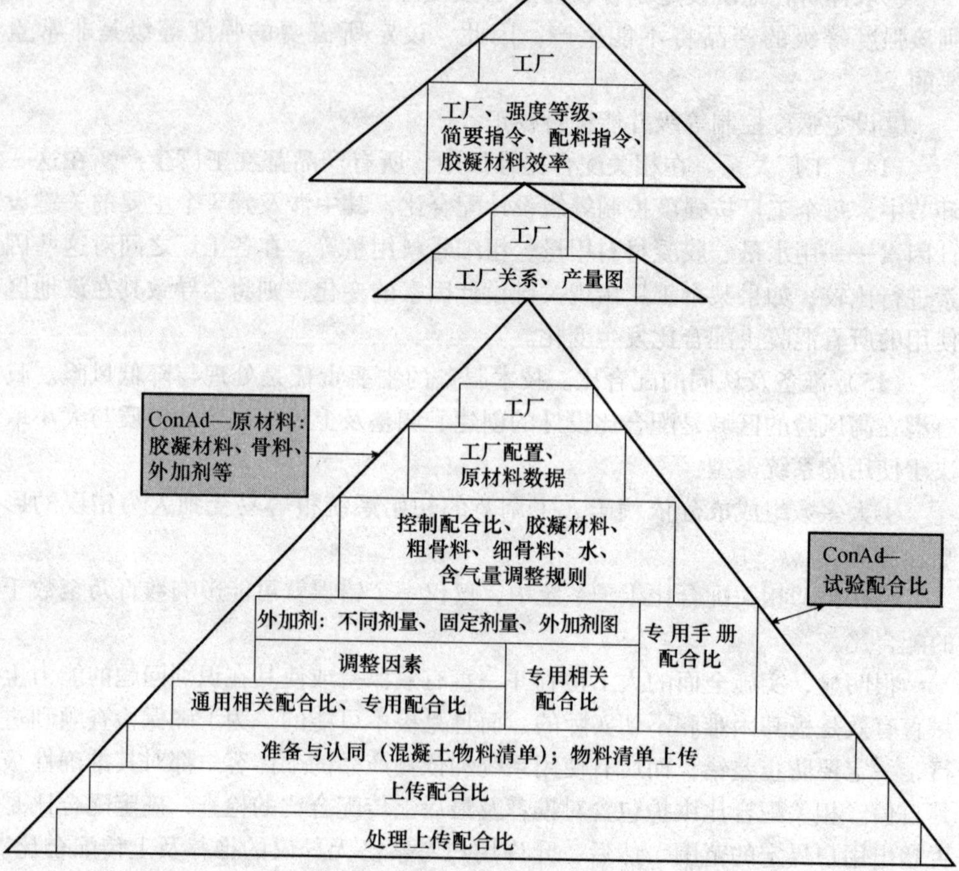


**图5.11　系统运行流程图**

如前面的相关配合比维护所述（Relmix）：

与余下的ConAd完全整合。

独立存在或与商业系统完全整合。

Relmix或相关系统的变化将导致某个或某些工厂中的某个或某些配合比发生很大改变，改变大小取决于Relmix或相关系统的变化程度。

针对确定的材料，这种逻辑可应用到混凝土产品的设计与管理等诸多个方面。在修正或优化产品时，在本行业我们有足够的信心，因为我们掌握了最多的信息。但是，也承认其他产品在任何时候都可能会有需求，如果这样，我们就没有时间等到有足够多可供使用的结果出来时才能做出应对措施。如果仓促应对，又有可能导致严重的后果，甚至发生本质的变化。例如：

（1）混凝土性能超出过高，配合比太复杂等，由此带来成本增加，对新拌合硬化混凝土性能的影响等问题。

（2）混凝土性能偏低，冒太大的失败风险，甚至要承担处理这段时期浇筑的所有混凝土的巨大风险。

（3）对新拌合硬化混凝土性能的影响问题，例如，泵送堵塞、延时等，而在绝大多数工作时段内，都会由于堵塞造成延时效应，不仅对混凝土泵送产生显著影响，而且对泵送混凝土性能及其他所有工作都会造成严重影响。

说实话，这些都是我们不需要、不期望、不能接受的事情。

Relrnix 是用户可利用的很好工具：

（1）在分析可用信息的基础上做出决定。

（2）在保持不变原则的条件下，把这些决定用到所有相关的产品上。

（3）要以一种极其有效的方式去完成，同时允许用户或技术团队在使用当前系统时花很少的时间完成这些目标。

（4）准确和持续地应用将带给用户及商业机构信心的改变，并且在应用过程中对所有的商业需求都将给予支持。

（5）最终，具有能力去处理所有广泛涉及混凝土产品方面的相关问题。

## 5.3 高性能混凝土（HPC）

混凝土的高性能主要指：高强度、高工作性、高耐久性等，或许还涉及外观的改善。

强度超过 60MPa 的混凝土可被看作是高强混凝土（HSC），高强混凝土可在普通混凝土的基础上通过增加水泥用量和掺普通减水剂得到。无论怎样，高性能混凝土将更普遍地使用掺合料，同时掺高效减水剂（HRWR）或超塑化剂（SP）。起初，高性能混凝土并没有包含可有效应用的范围，而超高性能混凝土（UHPC）或超高强混凝土（UHSC）已经用在当前的混凝土工程结构及正快速发展的自密实混凝土（SCC）中了。据报道，超高强混凝土的实际抗压强度达到 150 ~ 200MPa。

对自密实混凝土而言，重点已从骨料级配转向粉体材料及外加剂方面。对大坍落度甚至是流态的传统混凝土，避免骨料离析可以说就是避免骨料出现间断级配。而对于自密实混凝土，需要合适的砂浆体稠度，甚至粗骨料级配存在间断情况可能还会有益。

即使是在粉煤灰或其他细粉材料非常便宜的地区，超高性能混凝土的成本也比普通混凝土高得多。因此，应通过结构优化设计、降低劳动力成本、改进耐久性及改善外观等方面考虑减少超高性能混凝土的使用量。对自密实混凝土常未考虑到的一点是降低了浇筑技术的要求。在某种程度上，如果任何情况都需要高强度时，配制自密实混凝土的成本相对来说要低一些。但在配制低强度的自密实混凝土时，额外增加的成本可能就无法接受了。需牢记的是应通过对耐久性、密实度或外观等存在的不合理问题的改进来取代最昂贵的混凝土。

前面提到，高工作性就意味着使用高的用水量和高的水泥用量，从而易引起高的收缩率。在高性能混凝土中，工作性是通过采用大掺量外加剂来实现的，这样才能真正确保使用低用水量来实现混凝土的高工作性。

此外，在高性能混凝土中掺纤维材料有两方面的原因，其中一个原因是可大大提高混凝土的抗拉强度；另一个原因是若使用有机纤维材料，在遇大火时会很快融化掉，使易在火灾中造成爆炸剥落的气体溢出。

目前，在世界范围内，使用的超高性能混凝土只占很小比例。但是，受到耐久性标准制定的不合理性、结构设计者学会更有效使用高强混凝土、劳动力成本的增加及现场施工技术水平下降等方面带来的财政影响，超高性能混凝土的使用比例将会迅速上升。另一个因素是全世界更加关注 $CO_2$ 引起的温室效应问题，而生产水泥又是产生 $CO_2$ 的罪魁祸首。因此，在未来的某个时候，可能会被强制征税或加以限制。

## 自密实混凝土

在流态混凝土中使用超塑化剂已经有许多年的历史了，而现在的自密实混凝土已达到了一个新的高度。自密实混凝土起源于日本，正迅速被大多数国家所接受。有迹象表明，在相当长的时间内，世界上有一半以上的混凝土将是自密实混凝土。显而易见，即使当前在某个地方还没有使用，但所有混凝土生产者都应学习如何生产这种材料，这已势在必行。值得庆幸的是，自密实混凝土并没有看作是一种商业机密，其相关技术资料可广泛获取，或通过他人得到帮助。

除了一些个体专业人员发表的学术论文外，学术委员会已出版了一些优秀的专著。其中一本是《自密实混凝土规范与指南》，可从 www. EFNARC. org 网址上下载；另一本是通过澳大利亚混凝土学会出版的《高流态混凝土》。

尽管自密实混凝土比普通混凝土更昂贵，但却在许多方面可得到补偿，例如：

- 降低了使用技术水平；
- 降低了劳动量；
- 加快了浇筑速度；

- 提高了外观质量；
- 降低了施工噪声。

流态混凝土或自密实混凝土具有的共同特性是通过自身流动、穿过钢筋网、填充空隙达到自密实，可以避免泌水、离析等现象的发生。

（1）抗离析性

虽然实际中的流态混凝土与自密实混凝土之间没有明显的界线，而且在某些特殊领域甚至可以被认为是同一种混凝土。但两者在理念上是有明显区别的，其区别在于抵抗离析的机理不同。过去，对流态混凝土及其前身泵送混凝土，抗离析的机理是要保证骨料级配的连续性，避免缺少某个级别。而现在的自密实混凝土，抗离析的机理是提高砂浆体的黏聚力，在某种程度上，间断级配可能是有益的。与普通混凝土相比，自密实混凝土产生离析的最危险时期是其在流动停止、最终处于相对静止状态时。如果配合比设计有缺陷，则粗骨料在砂浆体中易发生下沉运动，同时也易出现泌水。

（2）抗泌水性

良好的自密实混凝土不会有任何发生泌水的可能，因为它依靠浆体的黏度来抵抗离析，对于流态混凝土就不一定是这种情形了。一方面，无泌水有利于向内倾斜面的浇筑，并避免由于水分运动在垂直面引起的表面缺陷，也可避免有时由泵送延迟造成的影响问题。另一方面，无泌水会使自密实混凝土极易产生蒸发裂缝，因此，必须仔细养护，确保混凝土表面不暴露在有风、有阳光及干燥的环境中。

（3）可泵性

自密实混凝土是一种非常适合泵送的材料，能够完全无泌水和离析现象发生。有报道称（Peruzzo，Kolasa 和 Titus，2005），在澳大利亚的墨尔本，已将自密实混凝土泵送至 297m 高（相当于 92 层楼）的尤卡里（Eureka）建筑物顶部，现打算泵送自密实混凝土至 600m 高的迪拜（Burj Dubai）大厦顶部。其在导管内的运动机理是不同于其他混凝土的。可以肯定的是，普通混凝土在导管内的运动像“活塞流动”，而自密实混凝土中的粗骨料则像“李子”一样悬浮其中，像液体一样的流动，因为需要抵抗黏性的屈服强度很小，甚至没有。

（4）配合比设计

令人满意的砂应在 4.75mm 的筛子上几乎没有筛余物且级配连续。粗骨料可以是 10mm 或 20mm 的单级配颗粒，但其在 $1m^3$ 混凝土中的密实体积不应超过 400L，并且应尽可能小于 300L（取决于砂子级配）。在颗粒形状上存在一些分歧，有些文献赞同使用圆形的砂砾石，但另一些人却认为表面粗糙的人工骨料的使用效果更好。

砂子通常呈连续级配，至少应在2.36mm的筛子上保留部分砂子。砂子含泥通常不会带来不利的影响（如果含泥量适当，无有机杂质）。绝大多数工程更喜欢选择形状良好的天然砂，但玄武岩人工砂拌制的砂浆质量更大，使粗骨料的沉降量会更小，同时也可生产出更合适的细砂。

配合比设计最关键的方面是细粉材料的用量，要求细粉材料应通过200μm的筛。水泥用量将由需要的强度等级来决定。1m$^3$混凝土中的水泥体积应达到150~250L，如果达不到，就由其他胶凝材料补充。除此之外，如需要还可掺增粘剂（VMA）。使用的补充材料种类取决于其成本和活性。除水泥和细颗粒砂外，下一个最适合的材料就是粉煤灰或矿渣。空气的体积约为20~40L。其他材料还包括石灰石粉、硅粉及偏高岭土等。为了满足混凝土的性能要求，硅粉是一种非常有效的材料，但不经济，除非浇筑的混凝土要求具有非常高的强度或非常好的抗渗性。一些文献指出，干粉体材料组合体的一项重要指标是其空隙率应最小，可能满足此要求最容易的方法是同时使用三种不同细度的粉体材料（如水泥、粉煤灰及硅粉）。

（5）化学外加剂

重要的是自密实混凝土的流动性并不是通过增加用水量来获取的。最佳用水量被认为在180L/m$^3$左右，同时应遵守不超过200L/m$^3$的最大限制。当然，靠这样的用水量是达不到需求的流动性的，必须通过掺超塑化剂来弥补。最初，在日本使用的超塑化剂属磺化萘系类，且至今仍在使用。但大多数文献提到目前更喜欢使用的是聚羧酸减水剂，原因在于掺量较大时不会出现缓凝时间过长的情况。但是，聚羧酸减水剂易引过多的气泡，必须运用消泡剂来消除。一般聚羧酸减水剂中含消泡剂的成分，但应注意的是在许多产品中易出现沉淀现象，使用前需摇动使其均匀。降低生产自密实混凝土的难度与成本，并增加使用量可能是未来发展的重要方向。

根据作者的*MSF*模型，建议*MSF*值取在35~40之间，尽管作者使用聚羧酸减水剂的经验很少。混凝土配合比的设计过程为：首先，考虑所需要的强度及所能获得的合适材料；然后，对于非高强混凝土，初始假设用水量约为180L/m$^3$，对高强度混凝土（强度超过100MPa，最大强度有可能达到200MPa），用水量可设定为130L/m$^3$。强度的获得更依赖水泥浆体的密实度，而不仅仅是水灰比，尽管后者相对于前者是主要的影响因素。如果以前没有实际配制混凝土的经验，就必须通过试验来确定配合比。也许初始试验配合比应是砂浆而不是混凝土，因为与普通混凝土相比，粗骨料的影响更大。

对超高强混凝土，当总胶凝材料用量超过600kg/m$^3$（可能在650~700kg/m$^3$

之间）时，是用不着去试验的。在仅使用水泥和加130L的水时，混凝土就可达到约100MPa的强度。对于更高强度的混凝土，需掺一定量的硅粉，也可掺一定量的粉煤灰，水胶比的取值可在0.2～0.3之间。对于150MPa强度的混凝土，其配合比可确定为水泥350kg/$m^3$、粉煤灰150kg/$m^3$、硅粉100kg/$m^3$及用水量125L/$m^3$。值得强调的是，此类配合比形成的混凝土强度很大程度上依赖于水泥、粉煤灰及硅粉等材料的质量，同时也受到骨料颗粒粒径的影响（对高强混凝土来说，比0.075mm更细的粉体材料最大含量应不超过40～50kg/$m^3$）。根据最初已确定的浆体用量，从混凝土中将其扣除就可得到全部骨料的用量，再从MSF的取值中扣除浆体即可得到砂率。当MSF值取在35～40的范围时，粗骨料用量则应考虑在280～350L/$m^3$的范围（750～900kg/$m^3$）。而且粗骨料最大粒径越小，越适合在钢筋混凝土中填充密实。已经提到，采用无粗骨料混凝土（砂浆）是最令人满意的。显然，离达到混凝土自密实需要的用水量还差得很远，解决的办法只有依靠高效减水剂，如聚羧酸减水剂等。在仅考虑减水效果的条件下，通过砂浆拌合物确定的高效减水剂掺量在使用到混凝土拌合物中时应考虑适当增大掺量。

对强度不高的混凝土，用水量至少为160L/$m^3$，包括水泥、粉煤灰及石粉等在内的细粉材料约为400kg/$m^3$。如果经济条件允许，还可适合掺一定量的超细石灰石粉或者氧化镁（见5.3节）。硅粉的高昂成本很可能难以接受，除非只有掺硅粉才能获取令人满意的新拌混凝土性能。即使这样，可能还需要添加增稠剂（VMA）来达到令人满意的自密实性能。180～200L/$m^3$的用水量可能是合适的，但水、粉体积比应不超过1.1。

由于对混凝土强度高低的需求不同，良好的新拌混凝土性能成为关注的重点。11.7节描述了坍流度及其他试验方法。流动性试验中出现的砂浆环表明用水过量或者细粉材料含量不足。如果实际扩散量比需要的大，则应减少用水量，否则，必须增加细粉材料用量或者使用增稠剂（VAM）。

## 5.4 经济技术型混凝土

波特兰水泥（OPC）是使用最广泛的水硬性水泥，其水化生成的主要产物有水化硅酸钙（CSH）、氢氧化钙［$Ca(OH)_2$］等。Harrison理论认为$Ca(OH)_2$和水是导致混凝土出现大多数问题的主要原因。在Harrison理论中，认为$Ca(OH)_2$具有可溶性大、稳定性差及反应性强等特点，如易碳化、与$Cl^-$（氯化物）及$SO_4^-$（硫酸盐）反应、可部分溶解、充当电解质的角色等。Harrison建议可通过火山灰反应来消耗掉$Ca(OH)_2$，用一个更稳定的形如氢氧化镁［$Mg(OH)_2$］的碱存在方式取而代之。相对于水泥水化反应所需的用水量，用于满足混凝土拌合物流动性的用水量要高得多。为了形成$Mg(OH)_2$，John按不同掺量掺入具有活性的MgO，随着MgO的水化，大量过多的水被消耗掉。即使这样，加水量仍可满足水泥在整个过程的完全水化。因此，鉴于波特兰水泥的水化特性，Harrison主张混凝土应具有更好的工作性、更小的收缩、更高的强度及耐久性等。尽管迄今为止只取得了相对有限的研究成果，但目前的事实表明Harrison的观点是正确的。

在早期，由于混凝土内部水的迁移作用及火山灰质材料的火山灰反应较慢，此时的pH值较高。随着火山灰反应逐渐消耗$Ca(OH)_2$，pH值也随之下降。尽管由CSH、$Mg(OH)_2$及水建立的平衡环境下的pH值较低，但仍足以防止钢筋腐蚀。经过长期的水化过程，混凝土内部的pH值大小成为耐久性好坏的关键指标之一。而$Mg(OH)_2$相对于$Ca(OH)_2$是非常稳定的碱，可在较低的pH值情况下提供稳定的平衡环境。

高强混凝土存在的一个问题是自收缩，这是由于水化反应过程中的水化产物体积变化引起的。Harrison宣称他已经解决了这个问题，即通过水化物$Mg(OH)_2$的脱水来实现波特兰水泥更为彻底的水化，尽管他承认这些试验还为时尚早。也尝试着通过吸水饱和的轻骨料提供混凝土的内部养护，这样其他非常规技术可能就不再是必需的了。

菱镁矿是一种生产碳酸镁矿石的天然原料，通过煅烧可分解生成MgO（氧化镁或镁氧化物），类似于通过煅烧石灰石和黏土来生产波特兰水泥一样。但煅烧温度低得多，因此生产效率也更高。MgO同样需要粉磨，但由于比波特兰水泥孰料质软，粉磨更容易。由于MgO的获得过程是如此的简单而有效，John希望MgO成为世界上第一个由非矿石燃料得到的产品，且单价低于波特兰水泥。不过，在市场流通的MgO应防止其出现任何水化延迟反应的风险。Harrison认为MgO的水化反应不仅有别于波特兰水泥等胶材的水化反应，而且反应过程中不会引起体积的收缩变化。MgO可在混凝土中发挥重要的作用及具有广阔的应用前景。此处涉及的MgO是与波特兰水泥中呈晶体状的氧化镁（方镁石）完全不一样的，一些规范中认为晶体状的氧化镁会引起体积安定性不良。

Harrison正根据MgO在普通混凝土中的掺量及生产的混凝土类型，构想在波特兰水泥中掺入MgO生产技术型水泥、经济型水泥及环境型水泥等。读者可访问Harrison的网站www. Tececo. com，阅读其有关著作中关于此方面的详细叙述，在此只是做一些简要介绍。

使用MgO技术的另一个效果是经济型水泥中的$Mg(OH)_2$可在多孔材料中

碳化起到吸收 $CO_2$ 的作用，这已在全世界得到广泛认可。此外，从海水中提取 Mg 及开发烧窑新技术等都是针对过去大规模工程建设中使用了大量的建筑材料导致全球变暖问题提出的应对措施。

相对而言，波特兰水泥混凝土已成为一种可持续发展的材料。因为其成本低和热容高，可给建筑物提供必需的热量。随着 Harrison 技术的出现，由于经济型水泥混凝土具有更高的强度效率、更好的耐久性并做到废物利用与消化等特点，因此，更具可持续性发展。

迄今为止，已明确规划的发展方向如下：

（1）技术型水泥（掺 5% ~15% 的 MgO）

技术型水泥比波特兰水泥含有更多的活性 MgO。已经提到，活性 MgO 以波特兰水泥相同的速率水化生成 $Mg(OH)_2$ 及氢氧化镁水化物。MgO 的水化过程可消耗掉大量的水，并减少了孔隙，改变了浆体结构[1]，增大了密实度；同时，可在短期内提高 pH 值从而使火山灰质材料的水化反应更加有效。合适的火山灰质材料包括粉煤灰、磨细高炉矿渣，以及其他广泛可得的材料，如石粉等。

（2）经济型水泥与环境型水泥混凝土（掺 15% ~95% 的 MgO）

经济型水泥与环境型水泥均采用较大掺量的 MgO，但两者强度不如技术型水泥高。经济型水泥混凝土与环境型水泥混凝土的区别是，主要用在多孔混凝土（如浆砌石混凝土）中的经济型水泥可在混凝土内部碳化，而主要用在密实混凝土中的环境型水泥只在混凝土的表面碳化。

在多孔混凝土中，$Mg(OH)_2$ 碳化生成大量的纤维状矿物碳酸盐。尽管环境型水泥含有与经济型水泥相同量的 MgO，但在密实混凝土中，$Mg(OH)_2$ 不易碳化。较大掺量的 MgO 可稳定有毒类的危险废料，因此，最适合用于需要很好耐久性的环境。

（3）技术型水泥混凝土

技术型水泥的适用范围非常广泛，包括当前波特兰水泥可用到的任何地方。

技术型水泥可给混凝土性能带来诸多方面的改善，如：耐久性、密实度、强度、黏聚性、流动性、抗泌水性、抗渗性、收缩等，以及扩大了骨料的使用范围，其中许多骨料（包括废渣）可能具有潜在活性，但不会带来碱 - 骨料

[1] 混凝土强度随着水灰比的变化而变化，实际上只有一小部分加入的水与水泥发生水化反应被消耗掉。剩余的水仍然保留在毛细孔中，并最终蒸发掉，硬化水泥浆体形成的孔隙率大小决定了其强度高低。最初，氢氧化镁消耗掉自由水，减少了混凝土中的孔隙。到了后期，又释放掉这部分水，从而促进水泥更充分地水化。

反应问题。由于具有更高的强度、更小的收缩及更好的耐久性，技术型水泥将会有广泛的应用前景。

水泥中含有更稳定碱或碳酸盐类成分的优点是显而易见的，也许到了该推翻有关限制 MgO 含量等条文和改写所有水泥标准的时候了，只需保留基于压蒸试验进行性能检测的内容，如 ASTM C150 和 ASTM C595M 制定的相应规定。有关将活性 MgO 归为辅助胶凝材料的专门评述是没有必要的。技术型水泥水化所消耗的水与许多因素有关，但肯定涉及到 MgO 水化生成 $Mg(OH)_2$ 的过程：

$$MgO(s) + H_2O(1) \rightleftharpoons Mg(OH)_2 \cdot nH_2O(s)$$

技术型水泥具有 3 ~4d 强度达到最大的特性，这种早高、高强的特性源于许多因素的相互作用，主要是：

- 更多、更强的硅酸盐反应，包括由于 pH 值升高导致早期塑性阶段时的火山灰反应更加有效。
- 孔隙率小，由于较好的颗粒填充效应、颗粒表面的电荷作用及 MgO 水化时消耗大量的水等，改善了浆体的流变性及结构。
- $Mg(OH)_2$ 凝胶慢慢地释放水分：

  $$Mg(OH)_2 \cdot nH_2O \longrightarrow Mg(OH)_2 + H_2O$$

  导致波特兰水泥的水化反应更加充分。
- 可形成其他水化物，例如镁铝类水化物，类似于波特兰水泥混凝土中在石膏量不充足时形成的水榴石。

20d 龄期时，混凝土抗拉强度继续增长。这可能是早期强度快速发展，以及 MgO 颗粒表面电荷从正极到负极（pH 值达到 12）变化的结果。

显而易见，从加水时起，浆体的流变性就得到了改善。这是由于 MgO 的颗粒很细，起到很好填充、润滑作用的缘故。

由于火山灰反应对 $Ca(OH)_2$ 的消耗及又掺有一定量的 MgO，技术型水泥混凝土与波特兰水泥（无论掺与不掺火山灰质材料）混凝土有不同的 pH 值变化曲线。由于 MgO 水化时消耗大量水分［$Mg(OH)_2$ 中含有多达 44.65% 的水，$Mg(OH)_2$ 水化物凝胶中甚至包含更多的水］及技术型水泥混凝土的泌水量小等缘故，$Mg(OH)_2$ 这样的碱性物质可较好地保留在混凝土中。因此，早期的 pH 值可能会很高。从长远看，由 $Mg(OH)_2$ 控制的 pH 值最终将稳定在 10.52，而 CSH 稳定在 11.2，其他情况则维持在两者之间。

不管怎样，稳定的 pH 值（仍）足够的高，可确保混凝土中的钢筋不锈蚀[1]并保持水化硅酸钙的稳定[2]。使用技术型水泥拌制的密实混凝土可阻止 pH 值的减小，而确保钢筋长期不锈蚀环境的 pH 值应大于 8.9。

此外，由于 MgO 水化时消耗大量多余的水，还给混凝土带来了其他许多益处，例如泌水的减小使得与外界的连通孔隙率也随之大大减少，最终导致诸如出现表面盐霜、冻融及渗透破坏等现象大大减少。

由于 MgO 在水化时需要大量的水分，因此技术型水泥混凝土易于从内部开始干燥。又由于 MgO 的延时反应需要自由水，因此不会发生蒸发。

$Mg(OH)_2$ 不会与盐发生反应，原因是在可溶性、迁移性或反应性等方面，$Mg(OH)_2$ 至少比 $Ca(OH)_2$ 低 5 个数量级。也不受硫酸盐、氯化物及其他具有侵蚀性盐类的影响。$Mg(OH)_2$ 的反应率（$K_{sp}$）$=1.8\times10^{-11}$，远远低于 $Ca(OH)_2$ 的 $5.5\times10^{-6}$。

在正常温度下的凝结、浇筑及强度发展等方面，与快硬和波特兰水泥具有相同的特点。但收缩率较小（尽管没有完全消除），这是由于泌水减少及 MgO 的水化物微膨胀补偿的缘故。如果掺量适当，MgO 水化物的膨胀量将抵消波特兰水泥混凝土的收缩量，起到减小孔隙率和消除裂缝的作用。若按合理的比例掺入，混凝土体积将长期保持不变。

高强度的技术型水泥混凝土不会发生自收缩现象，原因是在 $Mg(OH)_2$ 及其水化物［$Mg(OH)_2\cdot nH_2O$］与 CSH、波特兰水泥和水之间建立了供需平衡关系，$Mg(OH)_2\cdot nH_2O$ 可以脱水还原成 $Mg(OH)_2$，从而释放出水供给波特兰水泥更为完全的水化。

$$Mg(OH)_2\cdot nH_2O(s) \rightleftharpoons MgO(s) + H_2O(l)$$

$$CS + H_2O \rightleftharpoons CSH + CH$$

因为 $Mg(OH)_2$ 相对较软，可被压缩使混凝土的微观结构更加密实。此外，$Mg(OH)_2$ 还是一种阻燃剂。

（4）经济型水泥

相对于技术型水泥，经济型水泥中的 MgO 含量更高，并且常用在多孔的物体中以便碳化，如砖、砌体、路基、砂浆及基底等物体。在这种多孔物体中，由于没有有效的阻挡物，MgO 不仅发生水化反应，而且随之发生碳化，其中碳化是一个重新吸收煅烧石灰时排放 $CO_2$ 的热动力学循环过程。

经济型水泥混凝土掺有大量可再生利用的工业材料，如粉煤灰等。因此，

［1］$Fe_3O_4$ 不同于 $Fe_2O_3$ 或 $FeO_2$，原因是 $Fe_2O_3$ 易于水化及体积不稳定。

［2］由于火山灰反应消耗 $Ca(OH)_2$，导致 CSH 的 Ca/Si 及脆性下降。

很可能成为未来建筑材料的主要发展方向之一。其主要用途是提供具有热容量高、能耗低及隔声效果好等特性的可持续性发展的低成本建筑材料，产品包括砖、黏土砖或固结土体、筑基或砂浆、多孔路面混凝土等等。

如果再结合 John Harrison 发明的烧窑技术，以及大规模使用经济型水泥可使空气中的 $CO_2$ 含量大大降低。

$Mg(OH)_2$ 碳化时形成五水碳镁石和碳酸镁石，是一种无定形相，所有这些物质都是水化碳酸盐。技术型水泥所获得的强度主要是由于理想的颗粒填充效果［4～5μm 的 $Mg(OH)_2$ 颗粒不到水泥颗粒的一半大］及易于紧密连接在一起呈天然纤维状的碳酸镁矿物质。

镁是个小而轻的原子，形成碳酸盐时要结合大量的 $CO_2$ 和水。例如，从 MgO 转化成五水碳镁石时，其体积膨胀率为 811%，这意味着形成巨大的膨胀。

$$Mg(OH)_2 + CO_2 \longrightarrow MgCO_3 \cdot 5H_2O$$

碳酸镁和水化碳酸镁也是阻燃剂，在相对低的温度下可释放 $CO_2$ 或水蒸气、或同时释放二者。

（5）环境型水泥

环境型水泥实质上就是经济型水泥，因为两者均属掺有大量 MgO 的水硬性水泥。区别只在于环境型水泥很少用在多孔材料中或没有碳化发生。在化学和物理上，更有能力适于处理有毒或有害类的垃圾，因为它们比石灰、波特兰水泥、或波特兰水泥石灰混合物等的耐久性更好。环境型水泥具有不泌水、不易受地面盐水或海水侵蚀、体积稳定性好、不易开裂等特性。环境型水泥中的 $Mg(OH)_2$ 占主导地位，另还含有一些锌、锗等微量成分。

环境型水泥中的 $Mg(OH)_2$ 具有极好处理有毒和有害物质的作用，因为其结构呈层状，在层间可形成容纳有害成分的空间。

重金属不会占据波特兰水泥矿物质的结构或最终以氢氧化物的形式存在于 $Mg(OH)_2$ 的层间。CSH 的 pH 值长期受 $Mg(OH)_2$ 控制，pH 值通常在 10.4～11.2 之间，此期间绝大部分金属氢氧化物相对来说是不溶的。

（6）利用废料及工地开挖料拌制技术经济型水泥混凝土

随着燃料价格的上涨，人们不得不考虑使用工地现有的、低能耗的材料，而不是需用卡车从别处运来的骨料。Harrison 发明的新型水硬性钙镁胶凝材料为大量利用当地材料或废料提供了良好条件，且不会出现影响胶凝性能的问题。

Harrison 认为，不管使用材料的化学成分如何组成，关键的是应具有良好的物理特性及长期的稳定性。$Mg(OH)_2$ 和 $MgCO_3$ 可与许多不同的材料很好黏结，包括木材，并能固结废料。许多废料，例如粉煤灰、锯屑、切碎的塑料等，还可改善胶凝材料的某些性能。如果某种胶凝材料（如波特兰水泥）与任一种废料固结为一体，在重金属的最小溶解区域内必需对长期的 pH 值进行调节，而技术经济型水泥混凝土就可以做到这点。在以波特兰水泥与 $Mg(OH)_2$为基体的材料中，水化硅酸钙是主要的水化产物，另还有一些锌及锗等金属成分。重金属没有存在于波特兰水泥矿物结构中，而是以溶解性极小的氢氧化物形式存在于 $Mg(OH)_2$ 的层状结构间。

## 5.5 无机聚合物混凝土（IPC）技术的进展

作者非常感激 Grant Lukey 博士及其在墨尔本大学的团队，包括 Priyan Mendis 教授、armie van Deventer 教授及研究生 Massoud Sofi 等，本书附录 A 关于无机聚合物混凝土（IPC）的内容就由他们提供。总有一天，Grant（Siloxo 公司的前任经理，该公司对 IPC 开展了探索性研究——见网址：www. siloxo. corn）将成为这方面的学术权威。

目前，大量有关无机聚合物混凝土的研究工作正在进行中，并已取得了非常有意义的研究成果。其中具体的研究成果涉及到相关的化学反应，这对大多数读者来说将会是很新奇的。无机聚合物混凝土极具吸引力，因为它不仅使用了废料，而且取代了波特兰水泥，从而减少了造成当前全世界范围担心的 $CO_2$ 排放。

显然，无机聚合物混凝土不是一种比波特兰水泥差的材料，甚至在某些性能上还远远超过。例如，耐火性及抗化学侵蚀性等，并能对核废料和其他危险废料有长期封闭的功能。

一旦这种材料投入大规模的使用时，我们希望不要受到任何不合理的拒绝、拖延或偏见等，因为这种事情在混凝土领域是经常遇到的。在 50 年前的墨尔本污水处理系统中，作者就参与过由几根不同的试验管组成的短管线的铺设。显而易见，通过试验很快证实使用无机聚合物混凝土是可行的。总之，考虑到当时的经费大多用在反恐怖主义措施上，因而在结构材料的使用上显然没有更多的经费来进行大规模的研究。

在解决现场结构上的问题时，对预制产品而言，材料强度的快速增长将会使其特别有价值。

依本书作者的观点，无机聚合物混凝土（很少准确称为 GPC，即聚合物混凝土）将在不久的将来成为一种重要的建筑材料，作者十分乐意在本书中编入有关 IPC 方面的内容。本书对 IPC 的诸多方面进行了简要介绍，包括其基本的化学性质、合成、性能及应用等。讨论了波特兰水泥混凝土与无机聚合物混凝土在化学性质上的主要区别，特别涉及到IPC相对于普通混凝土的优势与缺点。还讨论了当前的技术、环境及商业管理者对该技术的认知程度，以及这种大有可为的技术在商业界成功运作期间所面临的挑战与困难。本书最后以一些最近常提到的IPC材料的典型应用实例作为结束。总之，本书通过对土木工程领域里潜力巨大的、具有广泛应用前景的无机聚合物混凝土新材料的介绍，使读者对目前的研究与发展现状有一个大致的了解。

# 第6章 混凝土质量规范

到本书正式出版时，可以毫无疑问地确信美国的可笑做法终于消失了。美国的可笑做法指的是盲目指定最小水泥用量，以此提交需要的混凝土配合比，并且该配合比将一直不变。如果不信，读者可以参考作者于2005年7月在国际混凝土比赛中发表的文章《对强制规范的看法》，或参考2006年早期在印度混凝土期刊上发表的文章《澳大利亚人对P2P计划的展望——学习教程》（网上也可看到），或参考NRMCA网站上的《P2P计划》（该书不由作者所著）。

不管怎样，合理的观念是在对混凝土性能进行全面研究的基础上，针对自己工程的要求来选用专门的混凝土。因此，重要的是应根据实际情况进行有效、合理的处置。

## 6.1 规范混凝土背后的哲理

在确定应在规范中写些什么内容之前，首先，值得考虑的是我们希望这些内容会起什么作用；其次，更值得花时间去考虑的是如果用不同的方式去写这些内容，会有什么可预料和不可预料到的影响效果。

如果我们能准确知道我们想要什么样的混凝土并知道如何去配制，首先要做的是制定规范，然后严格按规范要求生产混凝土，我们把这叫做强制规范。尽管在这种情况下，制定这种规范的人通常不愿承担混凝土性能的全部责任，但实际上责任就在制定规范的人那里。

事实上，仅明确指出混凝土所需的材料和配合比是不够的。因为在这种情况下，没有使混凝土生产商意识到还需要去了解或关注与混凝土有关的其他事情，或雇佣有能力的职员，或购买高质量的生产设备等。因此，有必要在规范中详细指出所有这些问题，并且雇佣监督员以确保遵守这些要求。很明显，这将是一笔不小的额外费用。

然而，在生产混凝土时不可避免地存在着变异性。规定混凝土强度的变化值不超过3MPa是需要很大勇气的（尽管这样一个要求可能在非强制规范中并非不合理）。因此，规定混凝土必须包含一个非常安全的系数再次增加了费用。要求混凝土生产商的所有职员都有资格证书是可以办到的，但规范制定者（与雇主相反）要求他们去获得低变异性却是很难办到的。总之，如果不允许他们改变任何东西，他们怎么才能做到这点呢？

如今，我们看到了这类规范数十年来在美国产生的后果，就是许多行业在混凝土配合比设计，尤其是质量控制（QC）方面落后于世界上其他地方。当然，也有一些例外，就是一些专为有重要影响工程供应混凝土的生产商为了获得好名声，而无视其经济效益。

因此，采用什么替代方法、怎样做才能保证给工程提供合适的混凝土？怎样才能鼓励行业提高标准？

很明显，对规范的基本要求是要提高与混凝土生产商签订合同的可能性，这样生产商会有更大的积极性供应规定性能的混凝土，并以此为目标去改进设备配置和提升管理人员水平。生产商为了在本行业中立足，必须与其他极力降低成本的生产商在经济上要有竞争力。抵消额外成本增加的唯一办法是尽可能使用较低的水泥用量，这一方面可以通过提高配合比的设计技术来获得，另一方面也可以通过降低变异性从而达到实现降低混凝土平均强度的目的来获得。

一个很有意义的问题是较低的变异性是否可以与较低的平均强度等同交换？答案是较低的变异性更可取，原因如下：

（1）一车质量差的混凝土很可能由于采用低于标准的控制系统而错误的生产并未被检测到。

（2）对相同强度等级的混凝土，相对5%或10%的不合格率，不合格率取1%时的标准偏差更高，即在规范限制内，混凝土的变化更大。

（3）对于变异性较低的同等级混凝土，更易检测到质量下降的产品。如果混凝土的变异性翻倍，就至少得花两倍的试验来检测质量下降的产品。因为，不合格混凝土也相应是原来的两倍。

（4）一个好的控制系统应包括分析技术，可以将许多不同等级混凝土的试验结果综合起来分析，相应的有效增加了测试频率。

（5）混凝土均匀性越好，则浇筑越容易，外观及耐久性也越好。

（6）一个好的控制系统通常会定期进行综合性报道，这样更便于质量跟踪和监督。

当遇到低于标准的混凝土时，值得仔细考虑的问题是应采取什么处理措施。以作者的经验，个别有问题的试验结果很有可能是由于试验造成而不是混凝土本身差。如果确有比标准足够低的混凝土并要求被清除或需要结构加固时，那么就必须进行仔细的研究，但该研究超出了本书范围。当然，不能将这样一项研究仅局限于找出和检测那些引起试验结果比标准足够低的特殊混凝土，还应关注混凝土的结构部分，因为在结构中如果出现未经检测的混凝土与已检测且低于标准的混凝土一样，就会引起特殊的危险。

幸运的是这种“结构缺陷”混凝土相对来说极少遇到，至少在使用有效的控制系统时极少遇到。更常遇到的是“合同缺陷”混凝土，该混凝土能满足所要求的性能，但是其性能低于规定的标准。这种“合同缺陷”混凝土有时要求被清除以给供应商一个教训。但通常经过芯样和超声波检测，以及开会研究讨论后，混凝土得以全价卖出。清除这些仍可用的混凝土很浪费，而且在清除它们时通常会带来许多问题，这些问题包括不符合要求或不美观的接缝及推迟施工工期等。重要的是要确保混凝土生产商决不会（甚至不去想）去生产一些有缺陷的混凝土，以便从中牟取利润。其原因是如果这样做的话，下次可能还会继续，甚至变本加厉。然而，主要的原因是为了给没能争取到合同的竞争对手一个公平，因为这些竞争对手的报价是能满足质量要求的。

如果发现了稍有缺陷的混凝土，通常的处理方法是要求生产商在一定时期内提高混凝土的平均强度。如果要使混凝土表面看上去又比较美观，则需要改变其色泽，但这可能会引起大家的反对。无论是增加平均强度，还是在混凝土供应期间，都必须完全遵守明确制定的规范。然而，这种做法将会通过人为扩大标准偏差而搅乱对生产商长期行为的评估。

一种更好的处理方法是当发生这种情况时就罚款。特征强度（平均强度减去 $k \times SD$）可以通过在一定时期连续测得的 30 个试验结果准确算得。将平均强度提高到可接受范围的水泥增量也可准确算得。两倍于水泥增量的罚款将足以保证生产商不会通过提供质量差的混凝土来获取利润（1982，12.1 节的《现金处罚规范》）。为了节省计算和争论的时间，规定混凝土强度每降低 1%，就罚款该车混凝土成本的 1%。

对于那些原则上反对现金处罚的人来说，在超出强度一定限度内进行额外补贴也可以达到一样的效果。为什么买方要为超出他指定要求的强度去支付额外的费用呢？在另一篇论文中（1982，12.2 节的《什么是经济型混凝土》），作者认为在许多情况下，规定强度实际上是可接受的最低强度，这是一种愚蠢的经济机制。因此，举例来说，或是带有奖励条文的规定 20MPa 强度，或是带有处罚条文的规定 25MPa 强度。罚款时，金额可以是为弥补不足所花成本的两倍；奖励时，金额可以是超出强度部分成本的一半。另外一种替代方法是规定 22MPa 或 23MPa 强度对应处罚和奖励条文。当然，有必要对处罚和奖励条文加以限制，以杜绝强度降低达 5MPa 以上的现象，而对于强度超出 5MPa 以上的混凝土也将没有额外奖金。

作者建议处理强度不足的最好方法是罚款。从文献的日期就可清楚看出，这一建议已经提出20多年了，但只取得了有限成功。然而，作者仍坚信其建议最终会被广泛接受。相对30~50年，20年是短暂的，在这30~50年期间，作者提出了很多处理方法，如强度规范、多等级分析、多变量分析、累计图分析等，这些方法最近才开始广泛用于世界各地。

因此，规范中应包含强度要求及高标准的质量控制。为了对供应的混凝土强度或质量做出准确的评估，建议必须有连续的30个试验结果。然而，在积累30d或28d试验结果的这段时间，供应质量差的混凝土是很难控制的（尽管这在一些规范中设想过）。因此，控制措施必须以早于7d的试验结果为基础，尽管这部分试验结果相对较少。为此，必须采取以下几项措施：

（1）根据早期试验结果确定预测后期试验结果的准确方法。

（2）为了在短时期内增加可使用结果的数量，建立部分或所有等级混凝土试验结果综合考虑的分析方法（即多等级分析法）。

（3）为了有助于分析确定强度降低是确实存在、还是统计误差，并找出其原因，建立分析相关变化的方法（即多变量分析法）。

（4）获取最准确分析结果的技术（累计和图分析法具有3倍于Shewhart图的效率）。

即使满足了所有这些条件，还是很难合理要求生产商基于少数情况下的早期试验结果去调整混凝土配合比，这是选择现金处罚的另一个优点。如果生产商对当前的早期试验结果产生怀疑，就预示着当对后期结果分析后他们将有可能会受到现金处罚，那么生产商将和买方一样渴望在早期就采取纠正措施。

这说明一个合理的规范应有两个不同的要求：一个要求是能准确评估混凝土的质量；另一个要求是当混凝土质量出现下降时要果断采取措施。然而，将这两个要求合二为一是不恰当的。在不需要迅速评估或判断哪些混凝土有缺陷（假定只是稍微有缺陷）时，可使用30d或28d的试验结果来准确评估混凝土的质量。如果随后的试验结果表明最初的评估不准确，再做进一步调整，其损失不会很大。

如今，对早期问题的检测有了更进一步的发展。至少控制系统中装有“配料监控器”设备。当配料错误超过了预置限制时，该控制系统将给指定人发送邮件或信息（ConAd，见4.15节）。另外，可利用卡车系统来控制混凝土的工作性和用水量（Compumix，见11.7节）。

在特殊情况下，可能还有许多其他的要求。例如：

（1）根据耐久性、放热性或抑制碱-骨料反应等选择特定类型的水泥或火山灰材料。

（2）有些骨料没有关于其活性的记录。当使用这些骨料时，需对其活性进行检测。

（3）含气量和抗冻性。

（4）拆模、施加预应力等需要的早期强度。

（5）收缩限制。

（6）渗透性限制［是在侵蚀性地下水环境中的耐久性而不是防水性。除了基本的不透水性试验外，还应在现场养护条件下进行试验检测（ISAT）］。

（7）泌水限制，尤其是当要求有较好的外观光洁度时。

（8）离析，虽然确实需要设计一个好的试验方法，但是应该规定的是在推荐的工作性条件下，混凝土不会发生离析现象。

（9）当有耐磨性要求时，粗骨料易取最大洛杉矶磨损值（Los-Angeles abrasion value），但应注意表面光洁技术实质上更重要，表面光洁的混凝土更适合采用恰普林磨损值（Chaplin abrasion value）。

（10）由于水灰比是控制混凝土质量的综合指标，因此人们希望设定允许水灰比。但实际上这样做不一定合理，其原因有两个：一是强度作为控制指标更易于操作；另一个是如果某些因素（如粗骨料的黏结力）导致水灰比与强度的关系曲线发生偏离时，强度是较好的控制指标。

（11）最后，当需同时考虑满足结构性能要求的强度和耐久性时，显然必须选择其中较高的一个。

一个重要的问题是，是否需要提交混凝土配合比以获得批准，如果需要，又由谁来批准。买方似乎理应有权知道他买的混凝土由哪些材料组成。这种配合比提交批准的目的是确保混凝土不会出现不利的情况。例如：含氯化钙的外加剂、气泡尺寸过大的引气剂、潜在活性的骨料、水分迁移严重的骨料及表面风化的骨料等。此处列举的情况不是很全，列举的是材料而不是配合比。然而，为了有效起见，必须由合格的、有经验的混凝土技术专家来进行全面评估。

从质量控制及对竞争对手保留适当程度的保密性这两个角度来看，生产商是反对提交配合比的详细信息的，而只愿提供那些标准的、已被普遍使用的配合比。另外，为了保证质量控制，生产商必须有权根据情况对配合比进行相应调整。

## 6.2 标准配合比的发展

规范通常假定混凝土供应商为了符合规范要求而会设计特殊的配合比，这可能在少数情况下有必要，但却存在以下缺点：

（1）没有先前符合实际工程性能要求的记录。

（2）对用于其他工程的同一配合比混凝土，没有共同的试验结果。

（3）卡车司机对配合比越不熟悉，就越不能判断其工作性和发现异常情况。

（4）一旦偶尔错误供应了标准配合比混凝土，会增加变异性。

对于那些使用符合标准、处于常规控制并掌握了一系列性能要求的标准配合比的生产商，让其有利润可赚应是合理的。这种奖励形式是可以减少对这些配合比的检测频率。对于新的配合比，要求事先进行检测，且在第一个月的检测频率更高。

上述几点适用于重要工程，但实际上它们对一些普通工程显得更为重要，因为这些普通工程占据了大部分的混凝土市场。由于小工程通常不能廉价获得足够的试验数据来维持较好的质量控制，意味着它们要完全依靠生产商的质量保证系统。在此情况下，除非是完全必要，否则就要规定非标准配合比。如果在一根特殊的立柱中使用大于100MPa强度的混凝土，或在一堵简易墙中使用外观极好的露石混凝土，那么小工程就能够从中获得很好的效益。在这种情况下，明显使用了特殊配合比，这样成本控制也就不重要了。然而，当25MPa强度的室内楼板采用的标准配合比明显不符合要求时，就应拒绝使用。

规范制定者应全面收集关于标准配合比方面的相关资料，包括过去的和现在的。目的在于核查供应商的控制系统是否运行良好，而不是对其排斥。接下来的部分将讨论除强度外对其他性能的要求，与这些性能要求相比，使用已定性能的标准配合比应更加重要。

不一定非得使用标准配合比的时期已经到来。作者倡导的控制系统中，把许多强度等级的试验结果组合成一个单一的控制图。混凝土的性能可根据配合比设计方程中的系数确认，而不是通过单独的评估，在许多不同的行业中也遇到过同样的问题（Toffler，1981）。最初，大量生产相应减小了生产范围。然而，随着生产技术和质量控制技术的发展，标准化不可避免地成为其中的部分。这样，种类变化广泛的产品都只能局限在受严格标准化控制的材料制成。必须强调的是混凝土技术的这一时期还没有到来，规范制定者当前应集中精力于减少种类变化的第二阶段。不管怎样，作者在2002年的ACI会议上发表了一篇题为《实时配合比设计》的论文，该论文论证了发展这种技术的必要性。作者又于2005年10月在墨尔本的CIA上发表了一篇题为《22世纪的混凝土》的论文，该论文进一步论证了这一观点。

## 6.3 配料厂设备

使用由电脑控制的配料设备，能够明确记录每批次混凝土的实际配料量。

这是控制过程中的重要因素，具有以下优点：

(1) 确保了每批次样品实际代表了全部的生产产品，加强了支持低检测频率的论点。重要的是要加强对检测质量与结果的全面分析，而不在于检测频率有多高。

(2) 提供了一种调整配合比及准确记录调整内容、时间的方法。

因此，任何大型配料厂都应该使用这种设备，并且应给监督人员提供试验结果数据库。如果这些设备不是强制使用的，就有理由将预定的抽样率减半。

## 6.4 从建议到规范

如果不额外增加成本，实际上不可能规定一个必定符合要求的混凝土配合比。可以规定强度、坍落度和骨料表面积（用*MSF*方法测定），但是仍有可能受到来自骨料级配组合等方面影响的问题。配合比设计应是选择合适的材料，尽量减少各材料的缺陷，按标准配合比要求进行组合。但是，这通常只适合于大合同，在这些大合同中骨料是专门生产的。即使这样，也还是会不可避免地发生变化，并且很难确定严格符合要求的规定配合比，对变化也很难做出应对措施。这种方法导致上级机构来承受混凝土质量方面的全部责任，这是由于多种原因造成的不满意情况（从要求控制进厂材料的质量到来自承包商的抱怨，承包商抱怨产品中出现的所有问题都超出了其控制范围）。1980年，澳大利亚政府机场建筑分公司使用了这种技术，生产出优质的混凝土，并且公司负责人考虑有时造成的高成本可以根据工程的重要性来相应调整。

更可取的方法是尽可能准确规定混凝土要求的性能，并要求承包商准确陈述所有关于他们打算怎样供应混凝土的全部细节，包括对进厂材料的规范限制，以及打算在什么限制范围内来调整其配合比、调整到什么精度等。很明显，这使得承包商有了绝对的自由来采用最经济实用的方法，用这些方法来提供规定性能的混凝土。与规定一个配合比从而不会存在不符合要求特征的方法相比，这种建议更容易发现不符合要求的特征。

一旦承包商的建议被监督者采纳，这些建议就变成了规范。坚持遵守这些规范就变得比较容易了，原因是这些规范是承包商自己提出的，无论如何他们都不会说这是不切实际的，并且在规范中没有严重的漏洞。

当然，在作者看来，买方关注的配合比调整只针对大型工程，通常是那些有专门供应厂的工程。

# 第7章 骨 料

## 7.1 细骨料（砂）

通常对形成天然砂的原岩石情况不给予太多关心。从某种程度上讲，在天然砂的形成过程中就已得到“检验”，并且其软弱颗粒部分已破碎、分解。有一些砂（如 You Yang 砂，澳大利亚墨尔本的一种花岗岩砂）即使具有吸水性并表现出水分迁移的特征，但主要关心的仅仅是其杂质含量、级配及颗粒形状等。

长期以来，控制砂质量的方法一直考虑的是什么组成了一种“好”砂，并编写一本包括这些特征的规范，然后以此为基础接受或拒绝提供的砂子。在世界上许多地方，满足这种规范的砂已越来越难以获得或是获得的成本很高，因此有必要设计一种可替代的方法。另外，所谓的“好”砂只有以正确的比例使用时才叫好砂，在规定的合理范围内，针对不同的情况，其使用比例也是不同的。

对混凝土工程业主来说，重要的不在砂本身而是在于用这些砂生产的混凝土。本质上讲，这意味着满足技术要求的砂就可以被认为能生产令人满意的混凝土。买方应具体指明要求的混凝土性能，混凝土生产商来自行决定砂的品质。同样的情况也适用于粗骨料，但是用细骨料来判断要更容易一些，因为不标准的砂产生的影响会更快表现出来。这些影响包括延迟凝结时间、增加泌水量、携入过量空气、降低工作性及增加用水量等，而增加用水量则会导致混凝土的收缩增大和成本增加。

### 细骨料的有害特征

影响混凝土细骨料使用的特征如下：

（1）级配；

（2）颗粒形状和表面结构；

（3）黏土、淤泥及细粉含量；

（4）化学杂质含量；

（5）软弱颗粒含量；

（6）吸水率；

（7）云母含量。

除了吸水率以外，以上特征中的任意一个都可能严重影响混凝土的性能，以至于该骨料不能使用（即使是在作者建议的放宽标准的条件下）。但是，本章讨论将主要集中于细骨料的级配，仅对特征（4）~（7）作简要评述。部分原因是作者对其余6个特征的观点与其他人没有明显不同。然而，作者对细骨料级配的研究是最早的，并且还使用了那些别人认为不经济的砂。

本章中的许多内容在一篇题为“边缘砂”的文章中介绍过，这篇文章是在1987年3月召开的圣安东尼奥ACI会议上提出的（在网上也可看到）。

## 级配

可以说，级配是砂的最主要特性，也是限制某些特殊砂使用的最主要特性。然而，在相当大的程度上，一个级配不理想的砂是可以通过调整配合比来弥补其不足的（例如调整砂率），并且还不会增加水泥用量。

在保持混凝土拌合物用水量和黏聚性不变的条件下，使用砂的基本原则是砂越细，其用量也越少。在任何特定的情况下，理想砂率不仅仅只与级配有关。影响理想砂率的因素还包括水泥用量、含气量、骨料颗粒形状、粗骨料级配及混凝土的用途等。如第3章所述，这些因素导致的结果是要合理地选择*MSF*，从而合理地组合粗细骨料的比表面积。这使得所需砂率能通过修改过的砂子比表面积直接计算得到（见3.1节）。该计算过程假定：砂的实际级配只影响砂率，而对混凝土性能没有影响。然而，这指的是一个大致情况，实际上其适用性是有限制条件的。因此，必须弄清有哪些限制条件，以及若超出这些限制条件又会产生什么后果？在第3章，对粗、细砂的使用以及两种砂最佳组合的限制已进行了全面分析。

## 级配指数

通常用一个简单的数字来表示砂的级配特征是很具吸引力的，这个数字可以反映砂子在混凝土中的作用。例如，可避免砂的级配曲线偏离到另两个级配区，保持级配的连续性，这样也更易对砂率进行调整。

最初使用的、也是最广为人知的级配指数是细度模数。细度模数是粒径大于150μm以上各级筛累积筛余量的总和。在ACI配合比设计系统中，级配指数被用来调整砂的细度，但是用来表明调整的幅度，而不是在公式中给出连续的调整。

比表面积是指材料单位质量的表面面积（单位质量的固体体积更可取，但不常用）。比表面积通常很难直接测定，但可类似于细度模数一样，通过筛分试验得到各级筛的筛余量，在假定各级筛砂的粒径相同、且砂的颗粒为球体的条件下，计算得到砂的比表面积。如果砂的颗粒直径减半，则比表面积将会增加一倍。这个简单的假设为确定骨料用量给出了一个合理指数，但是真正需要的是对用水量的预测。砂的比表面积越大，用水量也越大，但细颗粒含量对用水量的影响不如比表面积的影响大。

表7.1（Popovics，1982）对各级筛筛分的数值特征列出了10列相关参数。第11列是作者的比表面积（*SS*）修正值（见3.2节）。在这些参数中，有些是用来选择粗、细骨料的相对比例，有些是用来计算用水量，有些同时具有这两种功能。

**表 7.1　砂的级配指数**

| 粒级范围筛 | $d$（mm） | $d_{e'}$(mm) | $d_{e'}$(in) | $S_{e'}$($m^2/m^2$) | $m$ | $e$ | $\lambda$ | $\rho$ | $A$ | $i$ | $f_s$ | $SS$ 修正值 |
|---|---|---|---|---|---|---|---|---|---|---|---|---|
| $3 \sim 1\frac{1}{2}$in | 75 ~ 37.5 | 56.25<br>(100) | 2.21<br>(100) | 106.7<br>(100) | 9.56<br>(100) | 0.638<br>(100) | 9.33<br>(100) | 2.53<br>(100) | 0.020<br>(100) | 0.06<br>(100) | −2.5<br>(−100) | 1 |
| $1\frac{1}{2} \sim \frac{3}{4}$in | 37.5 ~ 19.0 | 28.25<br>(50.2) | 1.11<br>(50.2) | 212.4<br>(199) | 8.56<br>(89.5) | 1.01<br>(158) | 11.34<br>(122) | 3.57<br>(141) | 0.035<br>(175) | 0.12<br>(200) | −2.0<br>(−80) | 2 |
| $\frac{3}{4} \sim \frac{3}{8}$in | 19.0 ~ 9.5 | 14.25<br>(25.3) | 0.561<br>(25.3) | 421.4<br>(395) | 7.58<br>(79.3) | 1.59<br>(250) | 13.95<br>(150) | 5.03<br>(199) | 0.055<br>(275) | 0.19<br>(317) | −1.0<br>(−140) | 4 |
| $\frac{3}{8}$ ~ No. 4 | 9.5 ~ 4.75 | 7.12<br>(12.7) | 0.280<br>(12.7) | 842.7<br>(790) | 6.58<br>(68.2) | 2.53<br>(396) | 17.49<br>(187) | 7.12<br>(281) | 0.075<br>(375) | 0.27<br>(450) | 1.0<br>(40) | 8 |
| No. 4 ~ No. 8 | 4.75 ~ 2.36 | 3.56<br>(6.32) | 0.140<br>(6.32) | 1685<br>(1580) | 5.58<br>(58.4) | 4.02<br>(631) | 22.3<br>(239) | 10.07<br>(398) | 0.096<br>(480) | 0.39<br>(650) | 4.0<br>(160) | 15 |
| No. 8 ~ No. 16 | 2.36 ~ 1.18 | 1.77<br>(3.15) | 0.0697<br>(3.15) | 3390<br>(3178) | 4.57<br>(47.8) | 6.40<br>(1003) | 29.2<br>(313) | 14.28<br>(564) | 0.116<br>(580) | 0.55<br>(917) | 7.0<br>(280) | 27 |
| No. 16 ~ No. 30 | 1.18 ~ 0.60 | 0.89<br>(1.58) | 0.0350<br>(1.58) | 6742<br>(6321) | 3.58<br>(37.4) | 10.10<br>(1584) | 39.0<br>(418) | 20.14<br>(796) | 0.160<br>(800) | 0.70<br>(1167) | 9.0<br>(360) | 39 |
| No. 30 ~ No. 50 | 0.60 ~ 0.30 | 0.45<br>(0.80) | 0.0177<br>(0.80) | 13333<br>(12500) | 2.60<br>(27.2) | 15.94<br>(2500) | 53.5<br>(573) | 28.32<br>(1119) | 0.24<br>(1200) | 0.75<br>(1250) | 9.0<br>(360) | 58 |
| No. 50 ~ No. 100 | 0.30 ~ 0.15 | 0.225<br>(0.40) | 0.0089<br>(0.40) | 26227<br>(25000) | 1.60<br>(16.7) | 25.30<br>(3969) | 76.8<br>(819) | 40.06<br>(1583) | 0.35<br>(1750) | 0.79<br>(1317) | 7.0<br>(280) | 81 |
| No. 100 ~ pan | 0.15 ~ 0 | 0.075<br>(0.13) | 0.0030<br>(0.13) | ? | 0 | – | ? | ? | ? | 1.0<br>(1667) | 2.0<br>(80) | 105 |

注：括号里的值表示相对于粒径为 $3 \sim 1\frac{1}{2}$in（75 ~ 37.5mm）行各参数的百分比。$d$ 为平均粒径，mm；$d_{e'}$为平均粒径，in；$S_{e'}$为比表面积（Edward，1918）；$m$ 为细度模数；$e$ 为需水量（Bolomey，1947）；$\lambda$ 为分布数（Solvey，1949）；$\rho$ 为坚固系数（Levint，1996）；$A$ 为 $A$ 值（Kluge，1949）；$i$ 为 $i$ 指数（Faury，1958）；$f_s$ 为表面指数（Murdock，1960）。

Popovics（1992）还列出了26个公式，其中的12个是他自己推导建立的，用来计算用水量。有些公式计算起来非常复杂和繁琐，但如果把这些公式编入计算机程序，问题就解决了。然而，至于在一系列实际配合比数据中去评估这26个公式或其中的12个公式的相对优劣所付出的时间和精力，只有专门的研究者才会考虑。

毫无疑问，每个系统的建立者（包括作者）都会认为他们自己的系统简捷、易用。鉴于细度模数使用的广泛性，仍建议采用细度模数来分析。

Popovics的两本书（1982，1992）都给出了表7.2，该表由Walker和Bartel于1947年建立，表中提供了粗、细骨料不同组合时的最佳细度模数。

**表7.2 最佳细度模数**

| 骨料最大尺寸 | | 水泥用量（lb/yd³）（kg/m³） | | | | | | | |
|---|---|---|---|---|---|---|---|---|---|
| in | mm | 280<br>170 | 375<br>225 | 470<br>280 | 565<br>335 | 660<br>390 | 750<br>445 | 850<br>500 | 950<br>560 |
| No. 30 | 0.60 | 1.4 | 1.5 | 1.6 | 1.7 | 1.8 | 1.9 | 1.9 | 2.0 |
| No. 16 | 1.18 | 1.9 | 2.0 | 2.2 | 2.3 | 2.4 | 2.5 | 2.6 | 2.7 |
| No. 8 | 2.36 | 2.5 | 2.6 | 2.8 | 2.9 | 3.0 | 3.2 | 3.3 | 3.4 |
| No. 4 | 4.75 | 3.1 | 3.3 | 3.4 | 3.6 | 3.8 | 3.9 | 4.1 | 4.2 |
| $\frac{3}{8}$in | 9.5 | 3.9 | 4.1 | 4.2 | 4.4 | 4.6 | 4.7 | 4.9 | 5.0 |
| $\frac{1}{2}$in | 12.5 | 4.1 | 4.4 | 4.6 | 4.7 | 4.9 | 5.0 | 5.2 | 5.3 |
| $\frac{3}{4}$in | 19.0 | 4.6 | 4.8 | 5.0 | 5.2 | 5.4 | 5.5 | 5.7 | 5.8 |
| 1in | 25.0 | 4.9 | 5.2 | 5.4 | 5.5 | 5.7 | 5.8 | 6.0 | 6.1 |
| $1\frac{1}{2}$in | 37.5 | 5.4 | 5.6 | 5.8 | 6.0 | 6.1 | 6.3 | 6.5 | 6.6 |
| 2in | 50.0 | 5.7 | 5.9 | 6.1 | 6.3 | 6.5 | 6.6 | 6.8 | 7.0 |
| 3in | 75.0 | 6.2 | 6.4 | 6.6 | 6.8 | 7.0 | 7.1 | 7.3 | 7.4 |

表7.2适用于天然砂和空隙率为35%的卵石。空隙率每增加5%，表中值相应减去0.1。对于引气混凝土，表中值需加上0.1。表中的值适用于坍落度为25~50mm的混凝土；坍落度为100mm的混凝土，其值需减去0.25；坍落度为0的混凝土，其值需加上0.25。

表 7.3 （英国）砂的颗粒级配区、比表面积及细度模数之间的关系

| 筛孔尺寸（mm） | 过筛率（%） | | | | | |
|---|---|---|---|---|---|---|
| | 1 区 | 2 区 | 3 区 | 4 区 | ASTMC33—71A | AS1465 1984 |
| 10.000 | 100 | 100 | 100 | 100 | 100 | 100 |
| 4.750 | 90~100 | 90~100 | 90~100 | 95~100 | 95~100 | 90~100 |
| 2.360 | 60~95 | 75~100 | 85~100 | 95~100 | 80~100 | 60~100 |
| 1.180 | 30~70 | 55~90 | 75~100 | 90~100 | 50~85 | 30~100 |
| 0.600 | 15~34 | 35~59 | 60~79 | 80~100 | 25~60 | 15~100 |
| 0.300 | 5~20 | 8~30 | 12~40 | 15~30 | 10~30 | 5~50 |
| 0.150 | 0~10 | 0~10 | 0~10 | 0~10 | 2~10 | 0~15 |
| 0.075 | — | — | — | — | — | 0~5 |
| 比表面积 *SS* | 29.40~48.31 | 38.54~58.31 | 48.00~66.00 | 56.00~72.00 | 38.00~57.90 | 29.40~73.10 |
| 细度模数 *FM* | 4.00~2.91 | 3.37~2.11 | 3.00~2.00 | 2.00~1.00 | 3.00~2.15 | 4.00~1.35 |
| 平均比表面积 *SS* | 38.85 | 48.42 | 52.06 | 63.70 | 47.91 | 41.75 |
| 平均细度模数 *FM* | 3.35 | 2.74 | 2.44 | 1.82 | 2.76 | 3.17 |

方程7.1由Popovics（1982）建立，以lb/yd³（kg/m³×1.685）为单位，用来计算坍落度为100mm时的用水量。

$$W = C\{0.1 + 0.032[(2m - 60)^2 + 6570]/(C - 100)\} \tag{7.1}$$

式中 $W$——用水量；lb/yd³（kg/m³×1.685）；

$m$——细度模数；

$C$——水泥用量，lb/yd³（kg/m³×1.685）。

Murdock和Hughes也提出了一个叫颗粒棱角的术语。这个指标无疑会影响到用水量，不足之处是不便于对这些值进行调整（见下面部分）。

比表面积配合比设计的概念是在可选择的所有级配中根据混凝土的用途确定最合适的比表面积。低坍落度的高强混凝土（例如，采用强力振捣的预制产品）需要小的比表面积来减少用水量，但大坍落度的拌合物需要较大的比表面积来避免离析（见第3章的表3.1）。

为了提供所需要的比表面积还需计算砂率。在特定情况下，混凝土配合比的砂率通常在总骨料用量的15%～55%之间变化，但更多情况是在25%～50%的范围。

由于采用0.6mm筛为标准，各区在该级配是不会有重叠发生的。然而，观察表7.3，很明显不同区的*SS*或*FM*值有可能重叠。这可以通过定义各区的*SS*值避免发生：1区——砂子的*SS*值为38.85（或者40，或34～44）；2区——砂子的*SS*值为48（或44～52）；3区——砂子的*SS*值为56（或52～60）；4区——砂子的*SS*值为64（或60～70）。

在很大程度上，得到的一致观点是砂的比表面积比其级配更显重要，但这并不是在所有情况下都是这样的，以下列出了一些例外情况：

（1）在砂与粗骨料之间，或砂的级配本身之间，如果出现间断级配（也就是一些筛上没有筛余物）会引起：

①大坍落度混凝土的离析；

②严重泌水；

③混凝土无法泵送；

④低坍落度混凝土振捣时工作性得到改善。

（2）同粒径的砂由于颗粒阻碍作用使和易性变差；

（3）如果细砂中很明显含有一定量的粗颗粒骨料，则会影响到粗骨料堆积体结构。

必须强调的是这只是一些极少见的情况，在通常情况下这些问题并不会出现。

### 引气剂

使用外加剂对解决砂的级配问题是非常有效的。众所周知，引气剂能抑制泌水，并能有助于克服砂子颗粒表面粗糙或棱角突出的问题。值得提及的是，引气剂有一个少见的用途，当混凝土用在熔炉基础部位时，要求混凝土不含任何硅质骨料（包括天然砂），唯一需要的细骨料是其石粉达到20%（过150μm筛的筛余量）。

作者的系统可以准确预测混凝土生产时的引气剂合理掺量，并准确预测用水量。然而，由于规定的最小水泥用量偏高，混凝土拌合物通常非常黏稠，料车很难处理，尽管可浇筑密实。此时，可使用超塑化剂并采用较大的坍落度。但是，在容易得到这种外加剂以前，曾在澳大利亚就遇到过这种混凝土拌合物，无论采取什么方法都会额外增加成本，因为规定的最小允许水泥用量都已提供了过高的强度。然而，使用引气剂可使此现状得到很大改善。有意义的是引气剂既能增加干硬性拌合物的黏聚性，也能提高黏稠拌合物的流动性，因为引气剂对混凝土的同一性能可以有正反的影响效果。

### 颗粒形状

我们已经知道，细砂的用水量较大，但在一定的范围内，可以通过使用较小的砂率来获得正常的用水量。对于给定级配的带棱角的砂，如人工砂，其用水量也较大。然而，这时却并不能证明减小砂率就是合理的（即使能证明稍微增大砂率，用水量也随之增加，但是由于这种调整太小而无法在相对简单的系统中把其考虑进去）。因此，使用这种带棱角砂的混凝土用水量就会不可避免地增加，从而也会额外增加成本。当然，带棱角的砂也可能会很便宜，或是混凝土中最便宜的材料，或是技术上要求的。

人工砂在哪些情况下有必要使用，举例如下：

- 天然砂十分昂贵时（由于运送距离远或其他原因）。
- 天然砂太细以至于必须与其他比表面积较大的砂一起混合使用时。
- 天然砂的黏土含量高，增加水泥用量也比清洗天然砂便宜时。
- 天然砂过粗以至于需要添加细人工砂调整时。

除了上述经济原因外，使用或不使用人工砂还有一些技术方面的原因：

- 需要较粗的人工砂来填充细砂与粗骨料之间的断缺，这对于改善混凝土的可泵性或避免大坍落度混凝土的离析是必不可少的。
- 必须记住较高的用水量并不全是带来经济上的问题，还会导致收缩量增加及其他性能变差，即使是提供所需强度最经济的方法。

- 通常人工砂混凝土和天然砂混凝土在外观颜色上有明显的差异。因此，作为露天建筑混凝土使用时，无论哪一种混凝土都有可能被接受或拒绝。
- 不管怎样，在泌水性上有一个很大的差异（取决于实际级配），泌水对混凝土外观有很大影响，粗人工砂通常泌水严重。

把人工砂与天然砂混合使用通常是一个非常好的方法。作者逐渐形成了这样一个观点（还没有明确建立），就是从这样一种混合使用中得到的益处比分别使用时得到的更多（见下面的砂流锥试验）。

混合砂除了可使级配搭配良好外（人工砂趋于中间的颗粒过少，而天然砂又趋于中间的颗粒过多），添加少量细颗粒的、圆形的天然砂还能不同程度地减少由于棱角造成的不良影响。砂的含泥量大约小于2%时似乎没有多大危害，因此即使将粉质砂用量减半，其影响仍比将黏土带来的增加用水量减半还要大。

尽管试验配合比可明确表现引气剂的优点，但在人工砂混凝土中使用引气剂时应更加谨慎。因为石粉对引气剂有抑制作用，并且如果石粉含量发生变化，就可能导致含气量发生更大的变化，这在实际工程中是不能接受的。还应注意的是粉煤灰对混凝土流动性的影响作用与引气剂类似，但其影响不会轻易受到抑制或改变。然而，含气量会受到粉煤灰的抑制作用，这取决于粉煤灰的含碳量，含碳量可通过烧失量来测定。因此，在掺有粉煤灰的混凝土中更适宜使用人工砂。

当人工砂的颗粒形状很差但级配良好时，颗粒形状的影响可使用水量增加10%，甚至更多，通常大多在7%左右。天然砂的颗粒形状较差时，用水量可增加3%～4%。颗粒形状差的天然砂通常来自冰川时期形成的沉积坑，而不是来自河流或沙滩。请注意，砂流锥试验者声称已经找到了能使用水量增加多达15%的砂。

## 黏土、淤泥或粉尘含量

作者的系统没有纳入小于75μm（200号筛）的颗粒部分对砂比表面积的影响，而把通过150μm（100号筛）筛和保留在75μm筛上的颗粒部分视为相同。出于同样的原因，颗粒棱角的影响也没有考虑，尽管颗粒棱角确实对用水量有影响，但不会由于细骨料用量的减少而抵消其影响。另一个原因是用水量的增加不仅仅取决于这种材料的用量，还取决于其特性。

用粒径小于75μm的细粉材料来分析细骨料是否合适还存在争议。当然，重要的是有多少这种细粉材料存在于细骨料中，但其含量仅能说明部分事实，因为采用干筛筛分时这种细粉材料极少能全部通过。有些细粉材料，如新加坡的砂含有高岭石（蒙脱石）黏土，其对混凝土性能的影响效果是粒径小于75μm同样质量细粉材料的3倍多。

黏土、淤泥或粉尘类细粉材料含量的可靠检测方法无疑是采用法国的亚甲蓝值（Valeur de Bleu）（Bertrandy，1982）。该检测方法涉及的滴定清洗液与亚甲蓝关系密切，亚甲蓝是一种由尺寸非常标准的简单颗粒分子组成的染料。只要细粉材料的表面暴露在外，染料分子就会吸附在细粉颗粒表面而不会保持悬浮状态。通过已经加入溶液中并刚好没有残余量时的染料数量，可以计算出细粉材料的表面积。这个点可通过在标准的白色吸墨纸上放一滴溶液来确定。只要有染料残留在溶液中，就会有一个微蓝色的光环包围着中央的泥点。该实验是一个法国标准［ASTM C837—99（2003）］，并且在化学实验室很容易完成（仅需一个试验机械搅拌器和一根滴管）。然而，该方法没有纳入作者的系统，因为极少有这类检测结果可供使用。

另一种很简单的检测方法是在现场做一个标准的沉淀试验。该试验是将细骨料放入装有盐或氢氧化钠溶液的量筒中经过摇动、沉淀后观测黏土的体积含量百分比，尽管该试验结果的获得过程和准确性都略显粗糙，但仍大大提高了用水量预测的准确性。考虑用水量增加的方法是：当黏土体积含量超出6%时，黏土含量每增加1%，100kg的细骨料就需额外增加用水量0.225L。例如，600kg细骨料中的黏土体积含量为8%时，需额外增加的用水量为$6\times0.225\times(8-6)=2.7$L。

黏土修正起源于新加坡，当时使用的砂很粗，其用量超过900kg/m$^3$，有时通过沉淀试验测出砂中的黏土含量超过了25%（是混凝土质量的9%）。这意味着需要额外增加用水量20L，有时高达30L。最初，这个数据是这样得出的：利用一桶44加仑重的脏砂，在其底部插入一根流水管溢流冲洗脏砂直到流水变清澈为止。对重复冲洗砂后的混凝土试验表明用水量几乎减少了30L。因此，找不到任何理由表明提出的“黏土修正”有明显偏差，并且几年来，澳大利亚和东南亚对许多类型的砂进行了检测，其检测结果也已很好验证了这一结论。

当水灰比已知时，额外增加的用水量可以换算成额外增加的水泥用量。这就给出了一个相当准确的洗砂费用，从而以此为基础来决定是否要建一个洗砂厂。然而，比起建洗砂厂或额外增加水泥用量，最好的方法还是使用高效减水剂来抵消黏土的影响。这个观点已被Tam Chat Tim（1982）在实验室证明并量化。

关于细骨料的最后一点内容是：当给定水灰比时，石粉能提高混凝土强度，但不是很大。事实上这并不奇怪，因为 Alexander（1950，墨尔本工业研究组织）的研究已经表明，如果硅质石粉磨得足够细，就具有一定的火山灰特性。同样，钙质石粉（如石灰石粉）也会具有一定的火山灰特性。然而，作者的做法是利用细粉的沉淀试验来考虑额外增加的用水量，但忽略了可能增长的强度。

## 其他杂质

其他外来化学杂质的影响问题留给别人去研究，但有关盐和有机杂质的影响问题必须在此提及。

关于氯化物含量及其引发钢筋发生锈蚀方面的文献很多。由于蒸发盐的沉淀作用，海滩砂的含盐量很高。从海水中挖出的砂可能问题较少，但如果没有用清水冲洗，仍可能超过安全的含盐量要求。盐还可引起混凝土的劣化和高收缩，并影响混凝土的凝结时间和硬化速度。

有机杂质在基坑砂中十分常见。作者的做法是把有机杂质颜色测试（BS812，1960）与黏土含量沉淀试验结合起来，在沉淀试验中用氢氧化钠代替专用的盐溶液。必须指出的是，纯净水的使用会带来不同的结果，即黏土将花更长的时间沉淀，得到的读数较大。重要的一点是，要意识到该试验只确定是否存在杂质，而不能确定该杂质是否有害。由于一些有机物，如小树枝或其他植物的存在，颜色试验可能会失效。尽管这些有机物含量很少，不会对强度产生明显的影响，但会在混凝土外观上产生视觉缺陷。

在砂子的颜色测试失效后，应检测其沉淀的时间和早期强度发展。如果在这些方面令人满意，也就不可能会有任何长期的问题（即使遇到另一种砂出现含气的问题，也应归于由天然木质素引起）。

通常，杂质产生的主要影响（假如有影响的话）是减缓或阻止化学物质的沉淀。如果对 28d 的强度没有不良影响，那这种砂就是令人满意的。尽管不会影响 28d 的强度，但 1～7d 早期强度有可能降低，有可能导致不能满足某些特殊用途的要求。产生的影响可能有早期强度损失、凝结时间延长及由此产生的混凝土外观等问题。

评估有机杂质的影响时，用作比较的砂浆应保持水灰比相同，不需考虑流动度是否相同。

天然有机杂质不是砂中唯一的存在形式，也有一些偶然污染的例子，特别是糖。其中一个例子是，当运输过大量粗糖的驳船再用来运砂时，其结果是造成多层建筑物的大量楼板在好几天内不能凝固。极少量的糖就会产生很大的影响，例如，作者曾经遇到过一个关于混凝土强度方面的问题，后来追查出是员工把早茶的残渣倒入了一家小型人工配料厂的砂堆中。

与作者经历上述事件所发生的频率相比，是大量使用各种缓凝剂的情况。这已超出了本书范围，但列举了许多混凝土方面的例子，这些混凝土花几天的时间凝结，但最终还是能满足要求的。一旦遇到这种情况不必过早恐慌，可将装在塑料袋中的样品放入沸水中养护1d。如果样品凝固了，那么结构混凝土最终也是会凝固的。问题是是否会由于泌水时间较长、水浸入模板或在结合不严实的接头部位逸出而产生严重的沉降裂缝问题。当然，重要的是要用塑料薄膜或湿的粗麻袋覆盖混凝土以防止其干燥。

### 软弱颗粒及高吸水性

软弱颗粒在河砂中不常见，但是在基坑砂中却经常遇到。除了高强混凝土或有耐磨性、抗冻性要求的混凝土外，软弱颗粒对混凝土强度的直接影响应不是问题。混凝土在拌合过程中，软弱颗粒的分解增加了细颗粒含量，从而导致用水量的增加（在粗骨料中更严重）。高吸水性可能预示着混凝土干缩率的增大，也可能预示着混凝土抗冻性的降低。

### 云母含量

除了高强混凝土，云母在含量较少时（少于5%）似乎对强度不会产生直接的影响。真正的问题是增加用水量，能够看得见的云母可能并没有多大害处，但是细云母颗粒的存在可能对用水量的影响很大，并可能大大增加混凝土中水分的迁移。

云母含量通常是通过肉眼观察并将其从砂中挑出测得的，但也可以用一种比云母重、比砂轻的液体萃取。然而，云母对混凝土用水量的影响以及由此对强度（这时应固定流动性）产生的影响更容易确定，也更具相关性。

### 2005 年修订的人工砂

关于天然砂已在第二版进行了全面分析，在此不再提及。然而，在世界上许多地方都已减少了对天然砂的使用。也有很多人发现，一旦合理生产和使用人工砂（简称为M砂），将会成为一大优势而不是缺点。这是一个值得深入探讨的宝贵话题，提供的观点有的是有用的，有的还只是推测。

人们对用相同级配的人工砂替代粒径介于4.75～0.15mm之间的天然砂产生的影响没有争议。该影响是用水量增加5%，甚至15%，这取决于砂的颗粒形状。在有的情况下，固定水灰比时强度会增加。

有趣的问题是粒径小于150μm颗粒的影响。这部分颗粒若存在于天然砂中是有害的，因此通常要用水将其冲洗掉。Stacy Goldsworthy 提供了下列评估：

## 混凝土中的细粉材料（Stacy Goldsworthy）

与一般观念相反，混凝土中存在大量细粉材料（小于 75μm）时是有益的。在混凝土中使用优质细粉材料的常见做法已经在许多国家有 20 多年的历史了。市场发展已形成规模，生产过程也已标准化。早期试验结果已表明使用细粉材料的混凝土可获得满意的性能。因此，细粉材料的使用范围在逐渐扩大。

对细粉材料的研究表明，其具有替代水泥的作用。贫浆混凝土中细粉的最佳掺量高达 15%，有时高达 20%。然而，富浆混凝土中细粉的最佳掺量仅约 5%。细粉能起填充空隙的作用，否则，这些空隙就得用水泥浆来填充。在混凝土中使用细粉，28d 龄期混凝土的密实度得到提高，现场试验已证明了这一点。密实度增加又导致混凝土的抗压强度提高，甚至抗弯强度也提高。现场试验的例子已经表明使用细粉材料替代水泥改善了混凝土的性能，并降低了生产成本。

关于使用细粉材料的负面影响，主要是其增加了混凝土的用水量和收缩率，但若细粉是黏土矿物或类似的材料，此结论肯定是正确的。然而，如果通过 75μm 筛的细粉材料来自纯岩石，则会提高混凝土性能。黏土矿物是有害的，但在混凝土领域这种特性还并没完全弄清。因此，应弄清什么是黏土矿物，以及为什么规范要对其进行限制？

## 黏土矿物

术语“黏土矿物”是指页状（层状）硅酸盐矿物，并通过黏土传递塑性，在干燥或煅烧时变硬。美国材料试验协会第 33 次会议规定黏土矿物是基于天然砂中的部分，并严格限制其通过 75μm 筛的百分率，这个规定是十分正确的。不幸的是，很多人把这个规定错误地用于人工砂中。混凝土中包含黏土矿物和其他有害矿物会导致其性能降低，普遍存在的问题是增加用水量、增大收缩率、降低抗压强度和抗弯强度等。

黏土矿物有很多种，其结构是不一样的，因此，其吸水性、收缩和膨胀率也是不一样的。其中许多呈层状结构的黏土矿物更易吸水，其原因在于各层之间有一个夹层空间，黏土颗粒正是在此吸收水分和阳离子。

通过粉磨岩石得到的细粉，也称为石粉，没有吸水能力。根据定义，细粉的颗粒尺寸绝大部分在 2～63μm 之间，其结构类似于砂中的粉尘。石粉吸收水分只在其表面进行，而不是内部，因此应区别对待。

极少量黏土矿物的存在就会导致混凝土的抗拉强度降低。蒙脱石是一种膨胀性黏土，可导致混凝土的抗拉强度大幅下降。高岭石也有同样的影响效果，但其影响程度相对较小。随着石粉含量的增加，混凝土的抗拉强度也随之提高，但当石粉含量增大到一定程度后（其含量有时超过了20%），抗拉强度则开始逐渐降低。

石粉的活性是评价人工砂特性的指标之一。如果母岩风化或者含有某些矿物，那么石粉就可能具有一定的活性。活性意味着具有类似于黏土矿物增加用水量的特性。亚甲蓝滴定法提供了一种较好的测定其活性的方法（ASTMC 837—99，2003），该试验方法可测定石粉的吸收率，试验结果给现场合理使用石粉提供了选择标准。但是，如果冲洗掉人工砂中的石粉，则会使混凝土的黏聚性变差。

### 砂的需水量与其空隙率和流动时间的关系（Norwood Harrison）

提到砂的需水量问题，就不得不讨论砂的流锥试验（堆积密度试验）和空隙率。砂的流锥试验方法是：首先，将固定量的干砂装入一个金属漏斗中；然后，让其自由流入到下面的容器中，直到充满该容器（图7.1），并记录干砂全部从漏斗流出所用的时间；最后，将容器顶部多余的砂刮平，并称取容器中砂的质量。根据砂流锥试验得到的砂质量、容器体积及砂的干颗粒密度，计算砂的空隙率。

流动时间和空隙率大小取决于砂的颗粒形状、表面结构及级配。可用图7.2解释，该图展示了经过人为调节级配的砂的流动时间和空隙率大小的分布图。对两种基准砂运用不同的级配举出两个系列：一个系列有良好的颗粒形状和光滑的表面结构（系列1）；另一个系列有较差的颗粒形状和粗糙的表面结构（系列2）。可以看出，在相同比表面积（*SS*）的条件下，随着砂的颗粒形状和表面结构的劣化，砂的空隙率和流动时间逐渐增大。

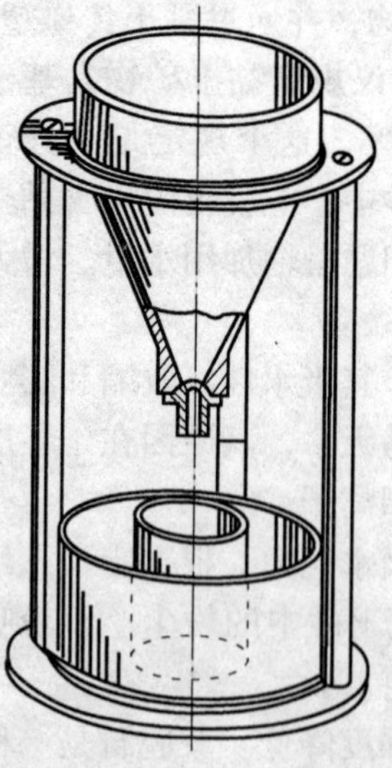

图7.1　砂的流锥试验装置

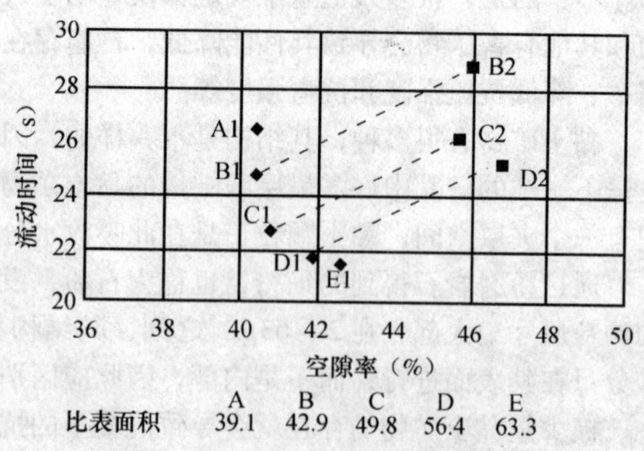


图7.2　在控制级配下砂的流锥试验参数

Malhotra（1964）利用砂的流锥试验来评价砂的颗粒形状和表面结构，以及其对砂浆工作性的影响。砂子经过筛选提供符合两个级配标准的粒径比例，分别将这两种级配的砂用于固定组成的砂浆中，采用跳桌试验评估砂浆的流动性。因此，砂的流锥试验是确定砂的颗粒形状和表面结构比较令人满意的方法，而砂的颗粒形状和表面结构又影响其用水量。

新西兰（Clelland，1968；Hopkins，1971）和美国（Gaynor，1968；Tobin，1978）都对砂的流锥试验做了进一步研究。研究表明，砂的空隙率基本上不受试验装置尺寸和砂样粗细的影响。但是，不同的试验装置和砂样会导致不同的流动时间。例如，Kerrigan 在 1972 年发现孔口处截面形状由圆锥形变成圆柱形时对流动时间有显著的影响。Kerrigan 和 E1ek 制定了一个标准试验方法，该方法对砂的细度、试验装置大小及孔口截面的尺寸和形状做了规定。要求筛除砂样中超过 4.75mm 的颗粒，因为这些颗粒影响到砂的流动时间。现已报道的流动时间试验结果都是依据 Kerrigan 和 Elek 创立的试验装置和制定的标准方法获得的。

在 ACI 期刊刊登的“高强混凝土中波特兰水泥与粉煤灰混合比例选择指南”（1988）中，已建立了砂的空隙率与混凝土用水量之间的相互关系。该指南指出，对于级配相同的砂，以空隙率 35% 为基准，空隙率每增加 5% 时用水量大约增加 15%。由于普遍使用砂的空隙率范围在 40% ~48% 之间，这就意味着为了获得同样性能的混凝土，用水量及相应的水泥用量变化很大，用水量变化超过了 20%。

Harrison（1988）分析了 37 个混凝土试样数据。这些混凝土试样中砂的流锥试验参数和用水量都是已知的。后者用无因次参数“相对用水量”（*RWD*）来表示，相对用水量是指由现使用的砂拌制的混凝土用水量与相应混凝土用水量之比，相应混凝土用水量可在图 7.3 中根据砂的空隙率和流动时间查得。利用线性函数，可以确立相对用水量与空隙率、相对用水量与流动时间之间的关系。

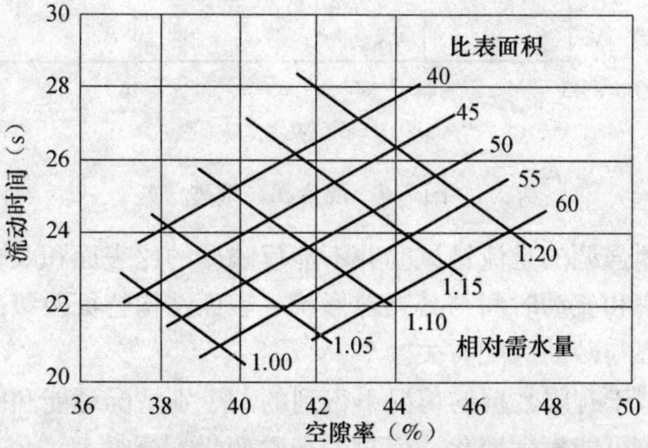


**图 7.3 用水量和比表面积与流锥试验参数的关系**

对图 7.2 中的结果与 Harrison 的数据进行综合分析，确立其在图中的平面位置和方向，以便最佳表述砂的比表面积和相对用水量与砂的流锥试验参数的相关性，分析结果绘于图 7.3 中。由一系列砂的比表面积可以分析出相对用水量与空隙率及流动时间的相关性。例如，比表面积 $SS=50$（系列的中间值）时，相对用水量 $RWD=1.05$ 和 1.20（也就是增加了约 15%），对应的空隙率分别为 40.2% 和 45.0%，空隙率相差不到 5%，与使用 ACI 参数估算的结果十分接近。图 7.3 中结果还表明用水量并不仅与空隙率或流动时间成线性关系，而是与这两者都有关。

在砂的生产和使用过程中，采用流锥试验方法比筛分法能更快捷、更容易发现砂是否出现了级配变化。另外，还可检测颗粒形状和表面结构的劣化情况。通常认为砂的表面结构劣化基本不会在天然砂中出现，主要是针对人工砂，并且除了该方法外很难用其他方法来检测。

流锥试验的另一个作用是混合两种砂。这是一个简单的方法，就是改变两种砂的混合比例进行一系列流动时间和空隙率测试试验，并从流动时间试验结果图中揭示两种砂适宜混合的比例范围。图 7.4 展示的例子是，尽管粗砂成本较低，但由于过粗而不适于用在普通混凝土中。然而，当与成本较高的细砂混合后，就能提供满足要求且经济的混凝土细骨料。

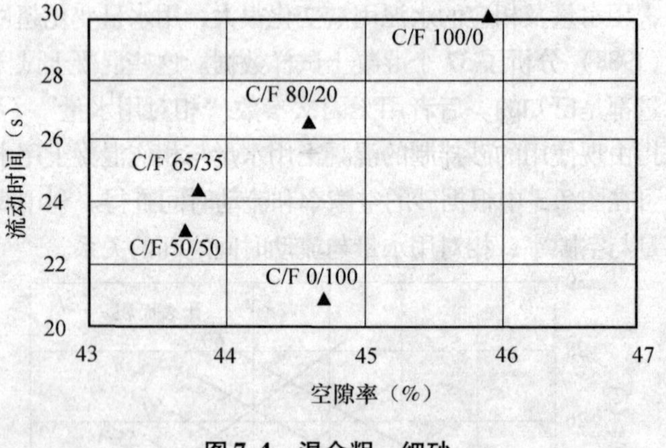


**图 7.4　混合粗、细砂**

最后，必须强调的是流锥试验并不能反映砂的比表面积及其对用水量的影响。砂的空隙率和流动时间与其颗粒形状、表面结构特征及级配有关，而用水量和比表面积都与砂的级配有关。

图 7.3 是基于有限数据的情况下得到的。个别情况可能和图示关系有一定偏差，其形式也可能发生变化，但总的来看变化不会很大。

建议进一步阅读的文献：

[1] B. M. Kerrigan. Sand Flow Test. Humes report RC. 4243, 6/4/72.
[2] V. M. Malhotra. Correlation Between Particle Shape and Surface Texture of Fine Aggregate and Their Water Requirement. Materials Research&Standards. December 1964, 656-658.
[3] J. Clelland. Sand for Concrete- a New Test Method. New Zealand Standards Bulletin, October 1968, 22-26.
[4] H. J. Hopkins. Sands for Concrete- a Study of Shapes and Sizes. New Zealand Engineering, 15 October 1971, 287-292.
[5] R. D. Gaynor. Exploratory Tests of Concrete Sands. JRL Series 190 Report, National Sand&Gravel Association/National Ready Mixed Concrete Association, SiIver Spring (USA), 1967 and March 1968.
[6] R. E Tobin. Flow Cone Sand Tests. Title No. 75-1, ACI Journal, January 1978.
[7] A. Elek. A Test for Assessment of Fine Aggregates. Hume News, August 1973, 11-12.
[8] Guide for Selecting Proportions for High-Strength Concrete with Portland Cement and FlyAsh》. ACI 211. 4R-93, 1998.
[9] N. L. Harrison. Description and Assessment of Sands. Humes report RC 1562, 6/9/88.

## 作者建议需进一步研究的内容

毫无疑问，质量好的细粉材料是有益的。问题是：要多细？成本是多少？在什么环境条件使用？质量好又指什么等？Stacy 已经回答了后面一个问题，此外，Norwood 提供了关于评价砂的级配和颗粒形状影响的宝贵意见。但是，什么是“环境”？

此处考虑的环境是指水泥、粉煤灰、硅粉等材料的用量；所要求的混凝土性能，从碾压混凝土到自密实混凝土等；是否使用引气剂，尤其是减水剂等。

在不含颗粒小于150μm 细粉材料的水泥混凝土拌合物中，很显然，水泥用量越高，用水量就越大。随着水泥用量减少到一个最优范围（300～500kg/$m^3$）时，用水量也随之减少到最小。但当水泥用量进一步减少时，用水量则反而增加。发生此现象的原因是，在水泥用量最优范围内，水泥浆可完全填满砂的空隙；当水泥用量过大时，当然需要更多的水来满足浆体对稠度的要求；如果水泥用量过小，导致浆体不足，为了填满砂的空隙就需要增加额外的用水量。

总的来说，颗粒有棱角的空隙率比圆形材料的大，但当掺入细粉材料时，无论其形状怎样，都能填充砂的空隙。否则，砂的空隙将由水泥浆或水来填充。因此，很容易看出水泥用量低于最优范围时掺入细粉材料是有益的，而且必须记住，水泥也是颗粒形状非常差的粉磨材料。

接下来的问题是，就像水泥可以取代骨料颗粒之间的水一样，细粉材料能否以同样的方式也可取代水泥颗粒之间的水。考虑到颗粒粒径之间大小的差异，该过程看上去是有可能的。但是非常细的颗粒趋于形成絮凝体，好像体积被大幅扩大一样。这些絮凝体内本身也含有水分，使其无法填充空隙。水泥颗粒也会出现这样的情况，分散这种絮凝体的方法是使用减水剂来减少水的用量。因此，在不掺减水剂时，用水量会增加，而在掺高效减水剂（HRWR）时，用水量就可大大减少，例如硅粉混凝土。另外，要考虑的是当硅粉以干燥状态供应时，通常特意把硅粉浓缩成泥浆状态以便于使用。这就是在购买硅粉时是泥浆形式的原因，即在使用前把硅粉变成泥浆，使用时一定要确保掺高效减水剂和有足够的拌合时间。

综合考虑以上情况，可以看到，对于细粉材料是否有益这一问题还没有一个简单、普遍的答案。很明显，这不适合高水泥用量混凝土。但是，如果真的能从水泥颗粒间置换出水，将可能产生非常大的效益。

砂（天然砂或人工砂）品质检测的一个极好方法是新西兰砂流锥试验法，此方法已在本书前一版本中描述过。Norwood Harrison 博士已对此方法做了进一步改进。多年来，Norwood Harrison 在墨尔本休姆斯公司（现在的 Rinker）实验室里，以一系列品种广泛的砂为研究对象，积累了大量的实际经验，并且和作者一起负责将其运用推广到全世界，包括南非和芬兰。

很明显，砂流锥试验适合用来检测不同的砂以及两种或多种砂的混合物的相对优劣。然而，砂流锥试验似乎不能用来检测水泥用量变化的影响，尤其是超细材料（如硅粉）或外加剂的影响。40 多年以前，在新南威尔斯（NSW）大学讲课时，作者有一个本科生 K. K. Mah 进行了一项研究，该研究是使用美国材料试验协会（ASTM）砂浆跳桌分析比表面积对砂浆用水量的影响（其研究结果证实了作者关于影响比表面积修正的因素，这些因素至今还用于作者的系统中）。使用作者的 *MSF* 技术，很容易把砂浆的试验结果转换到对应的混凝土上。然而，尤其当考虑自密实混凝土时，不需要使用 ASTM 跳桌，只需用标准锥测定砂浆扩散的直径。

使用跳桌法没有干砂流锥试验那样快捷，并且还需要一台 Hobart 搅拌器或类似的仪器。因此，干砂流锥试验不会被取代。我们的目标是，在确定一系列水泥、硅粉及其他细粉材料用量的条件下，由砂流锥试验确定的砂的最佳级配或级配组合是否仍然是最佳的。极其重要的一点是，对于不同类型的混凝土，需确定其人工砂中小于 150μm 细粉材料的最佳含量和细度（因为这是非常容易控制的一项）。该试验也有利于确保水泥、掺合料及超细材料之间不会发生不利影响（正如 3.6 节描述的混凝土配合比设计竞赛）。若成型小立方体试件，则在配合比设计中应考虑增加一个强度修正因子。

使用作者的 *MSF* 标准时，很明显每立方米混凝土中砂浆的比例与所用砂的比表面积（*SS*）近似成反比，或者更严格地讲是与砂浆的 *MSF* 成反比（由于粗骨料对 *MSF* 的影响较小）。因此，如果通过试验或估算得到每立方米砂浆的用水量 $W_m$ 后，混凝土的用水量 $W_c$ 就很容易通过下列公式来计算得到：

$$W_c = [W_m \times (\text{混凝土的 MSF} - \text{粗骨料的}\ SS)] / \text{砂浆的}\ MSF$$

如果有人对这篇博士论文感兴趣，作者很乐意参与展开深入的讨论。

谈到博士论文，在 11.7 节中有很多关于混凝土工作性试验的参考文献。在奥斯汀德克萨斯大学（ICAR）正在研究一种非常便于携带和使用、用于测试混凝土工作性的流变仪。由此产生了许多令人感兴趣的论文。其中一篇是由 Sinan Erdogan 撰写的关于粗、细骨料颗粒形状对混凝土工作性的影响研究。该研究除了使用流变仪以外，还使用 X-ray 成层摄影术和透视来实际测量单个颗粒的形状。由于该研究有较大难度，此处不做过多叙述。简而言之，Sinan Erdogan 发现粗骨料的颗粒形状对屈服应力（本质上是坍落度测试指标）的影响不是很大，但对塑性黏度的影响却很大（塑性黏度是工作性的一部分，但坍落度试验不能显示出来）。然而，细骨料没有得出同样的结论，对此感兴趣的人可查阅相关论文（Erdogan，2005）。

## 7.2 粗骨料

粗骨料的品质取决于基岩特性，以及清污、破碎（如需要）、筛分等加工工艺。

对于大多数强度等级的混凝土，使用的绝大部分岩石骨料都有足够的强度满足混凝土的要求。即使是能被鞋跟轻易踩碎的人工或天然轻质骨料，也能用来配制平均强度达 40MPa 的混凝土（尽管轻质骨料确实比致密骨料需要更高的水泥用量）。除此之外，是一些砂岩、页岩和石灰岩等（尽管有些石灰岩非常坚硬，是许多工程最好的骨料之一）。但是，当混凝土有耐磨和抗冲击要求时，对岩石类型的选择应非常严格。

然而，粗骨料的稳定性通常比其强度更重要。具有水分迁移的岩石将会增加混凝土的收缩，例如砂岩，而且有些玄武岩也表现出水分迁移。虽然一些角砾岩或砾岩的力学特性很好，但在干湿交替作用下却会逐渐风化、剥落。

尽管碱-骨料反应极少发生，但仍必须对骨料进行碱活性检测试验。因为一旦出现此方面问题，后果不堪设想。在没有岩相分析报告的情况下，不能去冒风险。有一种快速化学反应也能进行此方面检测，但结果不是很可靠。

粗骨料的另外一个重要特征是其黏结特性（尤其是在高强混凝土中和要求高抗弯或高抗拉强度时）。这是由骨料的化学性质、表面粗糙度、颗粒形状、吸水率和光洁度等综合因素表现出来的效应。一个关于粗骨料黏结特性的典型例子是，作者用墨尔本的两种不同的玄武岩进行对比试验。对比试验结果表明其中一种品质较好的玄武岩，其弹性模量更大、致密性更高、水分迁移更少及耐磨性更好。然而，另一种品质较差的玄武岩骨料却能更好地配制出平均强度超过60MPa的混凝土。这是因为第一种玄武岩骨料的致密性和不透水性虽然非常好，但水泥浆却很难与其很好黏结。有趣的是掺入硅粉后，这种情况发生了改变，证明硅粉对提高浆骨界面的黏结力起到了很好的作用。

骨料的颗粒形状受破碎加工过程的影响。岩石类型确实对颗粒形状有明显的影响，一些岩石更容易破碎成锋利的碎片或产生更多的粉尘。然而，破碎加工过程也有很大的影响。圆锥破碎机也许是最有效、最经济的机型，但是它不如锤式破碎机能产生良好的颗粒形状。

粗骨料的颗粒形状差（如针片状）带来的后果是，对于给定的工作性和强度，需要更大的砂率和用水量，因而需要更高的水泥用量。最好的检测方法是使用粒形参数（Angularity Number），即空隙率减去33。奇怪的是Kaplan（1958）关于这一问题的研究表明，骨料表面棱角的尖度比片状和棱角长度对该参数的影响更大。

讨论颗粒形状这一问题就应包括考虑碎石和圆形河卵石的相对优缺点。通常认为，河卵石更易产生不利的影响，尤其是对高强混凝土。在相同水灰比的条件下，这无疑是正确的，并且在考虑抗拉强度和抗弯强度时通常也是正确的。然而，对于抗压强度，在水泥用量和浇筑工艺相同的条件下，可减少砂率和用水量，因而可使水灰比减少，可使河卵石混凝土得到相同甚至更高的强度，这取决于混凝土的特定用途。50年以前，作者用伦敦地区的一种河卵石（据说会对高强混凝土产生不利的影响）配制了85~90MPa强度的混凝土。人们往往通过河卵石的形成过程来分析其软弱颗粒和水分迁移问题。然而，这并不能消除人们对碱-骨料反应存在的疑虑，尤其是坑内砾石。

关于黏附在粗骨料表面的细粉问题是值得考虑的。一般来说，如果表面细粉为非活性并被清洗掉，是不可能产生严重问题的。细粉材料只不过是与砂中的黏土一样增加了用水量。虽然增加了用水量，但只会稍微降低强度，除非用水量增加得过多。然而，如果混凝土浇筑完后，细粉还在粗骨料表面上完整保存下来，就将影响到浆骨界面的黏结而对混凝土的强度和耐久性产生很大的影响。吸附在粗骨料颗粒表面的细粉量通常受到天气的影响，在潮湿环境下吸附得更多。在发现混凝土强度出现变化时应考虑其影响。

根据结构截面尺寸和钢筋间隔，通常认为粗骨料的理想最大尺寸是40mm或20mm。粗骨料的最佳尺寸取决于所要求的混凝土强度等级，强度等级越高，最佳尺寸则越小。这里假定的最佳尺寸定义为：对于给定强度，所需的水泥用量最小时的粗骨料最佳尺寸（图7.5）。

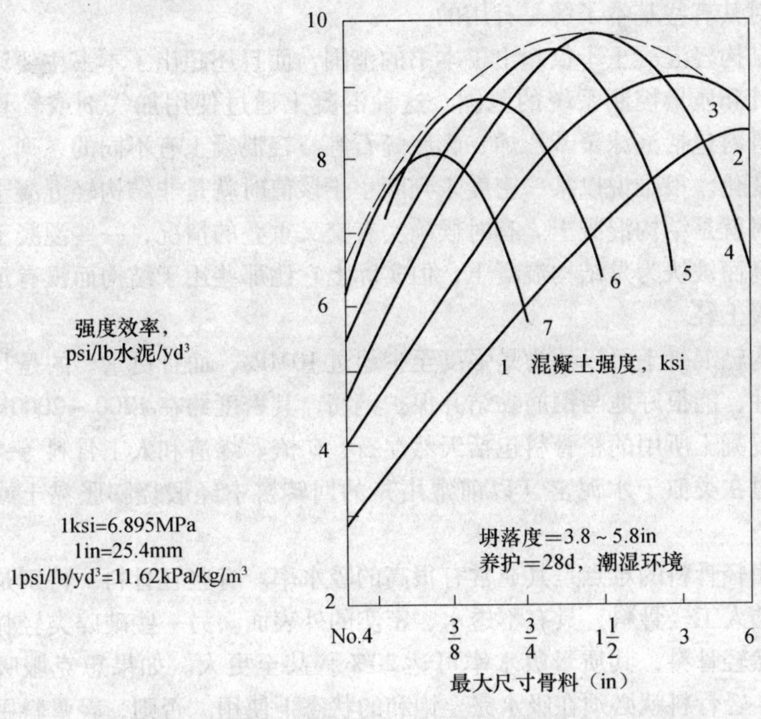


**图7.5 粗骨料最大尺寸对混凝土强度效率的影响（Blick，1974）**

假如粗骨料最佳尺寸是根据水灰比、收缩性（可能性最小）或耐磨性等因素来确定，则粗骨料尺寸可能是越大越好。当最佳尺寸在从强度20MPa时的40mm变化到强度超过50MPa时的14mm，甚至10mm时，采用标准的20mm骨料带来的差别通常不会很大，而且很少会产生不利的影响。但是，在此情况下要想获得更高强度的混凝土较困难时，就必须选择更小的骨料。有趣的是这种影响还在进一步扩展，超过了大多数人的想象。当混凝土强度达到几百MPa并掺活性细粉材料时，使用的最大粗骨料是细砂。

一个备受争议的问题是关于间断级配和连续级配骨料的相对利弊。一个基本的区别表现在抗离析性和可泵性方面。大坍落度和可泵送的混凝土需要使用连续级配的骨料，但对低坍落度和不需要泵送的混凝土使用间隔级配的骨料时密实性更好。另外还有两个问题值得注意：一是单级配骨料混凝土在堆放、浇筑时不会发生骨料分离；二是在间隔级配骨料混凝土中使用最佳砂率比在连续级配中使用更为重要。

## 轻骨料

混凝土中使用的轻骨料有许多类型，其涉及的内容已超出了本书的范围。但是，对其有些基本了解是有用的。

非结构轻混凝土不仅超出了本书的范围，而且还超出了本书主要讨论的配合比设计和质量控制系统的范围。这种混凝土通过使用加气剂或轻骨料来生产，轻骨料包括泡沫聚苯乙烯、膨胀蛭石等。轻混凝土有不同的系列，其密度也随之变化。很难说以某一密度来判断小于该值时就是非结构轻混凝土，而大于该值时就是结构混凝土。有时候确实有交叉重叠的情况，一些混凝土由于强度足够高而被认为是结构混凝土，但实际上它比那些用于结构而没有足够高强度的混凝土轻。

结构轻混凝土可以认为是强度至少超过 10MPa，而且更重要的是具有良好的耐久性，能很好地与钢筋黏结并保护钢筋，其密度约在 1200～2000kg/m$^3$ 之间。轻混凝土所用的粗骨料包括天然浮石、矿渣、煤渣和人工骨料等，人工骨料是通过在类似于水泥窑（以前常用）的回转窑中经煅烧膨胀黏土或页岩得到的。

使用轻骨料的难点是其通常有很高的吸水率。有些轻骨料，特别是通过烧窑得到的人工轻骨料，具有不透水、密实的外表面。另一些破碎类轻骨料，特别是天然轻骨料，其质量吸水率可达 20%，甚至更大。如果想克服吸水率大的难点，轻骨料就必须在吸水完全饱和的状态下使用。否则，轻骨料则会在搅拌、运输和浇筑的过程中吸收水分，从而导致混凝土坍落度损失非常快。还有一个难点是需泵送的混凝土，在管道中的泵送压力下，水分被迫进入到不饱和的骨料内，造成坍落度损失过大，导致管道堵塞。这类问题常常发生在两三层房屋建筑中使用了骨料不完全吸水饱和的泵送轻混凝土。轻混凝土泵送时可能会在某段时期较为顺利，但只要一遇到任何麻烦或问题，对轻混凝土泵送的影响就会非常大。一旦骨料是完全饱和的，轻混凝土就能像密实骨料混凝土一样泵送。确实，对于较轻的混凝土，更容易泵送至 50 层或更高的建筑物上。

有趣的是，在斯堪的纳维亚（Scandinavian）至少有一家浮式采油平台使用了轻骨料混凝土，更有趣的是还特意使用了干的轻骨料。挪威人承认这将会遇到上面提及的问题，但他们认为为了获得期望的较小密度就必须这么做。对干燥的陆地工程这是可笑的，因为不管骨料最初是湿的还是干的，混凝土最终都会达到同样的含水量和同样的密度。挪威人解释说当在早龄期就将混凝土长久浸泡在水中时，情况却不是这样的。

使用吸水饱和骨料除了能提高混凝土坍落度的稳定性以外，还有其他一些优点。例如，减少了砂浆与骨料之间的质量差，从而减少了骨料的上浮问题。减少质量差还可通过使用引气剂来实现，因为气泡可阻止拌合物中水分的迁移从而减小坍落度的损失。吸入的水分使轻混凝土更容易做到湿养护，但不能完全指望它。混凝土密度受到含水量的影响，一些混凝土失水干燥后，质量损失可高达200kg/m$^3$。值得注意的是，混凝土抗压强度试验时与其含水状态有关。和密实骨料混凝土不同，轻骨料混凝土不需在完全吸水饱和状态下进行试验，除非是在完全吸水饱和状态下使用。

有趣的是，有人建议在高强混凝土中使用部分吸水饱和的轻骨料，目的是为混凝土中水泥的水化提供水分。否则，混凝土会自然干燥（即使被封闭以防止水分散失），从而受到收缩和水化不充分的影响。

不应认为轻混凝土就透水、不耐久及不能很好地保护钢筋等。现在，轻混凝土已被用来制造混凝土船，发现使用多年后也能很好地保护钢筋不锈蚀，并已证实能提高预制房屋抗雨水渗透的能力。

不同轻骨料拌制的混凝土强度变化很大，有些轻骨料可以用来生产50MPa甚至更高强度的混凝土，但大多到40MPa。

在强度相同的条件下，通常轻混凝土的收缩率较大，水泥用量也较高。其原因有两个，一是轻骨料的弹性模量要小得多；二是由于轻骨料的弹性模量小，导致其周围的砂浆要分担更大的应力。

在轻混凝土中也有使用轻砂的，但这在很大程度上取决于可选轻砂的类型。通常回转窑生产的轻砂品质较好，即使其中部分轻砂的级配不一定太好。然而，由破碎轻质材料得到的人工轻砂通常较差。实际上，骨料密度小指的是含孔隙时的状态，而不是指其本身的密度（不含孔隙），骨料破碎的越细，暴露的孔隙越多，将有更多的水泥浆渗入孔隙中。对轻混凝土而言，使用轻砂几乎没有得到什么益处，反而增加了用水量。因此，许多结构轻混凝土的细骨料全部或部分采用天然砂。

尽管轻混凝土的细骨料用量要高一些，但与普通混凝土类似，仍服从配合比的设计原则。轻混凝土配合比最好按体积比表示，适用于骨料吸水量非常充分的情况。然而，这通常是在类似设计过程中使用不同颗粒密度（SG）的问题，在第3章描述的ConAd Mixtune方法适用于结构轻混凝土。如果这样做，可能需要考虑一个小于1的强度系数，通常大约为0.7~0.9，但由于这类混凝土的类型太多而无法提供具体的指导。对于使用相同骨料的轻混凝土，通过试验可以提供一个强度系数选择范围。

### 高炉矿渣

用作粗骨料使用的高炉矿渣与磨细用作水泥混合材料的矿渣是两个完全不同的概念。在熔融状态下两者是相同的材料，但由于冷却过程的不同其表现的性能是截然不同的。作为骨料使用的炉渣必须慢慢冷却以达到结晶状态。这种材料是块状的，必须用和天然岩石一样的方式将其破碎；也是多孔状的，通常在一定程度上，比天然粗骨料轻，但不会轻很多（虽然可以人为发泡，尤其是制造轻质骨料时）。骨料的多孔性意味着如果要避免坍落度损失快和可泵性差，就必须谨慎使用，确保骨料吸水饱和。骨料颗粒大小不同时，其颗粒密度也是明显不同的。由于矿渣骨料的多孔性和化学组成有利于与浆体的黏结，并且其颗粒形状比天然骨料好。

为了满足高炉煅烧要求，需在高炉中加入粉碎的石灰石，有些来源不同的矿渣可能会由于石灰石的残存物而影响其品质。但是，如果石灰石是以较小颗粒加入，并让其充分氧化，此类情况就可以避免。矿渣加工公司采取措施使硫化物氧化从而阻止蓝色斑点的出现。除此以外，矿渣的稳定性很好，即使是在火灾的情况下。其干缩相对较小，这也许是因为骨料表面发生的一些化学反应产生了微膨胀，抵消了部分干缩的缘故。

作者发现，当用来自矿渣源的碎石粉磨得到的人工砂与当地的丘砂混合使用时，在给定水泥用量和工作性的条件下，其混凝土可获得非常满意的强度，即使是与级配良好的天然砂相比。粒状矿渣可以通过研磨来生产得到粒化高炉矿渣（ggbfs）。值得注意的是粒状矿渣虽然看起来像砂，但当按砂使用时的混凝土性能并不是很好（作者的经验）。这是因为粒状矿渣像米饭一样处于膨松状态，颗粒较软弱。

### 钢渣（Alex Leshchinsky）

钢渣是一种与铁（15%～25%）、铝、钙、镁和锰等熔融状态的氧化物结合形成由硅酸钙和铁酸盐组成的非金属材料，属钢铁制造业的一种副产品，由铁在氧气顶吹转炉中的熔融环境下产生。经过冷却后，该材料主要是结晶结构。缓冷型钢渣作为骨料是经破碎和筛分加工处理过的。

钢渣骨料可用于沥青混凝土和路基中。在沥青混凝土中，用钢渣代替天然骨料具有许多好处。例如，提高了抗滑性，增强了耐久性等。由于对钢渣骨料的要求比对钢铁产品的要求低得多，因此钢渣骨料通常很便宜，世界上钢渣骨料的平均市场价格大约是0.5美元/t。

这种廉价材料带来的利润驱使人们期望将其应用到混凝土中。有篇论文(Maslehuddin M. *et al.*, 1999),详细描述了关于钢渣作为混凝土骨料的研究成果,其中包括钢渣混凝土的抗压强度、抗弯强度、吸水率、干缩率及其他性质等。试验中使用的钢渣骨料含有0.07%~0.31%的黏土和脆性颗粒,并将钢渣骨料混凝土与石灰石骨料混凝土进行了对比研究。根据研究,作者得出的结论是钢渣骨料可有效用于波特兰水泥混凝土中。

必须指出的是,出现下列情况时,钢渣不能作为混凝土的骨料使用:

(1) 可能由石灰膨胀产生的耐久性问题;

(2) 由于表面生锈而产生的美观问题。

钢渣骨料是一种耐磨性非常好的材料,因此容易对生产设备(输送带和料仓)和搅拌机等产生严重磨损。由于钢渣的密度很大(其颗粒密度约为 $3.30g/cm^3$),导致混凝土的密度随之增大从而降低了混凝土体积的最大装载量。例如,当 $1m^3$ 混凝土中使用1000kg的破碎河卵石(颗粒密度为 $2.65g/cm^3$)时,混凝土的密度约为 $2440kg/m^3$,运输最大装载量可达 $6m^3$。如果用钢渣骨料替代破碎河卵石时,最大装载量只有 $5.45m^3$,这将增加运输成本。

建议进一步阅读的文献:

[1] Leshchinsky A. Slag sand in ready- mixed concrete. Concrete, (2004). vol. 38, No. 3, March, 38-39.

[2] Maslehuddin M., ameem M., Ibrahim M. And Khan N. U. Performance of steel aggregate concretes. Exploiting Waste in Concrete, Proceedings of International Conference 'Creating with Concrete', Dundee, Scotland, UK, Thomas Telford Ltd, (1999). 109-119.

# 第8章 胶凝材料

## 8.1 波特兰水泥

本书不打算对波特兰水泥的发展背景及基本性质等内容做进一步介绍，因为此方面的内容几乎在任何一本有关混凝土的教科书，以及许多关于水泥的专业书籍里都可以了解到。这里极力推荐的一本书籍是 ACI 出版的《水工混凝土水泥的选择与使用指南》（ACI－225，1985），该书篇幅达 29 页，非常全面地列出了可供进一步参考、相对综合性的有关目录。另一本很好的专业书籍是《高性能混凝土》（Aitcin，1998），该书对水泥、其他胶凝材料及外加剂等进行了大量、详细的介绍。

本书第 1 章和第 6 章对不同使用目的的水泥品种选择提供了指导。本章的目的主要是介绍水泥在使用过程中其性质发生变化时对混凝土性能的影响。

### 水泥会带来哪些问题

(1) 用户使用时出现的问题

①凝结时间——可能凝结过快或过慢。

②强度增长——比正常强度偏低。

③用水量与工作性——比标准稠度用水量大或提供流动性的能力小。

④泌水性——抑制泌水的效果差，或者走向另一个极端，使拌合物变得非常黏稠。

⑤安定性不良——膨胀开裂。

⑥抗化学侵蚀能力低。

⑦放热过快。

⑧存放中质量劣化（粉磨前或后）。

⑨水化温度升高。

⑩不同熟料生产的水泥储存在同一个仓库，甚至在同一个水泥厂碾磨。也就是说，同时使用了不同熟料生产的水泥或不同窑煅烧的水泥。

（2）生产时出现的问题

①原材料变化。

②原材料比例错误或石膏（$CaSO_4 \cdot 2H_2O$）分布不均匀。

③烧制和研磨时温度变化。

④碾磨达不到要求，包括细度、颗粒大小分布及颗粒形状。

⑤熟料存放时质量劣化。

⑥季节变化。

## 重要试验结果

世界上有些地方的水泥用户可以从他们的供应商那里获得水泥质量检测证书。根据这些证书所提供的信息有助于了解下面的问题。在一些没有条件或能力进行检测的地方，如单个工程或小型混凝土搅拌站等，承担这些检测费用确实有些昂贵了。解决问题的方法是每天或每卡车抽取水泥样品，将水泥样品保存在密闭容器中并贴上标签，直到获得28d的混凝土测试结果后再决定丢弃。如果遇到不符合要求的混凝土测试结果而又无法解释时，就应对保存的水泥样品进行检测。

将获得的有规律的混凝土测试数据绘制累计和曲线图，从图中观测变化点是非常有效的（见4.3节）。

可提供的主要试验结果有：

（1）凝结时间

每次水泥初凝时间和终凝时间检测结果的连接曲线应是平稳、光滑的。产生试验结果变化的原因可能是石膏的掺量不合适、最终碾磨时温度过高（过高温度使石膏脱水，从而改变其有效性）或随存放时间延长水泥的质量出现劣化等。

（2）细度（水泥过细时）

a. 反应更快（放热更快）；

b. 反应更完全；

c. 提高拌合物的黏聚性（或变得更黏稠）；

d. 降低泌水；

e. 质量劣化更快；

f. 更易开裂；

g. 增加用水量。

（3）安定性（采用饼法、雷氏法和压蒸法）

旨在检测过多游离石灰带来的影响（也可能来自没有充分、均匀的混合，而不是错误的化学比例）。有些专家对此持不同观点，但这已超出了讨论范围。氧化镁也能引起水泥的安定性不良（如方镁石），由于采用饼法或雷氏法检测花费时间太长，因此，需采用压蒸法或化学限制（见5.5节中的有目的地使用一定比例的氧化镁）。

（4）标准稠度

标准稠度试验是为水泥其他性质检测时准备的，同时也能表现出水泥的不良研磨特征。在配制高强或超高强混凝土时，需使用大量的水泥以及设计很小的水灰比。在这种条件下采用标准稠度用水量大的水泥是不利的。同时，应对外加剂与水泥之间的相容性进行检测，以及掺粉煤灰或硅粉等掺合料时对用水量的影响。

（5）烧失量（Loss）

主要检测水泥品质在存放中的劣化情况。检测时应排除水泥样品存放过程中吸收的水分或$CO_2$，3%的烧失量就意味着20%的强度损失。不管怎样，在水泥中允许添加5%的石灰石粉（主要成分是$CaCO_3$）时，检测结果应扣除石灰石粉中的$CO_2$。

（6）三氧化硫（$SO_3$）

石膏对水泥的凝结时间、强度发展及收缩等性质有重要影响。$SO_3$含量应包括所有可能的来源（如掺的石膏、燃料中的氧化硫等）及各种状态。因此，测试结果并不能准确表示活性的（可溶的）$SO_3$含量，因为活性的$SO_3$才直接影响水泥的凝结时间、强度发展率、收缩开裂等性质。

（7）不溶物

只检测杂质或非活性物质的含量，其影响效果相同于由一定比例的不溶物质取代了相应的水泥用量，但是这种测试可能把粉煤灰也定义为不溶物。

（8）抗压强度

水泥的抗压强度与混凝土性能直接相关，同时也受到采用的外加剂品种及水灰比等因素的影响。在一些国家，水泥被划分为不同的强度等级销售，强度等级越高，价格也越昂贵，但在满足相同强度要求的条件下，用量也越少。当需要配制高强度混凝土时，选择高强度等级水泥是非常重要的。因为在某特定范围内时，增加水泥用量并不会带来强度的增加。

商品混凝土生产商尤其渴望与他们的水泥供应商发展并保持良好的工作关系，不希望水泥产品质量随意发生变化。但是，坦诚报道水泥当前的检查结果、帮助分析和减轻对混凝土可能带来的影响、合作跟踪调查可能出现的问题等是有必要的。如果所有混凝土问题全都归罪于水泥，那这种合作是不太可能的，何况混凝土生产商也没有对混凝土进行控制检测的有效记录。

水泥和外加剂共同使用时发生不相容的现象是非常重要的问题，尽管这种情况很少出现。这种情况是，某种水泥与外加剂混合使用时出现了不相容的问题，但在与其他外加剂混合使用时又表现正常。最近的一个例子是出现假凝的问题，假凝发生在很短的时间内，可通过持续搅拌来解决。当采用混凝土搅拌车时，可能就不会产生这样的问题了，直到将混凝土气卸到浇筑地点为止。但如果假凝出现在卸入泵送料斗期间或之后，就会引起严重的混凝土泵送能力下降。如果怀疑有问题，可以使用普罗克特针（Proctor Needle），取混凝土拌合物过筛后的砂浆进行贯入阻力试验，建立凝结时间与贯入阻力的关系曲线。

一个非常微妙的问题是供应的水泥强度越低，其价格也相应越低。如果能听从水泥生产商关于水泥强度下降的建议，对混凝土生产商是非常有实质性帮助的。这会提醒混凝土生产商应适当增加水泥用量，避免混凝土强度下降达不到要求。然而，由于水泥生产商要为额外增加的水泥用量负责，这就让混凝土生产商自然产生了水泥生产商应该承担额外增加成本的想法。很明显，如果水泥生产商从水泥订单中扣除生产混凝土时额外增加的成本，就不需给混凝土生产商发出早期警报了。

水泥供应商常常收到来自使用不合格控制系统用户发出的抱怨声，而此抱怨声可能是不公平的。对水泥供应商来说，寻找一个拥有良好控制系统的用户是重要的，这样就可正确使用反馈的数据。

总之，发展一种良好的合作关系和拥有一套有效的早期警报系统是非常有益的，并且你自已拥有的良好控制系统是发展这种良好合作关系所必需的。

### 水泥品种

水泥的化学反应过程是极其复杂的，在此不做过多介绍和分析。下面仅对广泛使用的水泥品种进行简单评述。所有的波特兰水泥都可认为主要由以下四种矿物成分组成：

$C_2S$（硅酸二钙），水化慢，放热量小，后期强度增长率最大、耐久性最好。

$C_3S$（硅酸三钙），水化快，放热量大，强度及耐久性较好，但比不上 $C_2S$。

$C_3A$（铝酸三钙），反应非常快，放热量最大，主要影响早期强度（但强度不高）与凝结时间，易受化学侵蚀。

$C_4AF$（铁铝酸四钙）相对来说，除了颜色（生产水泥时带来的）对混凝土性能的影响不大。

为了满足不同的用途，可通过改变四种矿物成分的相对比例来生产不同类型的水泥：

类型I——也称A型水泥，普通硅酸盐水泥（OPC），通用（GP）；

类型II——中热水泥；

类型III——高强快硬水泥；

类型IV——抗硫酸盐水泥；

类型V——低热水泥。

水泥的第五种组成成分是石膏（$CaSO_4 \cdot 2H_2O$），石膏与水泥熟料一起混磨，以控制水泥的凝结时间。

石膏对减少收缩是非常有益的，同时还能起增强的作用。但是，过量的石膏会引起水泥缓凝和安定性不良（膨胀破坏），石膏可能会由于研磨时的温度过高而使其作用降低。

通过前面介绍的内容及其他文献资料，读者就很容易弄清不同类型的水泥中哪种成分在起主导作用。但是，有几个问题经常引起误解，应引起读者的注意：

（1）生产抗硫酸盐水泥时，主要是限制其$C_3A$的含量。不幸的是，尽管$C_3A$的耐久性一般较差，但却是抵抗氯化物侵蚀的主要成分。抗硫酸盐水泥一般被认为是高耐久性水泥，常常用在和抗硫酸盐侵蚀一样、甚至更重要的抗氯化物侵蚀的部位（如海工建筑结构）。此时，应使用高炉矿渣水泥，或掺入粉煤灰、硅粉等掺合料。在没有此类侵蚀的地方，应使用高强度等级的普通硅酸盐水泥。

（2）低热水泥基本上具有和抗硫酸盐水泥相同的抗硫酸盐侵蚀的性能（因为限制了放热量最大的$C_3A$），但抗硫酸盐水泥不一定就是低热的。这是因为大部分产生的水化热来自于$C_3S$组分（$C_3S$含量比$C_3A$大得多），并且其含量在抗硫酸盐水泥中并没有必要加以限制。

现在人们逐渐认识到，为了适应不同的工程用途，使用不同掺量的粉煤灰、高炉矿渣或硅粉等掺合料比使用不同类型的水泥更合适。这类掺合料从本质上讲都是工业废料，过去常被用在低等级水泥中，其目的只是为了降低成本。

使用粉煤灰的一个有趣理由有时也源于罗马人对火山灰的使用。作为一种新型、未经证实的材料，罗马人使用的火山灰材料已经证明如果处理得当能够维持2000年。当然，波特兰水泥也必须表明能够维持200年，但很多已经做不到。

## 8.2 粉煤灰（pfa）

### 基本性质

粉煤灰（也称磨细粉煤灰）是一种火山灰质材料。实质上，粉煤灰在与石灰、水混合后能够发生水化反应生成具有胶凝性的水化产物。由于普通水泥水化时能够生成大量的氢氧化钙（石灰），因此，混凝土中掺入的粉煤灰即可大量吸收氢氧化钙生成胶凝物质。

肉眼观察，粉煤灰和水泥有些相似，但粉煤灰只与水混合时，是完全不会凝固的（除非是C类灰，一种含钙量很高的灰）。粉煤灰甚至比水泥更细，具有非常圆滑的颗粒形状，其中包含部分破碎的空心圆珠体（与具有锯齿状颗粒形状的水泥形成很大反差），以及较小的密度，其密度大约在1.9~2.4g/$cm^3$之间，而水泥的密度约为3.15g/$cm^3$。

不同粉煤灰的火山灰活性是有差异的，有些粉煤灰带来的强度更高。以体积取代为基准时，没有粉煤灰能比得上同体积水泥，但当以质量取代为基准并考虑粉煤灰一定的减水作用（相应可减小 $W/C$，提高强度）时，一些粉煤灰在28d龄期时得到的强度可以和水泥相当，在更长龄期时的强度甚至比水泥还高。

没有缺点的材料是极少的，掺粉煤灰的混凝土主要具有以下特征：

（1）早期强度降低；

（2）凝结时间延长；

（3）放热量减小（在炎热的气候或大体积混凝土中使用粉煤灰非常有利，但是在寒冷季节使用就不利了）；

（4）有抑制引气的作用，对于含碳量高的粉煤灰可采用加大引气剂掺量或配制适于粉煤灰的引气剂等措施，但如果粉煤灰的含碳量变化时会引起混凝土较高的变异性；

（5）增加复杂性，为达到最好的使用效果，需要考虑更多知识和技术上的因素。

粉煤灰混凝土并不会自动表现出所具有的优点或缺点。掺粉煤灰时混凝土可能变得更好或更差，这要取决于使用的环境与需达到的目的。可以这样认为，粉煤灰放到有能力专家的手中就是一种有用的工具，而对缺乏经验的人却可能成为失败的导火索。此外，不同的粉煤灰会有很大的差异，当然也没有能够适用所有环境、最划算的买卖。另一方面，有些工程出现的问题实际上并不是由粉煤灰引起。在有的情况下，本该非常适合使用粉煤灰的，但却由于无知或偏见导致没有使用粉煤灰。

### 粉煤灰的化学成分

ASTM 618将粉煤灰划分为两类：F类灰和C类灰。F类粉煤灰是真正意义上的火山灰质材料，$SiO_2$是其最重要的化学成分，同时$Al_2O_3$与$Fe_2O_3$也具有一定的活性（表8.1）。C类粉煤灰含有一定量的钙质成分，在无水泥时会表现微弱的胶凝特性（极少数的能在完全不使用水泥的情况下用来拌制混凝土）。因此，在相同使用条件下，C类粉煤灰的掺量比F类粉煤灰更大，但达不到高炉矿渣的相同程度。在抗硫酸盐侵蚀方面，C类粉煤灰不如F类粉煤灰更有效。

作者关于粉煤灰方面的经验主要是F类灰，C类灰通常也可产生与F类灰类似的效应（正如在配合比设计竞赛部分提到的），但两者存在较大的差异。

碳是粉煤灰中最主要的有害成分，因为它能抑制外加剂的作用，尤其是引气剂。含碳量是通过检测烧失量得到的，要求其含量不超过8%，并希望越小越好。不管怎样，真正重要的是含碳量应尽可能保持稳定，否则，将很难控制含气量的稳定性。但曾经有报道（见8.5节），含碳量高达23%的稻壳灰已成功用在一些特殊的环境下，因此，粉煤灰含碳量较高时应没必要担心，除非是还要考虑其他的要求条件。

**表8.1　各种胶凝材料的化学成分**　（%）

| 化学成分 | 波特兰水泥 | 粉煤灰 | 矿渣 | 硅粉 |
|---|---|---|---|---|
| $SiO_2$ | 20 | 50 | 35 | 93 |
| $Al_2O_3$ | 5 | 30 | 15 | 2 |
| $Fe_2O_3$ | 4 | 10 | 1.5 | <1 |
| CaO | 65 | 2.5 | 40 | <1 |
| MgO | <2 | <2 | <1 | <1 |
| $Na_2O$ | <2 | <2 | <1 | <1 |
| $K_2O$ | <2 | <2 | <1 | <1 |
| $SO_3$ | <4 | <2 | <1 | <1 |
| Loss | <2 | <2 | — | <2 |

与水泥一样，粉煤灰中的碱和镁含量也应加以限制，但通常不会有问题。

## 粉煤灰效应

掺入混凝土中的粉煤灰可带来三种效应：

对新拌与硬化混凝土的物理效应；

对凝结过程与硬化混凝土的化学效应；

对凝结过程的物理化学（或表面化学）效应。

(1) 物理效应

粉煤灰颗粒在大小及形状上与引入的空气气泡非常相似，因此有许多类似的效应：

①减水。减水率约达5%，且随粉煤灰品种不同有一定的变化，但极少数的粉煤灰（如Hong Kong灰）反而稍微增加用水量。

②减小泌水。

③改善黏聚性与可塑性。

④提高泵送能力。

⑤减小坍落度损失。

粉煤灰不具有可压缩性，并且可能完全不利于抗冻（原因是有抑制引气的作用，这样就需增加引气剂的掺量）。但是，粉煤灰的不可压缩性对泵送混凝土而言比引气剂具有更高的使用价值，而且，粉煤灰的贡献可明确量化。

此外，粉煤灰颗粒还是非常好的孔隙阻塞剂，可大大降低硬化混凝土的渗透性。

(2) 化学效应

水泥水化时，生成大量的游离石灰。石灰是混凝土中最软弱、最易受到化学侵蚀的水化产物，若其受影响发生变化也将影响到混凝土中的其他水化产物。

粉煤灰与游离石灰发生化学反应生成与水泥水化相同的水化物。这个反应过程相当缓慢（主要在7d以后发生），并且在水化过程中产生的热量极小，此性质非常有利于在炎热季节浇筑混凝土或浇筑大体积混凝土，但不利于在寒冷气候浇筑混凝土。

众所周知，粗骨料中的活性硅会由于碱－骨料反应产生严重的膨胀开裂问题。尽管粉煤灰也含大量有效的活性硅，但却是有利的。因为，在初期反应阶段，粉煤灰中大量的活性硅已将混凝土中的碱消耗掉，无论粗骨料的活性有多大，也不会再引起膨胀开裂问题。

(3) 表面化学效应

由于粉煤灰颗粒在水泥浆体中可起到晶核的作用，从而促进了晶体的生长。该内容超出了本书的范围，但应该认识到还有更多需要了解的领域，而不是较早时涉及的部分。这可能对下面的预测给出了一定的解释，即在粉煤灰掺量相同时，粉煤灰导致早期强度降低的程度比其化学效应要小。

英国的Malcolm Dunstan博士和加拿大的Mohan Malhotra博士（1994）已经对粉煤灰掺量为50%～60%的碾压混凝土及其他混凝土做了有趣的研究。在碾压混凝土中或在使用高效减水剂获得的常规坍落度混凝土中使用大掺量的粉煤灰可获得很好的效果。但是在普通用水量时（用水量没有减少），使用大掺量粉煤灰的效果却不甚理想。可以说，水灰比对强度的影响效果在掺粉煤灰的情况下比不掺时更显著。

### 避免粉煤灰带来的危害

（1）由于粉煤灰比水泥轻且便宜，因此可能会认为在低强度混凝土中使用粉煤灰会特别合适。事实上，对于给定水灰比的混凝土，掺粉煤灰确实能使混凝土获得更好的外观、更高的抗离析能力及更少的泌水等，但有时也不一定。相比不掺粉煤灰的混凝土，缺乏实际经验的人往往在粉煤灰混凝土中用水过量。事实上，混凝土强度更易受到用水过量的影响。因此，在低强度混凝土中使用粉煤灰时需格外谨慎。

（2）由于粉煤灰混凝土的强度增长相对较慢，因此需要更有效、更长时间的养护。事实是，粉煤灰混凝土比同强度的不掺粉煤灰混凝土具有更好的抗渗性。因此，大体积粉煤灰混凝土在某种程度上可做到自养护（尤其是地下基础部分）。但是，这不适合露出地面20mm范围以外的混凝土，因此对这类混凝土必须加强保护。粉煤灰混凝土特别适合蒸汽养护。

（3）氢氧化钙具有质软、易被水或化学物质溶解等缺点，但它是混凝土中碱性环境的主要来源，可起到防止钢筋锈蚀的作用。由于粉煤灰水化过程中要消耗掉大量的氢氧化钙，因此掺入粉煤灰后降低了对钢筋的化学防护效果。问题是粉煤灰混凝土的低渗透性可否对其有补偿作用，答案取决于养护效果，养护的好则可以补偿，否则，就不行。

（4）由于粉煤灰混凝土的强度增长慢，如果过早拆除模板以及梁、柱等支撑，则会承受较大徐变的影响，但拆晚了又可能增加额外的成本。

（5）由于泌水减少，蒸发裂缝更易产生，但产生温度裂缝的可能性减小。

（6）抹面时间延迟，在寒冷气候时更为严重。

### 粉煤灰的优点

（1）可降低水化热峰值（由于在这段时期放热的速度明显快于散热的速度，因此大体积混凝土表现为温升）。依作者的观点，大体积混凝土的温升几乎只需考虑水泥的影响，而不需考虑粉煤灰。但是并不是每个人都认同这样的观点，因此应通过试验来确定。

（2）新拌粉煤灰混凝土具有更适宜的工作性，更易泵送、密实、抹平，较少泌水和离析，通常有更好的外观。

（3）混凝土的抗渗性更好（如果养护得当）。

（4）混凝土的耐久性更好，例如，比大多数抗硫酸盐水泥具有更强的抗硫酸盐侵蚀能力（Kalousek，1972）。

（5）高强性，掺入粉煤灰后，比使用水泥用量大多超过 400～500kg/$m^3$ 的混凝土强度要高。但是，如果使用低热水泥时，则使用更多的水泥。

（6）粉煤灰在世界上绝大多数地方比水泥便宜。

（7）尤其适合在海工建筑物中使用粉煤灰（但在海水淹没前，应有足够的养护时间）。由于海工建筑物使用水泥时总存在为难之处：既希望水泥的 $C_3A$ 含量高来抵抗氯化物的侵蚀，又希望 $C_3A$ 含量低来抵抗硫酸盐的侵蚀。然而，粉煤灰混凝土却能两者兼顾。

#### 总结

总的来说，除了要求早期强度高、水化热有利、正常养护难以保证（尤其是强度等级在 30MPa 以下）及需防化学侵蚀等情况外，在混凝土中适当掺入粉煤灰是适宜的。当使用粉煤灰时，必须注意确保得到的粉煤灰混凝土强度应与实际相符，即用水养护的圆柱体试件强度必须能准确反映现场养护条件差时试件的强度。

掺粉煤灰的混凝土应对其施工环境给予相应要求，这对充分发挥粉煤灰的效应非常有利，施工环境包括炎热天气下浇筑混凝土、使用低热水泥或加冰施工的大体积混凝土、要求高强或泵送性良好的混凝土，以及需要高抗硫酸盐侵蚀的混凝土等。

## 8.3 高炉矿渣

#### 粒化高炉矿渣的性质（ggbfs）

胶凝材料的性质主要取决于其化学成分、物理特性及细度等，典型代表之一就是高炉矿渣。由于高炉矿渣是炼铁时的副产品，其化学成分随矿石来源不同存在一定差异，但对于固定来源地的化学成分应是相当稳定的。表 8.1 表明高炉矿渣的化学成分与典型的火山灰材料相比更类似于水泥。不管怎样，为了得到满意的性能，重要的是熔渣在离开高炉时应快速冷却（通过水淬火）。这可促使熔渣形成颗粒如砂子般大小的粒状，更重要的是能促使熔渣形成玻璃体或无定形状态，比通过缓慢冷却形成结晶状时的活性要高得多。对于后者，非常适合用作混凝土骨料，而不适合作为胶凝材料。应重点强调的是没有经过碾磨过的颗粒材料不能作为良好的细骨料，因为这些颗粒脆弱、多孔、坚固性差等。

要将高炉矿渣作为胶凝材料使用，必须磨得很细，甚至比水泥还细。矿渣的细度、化学成分及玻璃体含量等决定其在混凝土中的水化反应速度和程度。

矿渣不能单独作为胶凝材料用来拌制混凝土，但掺量要比其他火山灰材料高得多。需要使用波特兰水泥熟料或其他激发剂来激发矿渣的潜在活性。矿渣掺量可达到总胶凝材料用量的80%或更多，但通常在60%以内。一种可选择的激发剂是硫酸钙，用来生产无熟料矿渣水泥。关于这种水泥已属讨论范围以外，但应提醒的是无熟料矿渣水泥具有很好的抗化学侵蚀和水化热非常低的特性。但使用时需特别细心，如应掌握消除其缓凝时间过长的方法及在强度增长过程中确保充分的养护等。

在矿渣硅酸盐水泥中，矿渣可以与水泥熟料一起混磨或单独作为一种掺合料使用。由于水泥熟料比矿渣质软，因此在与矿渣混磨时，水泥熟料会磨得很细。即使矿渣作为水泥的混合材料（与粉煤灰一样）出售时，也可用来与水泥熟料一起混磨生产矿渣硅酸盐水泥或在拌制混凝土时掺入。

### 粒化高炉矿渣混凝土的特性

混凝土使用矿渣水泥时，早期强度发展比波特兰水泥慢。但是，如果养护充分，最终强度可与波特兰水泥相当，甚至更高。矿渣水泥通常具有很强的抗化学侵蚀能力，尤其适合于海工建筑物。矿渣水泥颗粒越细，新拌混凝土的泌水率越小，硬化混凝土的抗渗性能也越好。

即使矿渣不具有粉煤灰有利的颗粒形状，但其玻璃质表面具有微降低用水量的效果。不管怎样，用水量多少主要取决于粉磨的细度。

矿渣可作为一种单独的成分加入到搅拌机中拌制混凝土，但更多的是与水泥熟料混磨后销售。以矿渣硅酸盐水泥这种方式广泛使用已经有很长的历史了，尤其是在欧洲和前苏联，矿渣水泥中的矿渣掺量达到了80%。

由于强度发展相对较慢，甚至有时28d龄期时的强度仍较低，因此在某种程度上把矿渣水泥看作是一种强度等级低的水泥。但是，该水泥通常表现出良好的抗化学侵蚀能力，因此尤其适合于海工建筑物。显然，这种材料的特性将主要取决于矿渣的成分。由于粒化高炉矿渣是一种工业副产品，因此其质量在不同来源的水泥间会有一定的波动。作者本人仅有两种不同来源矿渣的实际使用经验，其他是参考当地作者的著作。

### 放热性

充分认识水泥放热的环境条件是非常重要的。主要考虑三个方面：寒冷气候时浇筑混凝土、炎热气候时浇筑混凝土及浇筑大体积混凝土。

矿渣掺量较大时，可引起混凝土缓凝、强度发展慢及在寒冷气候时的早期抗冻性差等问题。然而，同样的这些特性在炎热气候时却是非常有利的。因此，与粉煤灰混凝土相同，矿渣水泥能降低大体积混凝土的温升。事实上，除非矿渣掺量很大（超过75%）或矿渣颗粒很粗，矿渣水泥的水化温升甚至会比普通硅酸盐水泥高。这是因为，在少量掺入矿渣时，甚至会产生更大的总热量；此外，即使放热速度较慢，但是否会带来好的结果，取决于热量能否散失。应清醒地认识到，矿渣水泥放热会更慢，并在使用的绝大多数工程中明显表现出较低的温升。只有在有效绝热的情况下（例如厚度超过1m的基础混凝土），矿渣混凝土才有可能达不到预期的效果。可以肯定的是矿渣尤其适合在炎热气候的条件下使用。

### 蓝色斑点

矿渣混凝土由于易形成褪色斑块而令人厌恶，通常将此斑块称为“蓝色斑点”，其原因是由最初形成的亚铁盐引起的。在干燥环境中亚铁盐可氧化成无色的三价铁盐氧化物，但在长期的潮湿环境下或使用了透明保护层的地方就会出现这样的问题。

### 三种胶材混合

有时候将粒化高炉矿渣、粉煤灰及水泥等三种胶材按一定比例混合后可获得很好的使用效果。例如，比仅掺矿渣时，可提高混凝土的抗弯性能。

## 8.4 硅粉

在处理混凝土技术问题时，硅粉是一种非常有效的材料。为了获得最大好处并避免出现负效应，在使用这类材料时，必须对其非常了解并知道如何正确使用。由于价格昂贵，按作者的观点，硅粉掺量应不超过水泥用量的5% ~ 10%，但有些规定要求掺量达到15%，这不仅有害而且增加了成本。

硅粉（也称硅灰）是用电弧炉从石英及碳中提炼硅、硅铁等产生的副产品。硅粉的二氧化硅含量通常超过90%，颗粒尺寸大约为0.1μm，比表面积超过15000$m^2/kg$（是水泥或粉煤灰的近100倍），属超细材料。硅粉的密度与粉煤灰相近，约为2.3$g/cm^3$。由于颗粒极细，松散堆积密度非常小，仅有200 ~ 250$kg/m^3$。正因为如此，通常将其处理成密实状态、或与水及超塑化剂按1:1的比例制成泥浆。在这种密实状态下，颗粒黏附形成聚集体，但颗粒尺寸仍比水泥小或相当。

关于使用硅粉是否增加用水量的问题存在一些争议，或许这取决于这种特殊材料本身，但肯定也与该材料的使用方式有关。硅粉必须完全有效地分散在水泥颗粒之间，不允许以聚集一起的浆块形式存在。值得怀疑的是，这会在没有使用超塑化剂的情况下做到，以作者的观点，没有超塑化剂时是做不到的。一个值得期待的用途是用于喷射混凝土，但即使在这种情况下，为达到良好效果，作者坚持应使用超塑化剂。或许在掺入一定量的超塑化剂后，硅粉不仅不会增加用水量，而且用水量还会减少。一旦用水量大量增加，硅粉的作用就将失去，特别是对高强混凝土。

对硅粉总有这样一种误解，认为它只适合于高强或超高强混凝土，其实并非如此。硅粉的用途是广泛和多样性的，能前所未有地实现降低渗透性和增加耐久性。在许多情况下，对新拌混凝土性能的影响比对硬化混凝土性能的影响更重要，其影响包括对新拌混凝土的黏聚性有质的提高、几乎完全抑制泌水或抑制水在混凝土中的各种迁移形式（包括新拌或硬化状态时）等。尽管抑制泌水可使混凝土性能在许多方面得到改善，但却使新拌混凝土暴露的表面更容易产生蒸发裂缝。

硅粉在混凝土中的一些主要用途如下：

（1）高强度。普通混凝土获得的强度主要取决于一些其他因素，尤其是粗骨料特性。许多实例表明使用硅粉时可使混凝土强度轻易超过 100MPa，此时混凝土获得的高强度则主要取决于硅粉。对高流动性混凝土，如果不使用硅粉，混凝土的强度是很难达到 80MPa 的。

硅粉作用的发挥部分靠化学作用，部分靠物理作用。由于其颗粒极细且活性极高，因此，与水泥水化产生的氢氧化钙发生的火山灰反应非常有效。因此，作者已将此反应效应描述为“粉煤灰效应的平方”。

硅粉的物理效应包括填充密实效应和改善水泥浆体与粗骨料之间界面结构效应，其物理效应已被认为与化学效应同等重要。

（2）耐久性。除了可将混凝土中最薄弱的氢氧化钙转变成耐久性较好的水化硅酸钙外，硅粉混凝土还实现了以前难以达到的低渗透性。通过消除泌水及促使凝胶结构更细小，实现水泥浆体结构更加均匀。与通过增加水泥用量来试图改善耐久性的方式相比，还减小了温度应力。

粗骨料发生碱-硅酸盐反应的任何可能性都将被阻止，因为混凝土中的碱会与分散的硅粉发生无害的反应而被消耗掉。

硅粉的化学效应和物理效应使混凝土的抗硫酸盐、氯化物及一些腐蚀性化学物质侵蚀的能力达到了一个更高的等级。但掺硅粉混凝土在抵抗碳化方面却没有得到多大改善，其原因是在发生碳化作用时，用于抵抗碳化的游离氢氧化钙在火山灰反应中已消耗掉，由此部分抵消了渗透性减小的正面效应。但是硅粉混凝土具有较低的导电性（Vennesland），这将有助于提高钢筋的抗锈蚀能力。

总之，抵抗冻融破坏对高强混凝土是一个有趣的问题。毫无疑问，提高吸水饱和混凝土抗冻性的方法是要么增加含气量；要么拌制难度更大、成本更高的高强混凝土。问题是实验室使用吸水饱和的混凝土试件进行试验是否与实际相符，尤其是硅粉混凝土。如果混凝土不处在水中，就可能没有水来冻融造成破坏。例如，对于暴露在空气中高强度的圆柱混凝土和桥面混凝土等，在考虑抗冻性问题时就有不同的答案。

（3）黏聚性及保水性（抗泌水性）。为了改善泵送混凝土（包括自密实混凝土）的黏聚性及抗泌水性，硅粉是解决问题最有效的材料。一项专门用于泵送的简单试验是：泵送—停止—再启动泵送。许多拌合料在连续泵送时是不会出现什么问题的，但在耽搁一会后就无法再启动了，出现这种问题的原因通常是内部发生泌水造成的。对这个问题，除非使用硅粉，否则没有更好的解决办法。例如，使用硅粉和超塑化剂等材料能单级泵送混凝土至双子塔（Petronas Towers）的最顶端，该塔是当时世界上最高的建筑物。

抵抗泌水还意味着要抵抗泌水引起的沉降。对于强度非常高的圆柱体，未来一项重要的技术是用流体状的自密实混凝土从底部浇灌。作者已经在四层楼高的电梯中使用了这种技术，从混凝土的角度看，对可达的高度几乎没有限制。但是，这种圆柱体经常涉及到每层楼平台上其他钢构件的穿过，在这种情况下，任何在关键位置上由泌水沉降引起的裂缝将会是灾难性的。

导管灌注混凝土，尤其是那些必须抵抗由泌水引起沉降的混凝土，也是受益于掺入了硅粉，尽管还使用了其他增稠剂，如甲基纤维素。

（4）喷射混凝土。硅粉混凝土能够通过降低回弹率和改善新混凝土与基底老混凝土间的黏结力降低喷射混凝土的成本并大大提高修补性能。

（5）外观。通过对混凝土拌合物中输移水的抑制，避免了出现如水化斑点、砂纹、泌水孔缝等现象，非常有利于改善混凝土的外观。

一个无法回避的问题是某些硅粉对混凝土的外观色泽会产生很大的影响，其原因是受硅粉中的碳影响所致，且受碳颗粒大小的影响比其含量多少的影响更大。

## 8.5 稻壳灰（RHA）

稻壳灰是由燃烧稻壳（稻谷的外皮或壳）时产生的，含有大量的硅，与硅粉和高炉矿渣具有相似的胶凝特性。其化学成分上与硅粉一样几乎都由硅组成，与矿渣的相似点是生产条件非常重要。由于矿渣必须非常快速地冷却来实现形成玻璃体或无定形状态，因此，稻壳灰要形成这种状态就必须在相对低的温度下燃烧。当燃烧温度过高时，本质上会获得非常好但没有活性的硅砂。无论怎样，重要的是燃烧应完全。否则，稻壳灰的碳含量会很高，将严重影响到引气剂的均匀性和有效性。但是，曾有文章（Dalhuisen et al.，1996）报道过成功使用了含碳量达23%的稻壳灰，其原因是使用地点在热带气候地区，混凝土不需要引气。

与矿渣一样，原始稻壳灰颗粒呈多孔状，比硅粉颗粒大得多，但比表面积也较大。因此，为了避免过大的用水量及保证混凝土的密实性，需对原始稻壳灰进行粉磨。显然，重要的是应对来自不同原料烧成的稻壳灰产品品质及均匀性等指标给予正确的评估。

评估来自不同原料烧成的产品品质和均匀性是重要的。因为，这样能够类似于粉煤灰、硅粉等一样按质量进行划分，一旦稻壳灰混凝土出现问题时，可根据稻壳灰的品质检测结果判断是否由稻壳灰的质量引起。

在世界许多地方，每年有大量（数万吨）可利用的稻壳。如果处理得当，它们将成为一种极具潜力的资源，而不是为减少堆放空间而将其随意燃烧，造成大规模的公害。

## 8.6 超细粉煤灰

世界上有些地方使用超细粉煤灰，认为超细粉煤灰在成本、使用效果及适宜掺量等方面介于普通粉煤灰与硅粉之间。考虑到超细粉煤灰的相对成本与实用性等因素，其应具有相当高的竞争力。既不像普通粉煤灰需要大容积的配料设备，也不像硅粉是一种难以处理和有效分散的材料。

## 8.7 硅胶

硅胶是从法国发展起来的，以一种胶状形式存在的化学成分为二氧化硅的胶凝材料，不是来自生产硅铁合金的副产品。硅胶胶粒甚至比硅粉还细，悬浮在液体中，但使用起来不存在类似硅粉的问题。其价格比硅粉贵，但掺量要低。据称在喷射混凝土中使用尤其有效和经济（Prat，1996）。

## 8.8 偏高岭土

对于混凝土领域中的火山灰质材料而言，偏高岭土相对来说是一个新成员。它是通过煅烧高岭土得到的，也因用于制陶术而被称为瓷土。与稻壳灰一样，重要的是要充分煅烧，但温度一定不要超过800℃，因为会导致“死烧”，即生成不具活性的多铝红柱石。偏高岭土属铝硅酸盐类材料，能与硅粉以相同的方式与游离石灰发生反应，当以5%～15%同比例掺量使用时产生与硅粉类似的效应。

持赞同观点的人指出，偏高岭土是一种可按用途需求进行调配和控制的产品，而不像大多数工业副产品或废料的火山灰质材料受到限制。实质上，偏高岭土呈白色状，配制的混凝土具有更浅的颜色，又由于能减少风化，故尤其适合用于彩色混凝土。

## 8.9 超细碳酸钙（纯石灰石粉）

石灰石粉是另一种新材料。作者没有关于使用石灰石粉方面的经验，但是听到过几个国家成功使用的报道。石灰石粉通常可以以不同的细度使用，但其越细成本也越高。石灰石粉已在普通硅酸盐水泥（OPC）中按5%的掺量使用多年了，实质上可以看作是起稀释和降低成本的作用。石灰石粉颗粒较粗时在某种程度上可用作粉煤灰的替代物，而超细时（5μm）则可用作硅粉的部分替代物。由于石灰石粉成分只是简单的碳酸钙，故很难看到会产生有效的化学效应，报道中包括改善和易性，更奇怪的是还具有很好的早强特性，但至少良好的颗粒级配是可以对其进行部分解释的。

# 第9章 外加剂

在20世纪50年代有这样一种观点，使用外加剂并不是一件很难的事情，但这一时期已经过去。很明显，如今外加剂既能解决棘手的混凝土技术问题，还能节约大量费用。但如果选择或使用不当，也会带来技术上的问题。

高强度混凝土（HSC）或高性能混凝土（HPC），尤其是自密实混凝土（SCC）是当前关注的热点（虽然自密实混凝土在产量排名方面一点都不如它在技术文献数量上的排名）。在1996年的巴黎研讨会（BHP96）上介绍关于生产高强度混凝土或高性能混凝土的主题报告时，作者指出在提交的包括本论文在内的20多篇文章中只有一篇对超塑化剂进行了详细的论述，而实际上其他论文中提到的所有混凝土都涉及到超塑化剂。人们很容易认为高性能混凝土的显著特点是使用了硅粉或高强，但实质上其最基本、最重要的特点是使用了超塑化剂（称为HRWR，即高效减水剂）。

尽管外加剂技术应用广泛，但对混凝土领域及相关行业中的许多人来说，好似一门外语，了解甚少。同样，尽管获取外加剂技术知识比较容易，但并不容易被所有人掌握。因此，本章旨在提供技术指导，而不是外加剂方面的具体知识内容。出现的新问题使如今的形势变得如此复杂，以至于即使是主要外加剂供应商的技术代表也不能提供正确的答案，正如其在网站（www. kenday. id au）上公布的事例。最近，作者遇到这样一件事，就是参赛作品中提交的混凝土配合比实际上根本无法保持一直不变。原因是外加剂、水泥和大掺量的C类粉煤灰之间复杂的影响关系。在澳大利亚和美国，外加剂供应商有经验的研究者能预测出影响结果，但这并不为大公司的技术代表所知。网上描述某产品特别适合于与粉煤灰一起使用，但并没有对粉煤灰的类型和掺量做出任何的指导和要求。讨论中涉及的外加剂是Grace WRDA，但必须强调的是这种外加剂是一种非常普通的木质素磺酸盐，已在许多国家广泛应用很多年了，看起来似乎其他类似有竞争力的产品也会产生同样的效应。有关这一事例的看法，作者多年以来乐于通过电话为许多国家设计混凝土配合比，没有遇到任何问题，并且推荐的第一个用于实际结构的试验配合比是全级配的。建议读者寻找可信赖的知名外加剂供应商的技术代表。显然，这条建议现在必须更改一下了，混凝土生产者尽管仍需听取建议，但在采纳之前必须通过试验来说服自己。

重要的是要意识到使用环境的复杂性，以及任何打算在比较不同外加剂的作用时存在固有的不准确性。当水泥或其他条件不同时，外加剂的作用效果也是不同的。某一特定牌子的外加剂在不同的地方可能有不同的名称。添加时间（相对于水泥与水开始拌合的时间）不同时，外加剂的作用效果也会不一样；对相同的配合比和外加剂，当用搅拌车拌合或在实验室用搅拌机拌合时，也会获得不同的效果。

与外加剂的销售价格相比，大多数外加剂原材料的成本相对较低，其主要原因是由于研发、质量控制、技术服务和市场营销等导致成本增加的缘故。然而，除了拥有良好设施和精通业务技术人员的大型混凝土生产商外，外加剂供应商的技术援助也是物有所值的。

如果某种外加剂能使每立方米混凝土节省5kg的水泥，每年就将节省水泥几百吨。然而，同一水泥用量时的强度差别大约只有1MPa，这或许是在试验配合比的允许误差范围之内。

如果认为试验配合比不准确，并且又不能引用其他使用者的生产结果，唯一可做的工作就是开展平行试验。这可能是件简单使用外加剂的事情，就是每天对一至两辆车混凝土进行外加剂试验，并且不要变换这些搅拌车。过段时间就能准确地判断出使用这些新品种外加剂是否有任何明显的优势。在短暂的初期，有必要考虑给非重要结构部位提供特定的搅拌车或指定使用在较低混凝土等级的部位。

总的来说，正确选择外加剂品种并以最合理的方式使用，可比获取最具经济效益的外加剂更重要。因此再次强调，大多数混凝土生产商应寻求理想的外加剂供应商而不是理想的外加剂。也就是说，正确的建议可能比最好的外加剂更重要。

## 9.1 外加剂的使用方法

除非是非得用在有特殊性能要求的地方，否则，不要规定使用某种具体的外加剂，这点是非常重要的。如果规定外加剂，则混凝土供应商对混凝土性能所负有的责任将会大大降低，遇到的任何问题都会在一定程度上归罪于外加剂。混凝土供应商必须尽可能确切地阐述其供应的混凝土，这其中包括对外加剂的选择。在必须使用某种具体外加剂的地方，还应与混凝土供应商共同商讨，并试图说服供应商使用此种外加剂，当然更希望是供应商自己的意愿。如果把混凝土用户对外加剂的选择强加给混凝土生产商，则将破坏混凝土生产商的整个控制系统，原因是不能很好将试验结果汇集一起进行分析。

关于混凝土配合比设计的其他方面，采购方有权知道混凝土由哪些原材料组成，并有权拒绝不满足要求的提案。总之，这个权利不宜轻易使用。采购方通常会拒绝在混凝土中使用含任何氯化钙类的外加剂来提高强度，毫无疑问，这是因为氯化钙对钢筋有强烈的腐蚀性。

在有抗冻要求的地方，采购方必定会要求提供引气剂。不过，应拒绝使用由生产商提供的生成气泡过大的引气剂。这是因为气泡过大，会增大气泡间距，从而影响混凝土的抗冻性；如果为了减小间距而增加含气量，又将影响混凝土的强度。气泡间距可使用显微镜观察硬化混凝土的磨光面得到。

## 9.2 使用外加剂的原因

（1）省钱——对于已给定混凝土强度和工作性，可减少水泥用量。

（2）改善混凝土性能。

减小泌水和骨料分离；

弥补骨料级配缺陷；

减小渗透性；

改善泵送性；

减小收缩。

（3）弥补气候条件或运输距离的影响，例如，缓凝与快凝问题。

（4）降低劳动力成本——超塑化剂可提高流动性。

（5）生产自密实混凝土。

## 9.3 常用外加剂类型

### 减水剂

使用较多的普通减水剂有木质素磺酸盐，其是一种缓凝剂，但可通过添加诸如三乙醇胺类的快凝剂来调节凝结时间（希望不再是过去使用的氯化钙）。

普通减水剂的减水率大约为5%～10%，使用目的主要是为了减少水泥用量。减少的部分水是由于掺这种减水剂时不可避免地引入了1.5%～2%的含气量。在给定水灰比的条件下，减水剂的分散作用可以加速水泥的水化反应，引起收缩量的增大，但可通过减少的用水量抵消。这也证明了早期收缩得到的补偿比后期的要小，同时也略微增加了早期裂缝的可能性。

减水剂的掺入时间很重要，实际上延时掺入的效果更好。

在有些情况下，即使24h的强度不降低，也需延迟抹面的时间。

减水增强剂——含聚合物、羟基－羧酸类和水解多糖等成分。有时候，认为此类外加剂与木素磺化盐非常相似，其节约水泥的程度相似，但作用效果有点不同。因为减水效果稍小，同时在给定水灰比的前提下强度直接有少量的增加。

在有些情况下，这类减水增强剂在节约水泥方面比木素磺酸盐更有效（尤其是较大水泥用量时），但也更易受水泥特性变化的影响。

有些新型的减水剂（一些生产商称为增效剂）常常是将高分子聚合物与木质素磺酸盐混合，试图综合两类外加剂的优点。

## 缓凝剂

缓凝剂很容易满足混凝土的任何缓凝需求，且不会带来不利因素，如增加用水量等。

糖是一种很强的缓凝剂，非常少量的糖就能发挥巨大的缓凝效应。

应指出的是增加缓凝时间与减小坍落度损失不是同一回事。在一些环境中，掺木质素磺酸盐混凝土拌合物的坍落度损失比不掺时还快。

缓凝剂停滞后掺入是非常重要的，因为在水与水泥接触5min后再掺入，可获得更好的减水效果。当掺入的缓凝剂在拌合物中分散后，可以阻止生产水泥时为控制其快凝而添加的石膏发生溶解。此时，缓凝剂会引起更快的凝结。在预拌混凝土中，滞后掺入缓凝剂通常是不现实的，如果缓凝剂以浓缩物的形式掺入得花一定时间使其在拌合物中溶解、分散，尽管也可获得同样的效果。现在仍有供应商反对采用这种方式，当然过去也是这样，但现在一些供应商明显免去这一过程，而把外加剂掺入到拌合水中。

## 促凝剂

不同于缓凝剂，促凝剂的效果只能在有限范围内获得，并肯定冒带来有害效应的风险。尤其是促凝剂还正处在研究中，不同促凝剂的促凝原理是不完全一样。下面提供的信息已得到工程验证，用户选用时需自己试验确定。

三乙醇胺与水杨酸仅是一种普通的促凝剂，而且一般不单独使用。

到目前为止，氯化钙是最经济、最有效的促凝剂。但其具有致命的弱点，对混凝土中的钢筋及其他金属埋件有强烈的腐蚀作用，并且许多专业人士还证明其会大大增加混凝土的收缩量。

甲酸钙和亚硝酸钙几乎都能获得相似的强度，但对凝结时间的影响较小，二者比氯化钙要贵得多。

硅酸钠、铝酸盐、碳酸钠及碳酸钾等都具有很强的促凝性，但会降低混凝土的后期强度。

热水拌合或者蒸汽养护也是常用于促凝和增强的方法。事实上，热水作为促凝剂常常是相当合适的选择，尤其是在寒冷的天气。在当代重要工程中，为高架铁路预制的成千上万的超大型混凝土构件再一次证明了这一点。面对在7h内混凝土需达到18MPa强度的要求，只需要两周时间就可解决问题。这只要采取理论分析和两系列各4组试验就可说服客户，热水拌合比蒸汽养护、化学促凝剂或多加水泥更经济。假如养护期非常短，热水拌合的效果更好，而蒸汽养护却需较长时间。当然，也可使用超塑化剂，并且作者提出的早龄期系统（见11.4节）是解决方案中不可缺少的部分。

超塑化剂对高强、早强混凝土非常有用，因为它能促使形成低水灰比，这不仅增加最终的强度，而且增加了强度在早期的发展程度。同时，由于超塑化剂具有很强的分散作用效果，使其在高水泥用量时的作用效果更好。一些生产商，尤其是在热带气候地区，发现使用超塑化剂取代蒸汽养护预制混凝土构件是非常经济的。当然，这种取代还会在后期收到高强度的回报。

### 引气剂

有趣的是，澳大利亚绝大多数达到30MPa强度的混凝土都掺引气剂，但实际上这在东南亚地区是不常见的。在世界各地，使用引气剂的一个最重要作用是在很大程度上提高了混凝土的抗冻性，但在澳大利亚、东南亚地区却不存在这样的问题。

使用引气剂的其他原因：

（1）减少泌水；

（2）改善黏聚性；

（3）改善级配；

（4）提高抗渗性；

（5）提高泵送性（但含气量过大会降低泵送性）；

（6）更好的外观。

为满足上述目的需要的含气量比满足高抗冻性等级需要的少，在澳大利亚通常混凝土的含气量为3%～4%。

使用引气剂的缺点是需另增加控制和测试的因素，因为过大的含气量会严重降低混凝土强度和泵送能力。

在不需要抗冻的地方，通常认为采用高水泥用量（或者其他细粉材料）时是不需考虑引气的。但是，作者在细粉材料过量及强度相对不重要的混凝土中使用引气剂的目的是通过引气来提供润滑、流动的作用。

许多调查表明，即使是高强混凝土，通过引气来抵抗冻融破坏仍然是有必要的。考虑到在实验室进行的抗冻试验是混凝土试件处于完全吸水饱和状态，而不是混凝土结构所处的实际环境，作者对此持怀疑态度。无论怎样，这还未经证实，并且如果在遭受冻融的混凝土中忽略了引气就意味着要冒很大的风险。

## 防水剂（或更合适称为抗渗剂）

防水剂由钙、氨基或硬脂酸丁酯或油酸酯、沥青乳剂，以及聚硅酮和甲基丙烯酸酯等成分组成。

总的来说，防水剂是在混凝土表面的孔口处形成堵塞，起到防水（或阻水）的作用。不过这种作用的寿命是有限的，一般不会超过几年。总之，在绝大多数场合，化学防水剂是不值得使用的。合适的水泥用量、恰当的火山灰材料、良好的养护及低水灰比等都是获得高抗渗性的重要因素。以上任一条件不能满足时，通过使用防水剂也不会得到有效的弥补。然而，若这些条件都可满足，则绝大多数混凝土在没有使用防水剂时也会满足要求。但是，这种简单的论点还不够完整，一个完整的防水体系还应包括选用合适的超塑化剂品种及掺量，这是非常重要的。

在抗地表水（如雨水）渗透混凝土、抗压力水但无表面渗漏（如水池）混凝土、甚至抗压力水蒸气（例如避免经由地板或者挡土墙出现在建筑结构内的潮湿斑点）渗透混凝土等之间要区别对待。后者要达到要求是非常困难的，因此通常需采用防渗薄膜，例如聚乙烯薄膜或环氧沥青涂料，通常使用在与水接触的外表面。然而，至少有一种合适的 Caltite 防水剂已建立了长期记录。同样，硅粉的广泛使用可以较低成本实现目标。应指出的是在没有使用薄膜时，为了达到防水效果，施工工艺是极其重要的。对实现混凝土防水而提供有效保证的任何外加剂供应商而言，必将坚持要求参加和监督混凝土的生产与浇筑。显然，使用自密实混凝土是相当有益的。

抗表面水渗透尽管不能长久但相对容易，这或许可通过在混凝土拌合物中掺入或在混凝土表面涂刷聚硅酮、甲基丙烯酸酯、氯化橡胶（只能用在表面）等材料来达到目的。这些处理措施是有用并可接受的，例如应用到彩色混凝土。如果不采取这样的措施，彩色混凝土的颜色会逐渐退化，这是由于表面风化物沉积的原因。当混凝土受潮或用酸洗去风化物时，颜色会恢复到一定的程度。如果需颜色长久保持，可在混凝土表面使用透明涂料。

在抵抗水池水渗透时，混凝土强度只需达到 40MPa 即可，这比掺有典型的由硬脂酸盐类组成的防水剂及强度达到25MPa的混凝土更经济、效果也更好。该类混凝土确实允许有稍许水渗透，但不足以引起内部成分的任何明显损失，且表面渗水也会立刻蒸发掉，看起来与干燥时一样。

作者曾对Caltite防水剂做过不多的几组试验，该外加剂可以理解为除了不可缺少的化学防水剂外，还含有沥青乳剂。据称，该外加剂的功能是用沥青来堵塞混凝土的孔隙，通过这种方式，压力越大，堵塞效果也越好。将掺Caltite的混凝土与水泥用量为100kg/m$^3$并掺超塑化剂的控制混凝土进行对比试验。在0.24MPa的水压力作用下，作者对Caltite混凝土表现出比控制混凝土更好的抗渗性感到惊讶，实质上在任何龄期都没有出现渗水。但是，控制混凝土比Caltite混凝土便宜，而且在最初几天以后，也渐渐停止了渗水。因此，Caltite完全可以满足要求，至少在短期内，但是其高成本或许是难以接受的。

Xypex和Krystol（非常类似的材料）是一种水泥基渗透结晶型防水材料，该材料是先涂刷在与水接触的混凝土表层上，然后逐渐渗入到混凝土的孔隙中，并在孔隙中结晶达到阻止水渗透的目的。这对作者来说就像科幻小说或夸张的广告，但实际上作者曾见到过许多这种防水措施，并且行之有效。现今这类材料更多地当作灌浆料用于修补，或者用作混凝土的组成材料。关于一个使用Xypex的有趣例子是，将其作为一种基本组分应用在新加坡的地下室挡土墙（因为新加坡的大部分土地是填海形成的，地下室通常低于海平面）。作者参与的原因是由于砂浆不能吸入Xypex，承包人无法完成这样的挡土墙工程。

使用粉煤灰可以减小渗透性，但使用硅粉的效果更明显。粒化高炉矿渣也被认为可以减小渗透性，这些材料已在第8章描述。

泵送剂（现在被称为VMAs或稠度改善剂）

(1) 乳状石蜡；

(2) 增稠剂（甲基纤维素、聚氧化乙烯等）；

(3) 粉煤灰；

(4) 硅粉。

乳状石蜡和增稠剂确实能够提高混凝土的泵送性，但提高幅度不大，或许增加成本和施工难度更明显。如果合适，粉煤灰有很大帮助。硅粉的效果非常好，但价格相当昂贵。

可以说，唯一令人满意测试混凝土可泵性的试验方法是直接进行泵送，但是最便宜、最简便的试验方法则是测试泌水率。真实情况应是泌水的混凝土无法泵送，但是反过来未必如此。可看出以上材料事实上都可有效抑制泌水。最近，在涉及一条长148m、混凝土运送量超过60辆运载车的闭合管道研究课题中，Kaplan，de Larrard和Sedran（2005）采用这一老的测试方法达到了一个新的水平。用四氯乙烯代替水，使用标准气压计，测量混凝土在压力作用下泌出的水，发现泌水率比泌水量更重要。这是幸运的，因为能很快获得结果。同时，发现泵送过程也是非常重要的，为了避免卡车与运送管道中的缺陷接点导致延误，普遍的处理方法是在启动和遇到麻烦时应泵送得慢点。一个有趣的新创意是不允许第一批混凝土与开始浇筑的混凝土混合，否则会比正常情况时的流动性大，这一点很重要。这也证实了作者本人的经验，如果拌合物在大坍落度时黏聚性不好，则坍落度过大或过小时同样有害。

当涉及强度相对较低的自密实混凝土（水泥用量低）时，泵送剂的使用特别重要。据报道，在澳大利亚墨尔本使用在现南半球最高建筑物 Eureka 中的自密实混凝土显示出优异的泵送性能。

## 超塑化剂（HRWR，更准确称为高效减水剂）

自第一版问世以来的几年里，HRWR 明显变得越来越重要了。高性能混凝土几乎可以定义为掺 HRWR 混凝土。在 HRWR 更广泛使用和越显重要时，人们对掺 HRWR 混凝土的强度和弱点也了解得更多。事实上，混凝土浆体填充密实是保证混凝土强度和抗渗性的关键。为此，就需要使用更细的材料，如硅粉、超细水泥、超细粉煤灰等。但这种材料的需水量也更大，由此抵消了其好处。解决这一问题的方法是将细骨料与 HRWR 一起使用来降低高需水量。显然，并不是所有的 HRWR 都能与各种水泥很好相溶，对其检测的最好方法是按推荐掺量掺入外加剂，使用维卡仪（Vicat）进行凝结时间测试。最好是针对不同掺量重复该试验，从而确立“饱和掺量”（该掺量是指继续增大掺量时不会再减少用水量），就同检测坍落度损失可能过快一样，这是一些外加剂与水泥不兼容的性质。相反，也可能遇到一些缓凝过长的情况。该测试也适合打算用于混凝土中的各种火山灰材料。

最早的超塑化剂是三聚氰胺树脂高效减水剂和萘系高效减水剂。前者发明于德国，后者发明于日本，它们都具有很高的减水效果，能在短期内发挥作用，并且没有明显的长久效应（不缓凝或引气），但相对来说较贵（尽管比以前的便宜，因为是大批量生产和使用）。因此，对普通混凝土来说就不能作为减少水泥用量的理由，而普通减水剂是可以这样的。

使用超塑化剂的三种情况：

（1）拌制流态性混凝土。实质上，这种混凝土是可自密实的，并能节省劳力，也值得用在需要良好饰面（垂直面）或浇筑难度大的部位。

（2）拌制高强度、高耐久性混凝土。在普通流动性时，可减水提高强度。当不能通过增加水泥用量获得需要的强度时，这可能是唯一经济的办法。此外，当水泥不能有效分散时，超塑化剂非常适于高水泥用量混凝土。

（3）减小收缩。对钢筋密集的薄壁结构，使用小粒径骨料混凝土浇筑，为了达到完全密实，混凝土拌合物必须采用大坍落度。如果通过增加用水量和水泥用量来获得大坍落度，则混凝土的收缩量必定会很大。但是，如果在正常用水量和水泥用量的情况下，使用超塑化剂则收缩量将大大减小。

上面提及的HRWR可定义为“第1代”，使用的原材料单一。目前的情况变得更为复杂，出现了“第2代和第3代”HRWR，其作用效果可持续更长时间（某些情况超过了2h）。

相比普通减水剂，HRWR可采用更大的掺量，其原因是缓凝时间和引气量不会过大。例如，在生产一种超低水灰比、用于灌注和保护钢筋张力桩（或锚杆）的高流动性砂浆时，就需掺这种外加剂。在锚固超过30m深的地下岩石时，高强度是必需的，由此需考虑使用超塑化剂。但是，应认识到普通减水剂在使用相同掺量时会以更低成本达到相当的减水效果，并且其高缓凝性可成为一个优点（因为要首先浇筑砂浆，然后再将桩插入）。在将桩通过液压法插入到最大深度的过程中，可排除部分气泡使高含气量减小到一个非常合适的程度。

在许多国家，现已有大量各种类型的HRWR。通过在最初原材料的基础上增添或者用其他材料取代的方式，包括木质素磺酸盐以减小其引气量和缓凝时间。HRWR的成本正在降低，这与劳动力成本有关，高强混凝土的价值也正变得为人们广泛了解。可能更重要的仍然是人们逐渐认识到这些材料不仅使劳动力降低，而且技能要求也降低了。因为这些原因，超塑化剂的使用在逐步增加。

HRWR的一个新品种是聚羧酸减水剂。这类外加剂在自密实混凝土的使用中尤其受欢迎，具有更小的缓凝性，但保持流动性的时间更长，并且抗泌水性更好。掺聚羧酸减水剂的问题是引气过量，不过可通过掺消泡剂来解决，但复掺时需连续不断地搅拌以避免沉淀。

尤其在美国，现今这类材料被称为“高效减水剂”。这是因为，通常并没有使用在超塑性混凝土中，而仅仅用来减少用水量。同样，看重的是“高性能混凝土”，而不是“高强度混凝土”。已经认识到许多混凝土使用高效减水剂、硅粉等材料是考虑其高性能，而不是高强度。

## 补偿收缩剂

（1）铁粉；

（2）硫铝酸钙。

使用此类材料需特别小心，应避免膨胀导致开裂。还必须记住的是，实际上它们不是通过降低收缩率起作用。发生膨胀和收缩两种现象是当混凝土在潮湿环境下（在任何收缩发生之前）产生膨胀，然后，再出现收缩。初始的膨胀受到钢筋或相邻混凝土的约束，形成内压应力，在后期的收缩过程中压应力逐渐减小。除了受过量膨胀会造成开裂的风险影响外，同样还存在膨胀量不足，达不到需求的临界膨胀点的影响。同时，预压应力会因混凝土徐变几乎消失殆尽，对随后的收缩不会产生任何补偿作用。

在美国，可使用补偿收缩水泥，甚至可使用能将预应力施加到钢丝束中的膨胀水泥。补偿收缩水泥可通过在水泥中添加硫铝酸钙制得。

Eclipse 是一种新型减缩剂，作者已有这方面的使用经验。据报道，Eclipse 在补偿收缩时非常有效，但价格相当昂贵。它的作用机理是基于降低水泥石孔隙中水的表面张力，作者看来，似乎并不是所有混凝土都会因为这个原因而保留足够的水分，但时间会证明。

# 第10章 统计分析

统计分析并不是一门精确的科学。无论使用的统计技术是多么的严密和完美，得到的结论却远没有其基于的假设可靠。当从一次试验或一系列观察中获得有限的数据时，就可利用非常完美的分析技术和所有的知识来获取相当可观的信息。但是，质量控制（QC）并不是依据一次试验数据，而是持续不断的大量数据。进一步说，质量控制是一个严格受经济利益控制的技术领域。

在混凝土结构中，需要确保满足设定的混凝土最低质量标准，这可通过增加材料成本获取较高的平均质量，或通过增加控制投入实现较低的变异性来实现。高控制支出本身或许会以大量但极少分析的粗糙试验、或许会以少量但有更仔细的监控试验及更全面的试验结果分析的形式体现。在设定质量的条件下，应寻找生产总成本最低的平衡点，该平衡点必须在经济上考虑员工和设备是否满足要求。如果在给定最低质量下得到的试验结果成本较高，则采用的系统就无优势可言，而该系统要求每个试验员应达到合格工程师的水平及每个团队应配备一名专业的统计员。

我们的注意力不应只放在为实现混凝土质量精确控制的优雅或严谨的统计学上。如果很容易了解统计技术的局限性以及控制员总是准备否定或修正数学上产生的不切实际的结论，则就可以使用相对粗糙的统计技术了。对不明确的判断不存在偏见是相当困难的，但处理策略得当是可以避免出现这种偏见的。策略一是在质量控制中，通常最初的结论都是暂时的，因为在得到更多试验结果时结论会随之改变。因此，当首先发现结果出现突变时，可认为是偶然变化或试验错误将其剔除掉，但如果被后来的结果确认，则必须接受；策略二是关注相关变化，例如根据坍落度、密度及混凝土温度的变化来确认或拒绝异常的试验结果。因此，如果单个低试验值来自一对较轻的试样，则可将其忽略。但如果一对较低强度的试样同时伴有较高的坍落度，则必须作为事实予以接受。尽管如此，还不能表明需要调整混凝土配合比，因为此时调整混凝土配合比只是为了更好地控制坍落度。

作者曾使用一些原始的统计技术，但必须相当谨慎，因为根据作者的经验，许多数学技巧已无法用上。当然，采用哪些数学技巧需要对引起不符合实际结论的因素有非常全面的认识，要采取措施确保这些不符合实际的结论被撤弃，避免导致不恰当的控制行为。运用的所有数学技巧必须被限制在普通操作者胜任的能力之内。必须时刻牢记的是，我们的目的是实现更多的经济效益而不是为了展示技艺。

## 10.1 正态分布

如果能找到描述一整套试验数据的数学模型，则就有可能根据已获得的有限数据来建立这种模型，并利用这种模型预测未来可获取的结果。例如，在没有获得低于某特定值的结果时，完全能够预测不可避免出现低于某特定值的试验结果，除非模型被修改。如果在没有经历即使是一次失败的情况下能够建立必需的控制行为，而不是等着失败后再建立，那我们对混凝土的质量控制将处于强有力的位置。如果能通过早龄期试验结果，甚至通过提供的新拌混凝土的试验结果，而不是28d龄期的试验结果来建立这种模型，则会更加有利。

将强度按22.5~25.0MPa、25.0~27.5MPa、27.5~30.0MPa等划分区间，如果将每个试验结果看作是一个球并按其强度大小对应放置在各区间中，则会形成一系列的柱子（图10.1）。这种图形被称为柱状统计图。如果拥有大量的球并被分别放置在相应的柱子中，则试验结果可近似于图10.2显示的一条光滑曲线。

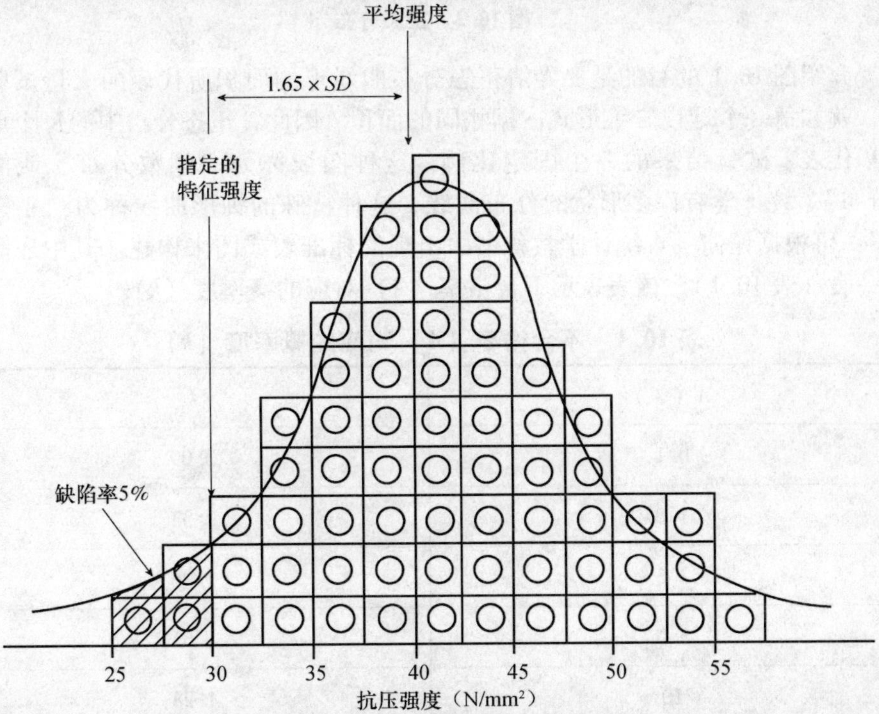


**图10.1 试验结果模拟分布**

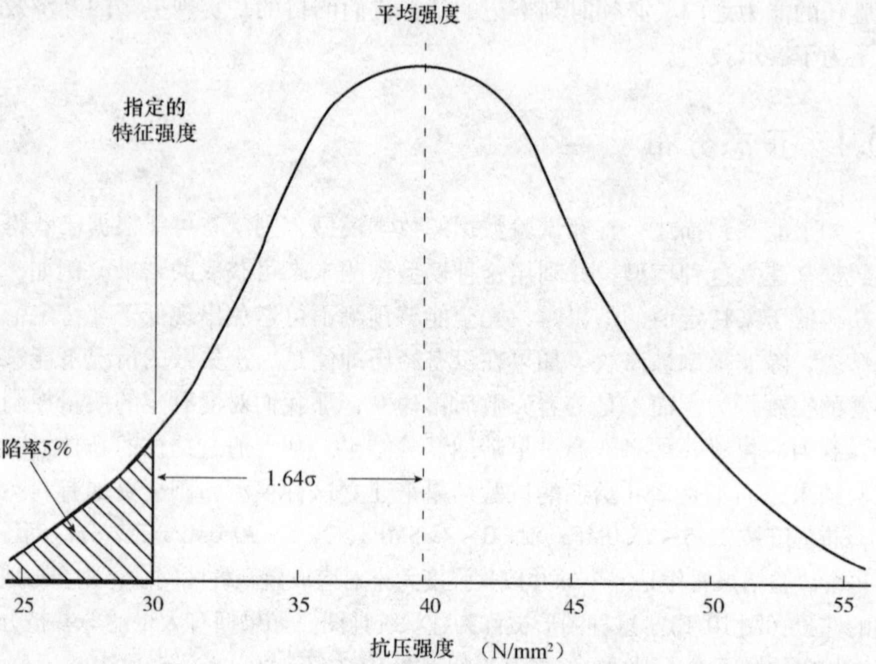


图 10.2 正态分布

介绍图 10.1 的目的是要弄清正态分布曲线下的面积所代表的大量试验结果，就如每一个球以二维形式占据相同的面积。因此，正态分布中的每个单元面积代表着试验结果的一个固定比例，这种图被称为“频数分布”或简称“分布”。统计学有许多形状的分布曲线，这种特殊的钟形曲线称为“正态分布”，可根据任何一本统计学教科书中出现的标准表或图来构建。其中还附有另一表（表 10.1），该表表示不合格率（$A$）对应的概率度（$k$）。

表 10.1 不合格率（$A$）对应的概率度（$k$）

| $A$（%） | $k$ |
|---|---|
| 0.1 | 3.09 |
| 1.0 | 2.33 |
| 2.5 | 1.96 |
| 5.0 | 1.65 |
| 10 | 1.28 |

建立正态分布图所需要的信息仅仅是全部试验结果的平均值（$X$）及标准偏差（$\sigma$ 或 SD），其中标准偏差由试验结果的分散程度计算得到。当一系列试验结果输入到计算器时，就可读出 $X$ 值和 $\sigma$ 值，同样，也可通过计算机来自动生成。标准偏差的计算见下式：

$$\sigma = \sqrt{[\Sigma(x_i - x_m)^2/n]}$$

式中 $x_i$——单个结果值；

$x_m$——全部结果的平均值；

$n$——结果数。

确定标准偏差的另一种方法是根据连续结果间的差值得到，即 $\sigma$ = 平均差/1.13。如果分析的数据确实呈正态分布，则这种方法应与标准方法得出的答案相同。然而，如果分析的数据来自序列中不同时段的结果，而各时段的平均值又不相同，则会有一个差异。在这种情况下，用标准方法可得到不同时段结果的标准偏差，可有效表明试验结果真实平均值在变化到中间平均值时前后发生的变化。我们没有必要探究这些数学计算（尽管相当简单），对其了解就足够了。不同的方法几乎完全不会受这个变化的影响。在评估多等级试验结果的变异性时尤其有用，因为用计算机来控制相同的等级时，取自最后试验结果的平均偏差是非常容易的。通过这种方法，许多有意义的标准偏差就可从分布在大多数等级上的相对较小量的试验结果中获得。

UK QSRMC 质量控制系统使用差分法，该方法假定有相对较少的变化点，且某个变化点在分析后可重复使用。

作者的质量控制系统把由差分法得到的标准偏差打印在结果表的顶部，而由标准方法针对每个混凝土等级得到的标准偏差则由表本身给出。当然，试验结果少的等级更可能具有较大波动的标准偏差，但对试验结果达到或超过 20 个的等级，由标准方法得到的标准偏差比由差分法得到的大得多，这通常表明在该等级中存在着变化点（需检查）。同时，也表明在该等级中存在造成高变异性的特殊原因（也需检查）。

差分法的标准偏差也能应用于含有样本或者试验误差的标准偏差中。这里测试了几对样本，给出了样本标准偏差：$\sigma$ = 平均差/1.13。

测试 3 个同龄期样本的标准偏差为：$\sigma$ = 最大值与最小值的平均差/1.69。

现在回过来阐述统计学原理，图 10.3 显示的是三个具有相同标准偏差但不同平均值的正态分布，而图 10.4 显示的是三个具有相同平均值但不同标准偏差值的正态分布。

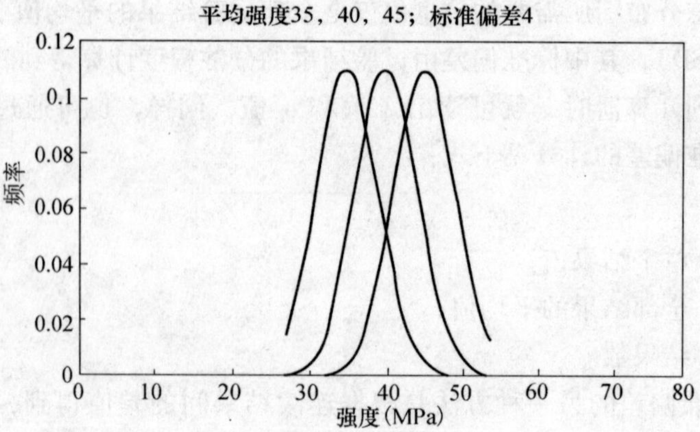


**图 10.3　三个具有相同标准偏差值但不同平均值的正态分布**

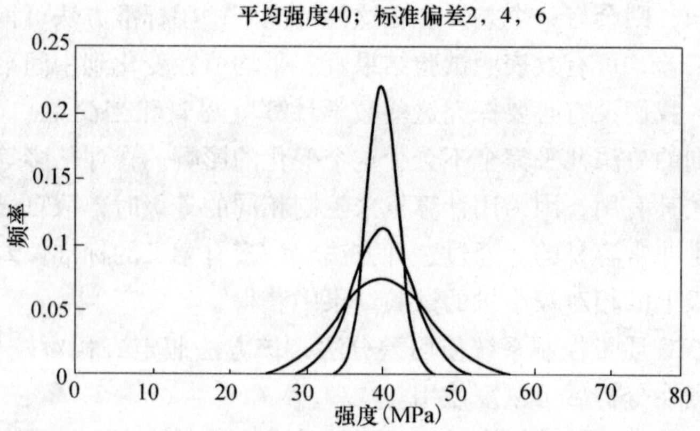


**图 10.4　三个具有相同平均值但不同标准偏差值的正态分布**

我们感兴趣的是试验结果小于某特定强度的比例（即不合格率）。再看图10.2，低于平均值的距离可用参数 $k$（概率度）乘以 $\sigma$ 得到，此对应的强度即为特定强度，将低于特定强度的面积用百分率表示。将不同面积（不合格率）与 $k$ 值联系起来（表 10.1）。

## 允许不合格率

使用5%不合格率（甚至10%）的理由是基于统计分布不够精确的假设，该假设认为能准确预测结果的不合格率大约为5%（以作者的经验，实际上有可能在2%~3%，而不是5%，关于这点后面有更多叙述）。但当取0.1%的水平时，假定就变得仅存理论上的可能，事实上任何低于该水平的试验结果几乎肯定是某些可确定的特殊原因导致的，而已不是正常的变异性。因此，如果想实际预测不合格率，取5%是合理的，而美国取10%可能更现实。但是，如果是由足够数量的结果来分析判断，而不是考虑任何结果是否实际上在特定水平以下，就可以看成是图10.5的情形，因为它不在于服从的分布是否准确，而在于希望提供达到低变异性的几率有多少。

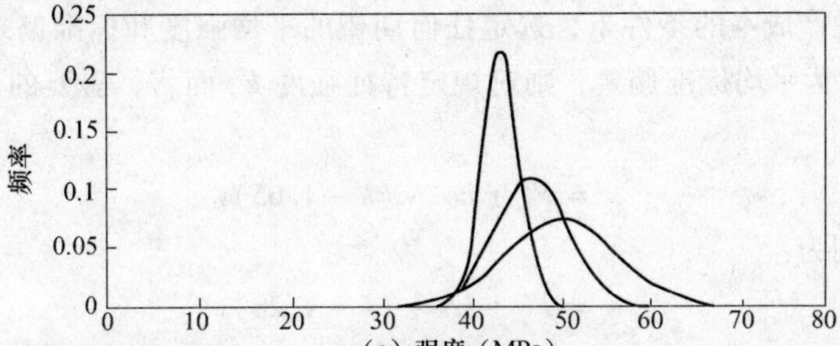

（a）强度（MPa）

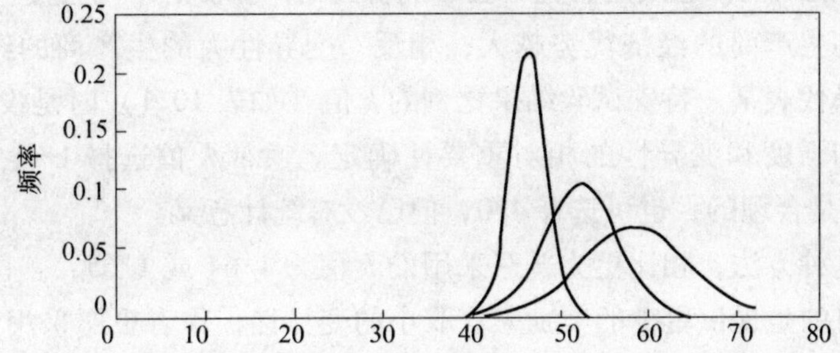

（b）强度（MPa）

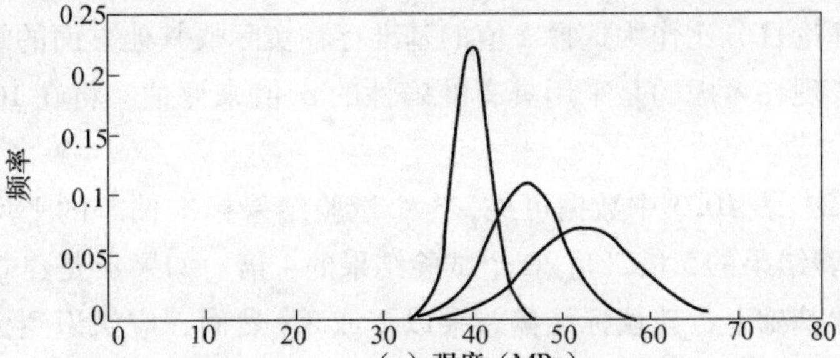

（c）强度（MPa）

**图10.5 选择合理的控制目标**

对图10.5中几种可行选择的说明：

图10.5（a）显示的是允许不合格率低于5%的情形，适用于世界大部分地区。

图10.5（b）显示的是允许不合格率低于0.1%的情形。这种选择将会为实现低变异性（质量控制良好）而提供更大的经济奖励，但也会大大增加混凝土的平均成本。

图10.5（c）显示的是调整规定强度水平，当仍给予质量控制良好奖励时，混凝土的平均成本会保持不变。

任何规定0.1%为不合格率的建议肯定会遭到指责，因为这太过理论化而不切实际。确信这是否真实已不重要，重要的是要认识到在没有影响普通混凝土生产商生产成本的条件下，选定任何期望的平均强度和标准偏差都是可能的。如果 $s$ 为平均标准偏差，则对规定特征强度 $F'_c$ 而言，需要的平均强度 $x$ 为下式：

$$x = F'_c + k\sigma - (k - 1.65)s$$

美国则为：

$$x = F'_c + k\sigma - (k - 1.28)s$$

$k$ 值可按期望任意设定，且不会影响普通用户需要的平均强度。$k$ 值越大，变异性小的生产商的经济优势越大；相反，变异性大的生产商的经济优势越小。在选择代表某一特殊试验结果比例的 $k$ 值（如表10.1）时是没有要求的，应根据平均强度和变异性的相对重要性确定。通常 $k$ 值选择1.0、1.5、2.0、2.5或3.0是合理的，也可选择4.0，但已没有统计意义。

依据这种方法，相比更为普遍采用的 $k$ 值为1.64或1.65，美国选择的是1.28，其目的是提供更少的奖励来获取小的变异性，作者更愿采用2.0，甚至3.0。在美国，关于质量控制问题，奖励少可解释为收益的减少。

由于用理论百分比作为选择 $k$ 值的基准存在实际或其他方面的缺陷，因此已不再考虑。现在考虑的是采用具有准确性的 $\sigma$ 值来评估，将在10.3节详细叙述。

由表10.2、表10.3中数据可见，3个试验结果标准偏差的平均变化值大约是30个试验结果的5倍，是20个试验结果的4倍。如果 $\sigma$ 是建立在至少30个试验结果的基础上，建议标准偏差乘以2或3。然而，应认识到标准偏差在其原值上发生±25%范围的变化时意义不大。

可进一步考虑通过增加试验结果数量来获取标准偏差，如果分析的试验结果跨越平均强度的变化点时，标准偏差就会人为变大，在确定期望的结果时应给予关注，正如在4.2节所讨论的，变化点间的变异性是生产过程的基本变异性。频率、范围、反应时间及变化点等主要取决于控制系统，包括对使用材料的控制。混凝土采购商会对影响变异性的所有原因感兴趣。但是，对供应的最差混凝土的考虑应更准确地集中在有疑问的混凝土两个变化点之间的平均强度和基本变异性上。

## 10.2 各组平均值的变异性

到目前为止，我们仅考虑了把总体混凝土强度的实际分布描绘成正态分布是多么的好，那么现在就到了考虑用有限的样本数来描绘分布该是多么好的时候了。当然，这个分布应与混凝土强度的总体分布相同。习惯认为大约需要30个试验结果才能得到合理准确的分布曲线，这对考察实际情况具有指导意义。完成这项工作可采用另一种称为“Student's *t*”分布的方法，这种方法在评估实验室之间诸如优选外加剂或水泥的对比结果时是非常有用的，但在此不予考虑。

如果总体混凝土被制作成样本，每组按 $n$ 个样本组合，则每组的平均值会与其他组及所有样本的平均值略有不同。事实上，发现所有组的平均值也符合正态分布，但不如单个组试验结果那样普遍。由统计理论可知，各组平均值的标准偏差（$\sigma_{组}$）与单个组（$n$ 个试验结果）试验结果的标准偏差（$\sigma_{单个}$）有关，见下式：

$$\sigma_{组} = \frac{\sigma_{单个}}{\sqrt{n}}$$

因此，4个试验结果组合的各组平均值的 $\sigma$ 值是单个组试验结果的1/2，25个试验结果组合的各组平均值的 $\sigma$ 值是单个组试验结果的1/5。

如果我们选择95%的试验结果落入的范围，$n$ 个试验结果组合的各组平均值将在真实值的 $\pm 1.65/\sqrt{n}$ 范围内（表10.2）。

**表10.2 标准偏差变化时的平均误差**

| 结果数 | 标准偏差（*SD*）值 > | | |
|---|---|---|---|
| | 2 | 3 | 4 |
| 1 | 3.30 | 4.95 | 6.60 |
| 2 | 2.33 | 3.49 | 4.65 |
| 3 | 1.91 | 2.86 | 3.81 |
| 5 | 1.47 | 2.21 | 2.95 |
| 10 | 1.04 | 1.56 | 2.08 |
| 20 | 0.73 | 1.10 | 1.46 |
| 30 | 0.60 | 0.90 | 1.20 |

值得注意的是，试验结果的变异性对结果的准确评估有很大影响，总的来看，这是一个合理的解释，同时也是低变异性混凝土受欢迎的另一个原因。

如果获取的单个试验结果或一对混凝土样品的平均值能代表一卡车混凝土，则评估就没必要非常精确，尤其是在处理不同的混凝土时。但是，在一批次内或一卡车内的变化，则是不同于批次间的变化的，主要是测试误差问题，而不是混凝土的变异性问题（见11.5节）。

同样，如果一天的混凝土供应是基于3个混凝土样本评估的，就可能出现相当大的误差。

## 10.3 标准偏差评估变异性

用类似的方式，分析有限数量试验结果获取的标准偏差不同于总体混凝土。在这种情况下，总体混凝土的标准偏差 $\sigma$ 与样本标准偏差 $SD$ 的关系可通过下式给出：

$$SD = \frac{\sigma}{\sqrt{2n}}$$

类似于表10.2，可相应建立表10.3。虽然表10.3的误差比表10.2的小，但百分比误差却非常大。注意到5个试验结果组合的样本大约是 $\sigma$ 准确性的 ±50%，这意味着一组少于10个试验结果时，是不能准确确定其变异性的。

**表10.3 真实标准偏差变化时的标准偏差误差**

| 结果数 | 标准偏差（SD）值 > | | |
|---|---|---|---|
| | 2 | 3 | 4 |
| 2 | 1.65 | 2.48 | 3.30 |
| 5 | 1.05 | 1.58 | 2.09 |
| 10 | 0.74 | 1.11 | 1.48 |
| 30 | 0.42 | 0.63 | 0.85 |

这对建立规范的基础产生了深远的影响，因为如果我们坚持基于少量样本来评估混凝土的质量，并要确信为低变异性则是不可能的（除非这是基于存在问题的试验结果组合的评估）。如果希望质量好的混凝土不被丢弃，则前面提到的平均值的不精确度应需要一个足够大的允许范围，而这个允许范围对质量差的混凝土会过度的宽松［图10.5（a）］。不管怎样，制定一个仅有3、4或5个试验结果平均值及10、20或30个试验结果标准偏差的评估标准是没有人反对的。

## 10.4 变异性的组成

需要一个更全面的统计理论，这是基于如何将各自独立原因得到的变异性综合起来给出一个总变异性的问题。标准偏差的平方称为方差，标准偏差不是采用加法，但方差是。这可以通过使用讨论中的典型例子说明。

| 误差原因 | 标准偏差（MPa） |
|---|---|
| 水泥（$C$） | 1.66 |
| 批次（$B$） | 3.19 |
| 试验（$T$） | 1.30 |

总的误差不是由 $C+B+T=6.15$ 给出，而是由 $\sqrt{(C^2+B^2+T^2)}=3.81$ 得到，这种处理的效果是总的误差减小。当不考虑水泥时，得到的总变异性为 $\sqrt{(B^2+T^2)}=3.44$，大约只减小了 10%。但在一篇论文中，指出水泥变异性会因水泥测试中的误差进一步增大。据报道，水泥变异性占据了总变异性的 48.2%，这是一个非常大的误差，因为它表明许多变异性不在混凝土生产商的控制范围内。因此，应该把更多的精力放在控制水泥试验上，而不是放在最需要水泥的地方（坍落度控制）。

如果想实现经济上的控制，就必须学会找到产生变异性的主要或最大原因，然后，重点对其采取控制措施（见 4.7 节的 Pareto 原则）。当然，还有必要监督其他次要的原因。为了确立哪个是主要原因（同时检查最初的主要原因是否已被其他原因代替），无论怎样努力都必须采取正确的控制途径。

## 10.5 试验误差

本书其他章节（11.3 节）已讨论了试验本身对一项常规工程来说是误差的重要来源，必须加以监控。

作者经历了两个不同的检测机构来检测同一车中的混凝土，有时得到的抗压强度结果相差达 10MPa，但在经过大量的样本试验后，结果相差平均为 3MPa。

对代表性样本可能产生的误差涉及成型、养护及试验等许多方面。从同一车中取两个样本来充分确立误差的大小是唯一的可能且非常经济，除非怀疑有严重的不法行为并应迅速展开调查。在同龄期条件下，可从同类型混凝土中得到的两个（或更多）样本来确立“内部样本”误差。作者介绍了在工程控制中接受混凝土供应商自己控制试验的一套系统，就是混凝土供应商在规定的间隔期内准备双份样品，然后分别送到各自独立的实验室进行试验。这相比在现场独立取样要经济得多，同时避免了不能胜任独自取样、成型或现场养护等工作的混凝土供应商。剩下的唯一问题就是确保试验的公正，无论对供应商自身试验真实性怎样的担心，该系统仍受到极力推荐。最后的结果通常是供应商自身的试验能被接受，对比试验完成。

前面曾指出，即使用 5 个样本来确定单个样本的标准偏差也是没有意义的。但是，另一个统计理论给出的信息是来自不同样本的大量每对试样平均差，它与样本标准偏差有关，可由下式表示：

$$\text{样本标准偏差} = \frac{\text{每对平均差}}{1.13}$$

试样取 3 个时，则为最大值与最小值的差，可使用同一公式，此时的 1.13 变为 1.69。

总之，没有理由为了我们的目的而转变到标准偏差，可直接监控平均差值。普通混凝土最合适的每对平均差是 0.5MPa，其中在 0.5～1.0MPa 间被认为是可以接受的。但是，作者曾遇到过具有较高声望的实验室持续出现每对平均差超过 1.5MPa 的情况。当认识到这个数字并不包含取样误差及一家顶级生产商生产出的混凝土总标准偏差会低于 2.0MPa 时，我们就会感觉到问题的严重性了。正如上面所讨论的，我们不应沉溺于试验误差占据总变异性 3/4 的说法中（记住 1.13 节中的因素），但无论如何，这种试验对生产商来说是非常不公平的。

## 10.6 变异系数

变异性的另一种表示方法是“变异系数”，即标准偏差与平均强度之比。问题是标准偏差和变异系数两个参数中的哪一个能更好地表达不同等级混凝土的相关性能。这种争论时常发生，在 20 世纪 50 年代达成了使用标准偏差的基本协定，这也是作者的观点。作者在对来自同一厂家强度等级为 20MPa、25MPa、30MPa、40MPa 及 50MPa 的混凝土进行了上千次试验及长期监控后，认为 20～40MPa 等级混凝土（平均强度为 25～45MPa）的标准偏差保持为一个合理常数，对此不应有任何疑问。这种观点是在 20 世纪 50 年代早期形成的，当时在非常严格控制工厂生产的情况下，平均强度超过 68MPa 的混凝土，其标准偏差一直保持小于 1.7MPa。这种混凝土必定是在生产量极少情况下出现的不正常现象，混凝土的稠度就像干土一样，很容易用目测进行用水量控制。但是，如果该数字用小于3%的变异系数表示，则按均匀性标准将不可能获得正常强度的混凝土，即使在实验室里。

根据上面的情况，即使考虑的是高强混凝土，也必须进行调整，即对50MPa及更高强度等级的混凝土略微调高标准偏差值是正常的。这似乎主要归于实现精确试验的难度太大，或许还归于高强混凝土破坏的模式不同（包括界面黏结破坏、甚至是骨料破坏，而不是常出现的基体破坏），每对试样的平均差和混凝土的总标准偏差增加量为0.5～1.0MPa。

自第一版发行后，出现了许多有趣的事例。双子塔（Petronas Towers位于马来西亚吉隆坡，当时世界上最高的建筑物）工程采用80MPa强度等级的混凝土，混凝土方量超过了4万$m^3$。如果采用英国规范，就需要约100MPa平均强度的混凝土（60d龄期，立方体试件）。可以想像，鉴于该工程的重要性，开始供应的混凝土相对保守地使用了平均强度超过110MPa的高强混凝土，造成在56d时测试的632个样本的总标准偏差急速增至4.7MPa。但工程落成后，对237个连续测试的试验结果统计得到的标准偏差为2.8MPa，平均强度为99.3MPa。

据报道，夏多勃里昂大桥（Chateaubriand bridge）在使用平均强度达80MPa的混凝土时，得到的标准偏差甚至更低为2.6MPa（de Champs和Monachon，1992）。

与此相反，ACI 211（配合比设计）、ACI 214（试验结果评估）及ACI 363（高强混凝土）采用变异系数作为评估变异性的指标。这个观点的主要倡导者是Jim Cook，但该决议由委员会做出。作者发表了一篇论文（1998），建议如果试验过程或调整分析系统低于最高标准，高强混凝土就要为增加的变异性提供更大的范围，但变异性太高是不必要的。Cook的观点是高强混凝土可以获得较低的变异系数，因为相比普通混凝土，生产商会更加重视。与常规观点相比，生产商在高强度混凝土上更注重名声，而在低强度混凝土上获取利润。因为这个原因，澳大利亚混凝土生产商必定会在低强度混凝土上为获取低变异性竭尽全力。但在美国，规范规定不允许生产商通过低变异性来追求任何经济利润（即减少水泥用量）。

作者极力主张标准偏差作为混凝土抗压强度变异性的评估指标，但并不意味着变异系数就没有用。显然，相同的标准偏差并不能应用于如抗拉强度或抗弯强度的变化中，更不用说坍落度或密度了。总体上，5%～10%的变异系数代表了一个合理可控的范围，例如，如果控制得当，一个现代化的配料车间可以节省多达1%的水泥用量。

## 10.7 统计分析的实际意义

前述内容中表现出的最明显观点是，为了达到接受或拒绝的目的，把数量足够少的混凝土当做一个整体，或用足够数量的试验结果合理准确地评估混凝土质量，这不是一件容易的事情。由于混凝土行业未来的发展鼓励降低变异性，因此，基于数量足够大的试验结果评估质量，不仅能精确评估平均强度而且还能评估变异性，这是非常重要的。因为即使疯子也不会考虑在浇筑了一个月的混凝土后，由于强度稍低于要求而遭到拒绝，这时除了现金处罚，没有其他路可走。

下一步是我们不希望由此放松下来，看着承包人用一个月的时间给自己挖财政墓穴，而不采取任何行动。最终的现金处罚可能会给这种状况带来公正，还可避免重复犯类似的错误，但却不能给工程提供满足质量要求的混凝土。因此，严密监控和提早采取行动来恢复预期质量的方法是非常合适的。在过去，这常常意味着要使用一种称为休哈特质量控制表（Shewhart QC chart）来进行控制，但现在已由作者的累计和图取代。

正如我们所见，在评估少量试验结果的标准偏差、平均值及5%的不合格率时存在较大误差是可能的，这样就不会带任何偏见去拒绝或处罚。然而，这样评估的50%以上，或许达到70%或80%，是相当实际的。因此，假若在经过深思熟虑而不是急于采取行动的条件下只用作警告，则对于事态的指导是非常有用的。在准确评估大量试验结果时，只有摆脱僵硬的法定文件，才可能根据大量因素的考虑结果确定何时适合微调配合比。在混凝土生产商和管理者之间，有时会存在些小分歧，但后者通常会做出让步，然后等待回报时机，在获知质量下降很小且在允许和安全范围时，该回报是肯定的、不可避免的和毫无争议的。

将澳大利亚和英国的标准偏差进行比较是件非常有趣的事情。多年来，作者一直把3MPa作为墨尔本混凝土搅拌站的标准值。最近几年，好的生产厂家达到了2MPa，甚至还低。在英国，4～6MPa被认为是正常的，如果这样，产品质量的控制就达到了澳大利亚的两倍，这是不可能的，一种解释可能是英国应用了统计学概念。在英国，试验结果是根据水泥用量来判别是否正确或正常的，以便为分析来自不同等级混凝土的结果打下基础，这似乎不会得到好的结果。由于用这种或一些其他方式建立一种人为的高变异性，探寻变化的任务变得更加艰巨。当用一个严格的数学方法（V形图）来确定是否需要进行调整时，困难就解决了。但以这种方法延迟调整时，会产生一个真正的高变异性或维持原状（见12.3节）。

# 第11章 试 验

## 11.1 试验哲理

了解试验哲理是非常重要的。只有那些不了解真实情况的人才会将试验结果看作是性能检测的准确描绘。然而不幸的是，许多权威人士，如规范起草者、质量控制者及法规执行者等等，都存在着这样的思维定式。

首先，试验是不可能完全准确的，应考虑其可能不准确的程度。其次，样本并不一定能真实代表被测的总体。例如，规范中要求注意设备检测并严格遵循操作程序，以获得准确的砂子级配，同时明确提出了选取代表性样本的准则。但如果你正在实施混凝土质量控制，不得不进行频繁而艰苦的校核（一半时间内校核次数要达到规定试验次数的两倍）。然后，根据比表面积累计和曲线图分析试验结果，如果第一个样本试验结果出现变化，就选择第二个样本进行验证。

质量控制与科学研究之间最重要的区别表现为两者的连贯性。一项研究课题，不管其多大多长，最终都是要结题的，要想得到准确的结论，关键在于一些非常复杂的统计技术和极细致做到试验的准确性。但质量控制则是一系列连续不断的数据流，需要对结论不时地做出修正，且试验技术与分析技术水平的高低还受到诸多因素的影响。估算成本效益时，需根据总量和难易程度考虑支出费用和精确度的关系，尤其要考虑不同系统操作员之间的差异。

在本书接下来的内容中，尽管作者力求探寻规则与惯例外的事实真相，但请读者们留意，可能有时会遇到这样的情况，即作者提出的一些非常规观点并不能为部分人士所接受。

## 11.2 试验范围

人们设计了大量的混凝土性能试验，部分性能试验项目如下：

### 硬化混凝土试验

试验内容包括：

抗压强度（圆柱体、立方体、芯样）；

抗拉强度：直接拉伸；

　　　　　劈裂抗拉。

密度；

干缩；

徐变；

弹性模量；

吸水性；

渗透性；

抗冻性；

抗化学侵蚀性；

耐磨性；

钢筋握裹力；

水泥用量与比例分析。

现场试验：施密特锤（Schmidt Hammer），拔出，断裂，圆锥等。采用超声波法，核子法。

### 新拌混凝土试验

试验包括：

工作性（坍落度及其他方法）；

泌水率；

含气量；

凝结时间；

抗离析性；

表观密度；

湿法分析；

温度；

发热量。

在所有常规试验项目中，90%以上集中在抗压强度试验、坍落度试验以及相应的新拌混凝土温度、硬化混凝土密度等项目上。

在考虑各试验是否合理前，我们必须首先考虑试验的目的与意义。

试验目的至少有如下三种：

（1）确定混凝土是否已达到足够的成熟度（考虑到拆模、受力、拆除支撑、通车等的需要）。

（2）确定混凝土是否满足设计要求。

（3）根据给定规范检测混凝土的质量变化。

明确试验目的是至关重要的，因为当我们想要同时达到这些目的时却常常导致其不能有效地实现。然而，大多数试验的实质目的是检测混凝土的质量变化。

在对混凝土质量进行控制时，绝大多数试验项目选择抗压强度，其原因是基于如下三个基本假设：

（1）混凝土所有或大部分性能都与其抗压强度有关。

（2）抗压强度是最容易、最经济和最准确的试验。

（3）抗压强度试验是有效确定混凝土变异性的最好方法。

第二条假设将在后面详细阐述。

当以检测混凝土质量变化为试验目的时，第一条假设是正确的；但当以确定混凝土各项性能是否满足设计要求为试验目的时，该假设就不一定正确了。例如，若通过增加水泥用量来提高抗压强度，则混凝土的收缩率就有可能增加；若只通过减少用水量来获得强度增长，则收缩率可能减少。

对于大多数工程项目，采用其他项目的试验来进行质量控制可能是行不通的（尽管人们还是会采用快速的湿法分析）。然而，尤其是在我们检测混凝土搅拌站的标准配合比，或者是为特定用途设计的专用配合比时，当然是先进行更加广泛的试验来初步验证新设计的混凝土配合比，然后间隔一年或六个月对标准配合比重复进行一系列试验。关于澳大利亚墨尔本地区的混凝土收缩问题便是一个很好的例子。多年来，结构设计师都曾对收缩率过大问题给予了关注，可是这一关注仅表现在部分工程中禁用泵送混凝土，以及在其他工程中限制砂率。但在 1977 ~ 1998 年间，CSIRO（澳大利亚联邦科学与工业研究组织）对墨尔本地区一系列的标准泵送混凝土进行了收缩试验，其试验结果在相同条件下表现出很大的变化范围。由于试验结果表明部分泵送混凝土的收缩率要低于非泵送混凝土（涉及的因素有粗骨料带来的影响），表明限制收缩以及在多数情况下允许使用泵送混凝土是切实可行的。

目前，对于劈裂抗拉强度、渗透性、耐久性、耐磨性，以及工作性（不仅仅是坍落度）、抗离析性、泌水性、外观等性能也应采取类似的方法进行研究探讨。对于这些问题的认识我们是盲目的，就如在编写第一版时我们对收缩问题的认识一样。在这期间，我们在耐久性和渗透性问题上采取了大量的措施（后者被认为是前者最合理的评判标准）。项目委托方对墨尔本的重大工程提出了 100 年的耐久性要求，作者将其转换为取 *VPV* 的最大值 9%。*VPV* 是指透水孔隙率，可由饱和面干混凝土样品干燥后的质量损失换算得到。然而，之所以选择这一基础理论，是因为没有其他技术在当地的应用经验。

## 11.3　抗压试验

抗压强度作为混凝土质量常规控制指标，对其准确性与方便性的认识已并不像20年或是30年前那样简单了。在澳大利亚，我们有幸拥有世界上第一个也是最先进的国家检测机构（NATA）。较之其他国家，我们有更先进的系统以确保试验由可胜任的试验员来操作，试验员将标准养护的试件带至实验室，然后用一块湿布覆盖在试件上面，用经校准并维护良好的仪器按标准方法进行试验。作者虽未引用具体的实例加以说明，却进行了大量的阐述，并认为试验时采用圆柱体试件要比立方体试件更为可靠。然而，目前NATA认证尚不足以确保来自同一辆运料车的混凝土在不同的实验室中测得的强度值是否相同。在墨尔本的相关文献中记载了个别强度差异超过了10MPa，但大多数在2～4MPa之间（1979，1989）。

该问题可能涉及到两个方面：

（1）压力试验机的操作方式；

（2）每天混凝土的性能差异。

### 压力试验机

压力试验机通常都是常规混凝土质量控制实验室中最贵的仪器，且十分耐用，故即使年代久远也仍被使用（而事实上，由老式仪器得到的试验结果可能还优于廉价的新式仪器得到的结果）。

从表面看来，采用液压塞对试件加载极其简单。然而，实际上并非如此，因为获得的试验结果必须是非常一致的，且应与其他试验设备所得结果必须有可比性。

多年来，作者积累了操作各类压力试验机的丰富经验，但这种一般性经验并没有太大价值。在进行试验时，为便于比较，由同一人对来自同一混凝土运料车取样并成型试件至关重要。作者所撰写的标准规范数年来一直将其视为常规例行试验，因而留存了许多在不同实验室中测得的此类数据。澳大利亚国家检测机构（NATA）也会不定期地组织对比试验，即从某一混凝土运料车上取样，成型大量试件并分配给多个实验室进行试验。发现当各实验室单独进行比较及在各自每日常规条件下进行比较时存在明显差异。对于后者，个别样本的差异可达10MPa以上，而多数时候则表现为相当于2MPa的平均差异。关于这些问题，作者曾在美国混凝土协会（ACI）会议上发表了两篇相关论文予以报道（1979，1989）。

2MPa 的强度差异相当于 10～20kg/m³ 的水泥用量差异。一个实验室每月可对来自不同搅拌站的 1～10 万 m³ 混凝土实施生产质量控制。因此，每月由两台试验机产生的差异导致水泥成本增加的费用要比机器的“高”成本大得多。

## 试验机操作方式

显然，只有在荷载均匀施加在试件上时，所得到的结果才是正确的（其他错误的加载方式都会导致试验结果出现偏差）。

要求试件与压力机压板的表面都应绝对平整的，两者有着相同的加载中心。因为，极小的平整度差异便会对接触面产生巨大的影响，进而影响应力分布。当采用立方体试件进行试验时，龄期越长，强度越高，则该影响越明显（例如，对 28d 龄期试件的影响便高于 7d 龄期的试件）。这是因为长龄期的混凝土更坚硬，可发生的塑性变形更小。当采用圆柱体试件进行试验时，情况则有所不同。各龄期试验时，可在试件端面涂上如硫磺类的混合物，加载时通过均匀流动使受压面达到相对平整。此时，压板的平整性似乎就不那么重要了，但除非圆柱体的两端最初便十分接近于平面，否则任何塑性流变都会导致应力集中。

试验机采用球形底座，使与之连接的压力平板可以旋转，以应对某些试件的相对面不完全平行的情况。在此要提到球形底座的问题，假使在整个测试过程中，球形底座都是活动的。而任何偏心力都会对试件产生一个轴心力作用外的弯矩，导致测得的破坏荷载变小。因此，球形底座需采用特制的轻机油进行润滑，以便在完成最初的调整并施加压力时，可确保底座固定不动。我们必须避免使用石墨油脂等类的润滑剂，因为它们会使试验值偏低、稳定性减弱。对于立方体试件，这便显得更为重要，因为试件的试验方向垂直于其成型方向，其物理中心可能并非其“阻力中心”。也就是说，如果立方体试件底部的强度高于顶部强度，当试验时将其翻转，则试件的阻力中心将移至侧面。

同样，就立方体试件而言，压力平板与试件接触面带来的进一步影响表现为，触面间产生的摩擦力对泊松比扩散效应会产生一定的侧向约束，使测得的强度值增大。多年前，作者试验表面涂有石蜡养护剂的立方体试件时无意中验证了这一点。该养护剂虽然实际上可能提高了混凝土强度，但却会导致测得的破坏荷载明显减小。我们将圆柱体试件的高径比取为 2，也就是为了避免在常发生破坏的中心区域产生这一效应。这也许就是由同种混凝土成型的立方体和圆柱体试件的试验强度间存在差异的主要原因，也是为什么当试件强度较高时这种作用会减弱的原因。另一个影响原因则由泌水孔隙引起，并且在强度较低时的影响更大。由于试验时的取向不同，对立方体试件的影响效果比对圆柱体试件更为明显。

## 是混凝土的问题还是试验的问题

作者应邀就上述议题在1989年美国混凝土协会组织的圣地亚哥会议上撰写了一篇论文。这篇论文虽然没有正式发表（目前可在作者的网站上看到），但文章得出的结论和ACI会议组织者对该论文的重视，均表明该议题受到了密切关注。

论文前半部分所列举的实测数据表明，即便由备受好评的实验室进行试验，也并不一定能测得混凝土质量检测的预计合理数据。在不同的实验室，对取自同一混凝土运料车的样品进行检测，检测结果表明，个别试件的强度差异超过了10MPa，而较一致的平均差异约为2MPa。需强调的是，上述实验室均通过了NATA认证。

取自同一辆料车且由同一实验室检测的试件由于存在5MPa以上的强度差异而备受关注。而采用相同原材料且按同一配合比成型试件得到的混凝土强度在7d至28d龄期的增长差异也达到了±50%。

这些现象表明，强度试验并不完全可靠。读者们期待作者能提出一些比抗压强度试验更好的方法来对混凝土质量加以评价。

论文后半部分的试验数据显示与论文前半部分非常一致，因此当混凝土质量确实发生变化时，可以用来进行相当准确的分析。各试件的7d与28d强度累计曲线尽管在个别龄期存在着一定的差异，但总体来说表现出了相同的下降与增长趋势。而由两个实验室测得的试验结果在个别样品上存在着较大差异，但这些变化点出现时仍表现出了良好的一致性。

总的说来，通过对一系列的测试结果进行恰当的分析可以得到非常可靠的结论，但对于单个测试结果则应持谨慎态度。

文中所提出的部分结论如下：

（1）混凝土生产商没有足够好的条件，无法对混凝土进行检测；同样，当实验室的检测水平很低时，也不能有效地去完成检测工作。

（2）目前并没有可以完全取代传统的抗压强度试验的更好方法，因为它是综合分析配料量、原材料品质、黏土与粉尘含量、含气量及温度的变化，以及交货延迟、加水量等因素影响的唯一方式。

（3）我们不能再将某单个测试结果视为鉴别特定料车上的混凝土是否满足要求的准确判断依据。首先，这一测试结果很可能并不准确；其次，对于那些没有进行测试的料车，我们应同样给予关注。

我们应当将这种测试结果分析模式作为评判运至工程施工现场的混凝土（或是刚刚出厂的混凝土）是否达到需求的质量等级时应考虑的重要方面（但这只是一方面）。

（4）在采用某一质量等级的混凝土前，应确定其性能指标满足要求。而评价这些性能指标多是基于生产试验、实验室试验，以及对已有数据甚至仅仅是对供应商信誉度的分析。这种评价需要考虑到变异性及平均强度。对于一个重要项目，如果混凝土供应商不能分析解释其过去大量数据出现低变异性的原因，以及显示由电脑配料记录的各批次实际配料量，那么这样的供应商是不宜选择的。

（5）相关技术人员（也许同助理一起参与某重大或广泛开展的项目）应通过观察每辆混凝土运料车，做出丢弃或对存在疑点进一步测试分析的决定。

（6）当对一辆料车进行取样并成型试件时，通常应至少选取 3 组试件，一组用于早期测试，另两组则用于 28d 龄期测试。进行早期测试（不迟于 7d 龄期）是因为在进行 28d 龄期的测试前需进行必要的配合比调整。28d 测试使得早期结果具有了重要的实际意义。采用两组试件进行 28d 测试，一方面是因为试件的成对平均差值是对测试质量的最好检验，另一方面也便于对较低的早期测试结果进行确认。

（7）在取样过程中，还应对坍落度、混凝土温度及送至实验室的圆柱体试件密度等进行检测与记录。这些数据相比于抗压强度成本较低，却能为我们提供丰富的信息。含气量测试同样也是十分有用的，但由于其测试成本较高，以至于并不需总对其例行检测。1987 年，J. M. Shilstone 曾提出，新拌混凝土密度是比坍落度更好的混凝土质量评价指标。如果采纳这一观点就必然要考虑到含气量的测试，然而由于现场测试中涉及到了称重设备，因此不可能达到所要求的精度，并且对连续的来料也不是这样直接检测其相对含水量的。假如从试样被送至实验室起（24h 内）便测量其密度，在密度发生明显变化时测试其含气量，那么硬化混凝土试件仅需测其密度。如果要关注那些被丢弃的料车，则主要测试其新拌混凝土密度，但这是非常规的。

（8）通过对测试结果进行分析，尽早发现那些与预期结果发生偏离的性能，最好的处理方式便是将早期及 28d 的坍落度、温度、圆柱体试件密度、28d 成对差值及早期至 28d 的强度增长率等试验结果绘制成累计和图加以分析。

这些累计和图是非常实用的，不仅可以明显而迅速地显示出强度的下降，同时也便于判断下降的原因，即是由混凝土的基本性能、气候条件、现场管理不当（过长的等候时间、加水等）导致的，还是仅仅是测试过程的问题。

(9) 将配合比调整与合同条款的作用分开来考虑是非常可取的。根据早期试验结果进行配合比调整，可以消除由于日后发现不合适而返工所带来的不必要成本增加，由相对较少的数据资料便可完成。合同条款最好在大于30组28d结果分析的基础上通过现金奖励或惩罚来进行规范。

如果采纳了这些建议，那么硬化混凝土本身的丢弃、甚至钻芯取样进一步研究等就完全没有必要了。现金奖惩规定有效地避免了根据较少的早期数据进行配合比调整而引发的意见分歧。将决定权转嫁给了供应商，因为其需承担盈亏风险，而不仅仅是混凝土结构完整性的问题。

执行上述准则能够在非常低的取样频率下对混凝土质量进行良好的控制。减少测试数量所缩减的成本足以支付分析带来的费用，而更大的收益则在于避免了争端、调查、工程延误、混凝土丢弃等问题。文章不主张通过在现有测试水平上加大详细分析投入来加强对混凝土的质量控制。该提案是要在确保混凝土达到给定的最低质量要求的情况下，最大限度地减少总成本。这个费用包括必要的混凝土最低成本，由限制性规范要求、测试费用、测试结果分析产生的额外费用，以及由于事故、进一步调查、部分拆除、法律诉讼、方案延误、会议浪费的时间等其他费用。

### 试验结果的取舍

在任何技术领域，未能认识到或是忽略测试结果所固有的不准确性是非常糟糕的事情。注意这点是为了避免列出的结果出现超出其本身准确判断以外的其他情况。

根据这一要求，各有关部门要求对一些测试结果进行取舍。例如，澳大利亚的NATA规定抗压强度试验结果的误差范围为±0.5MPa，而密度的误差范围则为±20kg/m$^3$。作者认为，这种做法需要重新考虑。

就抗压强度而言，为什么要选择±0.5MPa为误差范围呢？事实上这种做法并不准确，因为由不同的、经认证的实验室开展试验很容易产生2MPa的偏差，且平均成对差值可达1MPa以上。而在我们还没有采用计算机的日子里，是通过表格来计算试验结果的，以0.5MPa为单元进行划分的多步骤表格计算十分方便。当选择0.1MPa为单元时，表格数则为之前的5倍。

测试结果有哪些用途是重要的问题。最初，人们认为测试结果完全准确可靠，将其与规定强度进行比照。由此，±2MPa便自然而然地被选定为误差范围。

在最后一轮计算之前不宜进行取舍计算。如今我们意识到过去常用于最后一步的单个试件抗压强度已经不能满足要求，应在分析多组试验数据的基础上评价抗压强度，合理地忽略个别试验结果。因此，大量试验结果的均值与标准差是十分重要的。尽量减少使用取舍后的数据进行分析会更好，但差别可能并不太大。然而，当对这些在样本范围内（以平均成对差值为基准）的数据进行分析时，7~28d的强度增长，以0.5MPa进行取舍显然是不期望的。

我们提出将抗压强度精确至0.1MPa，并在合适之处给出文字规范允许采用±2MPa误差范围。这样不会消耗任何多余纸张，并将略微简化计算机程序。

密度问题的情况与之类似。我们不应将注意力集中在单个试件的绝对密度值上，而应重点关注由某种混凝土得到的一系列试件的密度范围，因为这将表明成型试件所发生的变化并可对其变化进行监测。检测混凝土平均密度的任何变化是进行测试的主要原因。

对于密度，建议取为四位数的整数，因为这样可再次简化计算机程序并节约打印纸张。不同组织对密度精确度的限定可能差别很大。对于那些较关注这一指标的组织，其控制系统要求密度在样本标准差之内。密度不像强度，同种混凝土由不同实验室进行评估时便会存在的细小变化变得不那么重要。平均密度的改变或是样本变化范围内平均密度的改变是检测的重点。

## 立方体与圆柱体试件

对于立方体或圆柱体试件，哪种更适合用于混凝土强度的评价在世界各国存在着分歧。英国等多数欧洲国家、前苏联以及许多前英国殖民地等都采用立方体试件，而美国、法国和澳大利亚等则采用圆柱体试件。

立方体试件的优势在于其体积较小且测试前无需处理，即端面处理。

而圆柱体试件的优势则表现为其受模具质量与条件的影响较小，且通过称重与测量可更准确而迅速地得到密度值。

两者的支持者们倾向于认为其熟悉的试件类型更好。具体的探讨应以哪种试件能获得准确的试验结果为依据。最好的办法是，根据可能出现的平均成对差值或三个试件的平均值进行判断。这些数据可以换算成样本范围内的标准偏差（有时也称作测试范围内的标准偏差）。对于成对差值，将其平均值除以1.13便得到其样本范围内的标准偏差σ。对于三个数据的平均值，则除以1.69。

作者最初的混凝土质量控制经历是在英国采用立方体试件进行试验获得的，并在澳洲和新加坡拥有自己的实验室，前者主要采用圆柱体试件，而后者则主要采用立方体试件。这两种试件都是完全满足要求的，只要细心使用，并在维护良好的模具中成型，便能得到较小的成对差值。但问题是试件多由水平相对较低的技术人员在户外制作得到。对这些人进行培训是十分重要的，然而事实上却往往不够。真正的问题通常是对技术人员进行培训的讲师缺乏胜任此工作需要的足够知识、实践经验或奉献精神。

关于端面处理问题，起初曾对采用圆柱体试件进行试验带来了一定的影响，但后来得以解决。当采用合适的设备，并由有经验的实验员进行操作时，端面处理问题的影响将不再存在。

端面处理是指在圆柱体试件两端涂上熔融状态的硫化物以获得光滑平整的测试表面。处理方法如下：

（1）将硫化物注入精制加工的钢模中。

（2）沿着导管流入圆柱体并确保端面垂直。

（3）采用温控熔炉加热硫化物。

（4）送料勺中的量正好可一次注成覆盖层。

对于外行人来说，应注意以下问题：

（1）不宜采用纯净的（未稀释的）硫，因为其收缩过大且凝结太快，应将其与磨细石粉、粉煤灰或其他添加料混合使用。混合比例需通过反复试验得到，取决于硫及填料品种。有些人喜欢加入一定比例的炭黑，从经济上考虑是合适的。

（2）混合物的温度必须适中，温度太低则流动性不好，不易形成一定厚度的覆盖层；温度过高则会变得胶着，且收缩过大；同样，这也是需要进行反复试验的。

（3）第一个覆盖层难度较大，因为模具是冷的，接下来，模具则由于温度太高需要等待，会导致时间的延长。

（4）每次使用时都要对模具上油。

（5）覆盖层的厚度最好为2~3mm。

（6）尤其是高强混凝土，含硫覆盖层无法克服粗糙的圆柱体端面，其在荷载作用下将发生轻微的塑性流动，并将荷载集中在高点凸出部位。

（7）高温状态的硫会释放出烟气，因而需要配备排风扇。

通过上述几点我们已十分清楚，为什么立方体试件的使用者没有采用圆柱体试件，但这与两种测试谁更加可靠无关。

采用橡胶垫是一项重大改进。将圆柱体试件安装在固定有橡胶垫的金属模具中。由于在高压力作用下，橡胶几乎有液体一样的特性，故侧边留有适度的间隙是重要的。如果间隙太大，氯丁橡胶将受到挤压而带来过大的侧边约束。该模型如图11.1所示。

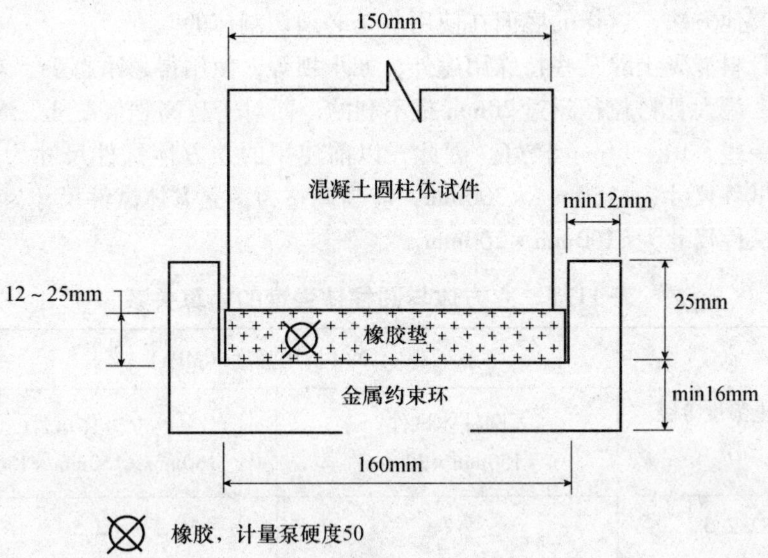


**图 11.1 橡胶垫和约束环**

有一种非常重要的端面处理新技术，被称为“砂盒”，但自从在以前的版本中了解到这一方法后便再没听说关于这方面的进展了。该测试技术是由 Claude Bouley 和 Francois de Larrard 完善成熟的，并在混凝土界进行了报道 (Bouley 和 de Larrard，1982)。该技术中的“盒子”指的是一个圆形的杯子，在外观和功能上都与橡胶垫测试中使用的约束环非常类似，但更深一些 (30mm)。

该试验仪器的组成还包括一个定位框架，与硫覆膜法中所用的类似，但另附带有一个小小的排气振动器。这一技术的具体做法是：在杯中放置一层 10mm 厚的干砂，将圆柱体试件放置在框架中，通过振动使圆柱体压紧干砂层 (振动时间 20s)，然后用熔化后的石蜡填充试件与杯壁间的空隙，从而将试件密封于杯中。

从表面上看来，这种测试相比于硫覆膜法或是橡胶垫法并没有什么优越之处，因为在端面处理过程中涉及到熔化材料及振动器，且在测试前不能重复利用模具。然而，它却没有硫覆膜法中的诸多限制，避免了含硫烟气的生成，且在试件准备好后便可立即开展试验。它仅使用了砂和可循环利用的石蜡，因此，应该说这种方法操作起来是比较廉价的。更重要的是，在非常高强度的混凝土试验中，其结果的可靠度仅略低于通过底面打磨而得到的最佳结果，且远优于低标准打磨的结果。该方法可以对底面极为粗糙的圆柱体试件进行测试，若采用其他方法，这样的底面在使用前是必须切割掉的。

大骨料混凝土除某些特殊用途外，如水坝等，使用得越来越少。对于高强混凝土，最大骨料粒径超过 20mm 是不利的；而对于超高强混凝土，最大粒径还应小一些，10 ~ 14mm 较好。因此，以前使用的立方体试件尺寸为 150mm，圆柱体试件尺寸为$\phi$150mm × 300mm，应当调整为，立方体试件尺寸为 100mm，圆柱体试件尺寸为$\phi$100mm × 200mm。

**表 11.1　立方体与圆柱体强度的换算关系**

| 混凝土强度等级 | 28d 抗压强度（MPa） | |
|---|---|---|
| | 圆柱体试件<br>$\phi$150mm × 300mm | 立方体试件<br>150mm × 150mm × 150mm |
| C2/2.5 | 2 | 2.5 |
| C4/5 | 4 | 5 |
| C6/7.5 | 6 | 7.5 |
| C8/10 | 8 | 10 |
| C10/12.5 | 10 | 12.5 |
| C12/15 | 12 | 15 |
| C16/20 | 16 | 20 |
| C20/25 | 20 | 25 |
| C25/30 | 25 | 30 |
| C30/35 | 30 | 35 |
| C35/40 | 35 | 40 |
| C40/45 | 40 | 45 |
| C45/50 | 45 | 50 |
| C50/55 | 50 | 55 |

一些研究人员认为，由较小试件测得的强度偏高（可高出约 5%），并有较大的变异性。也有人认为，较小试件的变异性较小。其差异不足以引起我们

的关注，除非其对不同实验室之间的结果比较产生了影响。

当考虑这些问题时，必须提到立方体试件与圆柱体试件的强度比。过去在英国标准中对所有情况均将这个比例定为1.25，但根据作者的经验，并非如此，随着强度的增长该比值从大于1.35变化到小于1.05。由下述公式计算得到的结果与作者的经验数据基本相符，但也不是在任何情况下都成立：

$$立方体试件强度 = 圆柱体试件强度 + 19/\sqrt{圆柱体试件强度}$$

或

$$圆柱体试件强度 = 立方体试件强度 - 20/\sqrt{立方体试件强度}$$

式中，立方体试件与圆柱体试件的强度单位均为MPa或$N/mm^2$。

小试件，质量约为4kg，相比于13kg的大试件，更容易处理。

## 11.4 成熟度与等效龄期的概念

混凝土强度随着龄期的延长而增长，且在较高温度下增长较快。因而应建立强度、龄期及温度间的关系，以便由任何龄期和温度条件下得到的强度建立各特定龄期和温度条件下的强度。

为实现这一点，人们进行过两次尝试，均在ASTMC 1074有详细记载。尽管“成熟度”与“等效龄期”这两个术语在定性描述中有时会互换使用，但两者均有其数值上的确切定义。

成熟度指的是混凝土的养护温度与养护龄期的乘积，用度小时（℃·h）表示，即“温度-时间曲线”下方的面积。

等效龄期则指的是混凝土在一段时间内养护的效果与在标准条件下养护达到相同效果所需的时间。

这些定义是不完备的，成熟度的基准温度、标准温度以及等效龄期的活性能等问题均未界定。

一般说来，成熟度（或称其为“TIF”，即“温度-时间函数”）的概念是在20世纪50年代由英国的Saul（1951）与Nurse（1949）提出的。从理论上讲，基准温度应是指混凝土不能获得强度的温度，常采用+10°F与-10℃或+11°F与-11℃来表示（这些温度几乎相同）。为了简便，也常采用0℃，尽管在0℃时混凝土是会获得强度的［图11.2（a）和（b）对选择不同的温度值进行了相应阐述］。

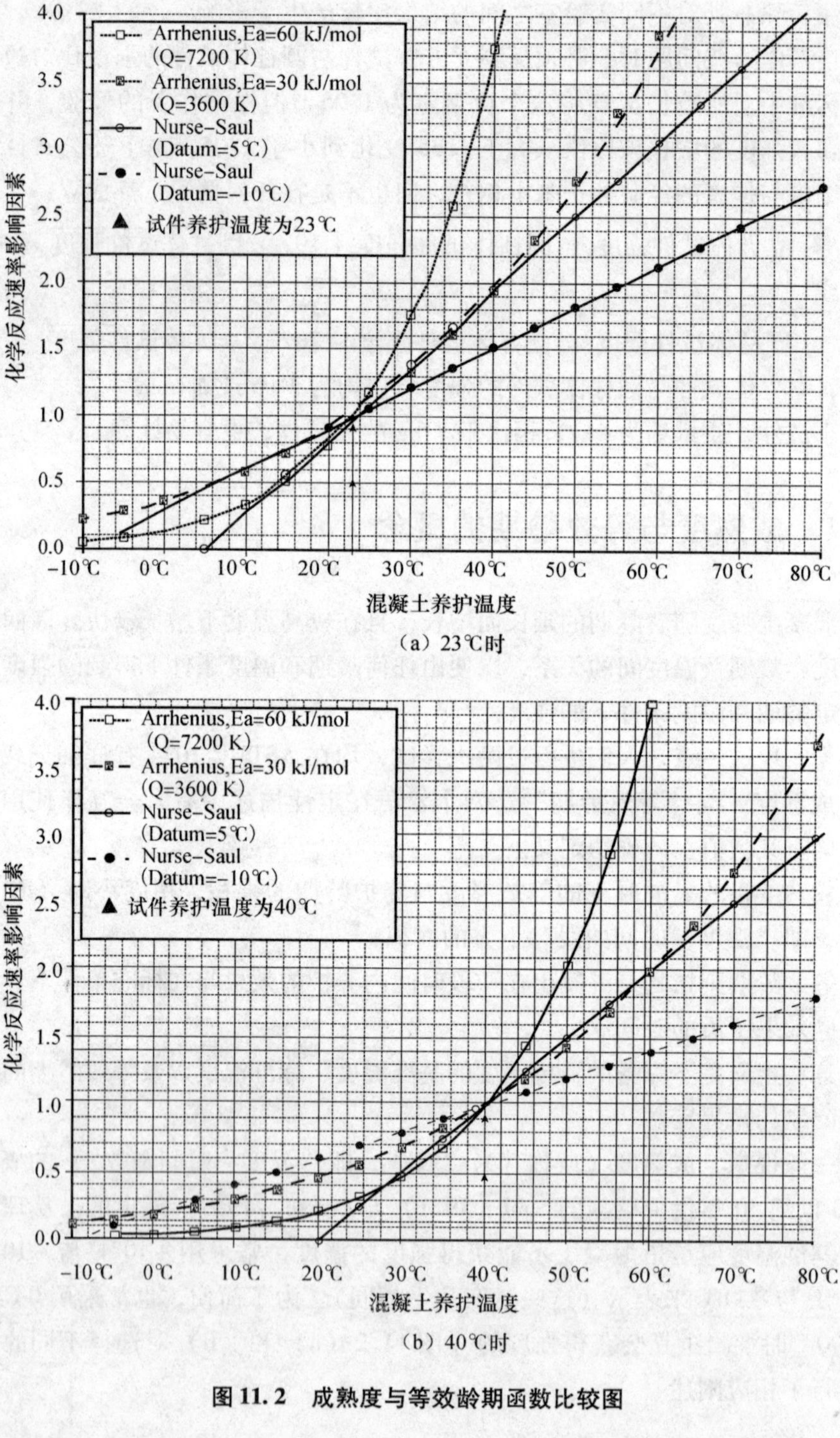


**图 11.2 成熟度与等效龄期函数比较图**

等效龄期（$EA$）的概念更成熟、更准确，但也更为复杂。这一概念最初并不是针对混凝土提出的，而是用于各种化学反应，基本公式是 Arrhenius 方程。20 世纪 30 年代，前苏联采用系数形式将这一概念应用于混凝土中，即由各温度段对应的时间乘以等效系数之和来表示。

这些因素成指数关系，如下式所示：

$$EA = \Sigma(t_e^{-Q(1/T_a - 1/T_s)})$$

式中 $EA$——等效龄期（h）；

$Q$——活性能比气体常数；

$T_a$——各时间间隔 $t$ 对应的温度（K）；

$t$——各温度持续的时间（h）；

$T_s$——参考温度（K = ℃ +273）。

参考温度（$T_s$）是测试试件的标准养护温度。世界各地对这一温度值有着不同的规定，澳大利亚为 20℃（293K），温带地区为 23℃，热带地区为 27℃。而在一些热带国家，假如将其定为养护箱未加热时的平均温度，则 30℃ 可能更为合适。$Q$ 值的范围从低于 4000 至超过 5000，取决于所用水泥的性能，常采用 4200。

接下来，对两种方法的相对优点进行讨论，但有一点很重要，读者们不要过于在意细节而为一些小缺陷担心，应注意到基本理念是非常简单的，可以有效地解决如下两方面的问题：

（1）通过测试早期强度来预测 28d 强度。

（2）确立现场混凝土的强度。

前者（问题 1）通过设置固定的加速制度（加热养护）以及试验确定相关曲线。

后者（问题 2）的处理方式是，在可进行脱模、拆除支架、加压等操作前先养护一定的时间，如 7d 或 14d。或者对试件采用“户外养护”，假设与一旁养护的现场混凝土圆柱体试件有着类似的成熟度，这与实际情况显然是不符的。

几乎所有成熟度法的应用都大大优于这些“过时的”解决方法。

实施新概念的初步方法便是通过试验建立“强度—成熟度”或者“强度—等效龄期”曲线。对现场温度取对数，得到各时段的成熟度或等效龄期，并在曲线上读出相应的强度值。这一技术的缺陷是在先前绘制曲线时假设现场混凝土的强度相同。这便存在着两个问题：其一，混凝土是一种变化的材料，以至于相同配合比所得到的结果也不尽相同；其二，可能存在着配料或未收集到原材料质量的变化等实质性问题。

图 11.2（a）和（b）是 Dr Steve Trost，Director，R&D 为国际战略方案有

限责任公司（Strategic Solutions International，LLC）提供的，并进行了有价值的讨论（参见 http：//ssi. us）。

人们提出了这两种方法的准确性问题。普遍认为 EA 函数是准确的，因为温度效应是指数的而非线性。但是，这种方法的反对者指出，不准确的活性能值会导致非常大的错误，而 TTF 则较为保守。图 11. 2a 和 b 将这两种观点以及 *EA* 中的活性能和 *TTF* 中的基准温度等进行了比较。该比较同样受到所采用的标准养护温度的影响，图中阐述情况所对应的温度为 23℃和 40℃。这是用以绘制标准成熟度曲线的试件所在水池或雾室的温度。假设真实曲线介于这两条估计的 Arrhenius 曲线之间，我们可以看到如果选择了错误的那条，将会出现重大失误。同样，我们也可以看到，在 *TTF* 中采用 -10℃作为基准温度，对于低于标准养护的温度来说有些保守，而对于较高温度来说则显得过于保守。将基准温度调整为 +5℃，既可防止低温时读数的不保守性，又可减少较高温度时读数的过保守性，但理论上是不正确的。假如将参照试件在高于 23℃的温度下养护，Trost 建议 TTF 基准应当定在参照试件温度以下的 18 ~20℃之间。例如，23℃的参照试件温度对应于5℃的基准温度，而40℃对应于20℃。通过比较图 11. 2（a）与（b），可以观察其原因和影响。一般说来，不太可能会有人用40℃作为参照温度（但在热带国家 27℃，甚至 30℃则是很常见的），除非是采用蒸汽养护等情况。然而，从图 11. 2（b）中可以看到，在蒸汽养护条件下，即使选取参照温度为 40℃，*TTF* 假设也很可能会低估了真实的成熟度，低估系数约为 2（平均活性能约为 4200，蒸汽温度约为 80℃）。这对供热成本或是循环时间来说都是十分不利的，作者的 *EA* 系统唯一具有竞争力的替代方式是温度匹配养护（TMC）。这在预制厂可能是一个合理的解决方案，但在其他情况下则不行。然而，TMC 不会像作者的系统那样提供早期预测，且 TMC 设备投入生产时的障碍更多。

作者关于这一概念的方法来源于其他观点，即通过早期测试来预测 28d 强度。Guo Ghengju 在其论文中（1989）提出，直接采用 *EA* 预测 28d 强度的效果并不好，但可对 7d 强度进行良好的预测。这并不奇怪，因为作者已经明确指出，并不能认为 28d 强度与 7d 强度总成一定的百分比而对其进行预测。作者认为，由此应采用 *EA* 预测 7d 强度；然后，如其正常控制系统中所述，通过 7 ~28d 的平均强度增长率来预测 28d 强度值（该数值已经在其控制系统中，并能连续自动更新）。

如果 *EA* 与强度间确实是线性关系，那么无论活性能为多少，强度 - lg（*EA*）将会是一条直线（图 11. 3）。该直线的斜率，即 *EA* 公式中的 *Q* 值，便能通过带入任意两个结果得到。一般情况下，7d 的平均值很可能已经存在于系统中并在不断更新。因此，通过任何早龄期的测试，很容易得到该点与7d龄期结果间线段的斜率。在测得来自同一批混凝土的7d结果后，同一批次两点间的斜率可以替代初始值，用于预测下一组早期测试结果，由此对28d强度进行预测。简单地编写相应的程序便可对这种方法得到的所有 $Q$ 值进行平均计算。该程序还可将所有的斜率显示为图形，因而可观察所得到的结果是否一致（如图11.4）。同样，假使存在一两个错误结果是很容易发现的，并可将它们删除。该系统还可以对 $Q$ 值的变化进行图形显示（累积的或直接的)，由此考虑在正常的Conad质量控制系统中，哪些因素可能会对 $Q$ 值的各种可观察到的变化产生影响。因此，可以认为该系统对 $EA$ 的运用几乎是万无一失的。

正如在混凝土技术中经常遇到的那样，事情并不像理论上那样简单而万无一失。当遇到一些矛盾时，则绘制同一配合比的多个试件的“强度 - lg($EA$)图”，并对其进行研究，如图11.3、图11.4所示。研究表明，在所有情况下，结果并没有形成一条直线，而是一段一段的直条，但其总体沿着一条直线的方向变化。随后，对2～7d的变化进行检测，发现这些变化可发生在任一方向，虽然这些坡度几乎总是由陡变缓。人们很好地认识到，混凝土的硬化不是单一的化学反应，这意味着两种不同活性能的反应在硬化过程中的不同阶段进行着组合。

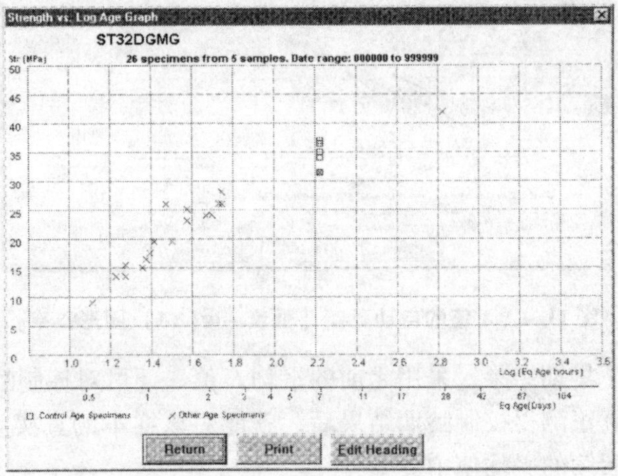


**图11.3 强度（MPa）- lg($EA$)（h）图**

就我们的试验目的而言，7d后所发生的变化是无关紧要的，因为可由特定配合比7～28d的平均强度增长率计算得到。然而，如果前7d便出现坡度变化，则意味着，“强度 - lg（$EA$）图”上连接早期结果与7d结果间的直线斜率将受到特定早龄期结果的影响。可以看到，满足要求图形在达到预计的“控制龄期”前应当是一条直线，而总量则是由控制龄期到28d所获得的平均强度增长量累加得到。因此，我们建议，对于任何新的配合比，应对取自一批混凝土的大量试件在一系列的龄期进行测试，绘制“强度 - lg（*EA*）图”（如图11.3）以确定混凝土斜率发生变化的龄期。这与预先确定的“强度—成熟度图”明显不同。随后的配合比并不能在相同的*EA*获得相同的强度，而仅其强度增长率将在相同的*EA*发生改变。

如果斜率变化发生在7d以后，那么采用7d作为控制龄期则很方便，若变化提前则需改变控制龄期以得到准确结果。

选择并确定了控制龄期后，应确保在控制龄期进行一次测试，并至少在较早的某个龄期测试一次。随着结果输入正常的“测试结果输入系统”，ConAd程序便会自动计算两点间直线的斜率（我们称之为*K*值），但创立程序（set-up program）中选择的是早期龄期。随着每个新值的输入，该程序会不断地对该等级混凝土所有的*K*值取平均值（如图11.4）。

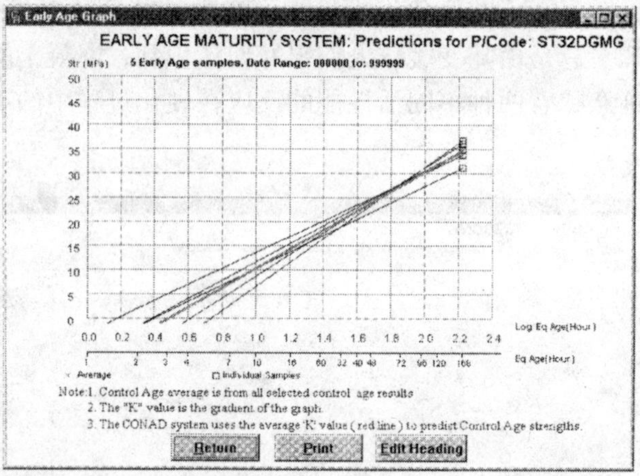


**图11.4　*K*值的自动更新［强度 - lg(*EA*) 图形斜率］**

一旦输入了早期结果，采用之前的平均*K*值，便可对控制龄期的强度进行预测。当后来真正测得控制龄期结果后，就能对该样本的真实*K*值进行评价，并将其包含在后续的平均值中。

该系统可以显示并打印出图形，用以确定获得某一特定强度的龄期以及某一特定龄期的实际强度。然而，在“试验结果输入系统”中采用虚拟结果更加简单而准确。输入指定强度，改变龄期，直至预测出先前的平均控制龄期强度与28d龄期强度。接着，输入指定龄期，改变强度值，直至预测出预期的最终强度。

早期段图形的一个重要用途是用于检测结果的合理性。假使图 11.4 列出了一些斜率明显不同的直线，那便存在着问题。若这种差异不是由偏差或特定时期造成的，那么就可能是由于测试误差造成（误差可能出现在早期的强度或等效龄期中）。将 $K$ 值绘制在正常的质量控制体系中，可以看到那些结果是异常的。在结果全表（ConAd 程序中的“全景图”）中找到这些结果，通过分析，便能轻松地将其排除，并由此对其进行标记。

图 11.5 也清楚地表明结果的分散情况以及是否分散于正确的直线附近。例如，此处的图解显示了作为控制龄期的 7d 之前的一些斜率变化倾向。

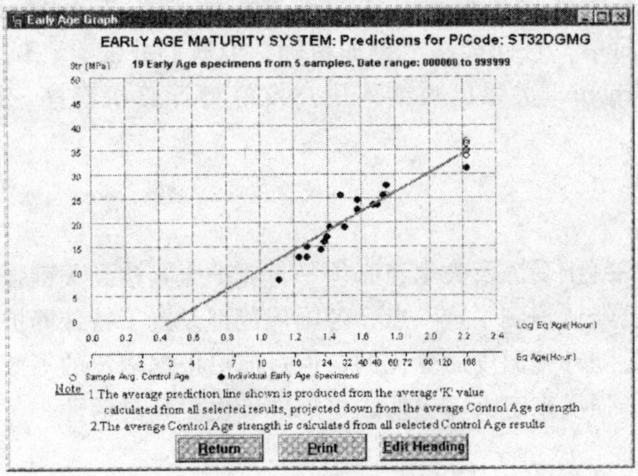


图 11.5 早龄期试验结果

图 11.3 是由多个试验龄期得到的，再次表明是在 2d 而不是所采用的 7d 便出现了变化。在这个例子中，由于这一假设导致的错误是很小的，但在其他情况下则可能大很多。

## 等效龄期概念的局限性

热养护混凝土：

（1）过早；

（2）过快；

（3）温度过高。

与在常温下养护的同一混凝土相比，热养护混凝土 28d 的强度较低。为避免这类问题，不同水泥，尤其是不同火山灰与水泥的组合，其限制值是不同的。这与常规不符，常规是 28d 强度有损失时不能采用，唯有弄清其原因，如有必要才允许发生该损失。

可以预见，掺有火山灰或粒化高炉矿渣的混凝土能承受较高的养护温度，而不会产生潜在的28d强度损失。较高的养护温度可能还会使这种混凝土28d的强度提高。

通过比较由热养护试件与常规养护试件的“强度－lg（*EA*）图”，便很容易得到特定混凝土所对应的养护制度。当采用普通硅酸盐水泥时，遵循这样一些草拟的实践指南，如在20°C时延时2个等效小时，然后以0.5°C/min的增长率升温，最高温度控制在70°C左右，这样通常可以避免28d强度的过大损失。

1984年，Carino得出结论，认为抛物线形关系与Arrhenius关系相比，使用起来更加简单，且同样甚至更加精确。但我们并没有在试验中采用这种关系，因为Arrhenius关系已被纳入用户友好型计算机程序，继续用起来更方便。

低温影响

必须防止混凝土受冻及失水，必须一直养护至其达到关键强度为止。很多年前，人们便已经认识到了这一点，各国规范都设置了特殊养护期。在某些情况下，养护期是随环境温度而变化的，但目前可根据测定的等效龄期或由等效龄期决定的现场强度来定义养护期，更加准确也更具灵活性。

温度循环变化与应力

作者认为在测试中，除冻融的相关问题外，并没有什么起决定性作用的工作，应对温度变化问题予以考虑。众所周知，在冻融破坏中，冻融循环的次数是比所达到的最低温度更重要的参数。这意味着处于边缘气候带的混凝土（每年要经历50～100次冻融循环），会比处在低温区的混凝土（每年持续冷冻七个月）产生更大的破坏。

有证据表明，在高温下也会发生类似的情况，尽管程度有所不同。因此，在热环境中成型并养护至足够强度或混凝土试件持续受热，比在热环境中成型后再放置于空调实验室的试件所受到的破坏更低。

这可能是由于温度改变导致了浆骨界面黏结应力的变化，以及浆体或砂浆中微裂缝的产生。表明温度改变对混凝土抗拉强度、抗弯强度及耐久性产生的影响比抗压强度要大得多。由热变化引起的抗压强度的降低在总的损害中只占很小一部分。

## 对成熟度和早龄期的改进

正如第一版与第二版中预测的那样，成熟度监测的理论与经济效益已经得到更加广泛的认同与接受，并且这方面的仪器也越来越精密，而价格却越来越低。

令人惊讶的是不太复杂的“温度-小时”成熟度理念（例如TTF或温度-时间函数）比更有科学依据的Arrhenius早龄期（*EA*）概念运用得更加广泛。这可能基于以下三方面的原因：

（1）TTF更容易解释与计算。

（2）根据ASTMC 1074中的要求，测定活性能是个繁重的工作过程，如果在此过程中未能及时发现其变化，将出现重要错误。

（3）如上所述，作者的观点是指不断自动更新“lg（*EA*）-强度”关系而无需事先校准，虽然这一理念正由获得ConAd认证达十年以上的人们应用于一些国家的各项工程中，但目前还没有为其他人所接受或理解。

记录的温度（热电偶与热敏电阻）以及*EA*常量是否准确，已经引起了大家的关注。但是，大多数商业系统，除作者的ConAd外，已准备绘制预测的“强度—成熟度”曲线。然而，由于混凝土是一种变化的材料，其早期强度的估算似乎并没有得到广泛的理解与认同。虽然混凝土的生产允许抗压强度有2MPa的误差，但是由不熟练的操作人员所成型的试件，强度偏差往往是规定值的3倍多。因此，同一批混凝土的28d强度会在1.28（也有国家为1.65）×6=7~10MPa的范围内波动。通常混凝土的强度越高，在指定时间内获得的早期强度占总强度的比例越大，所以早期强度，至少是部分平均早期强度，可能会产生与后期强度同样甚至更大范围的波动。因此，对指定的成熟度或等效龄期，即使没有配料及其他方面的错误，早期强度也会产生±2MPa的波动。这就使得如何从适当的角度测定准确的等效龄期受到了人们的关注。

目前有很多仪器可以记录温度，甚至计算混凝土的成熟度或*EA*值。这就明显地避免了由于记录设备被盗窃或损坏而带来的损失。这些设备中甚至包括了无线传送，因而电线接口不再是必需的。再次，这在增加成本的同时也提高了方便性。通常情况下，如果一台试验设备的效率和方便性被认为需要提高时，其价值会降低。基于这种原因，这些设备理应得到更加广泛的运用。

作者的ConAd系统采用了两个数据采集器用于记录数据。一个是单通道的DT5，这种设备很小，而且制作得很精密，但是没有显示面板。它适合固定在圆柱体试模上，并将其单根热电偶丝插入圆柱体试样。在到达实验室后，将圆柱体试样放置在养护槽中，而数据采集器DT5则连接到电脑上读取数据。

如果希望知道圆柱体试样多久能达到养护槽的温度（在水槽中通常少于30min，而在雾室则需更长时间），可以将试样和DT5一起放入水槽中。有时把试件放置在温水中以促进其强度增长也是可行的（还应同时测量温度），但由于需要采用早期强度低至2MPa的圆柱体试件来进行准确的预测，故一般不需要对试件进行热养护。但预应力试件是个例外，在经历一个蒸养周期后再静放16h。因此，圆柱体试件没有必要也采用相同的蒸养周期，当将其加热至预计强度后便可停止蒸养。若能准确地把握停止蒸养的时间，可以节省大量的费用。

另一种设备是DT50，它有五个通道，安装在一个结实的盒子中，盒子上装有显示面板。它也是由程序控制的，程序可以显示等效龄期甚至是各时段的真实强度，并在设备上安装开关以便每个通道可独立记录数据。此外，这种设备使用的是十分经济的热电偶丝探针。过去，人们将这种设备放在室内，延伸出长达50m的热电偶丝，嵌入预制试件或现浇混凝土中进行测试。

Hanson是ConAd较早的客户之一，他们对最新的DT50做了修改，在上面增设了一部移动电话，以便能通过电话对设备进行控制，使设备在不需要人工参与的情况下便能提供即时更新的温度或时间记录。承包商如有需要，可在任何时候与Hanson联系，以获得最新数据，但Hanson从没去过现场，通常情况下，他们只是在混凝土达到规定强度时给出一些简单的建议。另外，有些顾客希望能在早上获得最新的所有强度值，以便安排当天的工作。据Hanson报道，将热电偶结点拧在一起后进行焊接，这样设备不会产生损坏或被偷窃，尽管这与其最初的建议相反，但总的说来还是非常令人满意的。然而，现在他们的热电偶是由专门的承包商预先提供的。

在选择设备时有很多因素需要考虑，而这些因素中应主要关注的是销售者的专业知识、能力、良好信誉及监管部门对其成果的认可等。评估不保守是风险的一个方面，设备的不稳定性则是另一方面。一个熟练的操作者运用任何现有设备，即采用*EA*或TTF法，都可以取得满意的结果。但是，有些设备要求操作者具有更强的能力，更加仔细，且对设备有着更好地了解，而这一要求会以不同的方式或在不同的阶段参与到测试中。数十年前，作者通过自己制作并安装的热电偶收集数据获得了满意的结果。任何的错误读数应被摒弃，对应力等读数的判断需要全面了解目前的测试结果与环境，以及过去的性能情况，并控制在合理的安全范围。这意味着一位水平一般的现场工人或完全没有经验的年轻工程师在运用这种方法时也许并不能获得满意的结果。

各备选方案的经济性很难一概而论。

(1) 在大多数情况下，由所获得的信息取得的成本节省要比试验成本大得多，为此应不惜一切代价去获取信息是值得的。

(2) 此外，在许多情况下，结果显示强度的发展与预期目标相差甚远。对于此类情况，允许有较大的误差。

(3) 人工费用也是一项重要因素，包括设备的组装与校准、试验结果的读取和分析、设备的维修等。不同的设备与工作环境对工作人员技能的要求不同。

(4) 探针安装的数量同时受到探针接收结果的可靠性及发生偶然错误的后果等两方面因素的影响。

(5) 外部设备被破坏或偷窃的风险因不同的工作环境（如施工现场、预制工厂等），以及不同的国家和地区而差异很大。

(6) 在冬季，现浇混凝土板由蒸养预制构件代替，此时的养护环境成为主要的影响因素。

很明显，为证实以上说法需要一种或多种证明，但具体实施起来也是不容易的。一方面是设备运营商对操作员的培训与认证；另一方面是对设备供应商的认证，这不同于特殊设备的认证。然而，目前尚不清楚谁能独立地提供此类认证。不可引入那些可能将可行的解决方法排除在外的规则，这点很重要。

4.14 节给出了 ConAd 质量控制程序中对早期数据的使用详情。该程序可对上述图表加以显示，但除核查外，在程序的[illegible]运行过程中并不一定用得到。在质量控制程序中引入某一强度及其相应的 *EA* 值，可对 7d 与 28d 强度、各 *EA* 值相应的强度以及各强度相应的 *EA* 值进行预测。在蒸养条件下，用户可指定最大与最小的温降估计值，使系统可在适当的时刻停止蒸养以便试件获得规定的强度。

## 11.5 渗透性试验

最初的 Figg 测试起源于英国，但后来美国的 James 仪器公司巧妙地将其与另一仪器结合了起来。在现场混凝土或混凝土试件上钻一个孔，塞上塑料塞，形成一个低于混凝土表面的小室。用注射器针头贯穿塞子以提供一个通道。首先，对小室进行抽吸作用，吸取周围混凝土中的空气。通过抽吸导致软管中水银的移动，可测得空气的体积（极少量）。接着，在小室中注满水，然后通过同一软管中水银向相反方向的移动来测定周围混凝土的吸水率。

Wexham 改编版指出了上述测试有时会遇到的两个问题。其一，空气中的含水量会大大影响其渗透性；其二，空气可能会经由混凝土的缺陷部位或塞子渗入混凝土，而不是经过混凝土本身。要解决这两个潜在的问题，首先，应钻取一个直径稍大的孔洞，并用仪器测得孔中的湿度；其次，采用加压而不是抽吸作用，一旦出现渗漏，便可通过附着在表面的肥皂水泡观察到。

这类现场混凝土测试的另一个好处是它们可用于衡量蒸养是否充分（这对渗透性影响很大）。承包商可能需要继续或重新对试件进行蒸养，直至满足渗透性要求。

## 11.6 无损检测

进行无损检测（NDT）时，尤其需要注意弄清测试的目的及对测试结果的评价。很明显，当混凝土离开搅拌站或运料车而应用于结构中时，其强度不一定等于通过标准抗压试验所得到的强度。如果不能明确哪些是想要获得的结果，则很难对不同测试过程的相对优势做出正确的评价。

从某种角度来说，结构混凝土的强度是真正重要的问题。然而，即使这是被公认的事实，我们仍然需要弄清楚，真正重要的到底是结构混凝土的当前强度，还是其最终强度。如果我们需要评价拆模或者施加预应力的条件是否已经成熟，或者是否可以停止养护，那么混凝土的当前强度便更为重要。如果我们需要评价的是结构的承载力或耐久性，则最终强度就可能更为重要。

如果是用于调整目前正在生产的混凝土配合比，则标准试件强度与结构混凝土当前的实际强度，哪个更重要也就不那么明显了。若某一特定结构的最终强度及耐久性要求其强度达到 30MPa，但施加预应力时要求其 22h 强度达到 22MPa，则后者为控制性要求。如果日间气温变化幅度很大（例如在澳大利亚的一些地区），则很可能在某一天提供的混凝土 28d 强度为 40MPa，而下一组的 28d 强度却达到了 60MPa。当然，自始至终都达到 60MPa 的混凝土更符合经济性要求，也避免了问题的复杂化。但是，就这个例子的目的而言，忽略了这一选择。

多数情况下，特定的混凝土配合比是满足预定指标的，为确定该配合比在何时发生变化应对其进行试验。在这种情况下，任何影响试验结果的外在因素，例如试件密实度的变化、温度的变化等，无论是成品混凝土还是正在蒸养的混凝土，都将明显增加测试结果的可变性，从而降低了质量控制过程的效率。

考虑到上述问题的可能性，可以看出，只有在要求的早期强度可确保 28d 强度大大超过控制强度时，无损检测才能完全替代典型的标准试件抗压试验。即使在这种情况下，当出现问题时，仍需要进行标准测试，否则，很难确定是配合比的问题还是施工的问题。在某种程度上，所得结论取决于涉及到的混凝土数量，因为对每次浇筑进行质量控制的成本可能会很高，而通过单位体积混凝土所提供的富余强度以避免或减少质量控制的费用是确定的。因此，如果每天会用到一些小块的总量在 $1m^3$ 左右的混凝土，那么采用富余强度而无需进行试验会更经济。但如果是用于楼板而需在早期施加预应力的日用量达 $200m^3$ 的混凝土，那么标准试验和现场试验显然都是合理的。

试验的准确性是很重要的，与此同时，试验结果与试验目的的相关性，以及在对结果进行评估时所做假设的准确性同样重要。例如，从混凝土面板上取下的圆柱体试件，理应可以准确地代表面板强度，但却可能由于成熟度不同而与面板强度差别很大。对于同一块混凝土面板，由抗拉试验所得到结果的变化更大，但至少可测得实际强度。结合了圆柱体与面板成熟度（例如等效龄期等）测量的标准试验圆柱体试件要比施工现场养护的圆柱体试件更准确，抗拉试验也是如此，但它取决于成熟度与强度相关关系的准确性以及混凝土板的抗压性能。超声波方法也十分符合测试目的，并具有很好的可重复性与准确性，但它取决于强度与波速的假定关系，而这一关系会受到诸如含水量等之类因素的影响。

读者需要参考其他地方（Bungey）的情况来进一步了解各种无损检测的详情，但作者发现了一个可以对此类检测进行整体控制操作的地方。这样的例子包括在早期拆模或施压之前的悬吊楼面板的抗拉试验，以及新浇柱体混凝土的回弹试验等。回弹试验并不十分准确，尤其是在没有按照制造商的使用规范而是非正规地进行测试的时候，但这种测试极其快速与廉价，可用于所有的混凝土柱体，并可对有严重问题的混凝土做出预警。甚至有人提出，即使不能显示强度等级，仍值得进行这一测试。其意义在于，压痕深度乃至敲击声都会提醒日常使用者，可能存在严重的问题。作者发现这与旋制混凝土管的情况相同，可以借助声音加以判断，该过程好比轻敲火车的轮子来检测裂缝一样。然而，某美国大学团队（Telisak et al.，1991）通过全面调查研究，认为现场成熟度测试是最准确的早期强度判断标准。

当定期进行无损检测时，可将结果输入控制系统，绘制成图，与其他试验数据进行比较分析。由此，可迅速确定基准混凝土的变化对结构强度变化的影响程度。

A. M. Leshchinsky 博士率先提出了对各种无损检测技术的综合利用。其观点如下，一组试验结果与抗压强度间的关系有时会受到某些因素的影响（例如，含水量会严重影响超声波的脉冲速度），但两种或多种不同的试验受到同一因素影响的可能性则不大。因此，采用两种或多种试验要比做大量的同种试验更容易实现正确的评价。下述实例能进一步证明之前的观点，即在许多情况下，测试结果的相关性比其准确性更为重要。

20 世纪 70 年代，作者在使用英国的 Pundit 与 Dutch CSI 这两种标准超声波仪时，有一段有趣的经历。作者设想，成型两个非传统的圆柱体试件而不是传统的三个，并对其进行早龄期超声波（UPV）检测。这两种仪器有着相同的超声波检测读数，表明两者均能准确读取表征混凝土基本性能的参数值，然而这些读数与抗压强度的相关性并不好。因此，在对混凝土进行质量评价时，UPV 与抗压强度同样适用，但其与特定的抗压强度值并不存在着必然的联系。

## 11.7　新拌混凝土工作性试验

新拌混凝土性能试验包括工作性、含气量、温度、密度、含水量及其组分分析等。在与混凝土相关的大多数问题中，明确试验目的从而决定哪些试验值得做、哪些试验不值得做是很重要的。

### 工作性

对于混凝土的工作性，人们已设想了大量的试验方法。之前的版本对此进行了十分深入的探讨，并大量参考了 G. H. Tattersall（Tattersall，1991）的著作。就在作者撰写这本书时，Tattersall 已去世了，在探究混凝土工作性的问题上，Tattersall 是一位举足轻重的人物。简单地说，Tattersall 的主要贡献在于认识到没有一种试验能充分评价混凝土的工作性。他指出，混凝土不是位移与阻力成一定比例的“牛顿流体”（“Newtonian Fluid”），而是“宾汉姆体”（“Bingham Body”），这种流体存在一个初始的位移阻力，超过这个值后，阻力与位移成一定比例。

这一原理目前已得到了广泛认同，该初始位移阻力被称为屈服应力，而接下来的比例常数则被称为塑性黏度。由于有些混凝土的屈服应力较低而塑性黏度较高，根据试验过程中施加应力的不同，其相对工作性也不同。这一点很重要，因为坍落度试验本质上仅能衡量屈服应力，而振实效果则取决于塑性黏度。Tattersall 提出应采用“两点法”，即施加两个不同的力值，从而同时测出屈服应力和塑性黏度。基于这一理念，大量“流变仪”应运

图 11.6　罗马尼亚农学院流变仪的原型

而生，成为最常用的装置，用于检测混凝土容器中旋转叶片、圆柱体或圆盘等在不同转速下受到的阻力。

从第一版开始便对新型流变仪进行了大量的描述，包括 BTRheom 流变仪（1996）、Wallevik 流变仪（1990）等。BTRheom 不同于许多其他流变仪，它便于携带，可用于施工现场。德克萨斯（Texas）大学 ICAR 发明了一种十分轻便的新型装置，目前该装置还只是样板，但是很快将会面世，在大学网站 www. icar. utexas. edu 上可以搜索到相关的信息。至于这种装置最终是用于工地上的流变测量，还是依旧用于实验室，以及施工现场测试是否仍以坍落度测试为主等问题，尚需拭目以待。由于自密实混凝土用量的增加，问题变得复杂了。按理应当采用流变仪来对其进行控制，但是另一方面，坍扩度测试（稍后描述）比标准坍落度测试更符合要求。作者坚持认为，工作性控制的最终解决方案应当是一个适用于各大型工程中所有混凝土运料车的装置。这种装置已经研发出来，在之前的版本中对其进行了描述。作者发现，数年前该装置在技术上便相当令人满意了，但在商业上似乎尚未取得成功。尽管如此，此处仍对其进行了重述。这是因为本书试图指明未来的发展方向，而作者坚信该装置将是最终的解决方案。心怀这样的希望是因为 ICAR 报道过一项试图将混凝土运料车用作流变仪的初步研究。他们发现这样可有效地测得屈服应力，但对塑性黏度的测试则不理想。

坍落度测试虽然应用广泛且目的明确，但却并不能很好地测量不同拌合物的相对工作性。然而，由于其操作简单、性能稳定，且在使用恰当时能很好地测量同配合比拌合物连续输送时的相对稠度（即湿度）而沿用至今。随着配料的日益精确，通过作者的配合比适合因子（*MSF*），我们规定并控制了工作性的其他方面，因而现在可将坍落度测试视为对特定配合比稠度的确定（尤其是根据延时与温度调整后的“等效坍落度”时）。应当注意，不能将坍落度测试结果视为工作性的绝对衡量标准。对于某些特定用途，除应准确指出所需混凝土的类型外（如作者对于一些特殊耐磨地板的描述），还应指定坍落度范围。但一般说来，工作性的测试（坍落度等）是混凝土工人而不是规定者的工作。混凝土工人应权衡工作性较好的混凝土价格较高但可降低浇筑成本这两者之间的利弊，并兼顾收缩、离析以及泌水处理等问题。

人们对坍落度测试已是持半认可态度，然而该测试仍存在其局限性。显然，其不能用于无坍落度或几乎没有坍落度的混凝土。此类混凝土一般只用于混凝土预制厂，这些工厂大多使用 VB 稠度仪（AS1012. 3，1983），该仪器的坍落度测试是在圆柱形容器中进行，记录将装满料的坍落度筒在标准振动下形成圆柱形所用的时间。

与之相反，超塑性混凝土、自密实混凝土以及高流动性混凝土的应用越来越普遍，以前常采用流动桌（DIN1048）来测量其工作性。该试验测得的是拌合物在轻微振动下的扩展直径。但随着目前更高流动性混凝土的出现，对坍落度测试进行了略微改变，即坍扩度测试。

坍落度测试的测量上限与混凝土类型密切相关。在干硬性混凝土和间断级配混凝土（见第3章3.2节，其*MSF*值为20或者更小）坍落度测试中，当坍落度稍超过50mm时便会出现崩溃。但是，对砂率高的连续级配拌合物（*MSF*值为27或者更大）测得的坍落度可达200mm，甚至更高。

关于开展坍落度试验时获得真实读数的问题同样重要，我们应认识到，在美国、英国以及澳大利亚等地，坍落度的测试方式是不同的。

重要的不是停止坍落度试验而是意识到并允许其有局限性。例如，规范通常限定了坍落度的极值。几乎无一例外，这并不是实现规定者目标的最好方法。首先，应当针对具体的规定制定目标，而不是根据以往的规定盲目地继续开展当前的工作。这些既定目标可避免高收缩、离析及泌水等现象，并能避免由于水灰比过大而引起的强度与耐久性不足。然而，几乎任何坍落度下的混凝土，即使坍落度再小，都可能存在这些缺陷；相反，即使坍落度再大，也可避免这些缺陷。此外，从提交的理论配合比中很容易发现，哪些配合比易于出现某个或某些其他问题。因此，应允许承包商在其选择的任何坍落度下报批相应的配合比，因为该配合比是针对其坍落度规定设计的。生产坍落度高达250mm及以上的大流动性混凝土几乎不存在上述潜在的缺陷，而在坍落度小于50mm的配合比中，这些缺陷大多存在。

基于坍落度原因而丢弃某辆运料车中的混凝土，同样需要合理加以探讨。坍落度试验对少量的水量变化相当敏感而极易不准确，应允许卡车司机始终坚持重复检测。1$m^3$混凝土中加入3L水，坍落度增加约10mm，强度降低约1MPa。当负责人对混凝土进行验收时，应始终注意到所考察配合比的当前强度，由此根据强度要求判断是否应丢弃坍落度过大的混凝土，对于限定的收缩问题，情况类似。更为普遍的则是根据干湿特性或外观情况制止丢弃开始出现的问题。坍落度的变化将导致无修饰表面的颜色发生变化，而坍落度超出设计值可能引起离析、泌水、延迟完成及地面耐磨性差等问题。

尽管追求完美是不切实际的，但只有在拌合物生产过程中出现不均匀的情况下，坍落度试验才会有变化。大多数情况下，通过观察坍落度试验后的混凝土状况，可以了解到坍落度操作员站立的位置，其如何加料，以及如何插捣。在加料过程中，若未能旋转加料常会导致加料点相对一侧的粗骨料含量偏高，而通常情况下，这将导致锥体向着加料点一侧坍塌。在插捣过程中，若操作员的捣棒握法不当则不易对其对面一侧的锥体底部进行插捣。为圆满完成这一操作，操作人员须将其胳膊置于坍落度锥体上方，以便在全周插捣过程中，捣棒始终与锥体边缘平行。另一种方法是使用一条“准绳”，握住捣棒就好比拉着一根绳子。

坍落度测试是基于半压实标准状态下进行的，这不同于抗压试件无论何种情况下都要求充分压实。因此，在进行坍落度试验时采用正确的插捣数并且仅是将试样捣实的最少插捣数是很重要的，而捣棒端头具有正确的形状同样重要。端头扁平的捣棒（如钢筋）会将粗骨料推至底部，并趋于留下孔洞而导致不密实。英式捣棒的端头为半球形，这是对扁平端头的重大改进。然而，在澳大利亚和美国，捣棒是由粗逐渐变细，端头为半球形且为原直径的一半，这样更利于插捣密实。与此同时，我们应认识到，在英国、美国及澳大利亚，坍落度的测量方法不同。在英国，是测量拌合物坍塌后的最高点；在美国，是测量拌合物坍塌后的中心点；在澳大利亚，则是测量测坍塌顶面的平均值。对于采用何种方式，人们可能存在着个人偏好，但重要的是在特定项目中要保持一致性。

作者曾提出“等效坍落度”概念（1996）。由于 Bryant Mather（1987）坚定指出坍落度损失与温度成正比，导致了需水量随温度增加这一严格说来并不正确却可行的观点。众所周知，坍落度存在经时损失。结合这两种效应，很明显只有附有时间与温度读数的坍落度值才具有实际意义。作者的现阶段建议是通过 Arrhenius 将时间和温度与等效龄期结合起来（11.4 节在早龄期强度问题中进行了详细的阐述）。可通过将混凝土置于20℃的温度环境中，用30min 后所获得的坍落度来估算“等效坍落度”。可以想像，如果将抗压试件存放在温度为10～30°C 的地方，并在10～40d 间的任意龄期对其进行测试，所得测试结果与水灰比间的相关性将很差。这便是坍落度的试验现状（例如，忽略时间与温度的影响）。

将坍落度值输入电脑，很容易求得其等效值，但在施工现场就不那么容易做到了。考虑到这些因素，在现场所做出的一些丢弃决定便显得很荒谬。在寒冷的早晨配料15min 后测得的坍落度约为150mm，表明含水量较低，因而混凝土强度要高于在炎热的下午配料1h 后测得坍落度为50mm 的混凝土。凭经验对这一效应作近似估算要比设想的坍落度更加公正而实际，而这正是问题的关键所在。

考虑到上述原因，应重视正确的取样与样本的重新翻拌，正确的层面处理、刚性金属底板的清洁与润湿，并采用方口加料勺（因为若采用圆口勺会在取样托盘上残留砂浆），由此坍落度试验结果将比通常情况更加可靠且更具指导意义。然而确实有一些罕有、老道的实验员，他会在实验之前问你需要怎样的坍落度。这些人常常能给出恰当的指示，因为他们明确知道是什么原因导致了不正确的结果。

## 自密实混凝土的工作性评价

为测量自密实混凝土的工作性，除流变仪试验外，人们设计了几种特殊的试验方法，包括 U 形箱、L 形箱、Fill 箱、Orimet 和 J 形环等，已在 www. efnarc. org 网站上对其进行了详尽介绍（EFNARC 是欧盟致力于专业建筑化学制品与混凝土的机构）。这些是实验室用于设计自密实混凝土配合比的主要工具，因太笨重而不适用于施工现场。

坍扩度试验可能成为标准的现场试验（ICAR 流变仪除外）。该测试使用现行标准的坍落度筒，但测量的是扩展直径而不是锥体高度，以及扩展直径达到 50cm 的时间，即“T50 时间”。更进一步的改进形式是用一种名为 J 形环的直径为 300mm 均匀分布有 100mm 的垂直钢“脚”的钢圈将坍落度筒包围起来。钢圈的直径和脚的间距可以根据不同加固部位的松紧情况进行调整。有些不同方向上脚间距不同的 J 形环是可倒置使用的。除可以观察到混凝土通过 J 形环的流动外，还可以测出环内外的混凝土深度。

要具备自密实特性，拌合物至少应具备直径 650mm 的扩展度，且达到 T50 时间为 2 ~ 7s。对混凝土扩展边缘的观察很重要，混凝土应以平滑的边缘向前滚动，而不应像普通流体那样在延伸的前方出现流浆（流浆的出现意味着泌水）。粗骨料须均匀分布在混凝土内直至边缘。在扩展开来的混凝土中间不应出现粗骨料聚集（即离析）现象。

有趣的是，无论坍落度筒是正放还是倒置，混凝土的扩展直径都相同，虽然两种方式各有其可取性，但是很明显将坍落度筒倒置的方法会得到更长久的运用，原因如下：

（1）流态混凝土对坍落度筒模具周围存在着压力。坍落度筒正放时，这种压力存在向上的分力，同时，由于流体组分容易渗出，因此操作人员必须注意在混凝土填充模具时维持对模具底部的压力。相反，当坍落度筒倒置时，这种压力存在着一个很大的向下的分力，即使没有保持位置固定，也可能填满。

（2）坍落度筒倒置时，底部的大口更便于填充而不易撒漏。

（3）当使用 J 形环时，正放坍落度筒的脚踏板会带来不便。

（4）两种方式都常用于测量 T50 时间，但采用坍落度筒倒置的方式更适合秒表计时。

（5）当坍落度筒倒置时，T50时间稍长一些，因而计时的误差允许范围也就更大。

（6）使用坍落度筒倒置方式时，混凝土拌合物扩展中心聚集石子的各种离析趋势都将被放大。

综上所述，坍落度筒倒置的方式更易操作、更为严谨，故而也是更好的试验方式。

## 密实系数

在英国，用密实系数试验取代坍落度试验曾获得过一定程度上的成功，但该试验没能被真正地运用于商业领域，至今已成为历史。这种试验装置是在一个框架中上、下放置了两个漏斗，其中较低的漏洞用于向标准圆筒模具出料。其原理为，第一个漏斗中的混凝土以标准方式填充第二个漏斗，之后再从第二个漏斗落入圆筒模具中，最后按标准使混凝土达到密实状态。结果表示为，用圆筒模具中混凝土的质量除以完全密实状态下圆筒模具中混凝土的质量，即得密实系数。

这种方法比坍落度试验更具准确性，是比较不同混凝土拌合物之间相对工作性的更好依据。然而，由于需要确定连续运输的同种拌合物的含水量变化情况，适用范围较窄且涉及到一些更加笨重、昂贵的设备，密实系数试验相比于坍落度试验并没有多大优势，最终无法延续下去。要获得比坍落度试验更精巧的试验方法，轻便的流变仪将成为发展的趋势。

需要再次强调的是坍落度加上*MSF*（配合比适合因子），并根据配料后的时间、混凝土温度进行调整，要比单独的坍落度值更适于衡量拌合物的工作性。

## 含气量

在混凝土中引气是出于两个目的，一是提高混凝土的抗冻性，二是改善混凝土的工作性并抑制泌水。

提高混凝土的抗冻性比提高其工作性和抑制泌水所需的含气量要高，一般来说，前者为6%～8%，后者为3%～5%。含气量高时，引气的成本主要在于：为使混凝土达到既定的强度与工作性，需加大水泥的用量。含气量低且混凝土强度等于或低于30MPa时，在水灰比一定的情况下，引气带来的减水效应可以完全抵消其对强度的削弱作用。水灰比一定，含气量增大1%，强度则降低5%，同时减水10%。值得注意的是，不引气混凝土多半含有1%～2%的孔隙，因此引气所带来的额外的强度降低程度仅为5% ~10%。

值得注意的是混凝土的抗冻性取决于气泡间距，而强度的降低与总含气量成正比，因此气泡的尺寸应尽可能的小。

所需含气量是5%或更高时需详细说明，否则这一指标将很容易被混凝土生产商出于经济性考虑而忽略掉。同时，应当定期对含气量进行检测。

如果引气不是为提高混凝土的抗冻性要求，则不需要详细说明。一方面，任何情况下都可能引入气体；另一方面，可能是由于掺入了粉煤灰，粉煤灰颗粒的大小与形状与引入的气泡类似，同样有利于提高拌合物的工作性，但减水效果相对较小。通过硬化后试件（立方体或圆柱体）的密度可准确而合理地推算出含气量。当密度显示含气量可能发生变化时，应立即测试含气量，直至确定导致密度发生变化的原因。

## 密度

有些混凝土质量控制人员喜欢定期检测新拌混凝土的密度。毋庸置疑，特定配合比的强度与密度之间存在着紧密联系。然而，正如之前所提到的，在实验室测得的硬化混凝土试件的密度足以替代常规测试而对混凝土质量进行控制。当采用密度试验解决有关拌合物产量的问题时（例如，理论上的1m是否真的有1m等），需进行相当正规的新拌混凝土密度试验。试验过程中，应在顶部盖上玻璃板，这一点很重要，因为不论试验时多细致，都无法准确估算残留量，若没有盖上玻璃板，测得的密度多数情况下偏高，但有时也偏低。

一波方平一波又起，随着之前争论的平息，又出现了新的问题，即混凝土供应商是否必须提供硬化后体积足量的混凝土。显然，由于气体的引入，购买方有权利要求是充分密实的混凝土。但是，难道也给他权利去振出部分引入的气体吗？同样，如果混凝土出现了泌水，那么考虑泌水前还是泌水后的体积呢？这些差别虽很微小，但是，在混凝土浇筑量很大时（例如，厚实而无钢筋的飞机场铺筑混凝土），就会降低劳动力及模板成本，从而带来可观的利润。对于上述问题，并没有所谓的正确答案，它们是谈判的主题，同时也在谈判中得以解决。

由于混凝土各组分中空气和水最轻，而水泥几乎总是最重，因而出现了混凝土强度与密度的相互关系。粗骨料的密度可能是唯一存在影响的其他因素。而在轻混凝土中，粗骨料的含水量也可能对这一关系产生重要影响。

## 温度

在成型试样时测试混凝土温度的成本微不足道，因此始终都应对混凝土进行温度测试。在温度与强度之间通常存在很好的相关性，温度越高，强度越低，这一关系主要源于较高温度下需水量的增加。然而，随着温度的升高，早期强度提高，这是由于附加的成熟度足以抵消甚至超出了需水量增加对强度的削弱作用。这种情况在3d测试时比在7d时更易于出现，并且多发生在寒冷地区而非炎热地区。

## 含水量

采用成本低且确实可行的微波炉，将湿混凝土样品取回实验室进行干燥，为测定其含水量增加了测试方法。以作者经验来看，最大的误差源于样本中砂浆与粗骨料间的非代表性比例。该误差可以通过使用普通的圆孔筛对混凝土筛分，仅对砂浆部分干燥而消除。

## 湿法分析

RAM（快速分析仪）是由英国水泥与混凝土协会研发的一种可将新拌混凝土试样按其组分进行分离的仪器。该仪器已为人们广泛熟知，但在英国以外却极少应用。作者的评述是在未曾亲身体验过RAM益处的情况下做出的。让我们再次回到试验结果的准确性及准确理解试验目的这两个孪生问题上来。从表面上看，可分析新拌混凝土试样的原理着实引人注目。然而，Neville（1981）公布了一项由BRMCA所作的调查，调查发现所测得的水泥用量的误差超过±40kg/m$^3$，且倾向于低估实际用量，平均低估量达20kg/m$^3$以上。

由于考虑到了干料的相对比例，这种测试可能比较适用于某些领域，但在过去的某段时间而不是现在则更适用于其他领域。换言之，该测试适用于哪种领域，其关键在于供应商是否会尝试着去欺骗使用者。然而，对于由计算机配料的生产厂家提供混凝土的工程，搅拌效果、取样技术以及试验的准确性等可能比实际的配合比对结果的影响更大。这是因为通过硬盘复制的计算机记录可用于解决任何蓄意的欺骗问题。

考虑到输入骨料级配的变异性，结合计算机对骨料级配的模拟直接进行测试可能更准确且经济。

在很大程度上，应该通过将抗压试验结果以及其他试验数据绘制成图表，考察其相关程度来评价常规测试的可用性，作者目前还没能进行这方面工作。强度与水灰比之间的相关性最好，可用于预测。20 年前，作者便通过运用流变仪测试标准体积砂浆中（该砂浆是对混凝土充分湿筛后提取的）水的密度（SG），取得研究新拌混凝土水灰比方面的部分成果。这种测试方法乃至 RAM 如今已经不再适用了，因为混凝土中可能含有粉煤灰、硅灰及其他细粉材料，而这类测试方法不能将它们与水泥区分开来。

## 结论

由此可见，哪些试验值得做，以及做得多频繁、多深入，在很大程度上是受环境因素影响的。环境因素包括影响变异性的程度及其来源，以及具有控制权的组织（该组织可能是生产组织的一部分）对混凝土生产商的合作性以及可信度所做的假定。

# 第12章 不变的观念

## 12.1 现金处罚规范

作者仍然认为，只有现金处罚机制才能完全公平、有效的对混凝土质量进行调控。但是，不管是生产商还是客户永远都不可能接受这一点，这也是十分明确的。为什么混凝土最好还是引进现金处罚机制呢？最迫切的原因在于对部分供应商做到公平，这样他们就能在报价中给出十分确定的混凝土强度值，但这也导致他们得不到供应承包合同。如果诚信的供应商并不能将其视为一大优势，那也只能这样了。但是，本书仍然保留这一节，以告慰作者的良心，作者已经尽了一切努力提出了可取但仍被无情拒绝的改革方案。

本节最初由作者以论文的形式于 1982 年 9 月发表于《混凝土国际：设计与施工》期刊上，论文的题目是"现金处罚规范可以做到公平、有效"，由美国混凝土协会授权在此刊登，对此表示感谢。

为了避免出现不合格混凝土，有人提议应按增加水泥用量成本的两倍施以现金处罚。其中详细说明了，如果这是根据任意连续 30 个 28d 试验结果统计分析得到的，那么，对任何一方都不会存在不公（有别于目前基于非精确、小样本标准的规范下导致严重不公的风险）。法律在可实施性方面也考虑过了，并提供了在澳大利亚的某个重要结构和其他基础部位应用适当现金处罚规范的例子，情况表明现金处罚规范是可取的。

一个完善的处罚规范体系应包括如下几点：

（1）确保对质量不满足要求的混凝土进行检测和处罚；

（2）避免对质量满足要求的混凝土进行处罚；

（3）提倡好的质量控制；

（4）避免存在任何公平疑虑，消除争议；

（5）基于健全的理论原则。

世界上典型的混凝土规范就是不断对不合格混凝土处以罚款，且一直根据那些已知的、不能有效区分混凝土实际质量的准则来进行混凝土的质量判断（Chung，1978）。这种不考虑实际情况的直接后果就是将工程监理人员置于站不住脚的地位，使混凝土供应商时常遭受非常不公的待遇，从而容许质量不良的混凝土逍遥法外进行浇筑。最糟糕的是，未能激励负责任的混凝土生产商提供变异性小的混凝土。

### 推荐评估体系

假设混凝土质量由平均强度和标准偏差来评估，则质量要求规定见下式：

$$\bar{x} \geqslant F'_c + k\sigma$$

式中 $\bar{x}$——混凝土的平均强度；

$F'_c$——混凝土的规定强度；

$\sigma$——混凝土的标准偏差；

$k$——概率度。

任何强度不合格的混凝土都可随时依据是否达到平均强度做出判断，不合格混凝土产生的调整费用可根据水泥用量进行准确评估。

混凝土强度不合格时，可按调整费用的两倍实施处罚。差异很小时，处罚可忽略，但倘若判断准则足够准确，则应处以足够的现金罚款，以确保强度不达标的混凝土供应商赚不到额外利润。这一处罚体系对混凝土变异性小的供应商有利，且有助于提高混凝土的质量控制。现金处罚体系的关键在于确定具有足够精度的平均强度和标准偏差，且选择合适的 $k$ 值。

### 评估的准确性

大多数规范遇到的评估不准确情况是由于试验结果数不足和试图根据小部分试验结果来判断整体混凝土质量是否满足要求而引起的。在现金处罚规范中，就不存在类似问题。

基于小部分试验结果提出评估标准的次要原因在于可快速判断。因此，在叫停之前就可以限制供应存在不合格的混凝土。如等到28d 试验结果出来后，这一好意就成了笑话。

解决这一难题的办法就是将（1）接收或处罚和（2）检测与扣留不良质量混凝土这两项功能区分开来。

在现金处罚机制下运作会出现既有趣又有价值的试验结果，即在尽可能早的时间内检测到并消除不良质量趋势这一点上，监理和混凝土供应商的利益是一致的。这种合作关系与传统上要求确立明确的法律关系不同，即混凝土强度出现不合格时，再来要求极不情愿的供应商采取措施。

混凝土供应商普遍认识到，对质量控制员发出强度偏低的信号做出快速回应，可以减小损失。图表系统可提供基于小部分早龄期试验结果的相关信息，不仅使混凝土供应商避免了过长时间生产的混凝土强度偏低，还可降低总变异性（在潜在处罚中存在双重节省）。

由一组 $n$ 个试验结果得到的平均强度的标准误差为 $\sigma/\sqrt{n}$，标准偏差则为 $\sigma/\sqrt{(2n)}$。

因此，判断准则 $\bar{x}-k\sigma$ 的标准误差为：

$$\sqrt{\left[\frac{\sigma^2}{n}+\frac{(k\sigma)^2}{2n}\right]}$$

式中 $k=1.28$（取10%的不合格率）；

$\sigma=3\text{MPa}$；

$n=30$。

这一表达式给出的标准误差近似为0.74MPa。意味着，90%的评估值会落在 $\pm1.65\times0.74=\pm1.22\text{MPa}$ 的范围内。

如果进一步假设混凝土强度变化1MPa时，需调整7～8kg/$m^3$ 的水泥用量（对不同的混凝土，实际值可能在5～10kg/$m^3$ 范围内），则水泥用量的误差最高可累计至10kg/$m^3$，或者成本可累计至约0.70澳元/$m^3$（约为0.56美元/$yd^3$）。

## 系统操作

规定如下：“设混凝土的规定强度为 $x$MPa，当任意30个连续试样的平均强度减去其标准偏差的1.28倍且低于 $x$MPa时，每降低1MPa，则承包商应为这30个试样结果代表的问题混凝土按1澳元/$m^3$ 的标准支付罚金。”1澳元＝7.5kg水泥成本的两倍，假设混凝土强度每增加1MPa，则要求水泥用量增加7.5kg。

为了避免偶尔不必要的处罚，混凝土供应商不得不增加超过10kg/$m^3$ 的水泥用量，从而导致混凝土成本相比严格控制的预算要增加0.70澳元/$m^3$，要知道成本的增加也相应提高了整个系统的质量管理效益。同时，当实际供应的混凝土强度比规定强度降低1.22MPa时，混凝土供应商偶尔也可以逃过处罚。但总的来讲，混凝土供应商可能仍需支付1.22澳元/$m^3$ 的罚金，以抵消水泥用量节省的0.70澳元/$m^3$ 成本。

图12.1所示的是平均罚金，其中保证率为90%，强度不足在4MPa范围内。如图所示，很少会出现任何不必要的重大处罚，而出现节约水泥的成本超过罚金的机会更少。

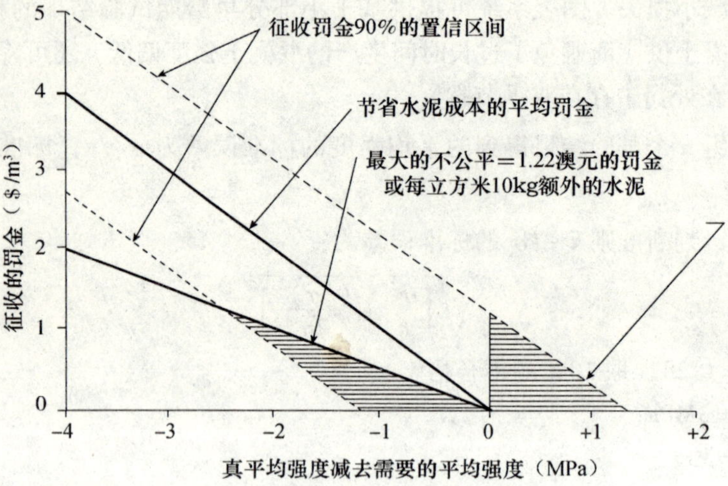


**图 12.1　适用的平均罚金图解**

## *k* 值变化的影响

增大 *k* 值将导致要求的平均强度增大，但可通过降低结构设计中采用的规定强度来抵消这一影响。对混凝土变异性大的供应商应要求更大的保证率，增加 *k* 值的补偿效应更有利于促进混凝土强度变异性的降低，还可提高混凝土的实际最小强度值（比如说，只有1‰的试验结果会落在 3 倍标准偏差的限值以外）。

作者认为，通过降低变异性和增大保证率来避免出现低强度混凝土是十分可取的。建议 *k* 值取 3，且规定强度降低 5MPa 以作补偿。

*k* 值为 1.28（现美国规范）、规定强度为 30MPa 时，这一影响为：

（1）$\sigma$ = 2.5MPa（控制良好）：

（a）要求平均强度 = 30 + (1.28 × 2.5) = 33.2MPa

（b）最低强度 = 33.2 − (3 × 2.5) = 25.7MPa

（2）$\sigma$ = 5MPa（控制较差）：

（a）要求平均强度 = 30 + (1.28 × 5.0) = 36.4MPa

（b）最低强度 = 33.2 − (3 × 5.0) = 21.4MPa

*k* 值为 3.0（更可取）、规定强度为 25MPa 时，这一影响为：

（1）$\sigma$ = 2.5MPa（控制良好）：

（a）要求平均强度 = 25 + (3.0 × 2.5) = 32.5MPa

（b）最低强度 = 33.2 − (3 × 2.5) = 25MPa

（2）$\sigma$ = 5MPa（控制较差）：

（a）要求平均强度 = 25 +（3 ×5.0）= 40MPa

（b）最低强度 = 40 -（3 ×5.0）= 25MPa

$k$ 的取值变化将使变异性大的混凝土供应商处于更不利的竞争地位，且可减小偶尔供应低强度混凝土的可能性。除竞争地位得以提升外，低变异性混凝土供应商完全不受影响。

图 12.2 所示的是在遵循 10% 不合格率标准时，对低变异性及高变异性的混凝土供应商的影响。图 12.2（a）图是取 10% 不合格率时，将降低低变异性供应商的积极性，且高变异性供应商还生产了部分极低强度的混凝土。图 12.2（b）是当取 0.1% 不合格率时，低变异性供应商的竞争地位得以提高。此时，两种供应商均能有效提供相同最低强度值的混凝土。

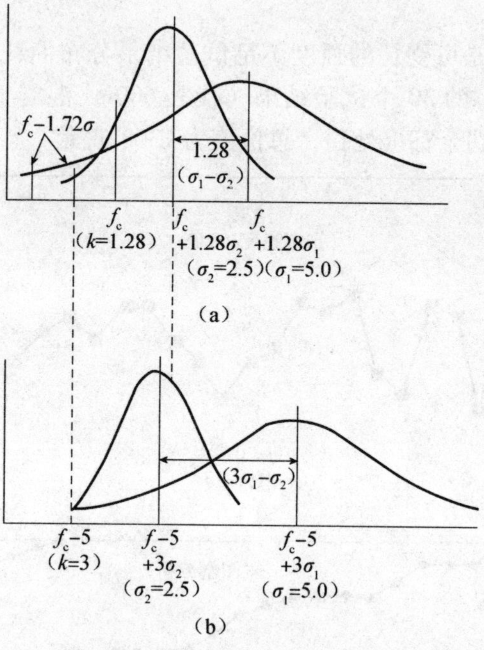


**图 12.2　$k$ 值增大效应就是提高低变异性供应商的竞争地位并剔除高变异性供应商的低结果**

低变异性混凝土的好处十分显著：

（1）有利于混凝土浇筑人员施工；

（2）混凝土更均匀密实；

（3）混凝土外观更均匀；

（4）基于一定数量的试验结果能进行更准确的评估（要求的测试频率可能更低）。

变化点的影响

所提出的方法是假设平均强度或变异性呈一条渐进式的光滑曲线，包括最差时段结果在内的30个试验结果。但分析表明，变化通常呈“台阶式”，而不是渐进式。因此，在准确表征低谷段特性时，应对所有试验结果都进行分析，而不是随意地选择30个试验结果。但如果这样，会过于复杂和繁重，因此在实际操作过程中可以通过双方协商解决。在分析覆盖变化点的30个试验结果的影响时，可能由于采用了一些较大的试验结果，使得到的平均强度偏大，导致人为提高了标准偏差，从而也会增加处罚金额。换言之，如果基于的是不合格段，则罚金会减少。但在不存在严重不公的条件下，仍需严格按规定执行。

图12.3所示的是可受罚的强度不足试验结果分布曲线。根据建议采用的处罚规定，数值最小的30个试验结果（代表600m³混凝土）形成一个基数，按2.28澳元/m³的罚金标准处罚，总价值为1368澳元。

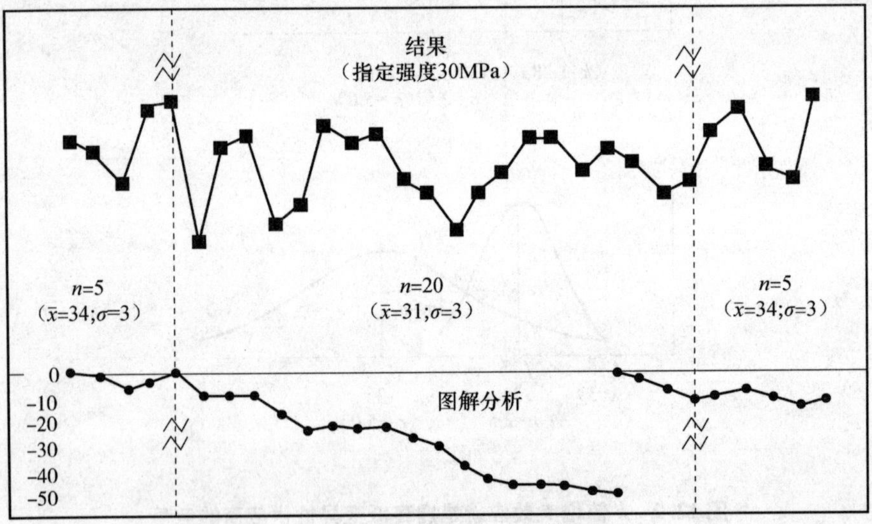


**图12.3 可受罚的强度不足试验结果图解分析**

但进一步的分析表明，低强度的混凝土受限于数值最低的20个结果（代表400m³混凝土）。基于这20个试验结果的处罚应更重，但总罚金要少于1136澳元/m³。后一种处罚机制更公平，应作为实际实施的处罚基准，但两者之差仅为232澳元，且30个试验结果的基数比较合理，纳入规定时更简单。

假设混凝土供应商为了逃避总共可节省水泥约600澳元的处罚，不得不支付约1.50澳元/m³的额外水泥（对于400m³混凝土）支出，这样供应商的净成本增加为600澳元。显然，相比延缓工期、支付钻芯及调查400$m^3$混凝土等花费，供应商更愿意支付这笔费用，而前者还可能出现部分或全部混凝土被摒弃的风险。

### 试验质量的重要性

非常重要的是形成现金处罚基准的试验结果应能准确评估生产商提供的混凝土质量，这绝非容易或理所当然。

最低要求就是试样的成型、养护和测试等都必须由合格的、具有资质的独立机构完成。试验是否准确最好根据同一批混凝土试样试验结果的每对平均差来判断。普通混凝土（规定强度小于50MPa，且很可能要剔除掉坍落度非常小的混凝土）的每对平均差应不超过1MPa。建议根据每对试样中的最大值而不是平均值来代表混凝土的真实强度，这样可能更合理。

负责试验结果处理的人要时刻留意振捣不密实、养护测试不当的混凝土试件，准备好在处罚评估过程中将这些试验结果剔除掉。研究发现，前面推荐的图表分析体系在区分变异性影响因素和早期问题检测方面十分有用，包括相关变量分析，如坍落度、强度和试验方法等。

两个实验室对同一车混凝土开展平行试验，可以提供一些有用的信息，应定时安排。

目前，对混凝土试验结果是否可靠的问题关注甚微，但这并不能成为未能制定提倡现金处罚规范的正当理由，因为在现有规定条件下产生的问题更多。

没有人能在试验上省钱的，降低试验成本的最好办法就是降低试验频率，可通过改善试验方法、完善处罚规定、改进结果分析方法及降低混凝土的变异性等来使其成为可能。

### 法律制裁

有时会遇到极端粗暴的处罚形式，尤其是政府机关。执行这些处罚规定的前提是如果以后出现争议，则扣押其合同。

根据英国和澳大利亚的法律，其是否可接受的关键问题是应将处罚与遭受的损失联系起来。假设业主更愿为达到规定强度等级的混凝土买单，而不会接受价格较低的低等级混凝土，并且如果给业主供应的混凝土强度低于规定强度，那么，他遭受的损失一定大于这两种等级混凝土的成本差（考虑保证率、耐久性等）。

事实上，这里所考虑的罚金太少，根本比不上承包商动用法律武器所花的费用，但现金处罚仍足以保证承包商为避免出现法律纠纷而秉持合作态度。

法律反对的是那些采用恐吓方式迫使承包商遵从的处罚规定。

### 澳大利亚经验

尽管现金处罚规范提案已经有20年了，但据作者所知，其仅在一个大工程中采纳过，就是维多利亚艺术中心（墨尔本可与悉尼歌剧院媲美的建筑物），只有一次试验结果真正招致了现金处罚，且付了罚金。然而，已有数十个工程利用前述的质量控制体系浇筑了上千方混凝土，但并没有使用现金处罚规范，这已证明任何情况下混凝土都无需丢弃。

通常，混凝土供应商有责任对基于早期分析进行水泥用量调整的要求做出积极响应，但经常是提供的混凝土强度（如上面估计的强度）低于严格要求的强度，并在很长时段内强度可能要低1MPa或者更多。

尽管当强度稍低时，对结构不会造成严重影响，却会因多次与混凝土供应商（就目前生产而言，总是乐观认为7～28d的强度增长会有所改善）协商、争论而浪费大量时间，供应商抱怨准确执行这一规定不现实。但是，如果没有严格控制要求，不合格混凝土无疑将会不断增多。提倡实施现金处罚，可避免所有这些争论。支付罚金，不合格混凝土则可接受，但估计在这种情况下不合格混凝土应会很快消失。

有人建议，为了公平起见，在实施处罚条款的同时也应有奖励条例。但作者并不认同，因为混凝土超出规定强度对业主没有任何好处。而这里提倡的现金处罚条款对好的混凝土供应商才真正有利，无需限制他们就可得到真正所需要的平均强度。即使稍有失误，处罚也会很轻，不会延缓工程进度或做进一步调查。也有助于抵御稍逊一筹竞争者的不公平竞争。最后，如果愿意的话，可以把对自己的奖励包括在其定价机制里面。

### 结论

总结得出，通过对30个连续试验结果进行分析，可准确建立两倍于不合格混凝土成本价的现金处罚规范，有助于公平调控混凝土强度。这一处罚体系不仅有利于提高合同的履行程度，还有助于在承包商和工程监理人员之间于日常质量控制过程中建立良好的合作关系，有效激励改善质量控制，且经过一段时期必将显著提高混凝土的生产水平。

## 12.2 什么是经济混凝土

提出“什么是经济混凝土”这一问题看似有点可笑，还是先来看看墨尔本的 Rialto 工程实例。该工程很不寻常，因为混凝土供应商、建筑商和最终业主都是同一家。浇筑了 $6000m^3$（混凝土浇筑总量接近 10 万 $m^3$）强度等级为 60MPa 的混凝土，这是目前墨尔本类似工程中混凝土等级最高的。施工起初配制的混凝土比较保守，平均强度超过 80MPa、规定强度近 75MPa。本可以显著降低水泥用量，但由于下列原因实际上没有做到：

（1）若可节约 6 万澳元，但相对几亿澳元的项目总投资而言就显得微不足道了。

（2）过大的强度富余度完全确保了不会出现因强度问题而延误工期的情况。

（3）超高早强可做到快速脱模等，而无需考虑混凝土受损、气候条件、掺早强剂及早龄期检测等问题。

（4）从应对任何意外影响因素的角度讲，提高强度富余度也是十分有意义的。

再看另一个例子，澳大利亚的亿万国会大厦也是一个重要的混凝土结构建筑物，浇筑了约 25 万 $m^3$ 混凝土，约花费 2500 万澳元，混凝土供应成本约占总成本的 2.5%。若这一项支出增加 5%，也仅占项目总成本的 2.63%，问题也真的不大。

当然，如果把这一事例搬至 Rialto 工程，其相对于整个工程支出就更不值得一提了。但是，真正的问题是独立的混凝土供应商是不会持这种态度的，因为他们的成本可能要超过总体的盈利额度。因此，强度富余度就只能靠业主或建筑商通过提高规定强度等级来实现了。任一方都可能为了加快建设或避免工期延误风险而采取这一行动。事实上，最好的办法是业主规定一较高的强度等级，当强度不合格达 5MPa（或者不管允许的强度富余度是多少）时施以现金处罚机制，而不是弃用混凝土或展开进一步调查。强度有富余（也要在严格限制之内）时，加以奖励且不提高规定强度，也可获此效应。

由该提议（比要求规定更高的强度，并在强度富余范围内对出现不合格强度的混凝土进行现金处罚）产生的益处有：

（1）业主对强度轻微不符要求的宽松态度；

（2）混凝土供应商对强度轻微不符合要求的谨慎态度；

（3）项目运作更流畅；

（4）提供更优质的混凝土，总成本可能仅略微增加。

但是，还存在一种破坏强度增长富余度的可能，即通过降低不合格率而不是通过提高规定强度获得的强度富余度。这将有助于进一步提高由降低强度变异性获得的额外奖赏，也将成为区分生产商好坏（对好的生产商有利）的显著影响因素，可对行业施加一定的压力促使其不断改善混凝土性能。大多数国家都采用5%的不合格率，因此，平均强度应是规定强度再加上标准偏差的1.645倍。如果提高强度富余度至标准偏差的3倍，则不合格率可能接近1‰（平均强度-3.09×标准偏差）。这意味着通常标准偏差为3MPa时，在平均强度和规定强度之间会形成9MPa的富余度。从最好的供应商（标准偏差为2MPa）到我们所能接受的最差供应商（标准偏差为4MPa），强度富余度可在6MPa至12MPa之间变化。施加这种积极的压力后，很有可能在未来5~10年内，我们会发现好的混凝土供应商可将标准偏差降至1.5MPa（目前一般富余度约为4.5MPa）以下，差的供应商则会被淘汰。

或许有个足以解决这一问题的折中方案。对现金处罚机制而言，富余度（如2MPa）比5MPa小得多就足够了，即为标准偏差×2（不合格率为2.5%时是1.95×标准偏差）。顺便说一句，到了不要再侧重依据允许不合格率来计算标准偏差的时候了。选择富余度的真实依据应该是我们在评估混凝土质量时给出的平均强度与标准偏差的相对值（基于此，标准偏差取3MPa更为合适）。理想平均强度和结构设计计算采用的强度应该在后面才能确定，而不是一开始就确定，但显然应单独确定取值。

有趣的是，现在建议增加的额外强度富余度而产生的费用，其实在以前的规范要求下也经常出现，根据规范要求规定强度为20MPa、最低水泥用量不得低于300kg/m$^3$。但是基于这两种要求得出的结果有显著差异。显然，前者得到的混凝土质量更好，项目运作更流畅，更有利于促使行业改善混凝土性能；而后者则会留有一定瞒骗水泥用量的余地，使用不符合标准的骨料、使用过大砂率、拌制干缩大的混凝土等，更为重要的是，会沉重打击供应商在技术上良性竞争的积极性。

在采纳现金处罚机制和着重强调标准偏差时有两个重要的附加条件：

（1）必须准确计算标准偏差和平均强度。

（2）现金处罚度应比较适中，仅需处以额外增加水泥成本的两倍罚款就足以避免任何不合格的混凝土，在澳大利亚，罚金约为2澳元/MPa。

在现金处罚机制下，很容易满足准确计算标准偏差的要求，因为已没有必要指出哪种混凝土的强度略微不足，只需指出强度为多少且不足程度有多大。因此，可以向具有足够精度的30个连续样本表征的混凝土征收罚金（见12.2节）。

还存在有说服力的异议吗？如果没有，哪还要多长时间才能实施这一建议性的处罚规定？5年、10年或20年？作者的这一论点曾于1959年和1961年撰文公开发表过。

## 12.3 多快才是够快

第一版包含一份21页的研究报告，采用庞大的模拟生成数据计算机分析系统完成，累计和分析法在检测早期混凝土缺陷时要比作者所知的其他系统优越得多。第一版的内容在此不再重复，但可在网上查到。

该系统形成的重要两点是：

（1）在检测平均强度微小变化时，累计和图分析法比计算分析体系更有效、更可靠。

（2）当某一变量（如强度）下降时，与此同时其他变量（如坍落度、温度和密度等）也随之出现变化，此时这一变量开始下降的数学意义就绝非无关紧要。

对分析效率更高系统的经济价值与其他影响获得理想混凝土因素的经济价值进行了简要对比，如更精良的设备、更娴熟的技术人员及更高的试验频率等。指出了在检测早期不合格混凝土方面，更高效检测系统的作用等同于提高试验频率。对比显示，检测变化时要求的试验结果平均数与这些试验结果的标准偏差成正比。由于早期检测反过来会降低强度的变异性，因此，会出现一个变异性由低到大的增强周期。

此外，还探讨了早龄期加快试验、拌合性能监测、相关变量分析（如坍落度、密度、温度）等问题。为此，得到一系列的试验结果，由此来预测28d的试验结果。也分析比较了不同方法在检测这一系列试验结果出现下降时段的工作效率。

根据40年混凝土质量控制图绘制的经验，作者认为下降时段通常只是一个突发事件或仅为“台阶式变化”，并不表示出现了恶化。

建立一个（Lotus）电子表格计算程序，从任意选择的平均值和标准偏差中自动生成100个一系列随机但呈正态分布的试验结果。随后，再附加有相同标准偏差但平均值较低的30个试验结果。则可研究性能控制系统在初始100个试验结果的稳定阶段是否会出现虚假警报，以及要多长时间才能检测出100个试验结果中的变化点。6种不同的检测系统会同时对这些结果自动进行分析，报告结果如下：

（1）在起初的100个试验结果中，于虚假警报前的数字如果是100，则没有虚假警报。

（2）在附加的30个试验结果中，在检测到第一个变化点前的数字如果是30，则没有发现变化点。

最好的检测系统并不一定是显示最低结果平均数的系统，任何一种检测系统都可通过缩小限制范围增加其敏感性，但会出现更多的虚假警报。即使这样，仍不足以说明能够检测到变化点，由此不能说明发出很多虚假警报的检测系统就更好，也不能说明另外一种很少发出警报的检测系统就不好。当然，有兴趣的可以比较一下不同国家标准的严厉程度，但作者的兴趣主要是寻找一种最高效的变化点检测方法。因此，在调整规定强度后要反复运作几次，这样在评估同一种混凝土时，每种检测系统的虚假警报检测频率就基本接近。

研究发现调整规定强度时，是以常数的形式还是以标准偏差倍数的形式进行调整十分关键。不同国标的系统通常都是固定一种调整方式。例如，美国混凝土协会 ACI 要求 100 个试验结果中低于规定强度 3.45MPa 以上时的调整值不超过 1MPa，而英国标准 BS 5328 要求 4 个试验结果的平均值至少要大于规定强度 3MPa 以上。这项研究表明，除非是以标准偏差倍数的形式进行调整，否则，检测系统将根据产生结果的变异性大小给出完全不同的性能结果。检测系统效率的另一面是采用多重准则，可以在系统中平行运行几套子系统，这样有助于提高正确检测次数与虚假警报的比例。在此情况下，判断准则更加复杂、运行程序空间更大、运行速度更慢，但性能却更好。至于计算评估系统，与提高力学试验频率相比，其不足就显得微不足道了，应认识到提高分析系统效率的价值等同于额外增加试验次数。例如，可以采用所有检测系统的复合体系来分析试验结果，当 9 个检测系统中的任何 2 个或 3 个系统检测到变化点时，就可认为出现了下降段。无疑，这样的检测准确率更高，而虚假警报次数更少，但改进的空间可能相对较小。由于试验结果会出现畸变，导致虚假警报频发，这样将影响几套检测系统，而不是仅一套。因此，混凝土质量控制人员对选择生成的数据进行分析是有必要的，可以认识到什么情况下试验结果出现下降趋势才可信。

真正反对采用多重准则判别方法的原因在于是否也适用于普通用户。要尽量避免复杂化，同时要确保所有质量控制人员都会运用，也要避免那些没有太多计算机知识的人或机构进行手工计算时耗费过多的精力。

## 系统性能

除 ACI 214 外，所有检测系统通常都是为了确保获得一规定强度，即 95% 的试验结果都必须大于此值。因此，规定强度等于平均强度减去 1.645 倍的标准偏差，即特征强度为 $35-1.645SD$。而 ACI 214 规范仅要求 90% 的试验结果大于规定强度即可。因此，规定强度为 $35-1.28SD$。但是，在极值调整过程时，ACI 检测系统仍与报道的要求调整量具有可比性。

由此可见，ACI 和 UK 检测系统都能快速检测出下降趋势，但是虚假警报出现率也很高。而澳大利亚的检测系统却似乎过于宽松。在选择推导富余度和检测极限值过程中，不断调整数值累积和直至虚假报警率达到 70% ~80%。可以采用这种研究方式不断进行单独操作练习，不断尝试不同的富余度和限值，直至找到检测时最高效的组合。

作者还分别研究了国标中的基本方法（单组的限值和 3、4、5 及 30 个平均值的限值）。因为某些组合是优选出来的，所以很有必要这样做，而且，国标会根据准则（ACI 214）选择出来的最大数值进行合并。

### 可视累积和图

在研究的初始阶段，要对运行的 130 个试验结果的好几百个累积和图进行分析。值得注意的是，在出现虚假下降时，累积和图几乎总能十分清晰地分辨出来，即使“降低率”小得连数字系统都检测不到。

然而，这还远不能就此认为累积和图的检测效率已近完美。回顾发现，该方法比其在实际应用的效果更好。对 130 个试验结果进行分析研究，并不能给出累积和图中有多少虚假下降被误认为是真实下降，或指出操作人员有多长时间可将真正下降误认为是虚假下降。因此，使用累积和图时，眼光敏锐而富有经验的操作人员可能在检测系统提示以前就已采取行动了。而经验不足、眼光不够敏锐的操作人员则在很高兴收到系统的确认提示后才采取行动。

很清楚，在事后通过分析确认确实出现下降时，累积和图可以准确地显示出来，这一点非常有价值。因为将这一逻辑应用至其他变量时，通过绘制该变量的累积和图，通常就很容易将因果关系联系起来。

### 数字累积和图

每个试验结果减去前面的平均值，若其差值小于某一选定的富余度，则该差值将被存放在存储器里。如果累计差值之和超过某一选定极值，则开始进行检测。实际过程中会同时保留正负两个存储器，但现在一般仅保留负存储器。

对于任一选定的富余度，都可选择一个接受任何虚假警报频率的限值。常规做法是选择富余度约为可检测到的最小变化值的一半。若这一值为 0.5SD，则可选择 SD/4 作为富余度。研究报道，初始富余度通常选择为 SD/3、限值为 4SD。但是，经过对比试验，富余度为 SD/6、限值为 5.5SD 时可得到最优试验结果。

这种数字累积和法实际上等同于英国采用的 V-mask 累积和控制图技术（Devore）。

## 其他评估方法

如表 12.1 所示，虚假警报频率经调整至具有可比性后，ACI 运行的 5 个试验结果平均值法是最快的检测方法。但数字累积和图更善于检测细微下降趋势，也能更直观检测到紧接前面情况出现的突变，而无需突破规定限值。由于有人可能会向部分生产商提出一些极不明智的建议，因此，采用界限作为特征值应更有用。数字累积和图同样也可熟练用于检测上升趋势，这对生产商十分重要。

**表 12.1　不同国家的判别准则**

| | ACI 214 | AS 3600 | BS 5328 | 数字累积和 |
|---|---|---|---|---|
| 虚假警报频率 | 52.36 | 93.6 | 46.81 | 70.74 |
| 平均检测延迟 | 1.75 | 12.90 | 2.64 | 4.11 |
| 最大平均检测延迟 | 8.06 | 20.15 | 7.26 | 10.54 |
| 调整（通过富余度常数调整）虚假警报频率使其具有可比性 | | | | |
| 图表强度调整值（MPa） | 1.75 | -0.60 | 6.50 | NA |
| 虚假警报频率 | 63.8 | 64.5 | 77.8 | 71.2 |
| 平均检测延迟 | 6.4 | 10.4 | 12.0 | 6.3 |
| 最大平均检测延迟 | 17.6 | 20.3 | 22.5 | 16.0 |

由于各国系统使用的目的不同，因此，严格意义上讲不具可比性。美国 ACI 214 列出了各种可能性，并用好几页的篇幅给出了很好的建议和相关资料，以期读者能自己做出明智的决定，其中还包括一份保留控制图表的推荐建议及如何操作的详细说明。

英国 BS 5328 将其明确要求用一简表和 4 句文字表示。为了能与 ACI 系统进行全面对比，还必须参考英国“预拌混凝土质量体系”要求，该质量体系是一项基于行业自我监管的条例，推荐采用累积和图或“计数规则”进行检测，后者要求不得有超过 8 个连续试验结果低于前面的平均值。

澳大利亚的标准首先给出了一套要求混凝土生产商在生产全过程中必须遵循的准则，然后，再给出一套单个工程检测混凝土质量的准则。

不同系统的要求条件是不一样的，一般澳大利亚主要城市的标准偏差为 2~3MPa，而英国标准的标准偏差却翻了约一倍（4~6MPa），美国标准涵盖的范围更广。也可以认为，考虑澳大利亚标准是为了避免生产商遭受不公平待遇，最大限度地获得较低的变异性；而英国标准仅为了确保在任何情况下供应的不合格混凝土都将被淘汰。这样看起来，前者的效益似乎更为明显。

对任何单个试件提出最低强度要求有利也有弊。对出现下降趋势的试验结果设定限制条件是合理的，出现下降趋势时，混凝土强度变异性增大，但给出的平均值仍然是可以接受的。但是，试验结果受误差的影响，假若没能很好地处理这一问题，单个试件判断准则是在试验操作不当的基础上进行，根据作者的经验，通常此类问题不会得到很好的解决。

对单个试件设定一个较低的强度限值可能有它的好处，但如果对4个数据的平均值也设定限值，如同英国标准BS 5328的规定，将严格限制良好质量控制体系产生的经济效益。

对于“多快”的最终答案应该是“在任何人拿性命去冒险之前”。在24h之内进行混凝土质量评估是完全可能的，但从法规、道义上讲不需要早于施加预应力、早期脱模、滑模等之前就进行质量评估。

## 其他重要考虑因素

当成本竞争可忽略时，很容易给出一个较大的富余度，完全可以避免出现不合格混凝土。此时，严密的质量控制体系可能并非必需，但可以承受。

当成本竞争十分激烈时，平均强度变化值低至1MPa的控制体系在2~3d内就可检测出来，那么该质量控制体系是十分值得投资的。当试验条件和材料性能都很稳定时，早龄期试验产生的额外支出是不划算的。在检测到疑似下降变化点时，7d时试验具有一定的优势，即可由1~6d中准备的试件进行试验，以证实或否决疑似下降变化点。这是假设对早龄期一定时间范围内的试验结果有正确的分析和充分的了解（已经做了必要的前期研究）。

应将质量控制过程视为一个整体，保证其支出各有所值，比如：

（1）拌合设备；

（2）测试水平；

（3）测试频率；

（4）计算设备；

（5）计算软件。

对某一规定强度，平均强度降低1MPa节约的支出等同于每1m$^3$混凝土中约5kg的水泥成本。节省的这项开支（基于大规模生产）足以购置一套精心设计的质量控制系统。提早一天检测到下降变化点就可免遭严重的处罚，这也证明采用较小的强度富余度是合理的。

应注意的是，所有的判断准则都与试验结果的标准偏差有关。混凝土的变异性越小，越有利于准确控制混凝土的质量。正如已提到的，这并不是简单的重复，而是认识到改善混凝土质量控制体系带来的多重效应。标准偏差减小1MPa，将直接导致要求的目标强度产生1.28MPa或1.65MPa的差异（取决于规范基于试验结果的合格率是90%，还是95%）。同时，将进一步导致（检测下降变化时所需的）强度富余度再减小1MPa。改善质量控制系统同样也可能成为一大卖点。与原材料变异性的影响一样，拌合系统及测试过程的质量与效率均会显著影响混凝土强度的标准偏差。

在权衡试验质量、确保其他辅助数据（如坍落度、混凝土温度和密度等）及试验结果的分析成本时，测试频率也是一个重要的成本因素。与力学试验相比，繁重的分析成本将大大降低。

能够将不同等级混凝土试验整合成一个单独分析系统的质量控制系统就等同于测试频率增加了好几倍的效果。

从试验结果出现下降趋势至检测出变化点并进行纠正的时间也受试验龄期的影响。基于28d试验结果进行配合比调整的希望是破灭了，但还可寄希望于选择1~7d试验龄期的试验结果进行调整。在温度稳定的环境下，3d的试验结果是个不错的选择，取决于试件防护措施及采集试件的时间。但在其他气候条件下，3d强度可能变化较大。为了在1~2d内获得结果，另一个办法就是采用加速试件养护或者测量成熟度。

综合考虑如上各因素，可清晰得出：

（1）除混凝土生产量极少外，存在很大的水泥成本节省空间，足以补偿高标准质量控制系统的支出。

（2）与达到及时控制混凝土质量的其他影响因素相比，用于配备高级计算机和软件的计算分析成本适中多了。

# 第13章 疑难问题诊断

在混凝土技术中，疑难问题诊断涉及到几个方面。其中一个是成本应与质量控制分开，曾在第一版提及，这里不再重复；另一个是对需维修结构的诊断。对于后者，作者拥有大量的经验，但近几年来，作者尽量避免涉及该领域，产生这种观点的原因是：

(1) 该领域涉及范围非常广泛且发展迅速，同时，为了提供专业服务，需从业人员能完全跟上大量不断变化的技术知识。作为一个从业者，为了满足自己的良心，作者不愿从已选择的混凝土配合比设计及质量控制领域中分出足够的时间和精力来从事此方面的研究。

(2) 混凝土建筑物的维修通常是非常随机性的（没有计划），而且可能会在大量开支中只提供短期的装饰效果维修，作者不希望卷入到这种状况中。

(3) 客户通常不愿面对昂贵的开支，而这笔开支用于维修后是要维持相应的时间的。

(4) 甚至有专家对确认哪种参与竞争的维修方案最物有所值也感到困惑。

但是，应该给年轻读者指出，在接下来的数十年时间里，该领域获得的经费投入可能是混凝土工程总花费的一半。在此期间，也可能会获得超过来自混凝土一半的利润。有些客户更愿意在混凝土建筑物的维修上花钱，而不愿花在预防上（即使不够支付持久的维修费），对此，作者不鼓励其他人接受这种观点。

在混凝土还处在生产阶段时，作者时常会花大量的精力去寻找混凝土存在的问题。在遵循规程的基础上，听从建议是非常必要的，因为这一必要的步骤在许多（但不是所有的）类似情形中是很容易学会的（与维修相比）。甚至一些相对的外行也尝试去听从一些建议，这些建议可能是有利的，即使不一定最合适。

第一个步骤是必须准确确定有哪些问题，这些问题可能是：

(1) 强度不够；

(2) 泵送能力不足；

(3) 密实度不够；

(4) 差强人意的外观；

（5）离析或泌水严重；

（6）坍落度损失大；

（7）凝结硬化过快；

（8）塑性裂缝或后期裂缝；

（9）进口材料成本过高；

（10）变异性过大。

产生问题的原因可能是：

（1）骨料不合格；

（2）混凝土配合比设计不当；

（3）测试不当（包括取样、成型和养护等）；

（4）水泥或掺合料品质变化；

（5）外加剂不合适或掺量不合理。

需要的数据（如能获得过去有用的相关数据，则可缩短调查时间一天或几天）：

（1）混凝土配合比详细资料；

（2）骨料级配；

（3）混凝土测试记录（包括时间、温度和样品采集细节等）；

（4）水泥检测报告；

（5）芯样和破坏试样检察。

当然，如有可能，希望追溯到问题发生前留下的记录。在骨料测试记录看起来不确定时，必须在发生进一步变化前快速返回库存点查询。记下并查询粗骨料的离析、砂的含泥量和装卸过程中受到路基材料的污染等情况。

## 13.1 强度、可泵性、外观

### 强度不够

当作者召集人员调查问题时，所采取的具体步骤可能会很有趣，其步骤是：

（1）首先，恢复强度到安全水平，这样工作才能继续。水泥用量调整时，如需增加，则增加量应偏大；如需减少，则减少量应偏小。增加时，每1MPa增加8～10kg的水泥；减小时，每1MPa减小4kg水泥。当需要调整的混凝土水泥用量已超过500kg/m$^3$时，若需增加1kg水泥，则用2kg粉煤灰替代（不加水泥），类似或用0.5kg硅粉、或用100mL高效减水剂替代。

（2）开始浇筑时，每种样本至少成型4或6个试样。测试龄期为2d、3d、7d和28d，有可能还有56d。假设强度增长率与改进后的混凝土保持相同，由于缺少以前的数据，可保守考虑强度从2d至3d增长33%，从3d至7d增长33%，从7d至28d增长10MPa，一旦确认则可代替实际数据。

（3）绘出强度（所有龄期）、密度、混凝土温度、坍落度、7d至28d强度增长率等累积和图，砂子含泥量或比表面积的累计和图应用相同的方式绘出。对取自同一样本的成对试样，其平均每对差值累计和图会显示测试的混凝土质量是否有变差的趋势（平均每对差值超过1.5MPa时，标志质量变差）。这些曲线图通常会显示出问题发生的时间和原因。

（4）在出现水泥用量不足或骨料（尤其是砂）过量的征兆时，应检查征兆出现前后的配料记录（假定电脑操作的车间记录了实际配料量）。

（5）使用第3章的公式计算*MSF*（配合比适合因子）。*MSF*是在考虑了砂子级配、砂率、胶凝材料用量及含气量等因素时混合物中的含砂量。同样计算含水率，实际含水率真的能被测得吗？除非对于大流动性混凝土，否则MSF值超过30就表示砂率过大及用水量过高。

（6）使用第3章的公式计算强度。如果计算强度与获取或正被调查的强度一致，但含水量过高，其原因能由高*MSF*、砂中含泥、混凝土温度、高坍落度等原因引起。

（7）如果计算用水量或强度与实际情况并不一致，则应重新检查砂的含泥量与级配；检查混凝土密度，因为这可核实用水量、含气量或测试试样密实度。用水量是可供选择调查的主要原因，如果用水量是最终原因，则问题可能出在砂子太脏、太细、用量太大，以及坍落度过大或混凝土温度过高等方面了；如果不是用水量的原因，则问题可能出在测试［包括样本、密实性、养护、封盖（如果是圆柱体）、有缺陷或不洁净或组装模具（如果是立方体）、居中、加荷速率等］，以及水泥品质或用量等方面了。

### 工作性或泵送性差

通常原因都在于细颗粒材料过量或不足，砂子级配间断，流动性过大或过小等。

（1）混凝土泌水吗？如果泌水，要么是砂子级配间断、要么是细颗粒材料不足、要么是流动性过大。如果混凝土开始泵送时正常，但在出现稍许耽搁后，不能重新启动，这通常应归于泌水。

（2）使用作者的*MSF*，其值必须达到至少24~25时才有可能泵送。希望流动性越大，则*MSF*值必定越大，但当*MSF*超过32时，对这种高坍落度混凝土，除非使其超塑化，否则会出现出摩阻力过大的现象。

(3) 根据每级标准筛上的筛余百分率画出曲线图或生成一个表格。最大孔径筛下面所有筛子中砂的筛余百分率都在 7% ~10% 的范围时是较理想的，即使在某筛上下两个筛的筛余量都正常，而该筛没有筛余量时也并不致命。但当任何两个连续筛子上的筛余总量不足 7% 时将会是一个潜在的问题。超过 4. 76mm 的颗粒含量达 20% 时也可能会在泵送时产生问题。

(4) 如果没有额外添加如细砂、石粉、粉煤灰或水泥等类的细粉材料时，过 0. 15mm 筛的材料（包括水泥）量至少应大于 $300kg/m^3$。

(5) 如果砂子过粗，有可能伴随有泌水、离析及泵送困难等现象发生。正如（4）中所述，必要时应添加额外的细粉材料。

(6) 气泡、粉煤灰及硅粉等都是有效的泌水抑制剂（抑制效用依次增强），可起辅助泵送的作用。作者曾见证过一个深达 4. 5m 的巨大基坑，该基坑用大于 200mm 的坍落度及掺 $40kg/m^3$ 硅粉的混凝土填筑，没有出现泌水现象。

(7) 尽管与配合比设计无关，但仍应记住压力带来的问题，因为在泵送或快速泵送时需要较高的压力。在泵送时由于存在间断耽搁会使问题变得更严重。因此，应熟悉泵送工艺，泵送则要尽量慢些，这样可确保在后面的料到达前，车中还有料可泵送。

## 外观缺陷

这可能是由浇筑不当、模板差或许多其他超出本书涉及范围的原因引起，但也经常归咎于泌水。如果发生了泌水，通常导致水分流向模板表面，并留下清晰可见的印记。轻微的模板渗漏（仅是水）就能导致所有内表层水分流动的区域超过 $1m^2$，在表面形成黑色污点，称为水化污点。

塑性裂缝——有两种因相反原因导致的塑性裂缝：沉降裂缝和蒸发裂缝。

沉降裂缝——由于泌水导致混凝土沉降。混凝土发生沉降时，混凝土内的物体形成阻碍导致出现不均匀沉降，例如钢筋、埋入的水管装置等。

蒸发裂缝——这一结果来自于混凝土表层水分的蒸发。如果混凝土具有非常低的泌水率，例如硅粉混凝土，则对这种裂缝非常敏感。应采取措施避免蒸发裂缝，例如使用食用酒精蒸发抑制剂（如 Confilm）、片状材料（如聚乙烯化合物）或在表面喷水雾等。

温度应力——另一种造成早期裂缝频繁发生的是温度应力。在混凝土配合比设计中，可使用火山灰材料替代水泥来减小温度应力。除了改进配合比外，还需采取其他措施，如避免热收缩约束（在大体积混凝土的情况下）、通过对大体积混凝土外表覆盖来减小温差等。

水化收缩——是引起富水泥用量混凝土早期裂缝的原因之一，由于水化导致混凝土中的自由水分发生迁移，与干燥收缩产生类似的结果，但速度更快。

变异性过大

第一件事是要确立变异性是由混凝土本身引起，还是由测试引起。有两个方面需要查看，取自同一样本混凝土的28d龄期的每对平均差及测试试样密度的变化范围。每对平均差应低于理想的1.0MPa，密度的平均变化范围应不超过$50kg/m^3$，但计算密度可能会随试样的测量不精确而变化，并不是由密实性或离析引起，对强度变异性基本没有任何影响。

第二个要查看的是强度与其他变量的多变量累积和图。如果将强度的变化点与其他一些变量联系起来，则原因会一目了然。多变量的直线图将会显示个别结果是否偏高或偏低。如果不能解释，尤其是如果与7d、28d龄期的试验结果没有联系，则测试就应值得怀疑。

如果已经确立了变异性实际上发生在混凝土本身而不在测试中，并且配料又是在电脑操作车间完成的，则配料记录是可靠的。不应忽视的是称量正确时，却由于拌合时间不足影响到均匀性。曾出现过拌合时间不足的例子，这种情况中不涉及将所有称量的混合物投到搅拌器的时间限制。类似地，部分特别受争议的组成成分（如硅粉）可能会在搅拌机中时常搁置起来，等待装卸。

## 13.2　混凝土的裂缝起因

混凝土的裂缝起因是众所周知的，在大多数情况下，裂缝可以自愈。事实上，作者已经就此编写了大量专业的计算机系统，不幸的是当前还不具备操作性。专家系统就是一个计算机程序，为了能诊断用户遇到的问题起因，可询问用户相关的内容，好的计算机程序还能应用户要求解释某个特殊问题的起因。

需诊断的第一个问题是混凝土裂缝形成的时间。如果时间少于10h，则该裂缝可被定义为塑性裂缝，可能由表层水分的过度蒸发、约束或由于泌水沉降等原因引起。如果时间超过10h，但不到48h（尤其是该裂缝发生在早晨浇筑时），则很可能是热收缩裂缝。如果时间超过2d（终止湿养护后），则可归于干缩裂缝。

为了确定塑性裂缝是由蒸发或沉降引起，需了解裂缝的形状、宽度及位置等有关信息，以及混凝土是否泌水量大或经受过干燥的影响。蒸发裂缝有时较宽、较短且分布随意；有时会集中在混凝土板的某一区域，这样暴露在风中，易形成平行线。对后面一种情形，更难以与发生在钢筋网上的沉降裂缝区分开来，除了蒸发裂缝不可能与钢筋网方向平行或位于等间距分布外。正如先前已指出的，沉降裂缝常发生在有钢筋或埋置水管等类物体的混凝土中，也会发生在截面突变部位，如悬臂梁或板尺寸突变部位等。

温度裂缝存在的一种典型情形是，一个暖和的下午在约束区浇筑一层薄的混凝土墙，并使用高热水泥（如白水泥）。如果埋入温度计，则在第二天早晨能计算出裂缝的预计宽度。这种裂缝在地基处最宽，因为紧接着受约束的地基梁。然后，裂缝宽度逐渐呈锥形递减，到地基以上2~3m处为0。

通常遇到的情形发生在裂缝与锯齿状的控制缝呈平行、邻近的地方。容易看出，要么控制缝深度不够未发挥作用，要么更可能是在混凝土板中实际上已存在裂纹，尽管此前裂纹没有被观察到。

另一个有用的判断方法是用一根直尺穿过裂缝呈直角放置。如果直尺需摆动，就表明混凝土板已偏斜，裂缝可能由基础或模板移动引起、或由悬式板结构缺陷引起。

当三条裂缝形成交回点时，通常是由膨胀或抵抗交回点下面的岩石沉降引起，例如，软基中的物体遭遇水分迁移。

在怀疑是温度裂缝时，通常要检查混凝土是否使用的水泥用量过高，从而释放出过大的热量；是否在温度很高的下午进行浇筑，而早晨却很冷；是否正在浇筑时有耽搁，混凝土被加热，而后面的混凝土又供应不上。

表面裂缝是由于混凝土表层发生收缩引起的，可能是表层快速干燥或冷却所至，同时更可能是由于富含水泥浆、细砂及高水灰比形成的高收缩性表层混凝土造成。

为了解决上述问题，有一种几乎世界性的倾向，就是使用质量控制人员。这可合理利用任何空闲时间，但重要的是首先确保不会打乱质量控制流程；其次，这种工作成本是有质量控制单独支付的。这是因为质量控制的经济原因已有清晰的定义，否则，易为被当做一项奢侈的条款，从而在困难时期首当其冲的遭到否决。通常，排除疑难问题并不是质量控制，真正意义上讲可能是质量控制不当的结果，同时这基本上很少节省成本或创收。许多质量控制部门（不仅混凝土行业）曾削减或大幅度削减成本，从失败中才认识到这点。

# 附录 无机聚合物混凝土(IPC)技术进展

## A. 1 引言

除引言外，本章实质上由 Grant Lukey 博士和墨尔本大学的团队完成，该团队包括 Priyan Mendis 教授、Jannie van Deventer 教授及研究生 Massoud Sofi 等。Grant 是该团队的主要带头人，也是澳大利亚三硅铝土控股责任有限公司的前任总经理。

作者认为，在不久的将来，IPC（无机聚合物混凝土，普遍称为 IPC，比称为 GPC 更准确）会成为一种重要的材料。作者非常乐意撰写本章内容，简要描述对 IPC 不同方面的理解，包括基础化学、合成、性能及应用等。其中讨论了波特兰水泥混凝土与 IPC 在化学反应方面的主要区别，尤其是与普通混凝土相比时 IPC 的优缺点。此外，还讨论了这种有前景技术在成功商业化过程中面临的挑战与困难，以及当前技术、环境及商业驱动力等对该技术的认知与理解，结尾列举了一些典型的 IPC 材料及最新应用实例。本章旨在让读者了解 IPC 的研究与进展现状，以及为土木工程领域提供新的、潜在的坚固耐用及多功能用途材料。

### 背景

无机聚合物（IP）是由活性铝和硅在碱性硅酸盐溶液环境下合成的硅铝酸盐混合物。该混合物在室温和环境压力下形成一种看似混凝土的材料（Lee 和 van Deventer，2001）。无机聚合物是一种相对较新的材料，于 1970 年由一位法国科学家 Joseph Davidovits 发现。1970 年和 1973 年的一系列灾难性火灾后促使 Davidovits 进行了广泛研究，试图寻找不易燃、不可燃塑性材料类的新型耐热材料。

1978 年，Davidovits 首次提出了“无机聚合物”这个术语，与有机聚合物相似，是在低温下经过几分钟的缩聚后很快形成的。该术语表达出这样一种意思，即无机、不易燃、坚固，并可经受 1250℃ 的高温（Davidovits 和 Morris，1998）。据文献报道，无机聚合物具有优良的物理化学性能，包括耐久性、高抗压性、强耐酸性和强耐火性等（Davidovits 和 Davidovcs，1988）。如果这类材料的性能得以证实，那么无机聚合物技术就为极具潜力和价值的建筑材料的发展奠定了基础（Smith 和 Comrie，1998；van Deventer，2002）。尽管无机聚合物作为建筑材料已使用多年，但直到最近才明确其定义。有趣的是，罗马人（公元前200~100年）、埃及人（公元前2500年）及在拉马德丘地区（公元前7000年）使用的胶材就涉及到无机聚合物、沸石（如钙十字沸石、方沸石）等材料（Davidovits，1987）。

Davidovits 认为埃及古王国的金字塔和寺庙并不是用大块石灰石建成，而是将石灰石（包括化石贝壳）与石灰、沸石，以及高岭土、粉砂、埃及泡碱盐（碳酸钠）等材料拌合后形成的混凝土筑成（Davidovits 和 Morris，1988）。根据参考书得知，金字塔建筑不需要托运或起重琢石或重物，而是使用了木制模具并浇筑混凝土（IPC 材料），就如现今浇筑方法一样。尽管大多数埃及古学者和地质学家很不认同这种观点，但 Davidovits 于1989年在一本题为《埃及金字塔：已解之谜》的书中成功对其进行了描述。在该书中，Davidovits 进一步坚信在左赛尔时期（Step Pyramid of Zoser）的金字塔中发现的石制容器是由很坚硬的石材、玄武岩、变质片岩及闪长岩等组成。通过观察石制容器的结构特征，认为无机聚合物是形成这种结构特征唯一可信的解释。陶瓷材料或低温无机聚合物制陶业如今依然存在。在表达对新材料赞赏的同时（Grimal，1999），还指出无机聚合物是一种极好的室内装饰材料。然而，现今的 IPC 材料还有许多其他用途，这将在下节中进一步详细描述。

最近，对 IPC 的关注给材料固有的耐火性和潜在的抗暴裂性注入了新的动力。针对世界各地的恐怖主义袭击活动，工程师们正寻求新的方法来防止高风险设施的毁坏。经过2001年的“9·11”事件后，在澳大利亚和许多其他国家，业主和承租人极其关注在极端条件下结构的破坏性，例如由碳氢化合物引起的火灾。结构的破坏可能来自一些偶然起因，如气体爆炸、化学火灾或恐怖活动（如汽车炸弹爆炸、导弹或飞机撞击等）。冲击荷载或爆炸荷载通常伴随有火灾，此时，无机聚合物可用作内部钢结构框架的防火涂料，或本身就用作建筑物的结构材料。

防火的最终目标是将死伤率降至最低，并有助于对幸存者的疏散与救援。美国世贸中心的倒塌事件是由初始碰撞后导致的火灾引起，从该事件中吸取的主要教训是要特别关注结构本身的性能，以便提高其耐火性。无机聚合物固有的耐火性意味着用其生产的结构混凝土将是一种改良的结构材料，具有重要的应用价值。除环境现状、成本竞争及耐化学性等方面外，该技术的进一步发展还需考虑恐怖破坏的因素。

总之，无机聚合物作为一种新型的工程材料，具有形成合乎环境要求和建筑制品产业基础的潜力。这种材料是工业副产品（如粉煤灰、高炉矿渣等）在碱性环境下形成的，表现出比普通硅酸盐水泥更优越的化学性能和物理性能。除可制成传统的预制构件或建筑产品外，还非常适用于封存尾矿、稳固重金属及固结回填矿物等。该材料具有坚固和多功能等性能的关键技术是制造工艺，可用煤灰或其他铝硅酸盐原材料制成产品，使其具有满足特定用途的性能（如高强混凝土、耐火涂料和耐酸涂料等），以适应市场的激烈竞争。尽管如此，该技术现仍很难打入水泥和混凝土行业，其主要原因可能是考虑该技术会给水泥和混凝土行业造成混乱，并不是经济效益问题；或许也是其具有高危险性，因为 IPC 的长期性能表明不适合用在公共领域。然而，近年来世界各地政府不断对水泥和混凝土生产业施加压力，以减少 $CO_2$ 的排放和能源消耗，这为寻找合适的新材料带来了机遇，在不久的将来 IPC 技术将会有更广泛的应用。

## A. 2　IPC 的反应化学

据报道，无机聚合物具有与沸石相似的硅－氧－铝聚合状结构，可在常温或高温下通过铝硅酸盐的碱活性作用形成。这些铝硅酸盐取自工业副产品，如粉煤灰和高炉矿渣（Krivenko，1994；Cheng 和 Zhiu，2003），还有烧黏土（Rahier，1996 和 Hos，2002）、熔融铝硅酸盐（Xu 和 van Deventer，2003）、天然矿物（Xu 和 van Deventer，2002）及其中两种或多种的混合物。与普通硅酸盐水泥相似，可使用填充材料或骨料来获得需要的性能（如强度和密度）。

必须注意，无机聚合物的反应化学与硅酸盐水泥在许多方面是完全不同的。水泥的基质构造和强度通常取决于水化硅酸钙（CSH）的形成，但严格讲无机聚合物不是。无机聚合物是依靠二氧化硅和氧化铝在高碱浓度下的缩聚来获得结构强度。这种结构差异使无机聚合物比传统水泥类黏结剂具有一定优势。

最近几年，一些学者就无机聚合物准确的反应机理及分子结构展开了探讨。Davidovits 于 1987 年提出的传统结构模型是将无机聚合物描述为完全非结晶的三维聚合物链和环形结构，由 Si－O－Al－O 联结体构成（图 A. 1），其中铝和硅处于四重协调状态。还有研究表明无机聚合物的结构确实是非结晶或半结晶结构，证实了 Davidovits 的论点（van Deventer，1999）。

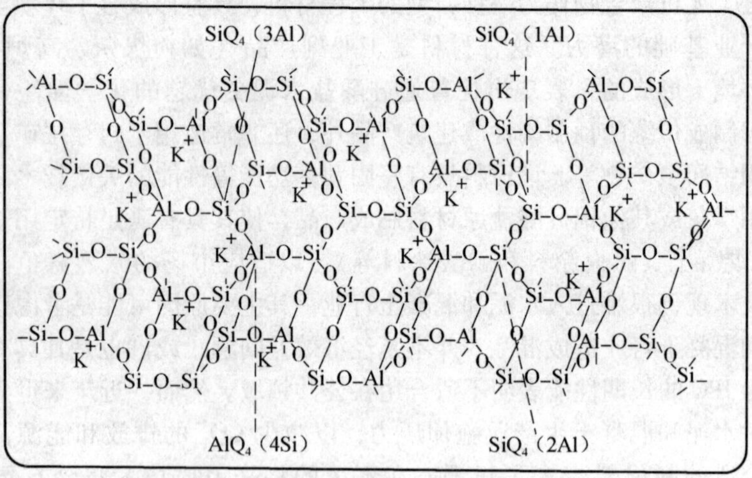


**图 A.1　无机聚合物的三维结构（Davidovits，1987）**

基于硅铝酸盐类黏结剂的化学名称，Davidovits 取名为聚铝硅酸盐（polysialate）。其中铝硅酸盐（sialate）是 silicon-oxo-aluminate 缩写。不同铝硅酸盐氧化物和硅酸盐之间在高碱条件下发生化学反应，生成铝硅酸盐网状物，这种生成物的组成结构是 $SiO_4$ 和 $AlO_4$ 四面体依次通过氧连接。为了平衡四重协调中 $Al^{3+}$ 的负电荷，必须有阳离子（$Na^+$，$K^+$），从而形成了 Si－O－Al－O 聚合物（van Deventer，2002）。方程式（1）~(3）所描述的化学反应很好地表达了聚合过程：

$$(Si_2O_5,Al_2O_2)_n+3nH_2O \xrightarrow{NaOH} n(OH)_3\text{–Si–O–Al}^-\text{–}(OH)_3 \quad (1)$$

（Orthosialate）

$$n(OH)_3\text{–Si–O–Al}^-\text{–}(OH)_3 \xrightarrow{NaOH} (Na,K)\text{–}(\text{–}\overset{|}{\underset{|}{Si}}\text{–O–}\overset{|}{\underset{|}{Al^-}}\text{–O–})_n+3nH_2O \quad (2)$$

O　O

（Na,K）−poly（sialate）

$$(Si_2O_5,Al_2O_2)_n+n2SiO_2+4nH_2O \xrightarrow{NaOH} n(OH)_3\text{–Si–O–Al}^-\text{–O–}\underset{\underset{(OH)_2}{|}}{Si}\text{–}(OH)_3 \quad (3)$$

（Ortho（sialate-siloxo））

为了有助于理解无机聚合物材料的基本结构模型，Davidovits 于 1991 年引进了一种新的科学计数法和术语（表 A.1）。

**表 A.1 无机聚合物黏结剂分类（Davidovits，1991）**

| 种类 | 结构 | 碱性阳离子 | 应用 |
|---|---|---|---|
| 单聚铝硅酸盐（PS） | Mn-(Si-O-Al-O)n<br>O O | K-PS<br>Na-PS | 隔热<br>防火 |
| 双聚铝硅酸盐（PPS） | Mn-(Si-O-Al-O-Si-O-Si-)n<br>O O O O | K-PSS<br>Na-PSS<br>K，Ca-PSS | 耐火、防火<br>水泥性能<br>有毒废料 |
| 三聚铝硅酸盐（PSDS） | Mn-(Si-O-Al-O-Si-O-Si-)n<br>O O O O | K-PSDS<br>Na-PSDS<br>K，Na-PSDS | 复合材料<br>耐热<br>防火 |

2004 年以前，无机聚合物的大部分研究工作都是基于其分子结构模型展开的。然而，必须注意，还没有研究成果能证实表 A.1 中描述的简化单分子结构模型。例如，该模型不能解释 Si/Al 比这一非整数值（Provis，2004），也不能解释 Al-O-Al 的连接结构（Duxson，2004）。该结构模型还将无机聚合物描述为非结晶铝硅酸盐胶体（Lee，2002），然而，近期有研究发现其结构为半晶质或多晶质构造，特别是在高温下合成的聚合物中（van Jaarsveld，2000）。

近来，对无机聚合物结构做了改进，将其晶系描述为潜在的纳米晶体结构，类似于沸石，周围是非结晶铝硅酸盐胶体。考虑到合成条件，这种相分离是从沸石和玻璃化学上预测的。以前使用 XRD（X 射线衍射）没有观察到无机聚合物中的沸石原子核，认为是由于其尺寸 $<10$nm 和数量 $<5\%$ 的原因，但现在仍难被 XRD 检测到（Provis，2005）。然而，可利用 SEM（电子显微镜）观测到其结晶区（van Jaarsvel，2000）。最期，通过直接观察和理论预测确定在特定合成条件下无机聚合物中存在 Al-O-Al 化学键（Duxson，2004）。

研究得出的无机聚合物具有沸石构造和存在 Al-O-Al 化学键的结论是该技术的重大突破。意味着通过改变合成条件或原材料活性，无机聚合物就可形成不同的微观结构，从而具有不同的性能。根据反应动力学的观点，通过对无机聚合物产品进行合适设计，使其具有由内在基本结构变化引起的特定性能。

近期，开展了在无机聚合物中加入钙对其特性的影响研究，这些研究非常重要，因为高炉矿渣和粉煤灰（主要生产原材料）中含有相当数量的钙。研

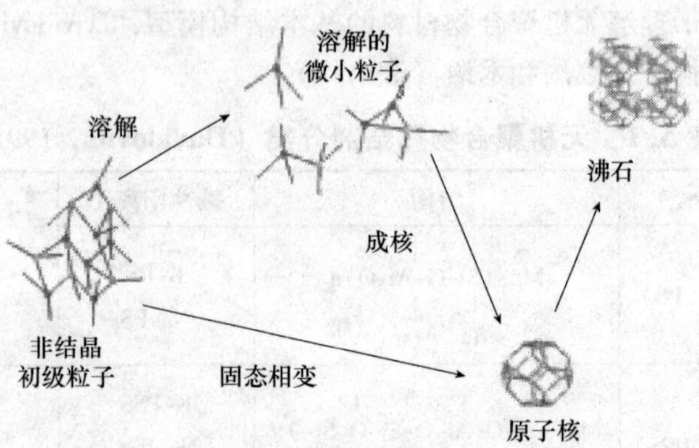


**图 A.2　与沸石相似的无机聚合物纳米晶体结构**

究表明，无机聚合物胶体和水化硅酸钙（CSH）可以在单一的无机聚合物晶系中同时生成，并与碱度有关（图 A.3）。与普通硅酸盐水泥水化形成的 CSH 相比，在这样一种晶系中形成的 CSH 胶体的 Ca/Si 比低得多。在 CSH 和无机聚合物胶体的界面存在一些钙沉淀物。研究又表明，无机聚合物和 CSH 胶体的性质（如尺寸、主要组成）也是同时形成的，至于无机聚合物混凝土的耐久性是否比得上古代混凝土，界面区钙沉淀物的活性起着关键作用（Yip，2004）。无机聚合物、波特兰水泥、沸石水泥和碱活化水泥之间的联系将在下节讨论。

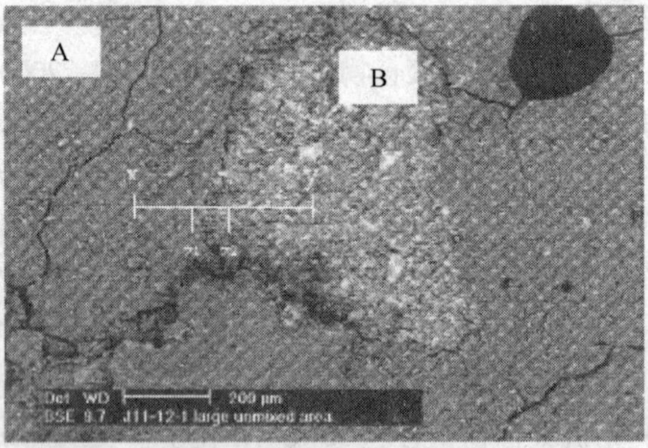


**图 A.3　在低碱度下含有矿渣和偏高岭土的无机聚合物基质的 SEM**

A—低钙含量的无机聚合物黏结剂；B—低铝含量的 CSH

无机聚合物微观结构的变化在很大程度上取决于原材料的化学成分和合成条件（Granizo，2002 和 Yip，2003）。因此，如能掌握控制最终材料的形成技术，则就可按特定用途设计无机聚合物。

## A.3 波特兰水泥与无机聚合物在化学性质上的区别

传统的波特兰水泥与无机聚合物在化学性质上有着明显的区别。众所周知，水泥具有黏结性是由于在半结晶相时形成的水化硅酸钙中含有钙的原因（Gani，1997）。然而，无机聚合物在有效发生缩聚反应形成胶体或黏结剂时是不含钙的。值得一提的是，缩聚反应中不含钙有许多优点，其原因是不含钙及其优良的微观结构能很好抵抗酸性环境，以及比铝酸钙能更好抵抗微生物腐蚀性环境的侵蚀（silverstrim，Martin，1999）。

许多研究已揭示了波特兰水泥的水化反应（Taylor 和 Broms，1964），反应的主要水化产物是水化硅酸钙，由硅酸二钙及硅酸三钙与水反应生成：

$$2C_2S + 4H \longrightarrow C_3S_2H_3(\text{水化硅酸钙}) + CH \quad (4)$$

$$2C_3S + 6H \longrightarrow C_3S_2H_3(\text{水化硅酸钙}) + 3CH \quad (5)$$

硬化的水泥石由结晶差的水化物（尤其是 CSH）、氢氧化钙（CH）、未反应的水泥颗粒及孔隙（充满水）等组成。水化硅酸钙中的主要变量是氧化钙与二氧化硅的比值（Ca/Si），该比值的变化范围为 0.6 ~ 2.4；含水量由龄期、水灰比及水化温度等控制。

简而言之，水泥中所有主要的水化物都含有钙。因此，孔隙溶液中参与所有化学反应的钙浓度应值得关注。但直接在浆体溶液中测出 $Ca^{2+}$ 浓度是不可能的。然而，该值可从只含有水化硅酸三钙模拟浆体中变化区的固态 Ca/Si 值推导出来。当在给定压力和温度条件下处于平衡状态时，$CaO\text{-}SiO_2\text{-}H_2O$ 体系是单变的（吉布斯定律），完全可通过一个参数来确定。通过测量 $C_3S$ 完全水化的 Ca/Si，可推出孔隙溶液中 $Ca^{2+}$ 的浓度（Faucon，Adenot，1998）。

如前所述，无机聚合物反应生成 Si – O – Al – O 聚合物黏结剂，形成由 $SiO_4$ 和 $AlO_4$ 四面体通过氧依次连接而组成的唾液酸网状物。这些反应在高碱环境（pH > 14）下发生，并且在体系中不需要存在钙。在对 IPC 性能进行研究时，研究者参考了低温铝硅酸盐玻璃状物质（Rahier，Mele，1996）。另一些人分析了天然沸石与无机聚合物的微观结构之间的联系（Yip 和 van Deventer，2001）。而波特兰水泥浆中不同类型的 CSH 呈现一层一层的网状结构（Faucon，Adenot，1998），见图 A.4。

如上节讨论，增大 Ca/Si 值可有效将无机聚合物体系转换为水泥基体系。实际上，不存在活性 $Ca^{2+}$ 离子的无机聚合物四面体结构是其具有比普通硅酸盐水泥更优良力学性能与物理性能的主要原因之一。当混合物中存在可溶钙时，水泥基胶凝材料体系中的主要黏结相 CSH 将与无机聚合物共同形成黏结剂（Yip 和 van Deventer，2001）。

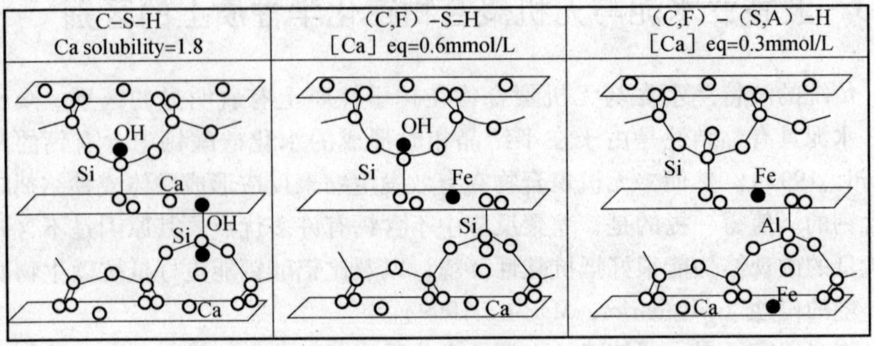


**图 A. 4　波特兰水泥浆中不同类型的 C-S-H 结构**

（$^{57}$Fe 穆斯堡尔光谱仪、$^{29}$Si 及 $^{27}$Al 固体核磁共振观测）

Yip 和 van Deventer 于 2001 年提出了一幅关于天然沸石、无机聚合物、碱活化水泥和普通硅酸盐水泥间的关系图（图 A. 5）。

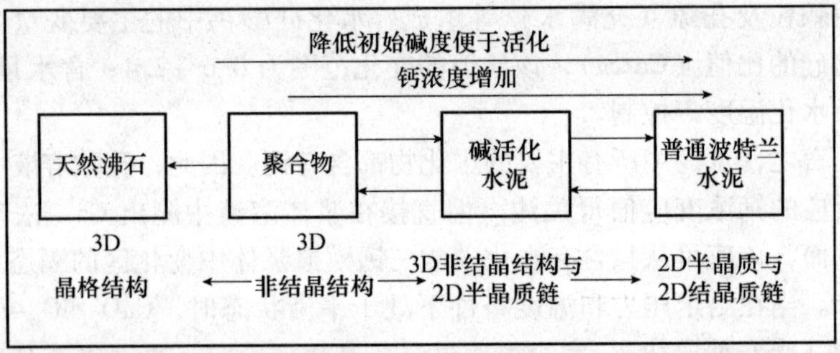


**图 A. 5　天然沸石、无机聚合物、碱活化水泥和普通硅酸盐水泥间的关系图**

假定在体系中加入富含钙的粒化高炉矿渣，在碱性环境下将会形成水泥基产品。Yip 和 van Deventer 于 2001 年第一次利用 SEM 和 XRD 来研究矿渣对无机聚合物黏结剂的影响，发现矿渣中的可溶性钙参与了半晶质水化硅酸钙的形成，半晶质水化硅酸钙是水泥基胶凝材料中的主要黏结相；还发现需视 pH 值而定，当有矿渣存在时，无机聚合物黏结剂可保持不变，而且当矿渣完全溶解时，抗压强度提高。

## A. 4　无机聚合物混凝土的物理性质

现已对各种无机聚合物材料的化学性质和力学性能进行了大量试验研究。假如配合比设计正确及结构发展正常，无机聚合物应表现出下列性质（Lukey

和 van Deventer，2003）：

- 高强和高耐磨性。
- 可对凝结及硬化时间做到快速控制。
- 耐火性（<1000℃），加热时不产生有毒气体。
- 高耐酸性。
- 低收缩性和低导热性。
- 与混凝土、钢材、玻璃和陶瓷等黏结良好。
- 制作的模具图案具有很高的表面清晰度。
- 具有高 pH 值和低渗透性，可很好保护钢筋。

有必要指出的是，并不是所有的无机聚合物产品都具有这些性质。正如前面所讨论过的，无机聚合物材料达到这些性能的能力很大程度上取决于原材料的化学成分和合成条件。由于这一原因，通常利用标准化学溶解试验、光谱仪分析和红外线吸收光谱提供几乎所有必须的信息，来预测原材料的具体组成。作为合成物的原材料（如粉煤灰、矿渣等），将会影响无机聚合物混凝土的最终结构和物理性质。

## 强度随时间增长

据报道，IPC 能在几个小时内就硬化，硬化时间取决于配合比设计，且随着反应的进行，材料强度的增长将持续数月。如果反应物的组成合适，7d 内抗压强度超过 90MPa 并不困难（van Deventer，2002）。通过调整反应物的化学成分和粒径，IPC 的早期强度和长期强度都能得到优化。基质的化学组成通常被看作是原材料和合成条件共同作用的结果。正如本章前面所提到的，当把不同的铝硅酸盐矿物质加到碱性溶液中时，发生的反应大不相同，这取决于存在的相。研究人员就矿物性能对 IPC 抗压强度的影响进行了研究，研究表明所有的天然铝硅酸盐矿物质在浓缩的碱性溶液中至少是部分可溶的（Xu 和 van Deventer，2000）。

## IPC 的胶骨界面

胶体（基质或黏结剂）的黏结性能是所有复合材料保持完整性的首要因素，增强胶体的黏结性能可使复合材料更坚硬、更稳定。

Olivier 等人于 1995 年在对水泥混凝土的微观结构研究后指出，界面过渡区（ITZ）的水灰比大于浆体本身。换句话说，在骨料颗粒周围存在一个区域，该区域中浆体的微观结构不同于周围大体积浆体的微观结构。因此，水泥混凝土的整体性能很大程度上取决于界面过渡区的局部性能。例如，Hoshino

在 1988 年指出，在硬化之前，骨料下部的水灰比就有了相当大的增大。Olivier 等人将这种较大水灰比理解为水化作用中的扩散过程，并将此区域描述成有孔隙梯度的不均匀区域。简而言之，早在 20 世纪 60 年代，Taylor 和 Broms 就将水泥混凝土中出现的微细裂缝可归因于界面过渡区较高的孔隙率。

相反，研究者发现无机聚合物胶体与骨料的界面结构和胶体本身结构相似，即在胶体孔隙率改变处没有明显的界面过渡区。此外，还发现初始活性溶液中可溶性硅酸盐的存在可有效提高玄武岩粗骨料与无机聚合物砂浆之间的界面黏结强度。尽管关于 IPC 体系中骨料与胶体界面的研究很有限，但这种初步工作也表明从基质本体过渡到骨料表面时，黏结性能（例如孔隙率）可保持不变，而且在界面处会出现更大程度的化学黏性，导致受力时问题总出在骨料颗粒本身而不是胶骨交界面（Lee 和 van Deventer，2004）。

### 收缩和耐久性

在许多国家，混凝土结构破坏是一个主要的问题，这使得人们开始寻求新的方法，来预测现有结构及新结构的使用年限（Long，Henderson 等，2001）。当然，更换老化设施的费用是非常高的。仅在美国，每年用于混凝土结构的维修费用高达 1000 亿美元，而更换老化设施的总费用预计超过 6 万亿美元（Penttala，1997）。因此，研究的焦点已转换到通过使用掺合料（如粉煤灰、浓缩硅粉或其他填料）来帮助延长混凝土的使用寿命（Alexander 和 Magee，1999；Aitcin，2000；Hassan，Cabrera 等，2000；Bouzoubaa，Zhang 等，2001）。水泥基混凝土的耐久性主要依赖于硅酸钙矿物的水化产物。此外，为了满足混凝土流动性要求，需要加入额外的用水量，由此易产生干缩裂缝。这种伴有高孔隙率的裂缝将严重降低混凝土的耐久性（Davidovits，1983）。

研究表明，IPC 与水泥基混凝土在性能上有明显的差异，造成这种差异的主要原因是分子结构的不同。IPC 具有更好耐久性的原因归于其体积稳定、微观结构致密、天气变化影响小及无碱 - 骨料反应等。IPC 在空气中的收缩率很低（Davidovits，1983），可阻止干缩裂缝的形成，在本章接下来要讨论的商业性开发试验中也可得到相同的结论。无机聚合物与波特兰水泥的收缩率对比结果如图 A. 6 所示。

发达国家现正面临混凝土结构的老化问题，其中更为严重的是用于密封核废料与重金属混凝土的耐久性和稳定性。随着越来越多的核反应堆在第三世界国家发展起来，放射性废物的长期密封成为关注的焦点，Davidovits 和 Comrie 等于 1990 年提出可用 IPC 解决这一问题。

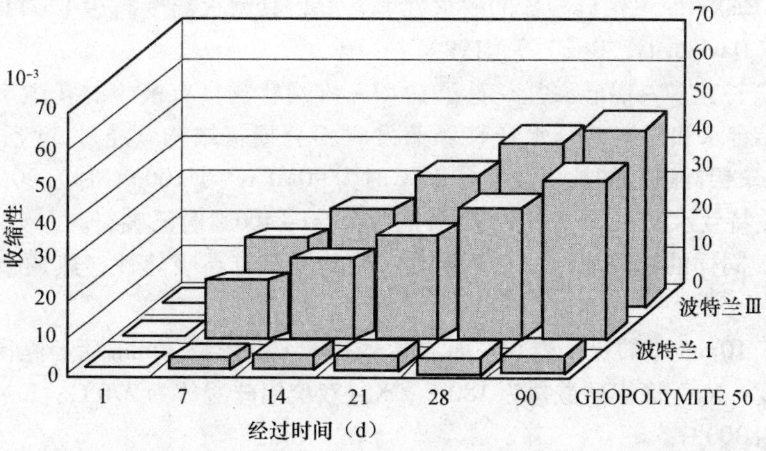


**图 A.6　无机聚合物（GEOPOLYMITE 50®）与波特兰水泥的收缩率对比**

## 耐酸性

无机聚合物的非活性特征为其奠定了抗腐蚀性介质侵蚀的化学耐久性基础。为了提高水泥基混凝土的化学耐久性，近年来，人们已进行了大量研究。例如，对下水管道这一棘手的问题，在混凝土管道中采用了塑料衬里。然而，此方面的主要措施通常是使用掺合料，如硅灰或粉煤灰，来降低混凝土的孔隙率。研究表明，硅粉混凝土的耐腐蚀性只是略微增强（Khedr 和 Abou-Zeid，1994）。因此，很明显需要开发一种新的材料，其成本除与水泥基混凝土具有竞争力外，在酸性环境中应具有更优良的性能。

污水管通常处于酸性和硫酸盐侵蚀环境中。在水泥基混凝土中，硫酸盐侵蚀的机理是形成石膏（游离氧化钙与硫酸根离子的反应）或形成钙矾石，无论是石膏还是钙矾石，都会导致体积膨胀，产生裂缝。由于 IPC 不含游离氧化钙，并且其钙含量远远低于水泥，理论上讲 IPC 的抗硫酸盐侵蚀能力大大提高。尽管研究有限，但已公开的研究成果证实了这一特性（van Jaarsveld，2000；Allahverdi 和 Skvara，2001；Wallah 等，2003）。无论如何，还需要进行大量研究，来论证在不同环境下，IPC 具有比水泥基混凝土更优良的耐酸性。

## 耐火性

由于水泥基混凝土在温度高于 300℃时会破裂，现已成功将无机聚合物用作混凝土结构的长久防火涂料（Garon，Balaguru 等，1999）。此外，无机聚合物在微观结构和化学性质方面也具有优势。据报道，（Na，Ca）－聚铝硅酸盐和（K，Ca）－双聚铝硅酸盐的耐火性非常好，其耐火温度高达1200℃，其原因如下（Davidovits，Buzzi 等，1999）：

（1）特克多－铝硅酸盐－硅酸盐型三维网状物具有极小的孔隙率，从而使物理结合水和化学结合水迁移和蒸发时不会损害结构。经过3h后，（K，Ca）－双聚铝硅酸盐的抗压强度在20℃时为90MPa，在1000℃时为20MPa；而高等级波特兰水泥在20℃时为90MPa，在300～400℃时已破裂。

（2）同样的结合水（—OH 基团）使基质具有高吸热性，热调节能力与Si/Al有关。

对于10mm厚的板，当其一面加热至1000℃并维持30min后，测得板的另一面温度：Na－聚铝硅酸盐为180℃；K－双聚铝硅酸盐为270℃；K－三聚铝硅酸盐为300℃。

图A.7显示了由波特兰水泥混凝土（波特兰Ⅰ和波特兰Ⅲ）、高性能复合波特兰水泥混凝土（PYR AMENT®）、IPC（K，Ca）－PSS（GEOPOLYMITE 50®）随温度升高时的残留强度。

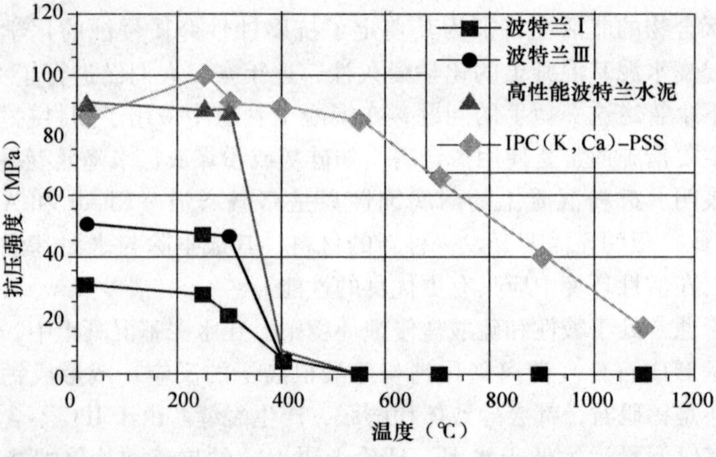


图A.7　波特兰水泥混凝土和IPC随温度升高时的残留强度（Davidovits，1999）

可明显看到，IPC抵抗破坏的能力大约是水泥混凝土的两倍。毋庸置疑，IPC钢筋混凝土的性能也遵循相同的规律。然而，粉煤灰基IPC混凝土的传热性和耐火性能仍有待研究。最近研究者对偏高岭土基IPC混凝土的高温耐热性和构造演化进行了大量研究（Duxson，2005），研究表明这些材料在温度高达1000℃时仍具有良好的导热性和结构稳定性。

与IPC相比，由于水泥基混凝土的脆性和不均匀性，在高温环境下很易剥落。这与由办公室易燃物和家具引起的自然火灾不同，由严重爆炸和撞击引燃导致的碳氢化合物火灾在几分钟内就可迅速达到1000℃（图A.8）。在图A.8中，标准火灾曲线取自澳大利亚标准AS 1530.4（1997），碳氢化合物火灾曲线是根据欧洲规范ECl（1995）绘制的。在高温下，混凝土性能劣化，并且强度、尺寸稳定性下降，温升速率增大时这种效果更明显。

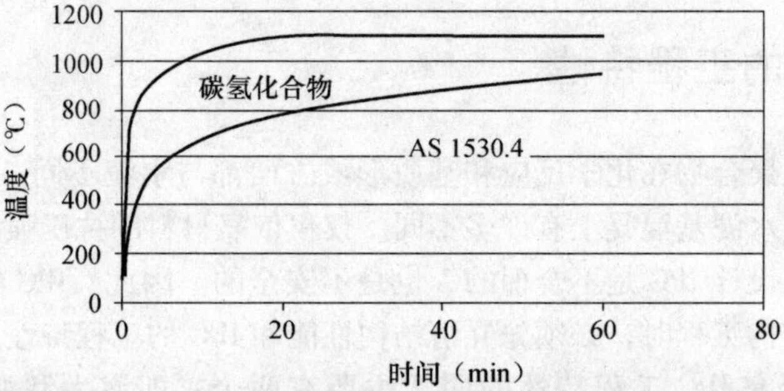


**图A.8　不同加热方式的温度变化**

结构耐火性设计的一个重要内容是确保在发生意外火灾时，结构不会由于强度的劣化或结构的不稳定性而倒塌，造成人员伤亡。墨尔本大学和莫纳什大学最近合作进行的分析结果表明，如果用AS 1530.4中的标准加热方式代替碳氢化合物加热方式，混凝土板的性能将会有很大变化。图A.9显示了250mm厚混凝土板的温度分布，该分布是通过程序算得的，该程序的开发也是研究的一部分。碳氢化合物（HC）火灾使试样迅速受热，截面温度梯度特别大，结构遭受严重火灾的破坏可能性很大。因此，在很多重要结构中这是一个主要的设计考虑因素。在高温环境下，大多数材料将会劣化、强度下降，并且丧失尺寸稳定性。

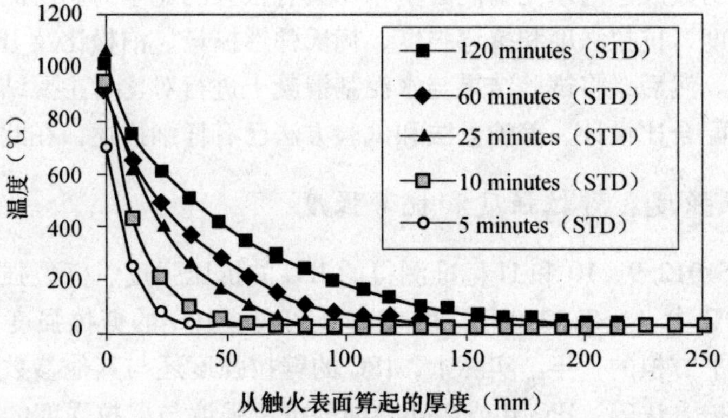


**图A.9　温度随混凝土板厚度的变化**

考虑到大多数混凝土结构（如墙体、天花板、建筑物等）在高温时会劣化，继而造成人员伤亡，因此必须立即研究和开发具有优良耐火性能的结构承载材料。简而言之，必须立即更好地了解如何开发和使用IPC，用其替代传统混凝土，以减少由于火灾造成的人员伤亡。

## A.5 IPC的工程特性

由于无机聚合物在化学反应和基质形成方面都与水泥不同，因此，IPC的工程特性也与水泥基混凝土有许多不同。仅仅依靠材料的抗压强度及按水泥基混凝土模式来设计IPC是不合理的、也是不安全的。因此，IPC在替代水泥基混凝土用于结构工程时，必须先弄清结构性能和IPC的工程特性。

目前，研究IPC工程特性的团队主要有两个，即澳大利亚科庭大学的Vijay Rangan教授团队和澳大利亚墨尔本大学土木与环境工程部的Priyan Mendis教授团队。一旦非结构的IPC被水泥行业及建筑产品市场认可，则希望对IPC的工程性能进行更多的试验和验证。

Rangan教授对IPC的干缩、徐变和抗硫酸盐等性能进行了一系列研究，研究表明IPC的干缩变形非常小，徐变变形与弹性变形的比值（徐变系数）在大约六周内可以达到0.30。此外，按澳大利亚规范还对其他性能进行了测试，包括抗压强度、抗拉强度及抗弯强度等。总的来说，这些研究论证了IPC至少具有与水泥基混凝土相同的工程特性，甚至在许多方面更优良。

Sofi也于2003年对一系列IPC的工程特性进行了研究，其中设计的配合比使用了不同组成材料和粉煤灰品种，并对每一个设计配合比的成本进行了估价，结果表明其成本与水泥基混凝土相比具有很大的竞争力。所测试的工程特性有抗压强度、抗拉强度和抗弯强度、杨氏弹性模量、泊松比及IPC与钢筋的黏结性能等。然后，将试验结果与水泥基混凝土进行对比，主要结论将在后面详细描述。配合比设计、养护方法和试验方法已有详细描述，在此不再重述。

### IPC的抗压强度、劈拉强度和抗弯强度

依据AS1012.9、10和11标准测得的IPC的抗压强度、劈裂强度和抗弯强度列于表A.2中（Sofi，2003）。由表A.2可见，IPC的劈拉强度平均大约为其抗压强度平方根的一半。实际上，IPC的劈拉强度还与其他参数有关，如组成成分和养护方法等。IPC7d或28d龄期的抗弯强度与劈拉强度的差值平均大约为2.0MPa。值得注意的是，除粉煤灰品种不同外，设计的配合比1、2和3完全相同。

**表 A.2 IPC 的抗压强度（$f_c$）、劈拉强度（$f_{sts}$）、抗弯强度（$f_{cf}$）**

| 配合比 | $\rho$ （$kg/m^3$） | 7d $f_c$ （MPa） | 28d $f_c$ （MPa） | 7d $f_{sts}$ （MPa） | 28d $f_{sts}$ （MPa） | 7d $f_{cf}$ （MPa） | 28d $f_{cf}$ （MPa） |
|---|---|---|---|---|---|---|---|
| 1 | 2231.3 | 35.2 | 55.4 | 3.2 | 3.4 | 4.9 | 6.1 |
| 2 | 2232.1 | 44.4 | 54.0 | 2.9 | 2.8 | 4.8 | 4.9 |
| 3 | 2147.7 | 37.6 | 48.6 | 2.4 | 2.8 | 4.5 | 5.4 |
| 4 | 2408.0 | 41.8 | 56.5 | 3.6 | 4.1 | 5.3 | 6.2 |
| 5 | 2212.1 | 42.0 | 47.0 | 3.5 | 3.9 | 5.3 | 5.9 |
| 6 | 2246.4 | 38.3 | 52.8 | 2.7 | 3.3 | 4.2 | 5.3 |

## 与钢筋的黏结力

由于钢筋能与混凝土牢固黏结，因此钢筋混凝土是一种很好的复合材料。钢筋和周围混凝土之间的黏结力确保了钢筋不会发生相对滑移，从而使局部作用力可通过钢筋与混凝土的界面传送。如果没有这一黏结力或其他机械连接，钢筋将完全失效，不再对构件的刚度和抗弯强度发挥作用。

Sofi 于 2003 年还研究了 IPC 与钢筋的黏结特性，试验方法包括钢筋拔除法和梁末端试样法两种。其中采用梁末端试样法进行黏结试验更为实际，并以此来评价钢筋与混凝土的黏结强度（Abrishami 和 Mitchell，1996；Mendis 和 French，2000）。如图 A.10 所示，梁中钢筋处于弯曲拉伸区域。该试验方法在 ASTM A 944 – 99 中有详细描述。

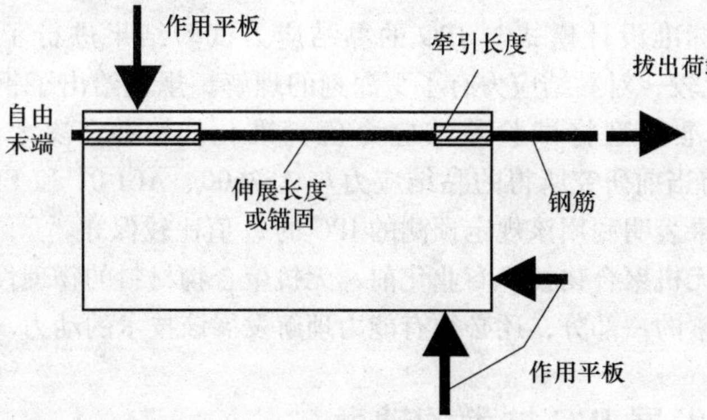


**图 A.10 梁末端试样及名称**

对于所有梁末端 IPC 试样，都可观察到其破坏方式属劈裂破坏型，且产生垂直于最小混凝土保护层的劈裂裂缝。这种劈裂破坏都是爆炸性和突发性的，意味着材料的脆性与其组成成分无关，并且破坏主要沿钢筋长度方向而与钢筋截面尺寸无关。

### 黏结应力（$U_{av}$）与劈拉强度（$f_{sts}$）的关系

当环向张力超过了混凝土的受拉承载力时，就会发生黏结破坏。此时，产生纵向裂缝，而且由于构件所受的力不能被平衡而发生破坏，最终导致保护层剥落，钢筋暴露。在梁末端试样中，各种 IPC 材料的抗拉强度与其黏结强度密切相关（图 A.11）。此外，研究结果表明不同配合比的 IPC 工程特性非常相似。

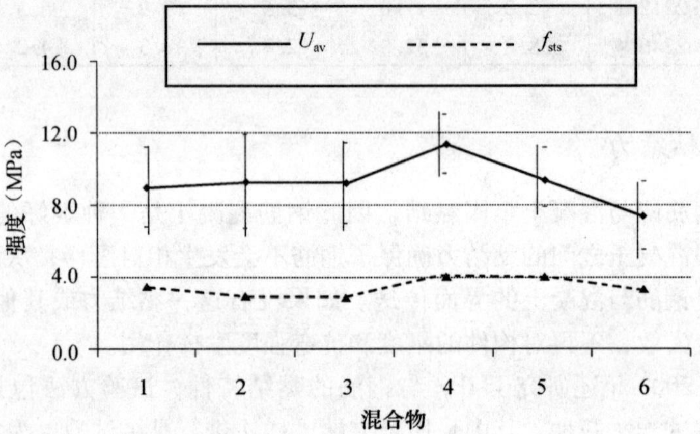


**图 A.11　梁末端平均黏结强度（$U_{av}$）与对应的抗拉强度（$f_{sts}$）**

### 规范条款比较

最近，将标准设计模式与 IPC 的黏结应力试验结果进行了比较（Sofi, 2003）。通过比较，对黏结应力有了更深刻的理解。规范给出了钢筋拉伸屈服强度值 $l_d$，标准模型将试验黏结应力值标准化，例如，澳大利亚标准为 $U_{test}/U_{AS3600}$。将当前研究所得的黏结应力与 AS3600、ACI 02 和 EC2 推荐规范进行比较，结果表明利用该规定预测的 IPC 的 $l_d$ 值比较保守。

在成功将无机聚合物技术商业化前，无机聚合物材料的物理性能和工程性能只是考虑因素的一部分，还必须有能力理解发展该技术的动力。

## A.6　理解发展 IPC 技术的动力

### 技术动力

为了促使无机聚合物技术在商业上获得成功，重要的是要理解发展无机聚合物的技术动力，这些技术动力包括（Lukey，2005）：

- 将工业副产品用作原材料的能力，包括粉煤灰和粒状高炉矿渣。
- 生产具有优良化学性质和力学性能的建筑材料，如耐酸性、耐火性、热稳定性和耐久性等。
- 通过公式化严谨设计配合比以获得需求的工作性，例如干硬性、流动性及自密实混凝土。
- 减少温室气体排放。
- 与水泥基材料相比具有经济竞争力。

重要的一点是这都是无机聚合物的性能和产品属性。然而，并不是所有无机聚合物都具有这些性能，也就是说不可能用一个公式包含所有这些因素。然而，如能准确掌握原材料的化学性质，就可合理组合材料以便满足所有上述技术和成本方面的要求。

### 环境动力

由于将粉煤灰和高炉矿渣等工业副产品用作原材料，则在生产无机聚合物时是不会产生或释放 $CO_2$ 的，而每生产 1t 波特兰水泥（尤其是石灰石的煅烧）大约要生成 1t 的 $CO_2$。目前，世界范围内水泥行业的 $CO_2$ 排放量大约占全球 $CO_2$ 排放量的 8% ~12%，该值在未来几年还可能增加。例如在中国，对混凝土的需求日益增长。

在美国和欧洲，随着 $CO_2$ 排放量税收的引入，水泥行业必须立即适应这一税收政策以确保其可持续发展。目前，水泥行业解决这一问题的主要办法是，使用替代燃料及掺辅助材料，如粉煤灰和高炉矿渣（熟料中粉煤灰和高炉矿渣掺量分别达到 30% 和 70%）。然而，人们普遍认为这些举措不是满足减排目标的长久之计。

尽管铝酸钙和硫铝酸盐水泥是潜在的替代材料，但值得注意的是即使加上制造激发剂（碱和硅酸盐）时产生的排放气体（这些激发剂用于无机聚合过程），无机聚合物黏结剂产品排放的温室气体也只是波特兰水泥的十分之一。

### 商业动力

水泥和混凝土行业发展无机聚合物技术的商业动力是：

- 相对水泥基产品，无机聚合物具有独特和优良的性能，因而能用于多种用途，如耐火黏结剂、水泥替代材料、先进的低温制陶业和复合材料等。
- 多途径的生产方式。
- 降低产品成本的潜能（这是最重要的动力，与产品的优良性能无关）

对于具体用途，与波特兰水泥相比，在评估无机聚合物的成本或价值时，不能限定在1t或$1m^3$这个层面上。这是因为在许多情况下，粉煤灰、高炉矿渣或偏高岭土的成本因不同的来源或不同的国家相差很大。另外，用于形成无机聚合物的活性材料（即碱和硅酸盐）的成本也视国家和材料纯度而定，其变化可以达到一个数量级。在评估其价值时还要考虑到其他因素，例如，模具周转时间缩短、产品的横截面减小（但不会降低产品性能）、养护时间较短、养护温度较低、吊车费低及地基要求低等。

## A.7 IPC的潜在用途

如果无机聚合物的化学性质可被设置，则无机聚合物在建筑行业中将有广泛的潜在用途（图A.12）。

如图A.12所示，无机聚合物有可能作为水泥基混凝土、有机聚合物涂料及低温难溶物中的一些陶瓷材料等的替代物。无机聚合物技术的商业化发展为粉煤灰和高炉矿渣的大量使用，以及开发多种多样的增值产品提供了机会。

起初，人们将IPC产品的发展方向定为非结构材料类，适宜低风险的用途（如无筋小直径管道、筑路材料、内隔离物等）。这是必然的，因为IPC是一项“新”技术，目前还未经实际工程证实，又缺乏耐久性方面的资料。建材行业是一个不容许有风险的行业，一种材料的失败可能会导致人员伤亡。因此，在其发展的相当长时间里，人们并不希望将IPC市场化，尽管目前一些研究工作已清晰证明了这些材料的优良性能（在本节后面还会讨论）。

除建材制造业外，无机聚合物技术还可用于矿业，如尾矿的稳定和固结、矿井回填、重金属和放射性废弃物的封固等（Davidovits，1988；Davidovits，Comrie等，1990；van Jaarsveld，van Deventer等，1997；Herman，Kunze等，1999）。

关于废物的处理，无机聚合物技术的用途总结如下：

（1）在需要有稳定的高强度结构来阻止雨水接触废料堆和垃圾填埋场时，可用作废料堆或垃圾填埋场的表面覆盖岩层，起到封固安全罩的作用，适于大面积使用。

（2）用在要求低渗透性的垃圾填埋场基础或用于水库的防渗墙。

（3）用作垂直挡水墙和挡水建筑物。

（4）用在尾矿坝。在湿度大的国家，尾矿坝的稳定性是一个严重的问题。不仅由于尾矿坝坝身不稳定，而且有毒金属可渗入淡水排水系统中，应对尾矿进行固结处理。

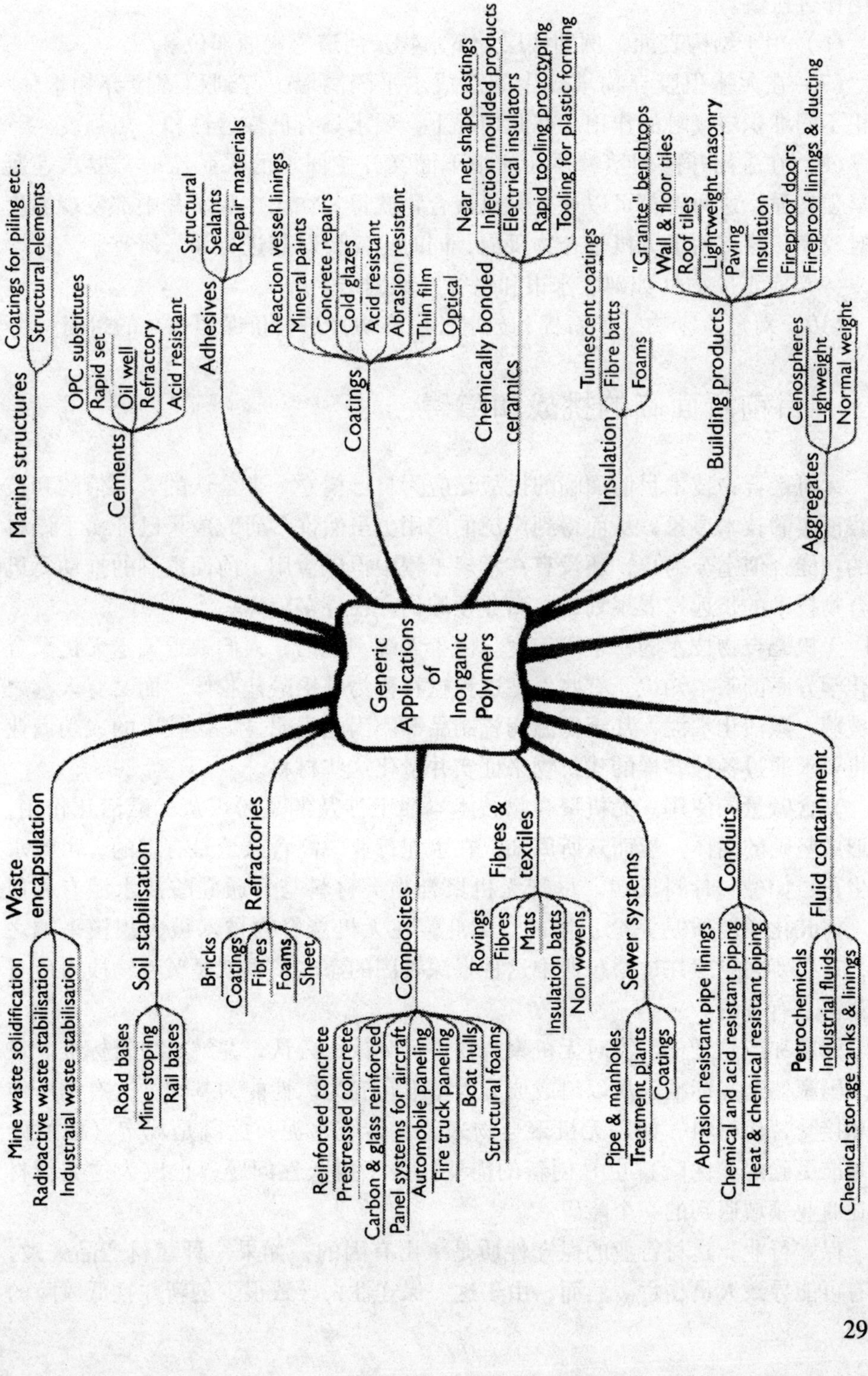
Generic Applications of Inorganic Polymers
Marine structures
Coatings for piling etc.
Structural elements
Cements
OPC substitutes
Rapid set
Oil well
Refractory
Acid resistant
Adhesives
Structural
Sealants
Repair materials
Coatings
Reaction vessel linings
Mineral paints
Concrete repairs
Cold glazes
Acid resistant
Abrasion resistant
Thin film
Optical
Chemically bonded ceramics
Near net shape castings
Injection moulded products
Electrical insulators
Rapid tooling prototyping
Tooling for plastic forming
Insulation
Tumescent coatings
Fibre batts
Foams
Building products
"Granite" benchtops
Wall & floor tiles
Roof tiles
Lightweight masonry
Paving
Insulation
Fireproof doors
Fireproof linings & ducting
Aggregates
Cenospheres
Lighweight
Normal weight
Waste encapsulation
Mine waste solidification
Radioactive waste stabilisation
Industraial waste stabilisation
Soil stabilisation
Road bases
Mine stoping
Rail bases
Refractories
Bricks
Coatings
Fibres
Foams
Sheet
Composites
Reinforced concrete
Prestressed concrete
Carbon & glass reinforced
Panel systems for aircraft
Automobile paneling
Fire truck paneling
Boat hulls
Structural foams
Fibres & textiles
Rovings
Fibres
Mats
Insulation batts
Non wovens
Sewer systems
Pipe & manholes
Treatment plants
Coatings
Conduits
Abrasion resistant pipe linings
Chemical and acid resistant piping
Heat & chemical resistant piping
Fluid containment
Petrochemicals
Industrial fluids
Chemical storage tanks & linings

图A.12

(5) 在矿石筛洗和污水收集地，有价廉、不渗透等大面积使用要求时，可用作过衬垫。

(6) 用于结构表面，例如楼层、蓄水物及河道等表面部位。

(7) 在大体积废弃物堆体中间形成水平隔离墙，起到稳固废弃物堆体、阻止不同堆积层接触的作用。在此情况下，要求具有低渗透性和一定强度。

(8) 在采用开挖回填、再在回填下面又开挖回填的采矿法时，要求速凝及早强高强，这两者都可以通过无机聚合物获得。在大多数矿井中都发现温度相对较高，这有助于无机聚合物反应，同时也需要对其进行深入研究。

(9) 有毒废物（如砷、水银和铅等）的固结。

(10) 对危险废物（如石棉和放射性废弃物）进行价廉但长久的封固。

## A.8 目前所面临的挑战和障碍

无机聚合物技术目前面临的挑战是应为自己树立一个公认的、可信的和被实践证实的技术形象，从而得到广泛的应用。虽然许多研究成果已证实了该材料的功能，但迄今为止，还没有在常规工程中得以应用。前面提到的推动无机聚合物技术的长远发展规划，在商业领域仍存在许多障碍：

无机聚合物技术的科学可信度。由于无统一术语，人们缺乏关于无机聚合物化学方面的基本知识。有些人把这种材料称为硅铝酸盐胶体，而又有人称之为玻璃、碱活化水泥，甚至低温陶瓷制品等。因此很明显，该技术的成功商业化将要求通过各种各样的建筑物来证实并量化这些材料。

高含碱量的使用。无机聚合物技术本质上涉及的是粉煤灰的碱活化作用，并形成坚硬的固体。然而众所周知，在水泥行业中高含碱量是有害的，可致水泥劣化，如碱-骨料反应。尽管无机聚合物类材料与普通硅酸盐水泥有相似性，但其化学性质是完全不同的。因此，在无机聚合物技术被大规模采纳之前，有必要去克服在这个行业中这种根深蒂固的态度，也就是碱性物质对所有体系都是有害的。

标准和产品责任。需对无机聚合物进行测试、公认，并纳入建筑标准。在许多国家，这些标准已从以组成成分为基准转变为以性能为基准，这有助于使用和接受替代材料，如用无机聚合物来替代传统水泥，这既是规定（以性能为基准更确定和保险）也是创新的需要。关于耐久性问题，也成为这类新材料在商业领域遇到的一个障碍。

保守行业。建材行业的保守性质是事出有因的，如果一种建材产品失败，就有可能导致人员伤亡。然而，由于这一保守性，导致很少创新并且低风险的新技术也不被优先考虑。为了发展无机聚合物，必须获得潜在生产商和最终用户对这一技术的认同，也就是必须降低技术、商业和名声的风险。这可通过学术界与工业界之间更坦率的对话来实现，也可通过在公共领域（适合专家和工程师）更广泛介绍基础知识和传播信息来实现。

## A.9 IPC 产品在商业发展中的进展

如图 A.12 所示，无机聚合物技术有很多用途。目前，正是这一系列用途支撑着这一技术的商业化。这是因为市场不可能只关注于某单一产品的发展，因而采取了多产品的发展方向，如陶瓷制品、预制混凝土、防护灰浆、矿井的浆状回填物等，这些产品中的任意一个都要求无机聚合物呈现出完全不同的性能规范和成本标准。

澳大利亚的 Siloxo 公司及其合作者采取的方法是，为了积累生产预拌 IPC 技术的知识和经验，主要目标是要求产品成本低但性能优良，人们认为这是一种不保险的方法。然而，如果在技术上能确保预拌 IPC 得到发展、具有与普通混凝土相似的性能、富有经济竞争力等，则在更多可控环境中将这种知识转换到生产预制产品就会相当容易。这是因为所有技术性的挑战（如减小工作性损失、增长凝结时间、控制强度发展及耐久性等）都可得到解决。下面将针对目前开发的主要产品和获得的研究成果，举例说明。

### 预拌 IPC

图 A.13 展示了两个成功应用预拌 IPC 的例子。具体来说，图 A.13（a）展示了使用 C 类粉煤灰（含钙量高的粉煤灰）拌制的 25MPa 低强 IPC，用于交通道路。图 A.13（b）展示的是使用了 F 类粉煤灰（含钙量低的粉煤灰）拌制的 80MPa 高强 IPC。

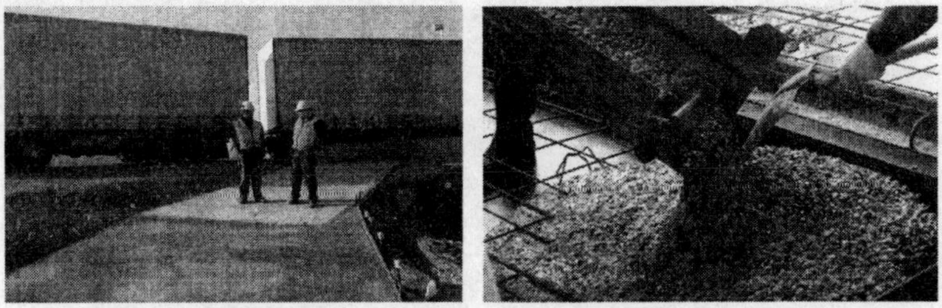

（a）　　（b）

**图 A.13 澳大利亚 Siloxo 公司及合作者开发的 25MPa 低强和 80MPa 高强预拌 IPC**

重要的是IPC配合比应合理设计，以便可使用传统混凝土设备来搅拌、装料、运输、浇筑及表观处理等。多年来，研究者一直在进行这方面研究，对配合比设计及其公式化进行了总结。结果表明，IPC技术可作为普通波特兰水泥的替代材料，这对目前的水泥生产商，以及那些不经营水泥但企图在IPC技术领域建立主导地位的企业都具有重要的商业意义。

## 梁柱内节点

最近，研究人员就IPC构件的发展与测试进行了研究（Brookes等，2005)，尤其是梁柱内节点的具体设计。该设计使用了新的新西兰混凝土设计标准（DZ3101.1rel.2，2004）中提出的能量设计法。所有构件的强度都是30MPa，并且外形尺寸相同(图A.14)。

图A.14　用于测试结构性能的IPC构件

在采用IPC结构之前，必须使用现设计程序对新材料进行复核。Brookes等描述了用IPC浇筑的三个梁柱内节点构件试验，并与由水泥混凝土浇筑的构件进行对比。

图A.15表明IPC和普通硅酸盐水泥混凝土强度随龄期的变化情况。两者28d设计抗压强度均为30MPa，从图A.15中可以看出，两者均可达到设计强度，并以相同的速率增长，表明IPC的强度能可靠预测。

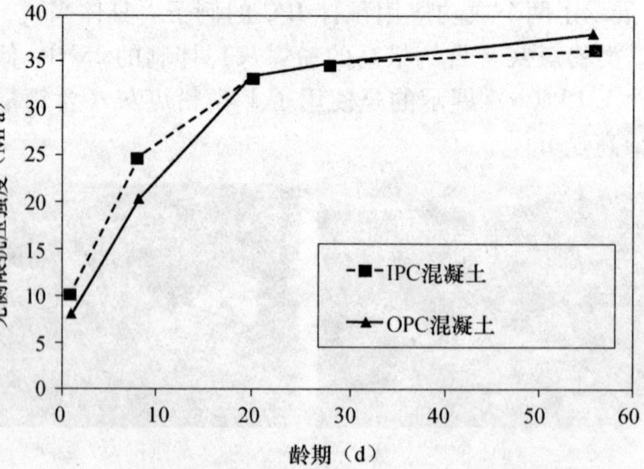


图A.15　两种混凝土强度随龄期的变化（Brookes，2005）

Paulay 于 1992 年指出，为了确保钢筋混凝土较好的延伸性，重要的是裂缝应以合适的间距形成，以便塑性变形传递到钢筋的有效长度，防止钢筋应力达到极限值。IPC 构件与水泥混凝土构件的裂缝形式没有发现明显区别（Brookes 等，2005），这是一个重要的观测成果，由此表明在地震荷载下，IPC 与水泥混凝土的性能相似。

Brooke 于 2005 年还研究了 IPC 和水泥混凝土的后期性能。研究表明，在使用钢筋相同的条件下，两种混凝土构件的后期性能在本质上是相同的。因此，IPC 能用于梁柱节点，并能满足抗震性标准。这类节点可根据已有的标准设计，其性能与水泥混凝土的节点几乎相同。这是重要的研究结果，为 IPC 结构材料的进一步发展铺平了道路。

## A. 10 结论

显然，人们对 IPC 已进行了大量研究，并得出了一些很有应用前景的研究成果。由于大多数读者对其感到好奇，因此列出了涉及到的化学反应等内容。IPC 颇具应用前景，原因是可替代波特兰水泥、利用废弃材料、减少全球关注的 $CO_2$ 排放量等。

显然，不能将 IPC 视为水泥混凝土的低等级替代材料，相反其某些性能远远超过了水泥混凝土，如耐火性、防化学侵蚀性，以及对核废料和其他危险废物的长期封存作用等。

然而，当大规模使用 IPC 时，必须特别谨慎，希望不要出现人为的延误或偏见，这些不良现象在混凝土领域时常出现。50 年前，作者潜心于这样一个试验，就是在墨尔本排水系统中最重要的地段铺设短管道，该短管道由几种不同试验管道组成。显然，利用 IPC 进行这种试验是非常必要的。考虑到当前对反恐活动的大量投入，我们必须尽力开展结构材料的应用研究。

由于 IPC 的强度发展迅速，如果克服了实际结构中存在的问题，则 IPC 用于预制构件将具有重要的意义。

# 结　语

本书在编写过程中力求做到通俗易懂，以满足专业工作者、大学生、甚至是对混凝土感兴趣但了解不多的工人等不同层面的广大读者对混凝土技术的认知程度。即使是混凝土行业的非专业技术人员通过阅读本书也可获得一定收益，不留遗憾。作者在书中用大量篇幅重点分析、解释混凝土实际生产和质量控制中应注意的问题，尽可能语言简洁，少用行话及数学公式，提高本书的可读性和启发性，并放眼未来。

我经常说，一个人对混凝土的了解不会超过10%。同样，在一本书中要纳入50年积累的知识和经验也不会超过10%。或许本书涉及的知识内容可谓冰山一角，但我仅希望读者在阅读这本书后发现这是一个不错的选择。

我希望我的同行能原谅我在混凝土技术方面的一些不同观念，如果你对这本书有足够的兴趣，那就不会有这种负罪感了。

# 术 语 表

| | |
|---|---|
| ACI | 美国混凝土学会 |
| CI | 混凝土世界（美国混凝土学会杂志社刊载许多作者论文） |
| CIA | 澳大利亚混凝土协会 |
| CSIRO | 澳大利亚联邦科学与工业研究组织 |
| EA | 等效龄期（Arrhenius 方程涉及的混凝土成熟度） |
| EFNARC | 欧盟特殊建筑化学与混凝土体系（网址：www. Efnarc. org） |
| EN 206 | 欧洲标准第206条，由欧洲委员会四十多个成员国制定的混凝土法典 |
| FM | 细度模数 |
| GI | 间断指数，用于评估骨料的级配连续性 |
| GPC | 聚合物混凝土，称为 IPC 更准确 |
| ICT | 英国混凝土技术协会 |
| IPC | 无机聚合物混凝土 |
| ISO 9001 | 国际标准化组织<br>（由国际标准组织协会发起的质量控制程序行政机构，并不专门针对混凝土） |
| LHS | 左手边 |
| MSF | 配合比适合因子——作者提出评估黏聚性、砂率指数的指标 |
| NATA | 澳大利亚国家检测机构 |
| NDT | 无损检测 |
| NRMCA | 美国国家预拌混凝土协会 |
| P2P | 规范中描述性能变化的缩写 |
| QA | 质量保证 |
| QC | 质量控制 |
| RHS | 右手边 |
| RoadNote 4 | 由英国道路研究实验室在20世纪40年代开发的配合比设计系统，现仅其级配曲线在使用 |

| | |
|---|---|
| RWD | 相对需水量（两种砂比较） |
| SCC | 自密实混凝土 |
| SG | 比重，或称为 APD（平均颗粒密度） |
| SS | 比表面积 |
| SWC | 超工作性混凝土 |
| TTF | 时间温度方程（用于混凝土成熟度） |
| VMA | 黏度改善剂（甲基纤维素） |
| Website | 作者网址：www. kenday. id. au |

## 参考文献

### Main text references

NB: Many of the author's papers and publications appear on his website www.kenday.id.au


Abdun-Nur, E. (1962). How Good is Good Enough? *ACI Journal*, January, pp. 237.

Aitcin, P. C. (1998). *High Performance Concrete*, E & FN Spon.

American Concrete Institute (1975). *Durability of Concrete*, ACI Special Publication SP47.

American Concrete Institute (1977). *Recommended Practice for Evaluations of Strength Test Results of Concrete*, ACI Committee 214. 14pp.

American Concrete Institute (1985). *Guide to the Selection and Use of Hydraulic Cements*, ACI Committee 225, Title No. 82–85, *ACI Journal*, November–December.

American Concrete Institute (1991). *Standard Practice for Selecting Proportions for Normal, Heavyweight, and Mass Concrete*, ACI Committee 211. 1–91.

American Concrete Institute (1992). *High Strength Concrete*, ACI Committee 363. 48pp.

ASTM 1074–87 (1987). *Estimating Concrete Strength by the Maturity Method.*

Australian Standards Institution. *Methods for Determining Consistence of Fresh Concrete*, Australian Standard AS1012.3–83.

Barber, P. M. and Sym, R. (1983). An Assessment of the Target Value Method of Quality Control, Paper W13A (1), *7th ERMCO Congress*, London, May.

Bentz, D. P., Lura, P. and Roberts, J. W. (2005). Mixture Proportioning for Internal Curing. *Concrete International*, Vol. 27, No. 2, February.

Bertrandy, R. (1982). Sands Used in Construction Concrete – the Influence of Fines on their Properties, Unpublished paper translated and presented by K. Day in Singapore, November.

Biczok, I. (1964). *Concrete Corrosion and Concrete Protection*, Hungarian Academy of Sciences, English Edition.

Blick, R. L., Petersen, C. F. and Winter, M. E. (1974). Proportioning and Controlling High Strength Concrete, *Proportioning Concrete Mixes*, ACI Special Publication 46–9.

Bolomey, J. (1926). Determination of the Compressive Strength of Mortar and Concrete, *Schweizeriche Bausietung*, 88, July.

Bolomey, J. (1947). The Grading of Aggregate and its Influence on the Characteristics of Concrete, *Revue Matér. Construction, Travaux Publiques.*

Bouley, C. and de Larrard, F. (1993). The Sand Box Test, *Concrete International: Design and Construction*, April.

British Standards Institution (1944). BS 882: 1944.

British Standards Institution (1960). *Determination of Clay, Fine Silt and Fine Dust in Fine and Coarse Aggregate*, BS 812: 1960.

British Standards Institution (1960). *Estimation of Organic Impurities in Concrete Aggregates*, BS 812: 1960.

British Standards Institution (1984). *Guide to Process Control Using Quality Control Chart Methods and Cusum Techniques*, BS 5700: 1984.

British Standards Institution, *Methods of Testing Concrete*, BS 1881.

Bungey, J. H. (1989). *Testing of Concrete in Structures*, 2nd edn, Blackie.

Carino, N. J. (1984). Maturity Method: Theory and Application, *Cement, Concrete and Aggregates*, ASTM, Vol. 6, No. 2, Winter.

Cement and Concrete Association (CACA), Rapid Analysis Machine, Crowthorne.

Chung, H. W. (1978). How Good is Good Enough? A Dilemma in Acceptance Testing of Concrete, *ACI Journal, Proceedings*, Vol. 75, No. 8, August, pp. 374–380.

Clayton, N. and Grimer, F. J. (1979). The Diphase Concept, with Particular Reference to Concrete, Chapter 7, *Developments in Concrete Technology*, Applied Science Publishers.

Cleland, J. (1968). Sand for Concrete – A New Test Method, *New Zealand Standards Bulletin*, 14, October.

Dalhuisen *et al.* (1996). *4th International Symposium on Utilization of High Strength/ High Performance Concrete*, May, Paris, Presses Ponts et Chaussées.

Day, K. W. (1958–9). Statistical Quality Control of Concrete and Concrete Products, Three-part Series, *Commonwealth Engineer*, Melbourne, Australia, December 1958, January and February 1959.

Day, K. W. (1959a). Mathematical Methods of Proportioning Aggregates. *Concrete and Constructional Engineering*, London, February.

Day, K. W. (1959b). Discussion of Singh, B. G. (1958), *ACI Journal*, Part 2, September.

Day, K. W. (1961). The Specification of Concrete, *Constructional Review (Australia)*, Vol. 34, No. 7, July, pp. 45–58.

Day, K. W. (1969). Economical Control of Concrete Quality, *Australian Civil Engineering*, May.

Day, K. W. (1981). Quality Control of 55 MPa Concrete for Collins Place Project, Melbourne, Australia, *Concrete International: Design and Construction*, Vol. 3, No. 3, March, pp. 1724. (Presented at ACI Milwaukee Convention, March 1979.)

Day, K. W. (1982a). What is Economical Concrete? *Concrete International: Design and Construction*, September.

Day, K. W. (1982b). Cash Penalty Specifications Can be Fair and Effective. *Concrete International: Design and Construction*, September.

Day, K. W. (1983). Concrete Quality Control by Cusum Method, Paper W13A (2), *7th ERMCO Congress*, London, May.

Day, K. W. (1987). Marginal Sands. Paper at ACI Convention, San Antonio.

Day, K. W. (1988–9). *Computerized Concrete QC Using Spreadsheets and Cusum Graphs*, ACI Compilation 13 (compilation of 10 bi-monthly articles from *Concrete International*, June 1988–December 1989).

Day, K. W. (1989). Bad Concrete or Bad Testing? Unpublished paper to ACI San Diego Convention, November.

Day, K. W. (1991). Prediction of Concrete Strength, ACI Boston Convention, March.

Day, K. W. (1992). An Expert System to Regulate Concrete Quality. ACI Washington Symposium, March.

Day, K. W. (1996a). Production of High Performance Concrete, *4th International Symposium on Utilization of High Strength/High Performance Concrete*, May, Paris, Presses Ponts et Chaussés.

Day, K. W. (1996b). Equivalent Slump, in Bartos, P. J. M. *et al.* (eds) *Production Methods and Workability of Concrete*, Rilem Proceedings Series 32, E & FN Spon.

Day, K. W. (1997). Technical Developments in Ready-mixed Concrete Production, *22nd Our World in Concrete and Structures Conference*, Singapore, August.

Day, K. W. (1998a). HPC in Australia and SE Asia, *Structural Engineers World Congress*, San Francisco, July.

Day, K. W. (1998b). International Experiences in the Use of Computerised QC, *International Symposium on HPC and Reactive Powder Concretes*.

Day, K. W. (2002). Just-in-time Mixture Proportioning. *ACI Convention*, Cancun Mexico, December (on author's website).

Day, K. W. (2003). Controlling Concrete Quality; Yesterday, Today, and Tomorrow. *Concrete Institute of Australia Biennial Symposium*, Brisbane, June (on website).

Day, K. W. (2005a). Perspective on Prescriptions. *Concrete International*, July (on website).

Day, K. W. (2005b). Concrete in the 22nd Century. *Concrete Institute of Australia Biennial Symposium*, Melbourne, October (on website).

de Champs, J. F. and Monachon, P. (1992). Une Application Remarkable: l'arc du pont sur la Rance, Les bétons á haut performances – characterization, durabilité, applications, Presses des Pontes at Chaussées.

de Larrard, F. (Ed.) (1999). *Concrete Mixture Proportioning: A Scientific Approach*, E & FN Spon.

de Larrard, F. *et al.* (1996). *4th International Symposium on the Utilization of High Strength/High Performance Concrete*, May, Paris, Presses Ponts et Chaussées.

Detwiler, R. J. and Mhta, K. P. (1989). Chemical and Physical Effect of Silica Fume on the Mechanical Behaviour of Concrete, *AC1 Materials Journal*, Vol. 86, No. 6.

Devore, J. (1990). *Probability and Statistics for Engineering and the Sciences*, Brooks/Cole.

Dewar, J. D. (1986). The Particle Structure of Fresh Concrete – a New Solution to an Old Question. First Sir Frederick Lea Memorial Lecture, 986. Institute of Concrete Technology, p. 23. Reprinted by British Ready Mixed Concrete Association, UK.

Dewar, J. D. (1999). *Computer Modelling of Concrete Mixtures*, E & FN Spon.

Dewar, J. D. and Anderson, R. (1992). *Manual of Ready-mixed Concrete*, 2nd edn, Blackie.

DOE (BRE/DOE) (1975). *Design of Normal Concrete Mixes*, Teychenné, D. C., Franklin, R. E. and Erntroy, H. C. (revised Teychenné, Franklin and Hobbs, 1988). Department of Environment, Building Research Establishment, UK.

Edwards, L. N. (1918). Proportioning the Materials of Mortars and Concretes by Surface Area of Aggregates, *Proceedings ASTM*, Vol.18, Part II, pp. 235–302.

Elek, A. (1973). Sand Flow Meter, a Test for Assessment of Fine Aggregates, *Hume News*, Melbourne, Australia, Vol. 50, No. 8, August.

Erdogan (2004). ICAR.
Erntroy, H. C. (1960). The Variation of Works Test Cubes, Cement and Concrete Association, London, Research Report No. 10, November.
Faury, J. (1958). *Le Béton*, 3rd edn, Dunod.
Gaynor, R. D. (1968). Exploratory Tests of Concrete Sands, NRMCA and NSGA, Silver Spring, MD. Also Bloem, D. L. and Gaynor, R. D. Effect of aggregate properties on strength of concrete, *ACI Journal*, Vol. 60, No. 10, October, pp. 1429–55.
German Standard DIN 1048 Teil 1 (Jen. 1972) (now EN-ISO 9812). Prüfverfahren für Beton – Frischbeton, Festbeton gesondert hergstellter Probe korper.
Graham, G. and Martin, F. R. (1946). The Construction of High-grade Quality Concrete Paving for Modern Transport Aircraft, *Journal of Institution of Civil Engineers*, London, Vol. 26, No. 6, April, pp. 117–190.
Guo, Chengju (1989). Maturity of Concrete: Method for Prediction of Early Age Strength, *ACI Materials Journal*, July–August (and discussion May–June 1990).
Himsworth, F. R. (1954). The Variability of Concrete and its Effect on Mix Design, *Proceedings of the Institution of Civil Engineers*, Part I, Vol. 3, No. 2, March (also *Cement and Concrete Association Symposium, Concrete Mix Design and Quality Control*, London, 1954).
Hopkins, H. J. (1971). Sands for Concrete – a Study of Shapes and Sizes. No. 2, *New Zealand Engineering*, October.
Hughes, B. P. (1954). Rational Concrete Mix Design, *ICE Journal*.
ICAR, University of Texas (Telisak *et al.*, 1991).
Juran, J. M. (1951). *Quality Control Handbook*, McGraw-Hill.
Kalousek, Porter and Benson (1972). *USBR Cement and Concrete Research*, Vol. 2, Pergamon.
Kaplan, de Larrard and Sedran (2005). Avoidance of Blockages in Concrete Pumping Process. *ACI Materials Journal*, May–June.
Kaplan, M. F. (1958). The Effects of the Properties of Coarse Aggregates on the Workability of Concrete, *Magazine of Concrete Research*, No. 29, August, pp. 63–74.
Kluge, F. (1949). Prediction of the Mixing Water of Concrete (in German), *Der Bauingenuier*, Vol. 24, No. 6.
Koehler and Fowler (2004). Development of a Portable Rheometer for Fresh Portland Cement Concrete. *ICAR Report 105-3F*, International Center for Aggregates Research, University of Texas at Austin.
Leviant, I. (1966). A Graphical Method of Concrete Proportioning, *Civil Engineering and Public Works Review*, London.
Loudon, A. G. (1952). The Computation of Permeability from Simple Soil Tests, *Geotechnique*, Vol. 3, No. 4, December, pp. 165–183.
McLaughlin, R. Determination of Water Content of Fresh Concrete by a Dilution Method (private communication re. patent).
Malhotra, V. M. and Ramezanianpour, A. A. (1994). *Fly Ash in Concrete*, 2nd edn, Canmet.
Masterman, O. J. (1958). Quality Control in Prestressed Concrete Production, *Magazine of Concrete Research*, August.
Mather, B. (1976). How Soon is Soon Enough? *ACI Journal*, March.
Mather, B. (1987). The Warmer the Concrete, the Faster the Cement Hydrates, *Concrete International: Design and Construction*, August.
Murdock, L. J. (1960). The Workability of Concrete, *Magazine of Concrete Research*,

Vol. 12, No. 36, pp. 135–144.
Murdock, L. J., Brook, K. M. and Dewar, J. D. (1991). *Concrete Technology*, 6th edı Edward Arnold.
Neville, A. M. (1995). *Properties of Concrete*, 4th edn, Longman.
Newman, A. J. and Teychenné, D. C. (1954). A Classification of Sands and its Use in Concrete Mix Design, *Symposium on Mix Design and Quality Control of Concrete*, Cement and Concrete Association, London, pp. 175–193.
Nurse, R. W. (1949). Steam Curing of Concrete, *Magazine of Concrete Research*, Vol. 1, No. 2.
Palotas, L. (1933). The Practical Significance of the Fineness Modulus of Abrams (in Hungarian), *Anyagvisgalok Koslonye*, Vol. 11, Nos 9–10, Budapest.
Peruzzo, Kolasa and Titus (2005). Development and Use of Ultra High Strength Super Workable Concrete for Eureka Tower, Melbourne. *Concrete Institute of Australia Biennial Symposium*, Melbourne, October.
Plowman, J. M. (1956). Recent Research on the Vibration of Concrete, *The Reinforced Concrete Review*, Vol. 4, No. 3, September.
Popovics, S. (1982). *Fundamentals of Portland Cement Concrete, Vol. 1: Fresh Concrete*, John Wiley.
Popovics, S. (1992). *Concrete Materials, Properties, Specifications and Testing*, Noyes.
Powers, T. C. (1968). *The Properties of Fresh Concrete*, John Wiley, p. 664.
Prat, E., Frovin, L. and Dugat, J. (1996). New Liquid Setting Agent, Paper 11, RILEM Conference on Production Methods and Workability of Concrete, Paisley, Scotland, June.
Road Research Laboratory (1950). Design *of Concrete Mixes*, Road Note 4, Department of Scientific and Industrial Research, HMSO, London.
Roberts, L. R. 'Recent Advances in Understanding of Cement Admixture Interaction'. *Institute of Concrete Technology Yearbook, 2005–2006.*
Saul, A. G. A. (1951). Principles Underlying the Steam Curing of Concrete at Atmospheric Pressure, *Magazine of Concrete Research*, Vol. 2, No. 6, March, pp. 127–140.
Shewhart, R. (1931). *Economic Control of Quality of Manufactured Product*, Macmillan.
Shilstone, J. M. (1987). Mix Proportions for Construction Needs, ACI San Antonio Convention, March.
Singh, B. G. (1958). Specific Surface of Aggregates Related to Compressive and Flexural Strength of Concrete, *ACI Journal*, Vol. 54, No. 10, April, pp. 897–907.
Solvey, O. R. (1949). *Neue rationelle Betonerzeugung*, Springer-Verlag.
Stewart, D. A. (1951). *High Quality Concrete*, E & FN Spon.
Tam, C. T. (1982). Use of Superplasticizers to Compensate for Clay Content of Fine Aggregate, World of Concrete Symposium, Singapore.
Tattersall, G. H. (1976). *The Workability of Concrete*, Viewpoint publication, Cement and Concrete Association, London.
Tattersall, G. H. (1991). *Workability and Quality Control of Concrete*, E & FN Spon.
Testing Services Ltd, UK (1970). Cusum (manual).
Ting, E. S. K. *et al.* (1992). Effect of Cylinder Size on Compressive Strength of Concrete, Conference on the Concrete Future, Kuala Lumpur, Malaysia, February.
Tobin, R. E. (1978). Flow Cone Sand Tests, Title No. 75–1, *ACI journal*, January.
Toffler, A. (1981). *The Third Wave*, Pan Books.
Walker, S. and Bartel, F. F. (1947). Discussion of a Paper by M. A. Swayze and

A. Gruenwald, Concrete Mix Design – a Modification of the Fineness Modulus Methods, *Proceedings ACI*, Vol. 43, Part 2.

Wallevik, O. H. and Gjorv, O. E. (1990). Development of a Coaxial Cylinder for Fresh Concrete. *Properties of Fresh Concrete*, Chapman and Hall, London.

Wallevik, O. H. and Gjorv, O. E. (1990). *Properties of Fresh Concrete*, Chapman & Hall.

Woodward, R. H. and Goldsmith, P. L. (1964). *Cumulative Sum Techniques*, ICI Monograph No. 3, Oliver and Boyd.

Young, R. B. (1919). Some Theoretical Studies on Proportioning Concrete by the Method of Surface Area of Aggregates, *Proceedings ASTM*, Vol. 19, Part II.

## Appendix references

Aïtcin, P. C. (2000). Cements of Yesterday and Today; Concrete of Tomorrow. *Cement and Concrete Research* **30**(9): 1349–1359.

Alexander, M. G. and B. J. Magee (1999). Durability Performance of Concrete Containing Condensed Silica Fume. *Cement and Concrete Research* **29**(6): 917–922.

Allahverdi, A. and F. Skvara (2001). Nitric Acid Attack on Hardened Paste of Inorganic Polymeric Cements – Part 1. *Ceramics-Silikaty* **45**(3): 81–88.

Bouzoubaâ, N., M. H. Zhang, *et al.* (2001). Mechanical Properties and Durability of Concrete Made with High-Volume Fly Ash Blended Cements Using a Coarse Fly Ash. *Cement and Concrete Research* **31**(10): 1393–1402.

Brookes, N., L. M. Keyte, *et al.* (2005). Seismic Performance of Green Concrete Interior Beam-column Joints. *Proceedings of ASEC 2005*, Newcastle, NY.

Cheng, T. W. and J. P. Chiu (2003). Fire-resistant Inorganic Polymer Produced by Granulated Blast-furnace Slag. *Minerals Engineering* **16**(3): 205–210.

Davidovits, J. (1983). Geopolymer II: Processing and Applications. *in SPE PACTEC '83*, Brookfield Center, USA, Society of Plastic Engineers: 222–230.

Davidovits, J. (1987). Ancient and Modern Concretes: What is the Real Difference? *Concrete International* **9**(12): 23–35.

Davidovits, J. (1988). Geopolymer Chemistry and Properties. *Proceedings of Geopolymer '88*, The Geopolymer Institute: France.

Davidovits, J. (1991). Geopolymers: Inorganic Polymeric New Materials. *Journal of Thermal Analysis* **37**(8): 1633–1656.

Davidovits, J. (1999a). Chemistry of Geopolymeric Systems, Terminology. *Proceedings for Geopolymer '99*, The Geopolymer Institute: Saint Quentin, France.

Davidovits, J. (1999b). Fire Proof Geopolymeric Cements. *Proceedings of Geopolymer '99*, The Geopolymer Institute: France.

Davidovits, J. and M. Davidovics (1988). Geopolymer: Room-temperature Ceramic matrix for Composites. *Ceramic Engineering and Science Process* **9**(7–8): 835–842.

Davidovits, J. and M. Morris (1988). *The Pyramids: An Enigma Solved,* New York, Hippocrene Books.

Davidovits, J., D. C. Comrie, *et al.* (1990). Geopolymeric Concretes for Environmental Protection. *Concrete International: Design and Construction* **12**(7): 30–39.

Davidovits, J., L. Buzzi, *et al.* (1999). Geopolymeric Cement Based on Low Cost Geologic Materials. Results from the European Research Project Geosystem. *Proceedings of Geopolymer '99*, The Geopolymer Institute: France.

Duxson, P. (2004). The Presence of Al-O-Al in Inorganic Polymers. *Internal Research Report*, September, The University of Melbourne.

Duxson, P., G. C. Lukey and J. S. J. Van Deventer (2005). Characteristics of Thermal Shrinkage and Weight Loss in Na-geopolymer Derived from Metakaolin. *Journal of Materials Science: Special Edition*, in press.

DZ 3101.1 rel.2 (2004). Public Comment Draft Concrete Structures Standard. Wellington, New Zealand, Standards New Zealand: 274.

Faucon, P., F. Adenot, *et al.* (1998). Long-term Behavior of Cement Pastes Used for Nuclear Waste Disposal: Review of Physico-chemical Mechanisms of Water Degradation. *Cement and Concrete Research* **28**(6): 847–860.

Gani, M. S. J. (1997). *Cement and Concrete*, Melbourne, Australia, Chapman and Hall.

Garon, R., P. Balaguru, *et al.* (1999). Geopolymeric Compounds for Fire-Proof Protective Coatings. *Proceedings of Geopolymer '99*, The Geopolymer Institute: Saint Quentin, France.

Granizo, M., S. Alonso, M. Blanco-Varela and A. Palomo (2002). Alkaline Activation of Metakaolin: Effect of Calcium Hydroxide in the Products of Reaction. *Journal of the American Ceramic Society* **85**(1): 225–231.

Grimal, G. (1999). Sculptures Dramatisee en Geopolymere. *Proceedings of Geopolymer '99*, The Geopolymer Institute: France.

Hardjito, D., S. E. Wallah, *et al.* (2002). Study on Engineering Properties of Flyash Based Geopolymeric Concrete. *Journal of Australasian Ceramic Society* **38**(1): 44–47.

Hardjito, D., S. E. Wallah, *et al.* (2003). Geopolymer Concrete: Turn Waste into Environmentally Friendly Concrete. *International Conference on Recent Trends in Concrete Technology and Structures*, pp. 129–140.

Hardjito, D., S. E. Wallah, *et al.* (2004). The Stress-strain Behaviour of Flyash Based Geopolymer Concrete. ACMSM 18. Perth Australia, Balkema Publishers.

Harper, R., W. South and R. Knight (2002). Inorganic Polymers – a Commercial Reality? *Inorganic Polymer 2002*, October 28–29, Melbourne, Australia.

Hassan, K. E., J. G. Cabrera, *et al.* (2000). The Effect of Mineral Admixtures on the Properties of High-performance Concrete. *Cement and Concrete Composites* **22**(4): 267–271.

Herman, E., C. Kunze, *et al.* (1999). Solidification of Various Radioctive Residiues by Geopolymer with Special Emphasis on Long Term Stability. *Proceedings of Geopolymer '99*, The Geopolymer Institute: Saint Quentin, France.

Hos, J. P., P. G. McCormick and L. T. Byrne (2002). Investigation of a Synthetic Aluminosilicate Inorganic Polymer. *Journal of Materials Science* **37**(11): 2311–2316.

Hoshino, M. (1988). Difference of the W/C ratio, Porosity and Microscopical Aspect Between the Upper Boundary Paste and the Lower Boundary Paste of the Aggregate in Concrete. *Materials and Structures/Materiaux et Constructions* **21**(125): 336–340.

Khedr, S. A. and M. N. Abou-Zeid (1994). Characteristics of Silica-Fume Concrete. *Journal of Materials in Civil Engineering* **6**(3): 357–375.

Krivenko, P. V. (1994). Alkaline Cements. *Alkaline Cements and Concretes*, Kiev, Ukraine.

Lee, W. K. W. (2002). *Sol–gel Interactions in Inorganic Polymers.* PhD Thesis, The University of Melbourne.

Lee, W. K. W. and J. S. J. van Deventer (2001). The Addition of Chemical Additives to

Control the Setting Speed of Geopolymeric Binders. *Proceedings of the 6th World Congress of Chemical Engineering*, Melbourne, Australia.

Lee, W. K. W. and J. S. J. van Deventer (2004). The Interface Between Natural Siliceous Aggregates and Geopolymers. *Cement and Concrete Research* **34**(2): 195–206.

Long, A. E., G. D. Henderson, *et al.* (2001). Why Assess the Properties of Near-surface Concrete? *Construction and Building Materials* **15**(2–3): 65–79.

Lukey, G. C. and J. S. J. van Deventer (2003). Drivers for the Establishment of a Inorganic Polymer Industry. *Proceedings of Materials 2003*, 1–3 October, Sydney, Australia.

Lukey, G. C. and J. S. J. van Deventer (2005). Geopolymer Technology: the Formation of Cost-competitive Construction Materials by the Alkali-Activation of Coal Ash. *World of Coal Ash*, April, USA.

Mindess, S. and J. F. Young (1981). *Concrete*, London, Prentice-Hall Inc.

Navi, P. and C. Pignat (1996). Simulation of Cement Hydration and the Connectivity of the Capillary Pore Space. *Advanced Cement Based Materials* **4**: 58–65.

Olivier, J. P., J. C. Maso and B. Bourdette (1995). Interfacial Tranzition Zone in Concrete. *Advanced Cement Based Materials* **2**(30–38).

Penttala, V. (1997). Concrete and Sustainable Development. *ACI Materials Journal* **94**(5): 409–416.

Provis, J. L., G. C. Lukey and J. S. J. van Deventer (2004). A Conceptual Model for Solid-gel Transformations in Partially Reacted Inorganic Polymeric Systems, *106th Annual Meeting & Exposition of the American Ceramic Society – Building a Better World with Ceramic Technology*, Indianapolis, IL, USA.

Provis, J. L., G. C. Lukey and J. S. J. van Deventer (2005). Do Geopolymers Actually Contain Nanocrystalline zeolites? – A Re-examination of Existing Results. *Chemistry of Materials* **17**(12): 3075–3085.

Rahier, H., B. V. Mele, *et al.* (1996a). Low-temperature Synthesised Aluminosilicate Glasses: Part 1 Low-Temperature Reaction Stoichiometry & Structure of Model Compound. *Material Science* **31**: 71–79.

Rahier, H., B. V. Mele, *et al.* (1996b). Low-temperature Synthesized Aluminosilicate Glasses: Part II rheological transformations during low-temperature cure and high-temperature properties of a model compound. *Journal of Material Science* **3**: 80–94.

Silverstrim, T., J. Martin, *et al.* (1999). *Geopolymeric Fly Ash, Proceedings of Geopolymer '99*, The Geoplymer Institute: St Quantim, France.

Smith, J. W. and D. C. Comrie (1988). Geopolymeric Building Materials in Third World Countries. *Proceedings of Geopolymer '88*, The Geopolymer Institute: Compiegne, France.

Sofi, M. (2002). *Masters Thesis*, University of Melbourne.

Taylor, M. A. and B. Broms (1964). Shear Bond Strength Between Coarse Aggregate and Cement Paste or Mortar. *ACI Journal*: 939–956.

van Deventer, J. S. J. (2002). The Processing of Inorganic Polymers as New Age Construction Materials. *2nd World Engineering Congress*, Sarwak, Malaysia.

van Jaarsveld, J. G. S. (2000). *The Physical and Chemical Characteristics of Fly Ash Based Inorganic Polymers,* PhD Thesis, The University of Melbourne, Melbourne, Australia.

van Jaarsveld, J. G. S. and J. S. J. van Deventer (1999). The Effect of Metal Contaminants on the Formation and Properties of Waste-based Geopolymers. *Cement and Concrete*

*Research* **29**: 1189–1200.

van Jaarsveld, J. G. S., J. S. J. van Deventer, *et al.* (1997). The Potential Use of Geopolymeric Materials to Immobilise Toxic Metals: Part I. Theory and Applications. *Mineral Engineering* **10**(7): 659–669.

van Jaarsveld, J. G. S., J. S. J. van Deventer and G. C. Lukey (2003). The Characterisation of Source Materials in Fly Ash-based Inorganic Polymers. *Materials Letters* **57**(7): 1272–1280.

Wallah, S. E., D. Hardjito, *et al.* (2003). Sulfate Resistance of Flyash Based Geopolymer Concrete. 21st *Biennial Conference of the Concrete Institute of Australia*, Brisbane, pp. 205–212.

Wallah, S. E., D. Hardjito, *et al.* (2004a). Creep Behaviour of Fly Ash Based Geopolymer Concrete. *ACI International Conference on Recent Advances in Concrete Technology*, Las Vegas, USA, pp. 49–60.

Wallah, S. E., D. Hardjito, *et al.* (2004b). Geopolymer Concrete: A Key for Better Long Term Performance and Durability. *International Conference on Fibre Composites, High Performance Concretes, and Smart Materials*, Chennai, India, pp. 527–539.

Warner, R. F., B. V. Rangan, *et al.* (1998). *Concrete Structures*, Melbourne.

Xu, H. and J. S. J. van Deventer (2000). The Geopolymerisation of Aluminosilicate Minerals. *International Journal of Mineral Processing* **59**: 247.

Xu, H. and J. S. J. van Deventer (2002). Inorganic Polymerisation of Multiple Minerals. *Minerals Engineering* **15**(12): 1131–1139.

Xu, H. and J. S. J. van Deventer (2003). The Effect of Alkali Metals on the Formation of Inorganic Polymeric Gels from Alkali-Feldspars, *Colloids and Surfaces A-Physicochemical and Engineering Aspects* **216**(1–3): 27–44.

Yip, C. K. (2004). The Role of Calcium in Inorganic Polymerisation. PhD Thesis, University of Melbourne.

Yip, C. K. and J. S. J. van Deventer (2001). Effect of Granualated Blast Furnace Slag on Geopolymerisation. *6th World Congress of Chemical Engineering*, Melbourne, Australia, The University of Melbourne.

Yip, C. K., G. C. Lukey and J. S. J. van Deventer (2003). Effect of Blast-furnace Slag Addition on Microstructure and Properties of Metakaolinite Inorganic Polymeric Materials. *Ceramic Transactions*, vol. 153 (*Advances in Ceramic Matrix Composites IX*), pp. 187–209.

Young, J. F. (1981). Hydration of Portland Cement. *J. Edn. Mod. Mat. Sci. Eng* **3**: 404–411.

